JN414925

改訂

식품가공저장학

식품영양과교수협의회 編

김덕웅, 김두진, 김명숙, 배국웅
윤교희, 이재우, 최부돌, 박성수
공 저

光文閣

머리말

생활사회의 변천은 많은 부문 중에서 특히 우리 가정의 생활양식에 큰 변화를 가져왔고, 더욱이 영양학의 발전과 영양학 관련 지식의 보급은 우리의 식생활에 커다란 변화를 가져오고 있습니다. 오늘날 우리는 과거의 전통적인 식생활과 식문화를 뒤로한 채, 이들이 급격하게 서구화·간편화·즉석화·다양화되고 있는 것을 자연스럽게 받아들이고 있으며, 실제로 우리의 식생활에서 가공식품을 제외한다는 것은 거의 불가능에 가까운 것이 현실입니다. 이렇게 우리의 식생활이 변화함에 따라 자연히 다양한 식품재료의 수급을 비롯하여, 조리나 가공기법의 다양화 및 식품별 적절한 저장법이 절실히 요구되고 있습니다.

그런데, 국내외에서 생산되거나 또는 만들어져 유통되고 있는 다양한 식품재료와 가공식품 중에는 식품위생상 여러 가지 문제점들이 제기되고 있는 것이 많아 우리들의 불안감을 증폭시키고 있는 설정이며, 우리가 안전한 식생활을 영위하기 위해서는 우선 식품의 저장법과 가공법에 대한 정확한 지식을 가지는 것이 필요하다고 생각됩니다. 즉, 우리들이 일상생활에서 구입하거나 또는 조리하는 식품에 대해서 그것이 어떻게 처리된 것인지? 또 어떻게 취급해야 옳은지에 대한 상식을 가지는 것이 중요하다고 생각합니다.

한 권의 책에 이 분야에 대한 모든 상식을 전개한다는 것은 불가능함으로 이 책에서는 식품의 저장과 가공에 대한 기초이론과 중요한 식품을 군별로 나누어서 기본적인 처리법을 안내하였는데, 가급적 현재 우리 나라의 식품위생법에 의한 식품별 규격 및 기준에 맞추려고 노력하였습니다.

이 책은 당초부터 한국식품관련학과교수협의회의 주관으로 편찬이 추진되어 왔으므로 식품관련학과에서 수학하는 학생들의 교과서나 참고서로 활용될 수 있기를 바랍니다. 동시에 이 분야에 관심을 가지는 모든 분들에게도 다소나마 도움이 되기를 기원합니다. 앞으로 수정과 보완을 계속하여 알찬 자료집이 되도록 노력할 예정이며, 선후배 여러분들과 또 관심을 가지신 모든 분들의 아낌없는 지도와 성원을 부탁드립니다.

끝으로 이 책을 펴내는데 많은 도움을 주신 광문각 박정태 사장님과 수고를 아끼지 않으신 출판사 직원 여러분들께 깊은 감사를 드립니다.

2007년 7월

저자

차례

제 1 편

총론

제 1 장

서 론

1-1 식품가공 · 저장의 정의와 목적

옛부터 인간은 생명을 유지하기 위하여 지구상의 산이나 들, 강 및 바다에서 농산물, 축산물, 수산물 등의 식품 원료를 직접 선별, 채취하여 보통 조리 및 가공을 거처 섭취해 왔다.

우리나라에서의 식품의 정의는 식품위생법 총칙에서 식품이란 "의약으로 섭취하는 것을 제외한 모든 음식물"을 말한다라고 규정하고 있다. 그러나 FAO/ WHO에서의 식품의 정의를 보면 "인간이 섭취할 수 있도록 완전 가공 또는 일부 가공한 것 또는 가공하지 않아도 먹을 수 있는 모든 것"으로 규정하고 있다.

일반적으로 식품재료를 가공처리하여 물리 · 화학적 또는 생물학적인 변화를 주어 저장성을 부여하거나 영양가나 기호성, 편의성, 수송성 등을 향상시키기 위하여 식품을 가공 · 제조하는 것을 식품가공(food processing, food technology)이라고 한다. 식품가공 과정에서 물리적 요인으로는 세정, 분쇄, 혼합, 분리 등의 공정을 볼 수 있고, 화학적 요인으로는 농축 및 증류, 유화, 추출, 흡착, 흡수, 식품첨가물의 첨가 등이며, 생물학적 요인은 미생물, 효소 등으로 이들의 작용이 이루어져 가공제품을 얻을 수 있다. 그러나 영어에서 food processing은 수치를 사용하여 가공공정을 설명하고 단위조작을 주 공정 이론으로 공학적 의미를 가지며, food technology는 비공학적 개념에서 가공공정을 설명하는데 주로 의미를 내포하고 있음으로서 구분하기도 한다.

또 한편으로 우리나라의 「식품의 기준 및 규격」에서 "가공식품(加工食品)이라 함은 농·임·축·수산물 등 식품원료에 식품첨가물을 가하거나 그 원형을 알아 볼 수 없도록 분쇄·절단 등의 방법으로 변형시키거나 이와 같이 변형시킨 것을 서로 혼합하거나 또는 이와 같이 변형시키거나 서로 혼합한 것에 다른 식품이나 식품첨가물을 사용하여 제조·가공·포장한 식품을 말한다. 다만 식품첨가물이나 다른 원료를 사용하지 아니하고 원형을 알아 볼 수 있는 정도로 농·임·축·수산물을 단순히 자르거나 껍질을 벗기거나 소금에 절이거나 숙성하거나 가열(살균의 목적 또는 성분의 현격한 변화를 유발하는 경우를 제외한다) 등의 처리과정 중 위생상 위해 발생의 우려가 없고 식품의 상태를 관능으로 확인할 수 있도록 단순 처리한 것은 제외한다"라고 정의하고 있다.

농·축·수산물 등은 계절상에서 한시적으로 일시 다량 수확·출하됨으로서 여러 요인에 의해 유기물질인 각종 식품성분 즉 수분, 탄수화물, 단백질, 지방, 비타민 등이 변질·부패되기 때문에 오래 동안 먹을 수 있도록 식품재료를 가공·제조하는 것이 목적이기도 하다. 그래서 식품저장(食品貯藏, Food Preservation, Food storage이란 식품을 가능한 한 장기간에 걸쳐 상품가치를 유지시켜 품질저하를 최소한으로 방지하거나 때로는 상품가치를 높여 오래 보존하는 것을 말한다.

따라서 식품가공·저장의 목적(目的)은 식품에 저장성, 영양가, 기호성, 편의성, 수송성 등을 향상시켜 상품가치를 유지하거나 높이는 것 이외에 농산물의 가격안정, 농한기의 노동력활용, 부산물의 재가공 등을 활용하므로써 그 목적을 달성할 수 있다.

이러한 각종 방법들이 고도의 기계설비 및 장치들이 개발되고 동원되어, 보다 신선한 상태로 장기저장을 하게 되는 것이다.

제 2 장

식품가공의 단위조작

2-1 식품가공 원료의 정선 및 세척

식품을 가공할 때에는 원료가 더럽혀져 있거나 원하지 않는 이물질이 섞여 있는데, 이때 이물질을 제거하고 건전한 원료만을 가려내는 조작을 선별이라고 하며, 일정한 크기나 품질의 것만을 취하는 조작을 정선이라고 한다.

2-1-1 이물질 제거

1) 체 분리

체 분리 방법은 오직 크기의 차이에 의해서 분리하는 방법이다. 곡물에 모래가 섞여 있을 경우에는 모래는 빠져나가고 곡물이 걸리는 체를 쓰면 곡물을 골라냄과 동시에 어느 정도 깨끗이 할 수 있다.

이와 같은 원리를 이용하여 이물질을 제거하는 방법을 체 분리법이라고 한다. 체

분리 장치에는 회전식 드럼체와 평면체가 있는데, 이것은 어떤 경우이든 간에 원료보다 크기가 크거나 작은 것을 분리해 내는 편리한 장치이다.

2) 송풍에 의한 이물질 제거

쌀에 보리쌀·왕겨 및 모래가 섞여 있을 경우에는 모래만 체로 분리할 수 있을 뿐 보리쌀과 왕겨는 분리되지 않는다. 이와 같은 경우 쌀만을 필요로 할 때에는 보리쌀과 왕겨는 협잡물이다. 그런데, 쌀·보리쌀 및 왕겨는 크기는 비슷하지만 비중이 서로 다르므로 공기 중에 떨어뜨리면 낙하속도가 달라진다. 다시 말해, 송풍기로 바람을 일으키면 비중이 큰 것은 가까이, 작은 것은 멀리 날아가 떨어진다.

이와 같이 비중과 알갱이 크기의 차이가 있는 경우에는 식품을 흐르는 공기 중에 떨어뜨려 이동하는 거리의 차이를 이용하여 협잡물을 제거할 수 있다.

3) 자석에 의한 이물질 제거

곡물에 못이나 쇳가루 등이 섞여 있을 경우에는 자석으로 금속편을 제거할 수 있다. 자석식 정선기는 제분공업에서 곡물을 분쇄하기 전에 곡물에 섞인 못이나 머리핀, 옷핀, 그 밖의 금속조각들을 제거하는 데 효과적이다.

2-1-2 선별

식품 원료의 종류에 따라 익은 정도, 크기, 모양, 무게, 색 등과 같은 성질이 다르기 때문에 그대로는 식품가공의 원료로 사용하기가 곤란하다. 따라서, 동일한 성질을 가지는 것들을 골라내는 선별조작이 필요하다.

원료 선별의 경우, 두부의 품질은 원료 콩에 따라 결정되기 때문에 검은 콩, 덜 익은 콩들을 골라내야 한다. 보리차나 커피를 볶을 경우에도 크기가 다른 것을 볶으면 작은 것은 타고, 큰 것은 덜 익는다. 따라서 원료의 선별은 가공에 앞서 반드시 필요하다. 제품의 선별은 가공식품에는 우수한 것, 등외품 등이 생기는데, 이것들을 서로 선별·포장함으로써 제품의 품질을 관리할 수 있다.

1) 무게에 의한 선별

감자·토마토·사과 등이 신선한 것들이라면 무게를 잴 때 크기별로 나누어 잴 수 있다. 무게는 하나 하나씩 측정할 수도 있겠으나 노동력과 시간이 많이 소요되므로 이와 같은 작업을 자동적으로 하는 무게 선별기(weight sorter)가 사용되고 있다.

2) 크기에 의한 선별

크기에 의한 선별은 식품 원료의 크기를 재는 방법 중의 하나로서 고르고자 하는 물건의 크기와 같은 구멍을 뚫어 놓고 그 구멍을 통과시켜 선별하는 것이다. 따라서, 평판이나 드럼통의 벽에 구멍을 뚫어 놓고, 그 위를 식품이 지나가도록 만든 것이다. 그림 2-1은 평판체(flat-bed screen), 그림 2-2는 회전원통체(rotational drum screen)의 기본구조를 나타낸 것이다.

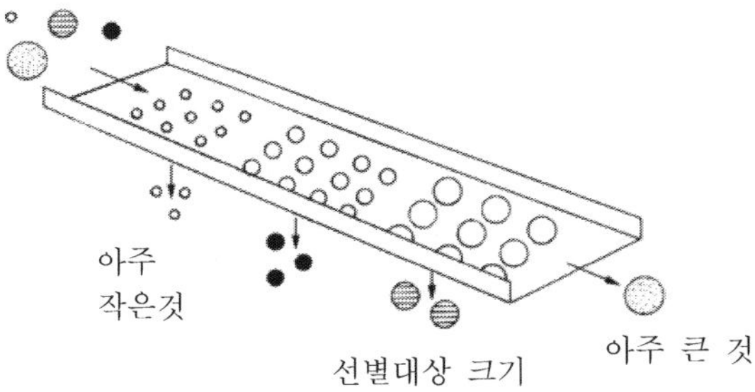

그림 2-1 평판식 크기별 선별기의 원리도

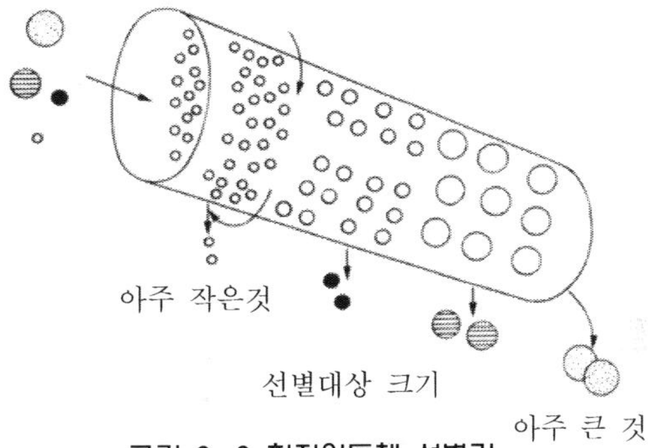

그림 2-2 회전원통체 선별기

2-1-3 세척

세척방법에는 건식 세척법과 습식 세척법이 있는데, 건식 세척법 만으로는 곡물에 묻은 흙·농약과 같은 이물질들을 완전히 제거할 수 없다. 이와 같은 경우에는 물로 씻어야 하는데, 물과 같은 액체 속에서 식품을 세척하는 방법을 습식 세척법이라고 한다.

1) 물을 이용한 세척

두부·장류 등을 제조할 때에는 콩을 씻는 조작이 필요하다. 식품에 묻어 있는 이물질을 떼어 내는 데에는 물 속에 넣고 저어주거나 세척제를 첨가해 주는 경우가 있다.

2) 분무세척법

다량의 식품을 세척하려고 할 때에는 일일이 씻을 수 없다. 이와 같은 경우에는 식품을 컨베이어에 실려 이동시키면서 그 위에 물을 세게 뿌려 줌으로써 세척하는 방법을 이용하면 편리하다. 여기서 물은 분무기나 노즐을 통하여 비교적 높은 압력으로 분사되어 협잡물을 떼어 낼 수 있는 힘을 가져야 한다. 그러나, 압력이 너무 높으면 식품의 조직을 상하게 할 위험이 있다.

이때 분무되는 물이 식품의 구석구석에 닿도록 해야 하기 때문에 컨베이어는 식품을 굴리면서 이동시킬 수 있는 롤러컨베이어에 식품을 운반하면서 노즐 밑을 통과하도록 하는 방법을 이용한다.

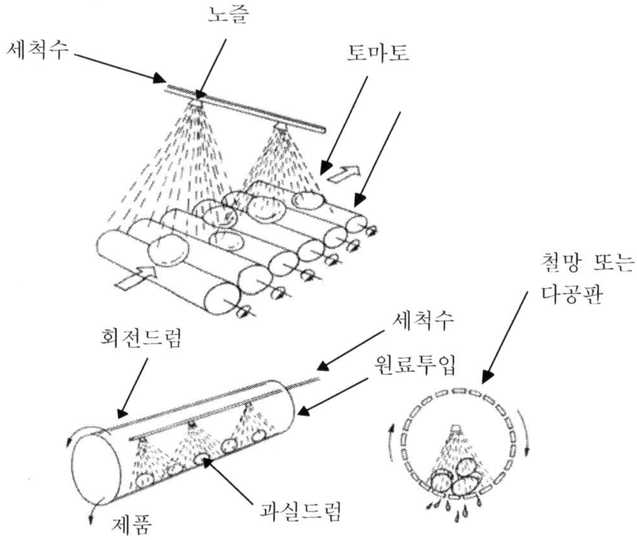

그림 2-3 분무세척기의 구조

3) 부유 세척법

식품에 묻은 이물질은 물 속에 담그면 협잡물이 분리되어 세척효과를 얻을 수 있다. 세척은 저어 주거나 세제와 같이 사용하면 더욱 효과적인데, 그 이유는 세척 조작은 물과 세척 대상물이 잘 접촉해야 하고, 물과의 마찰력을 이용하는 것이기 때문이다. 물 속에 담그면 밀도와 부력의 차이로 밀도가 높은 협잡물은 가라앉고, 밀도가 낮은 협잡물은 떠올라 분리해 낼 수 있게 된다.

지금 그림 2-4에서 보는 바와 같은 장치를 사용한다고 할 때, 첫 번째 칸에서 부유된 것은 다음 칸으로 이동되어 재침강되고, 여기서도 침강되지 않은 것은 배출된다. 이와 같은 장치를 사용하면 세척과 선별을 동시에 할 수 있는 장점이 있다.

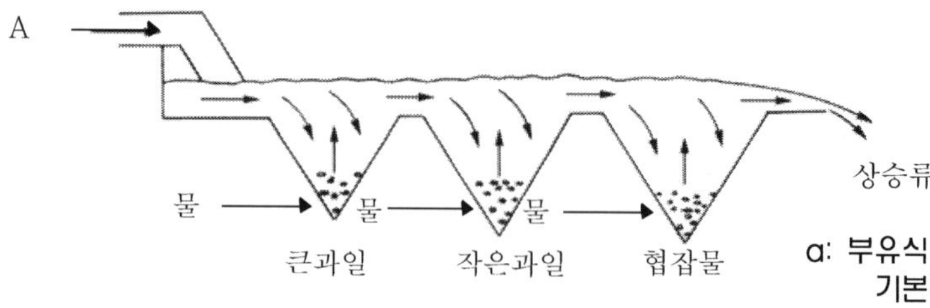

a: 부유식 세척기의 기본구조

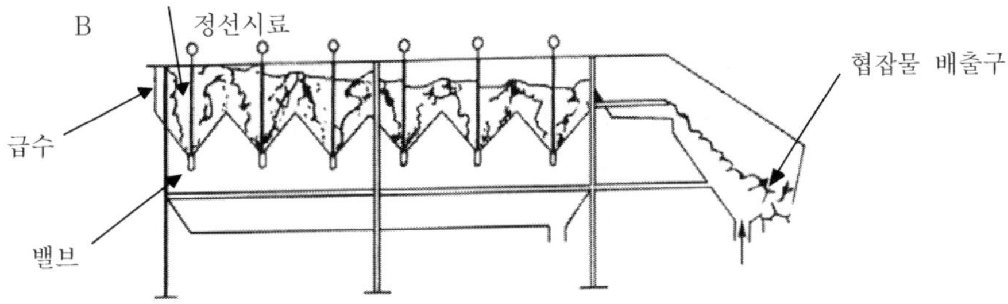

b: 부유식 세척기

그림 2-4 부유식 세척기의 세척 원리

4) 초음파세척법

초음파 세척법(ultrasonic washing)은 담금 세척법과 그 원리는 같으나, 교반 에너지로 사람이 들을 수 없는 초음파(16㎑ 이상)를 사용한다는 특징이 있다.

물에 20~100㎑의 주파수를 가지는 초음파를 통과시키면 압력이 교대(고압↔저압)로 변하면서 기포가 급격히 생성되었다가 소멸된다. 그 결과 원료에 묻어 있는 입자에도 격렬한 교반 효과가 일어나 입자가 떨어지게 되는 현상이 나타나는데, 이 방법은 야채 속의 모래, 과일 표면에 부착된 왁스, 더러운 달걀의 세척에 적합하다.

2-2 식품의 분쇄

2-2-1 식품 분쇄의 특성

식품은 때때로 그 목적과 용도에 따라 형태를, 변형시켜 원래의 크기보다 더 작게 만들 필요성이 있는 경우가 있는데, 이와 같이 원래의 형태를 기계적으로 작게 부수는 조작을 분쇄(size reduction)라고 한다.

식품을 가공하는 데에는 먼저 분쇄조작을 통하여 가루로 만든 다음 가공단계로 이어지는 것이 많다. 예를 들면, 밀을 분쇄하여 밀가루를 얻은 다음 여기에 물·소금·달걀·버터 등을 배합하여 빵이나 과자를 만드는 것과 같다.

식품이 분쇄가 잘 되는지 안 되는지를 말할 때에는 분쇄성이 좋다 또는 나쁘다라는 말을 쓰는데, 식품은 그 종류가 다양한 것과 같이 물성의 차이가 크기 때문에 분쇄성도 식품마다 다르다.

분쇄성은 조직이 단단하다든지 또는 유연한 것만으로는 가늠할 수 없다. 설탕이나 소금은 단단한 결정이지만 쉽게 분쇄할 수 있는 반면, 육류(쇠고기 등)는 그 조직은 유연하나 분쇄성이 낮다. 또, 식품 조직의 주요 구성성분인 섬유질·전분·단백질 · 수분 등의 함량 및 결합방식도 분쇄에 영향을 끼친다.

식품은 일반적으로 조직의 결합이 균일하지 않기 때문에 힘을 가하면 결합력이 가장 약한 부위부터 부서지게 된다. 이와 같이 결합력이 약한 부위를 약선이라고 한다. 식품의 초기분쇄에 있어서는 주로 이 약선을 따라 쪼개지게 되므로 작은 힘으로도 분쇄가 되지만, 분쇄입자가 작아질수록 약선이 점차 없어지게 되므로 식품을 미세한 입자로 분쇄할수록 더 많은 힘이 소요된다.

분쇄된 가루를 체를 사용하여 얻어지는 가루제품의 입자별 크기와 수율을 알아내는 방법을 체분석(sieve analysis)이라고 한다.

체분석에 사용되는 체를 표준체(standard sieve)라고 하며, 그 종류에는 타일러표준체(Tyler standard sieve) · 독일표준체(DIN) 및 일본표준체(JIS)가 있으나, 타일러표준체가 가장 보편적으로 사용된다.

표준체의 단위는 메시(mesh)로 표시하는데, 메시수는 체망의 길이 2.54cm 속에 들어 있는 체눈의 수를 의미한다. 예를 들어 5 메시체라 하면, 체의 길이 2.54cm 내에 들어 있는 체눈의 수가 5개인 체를 말하는 것이다(그림 2-5 참조)

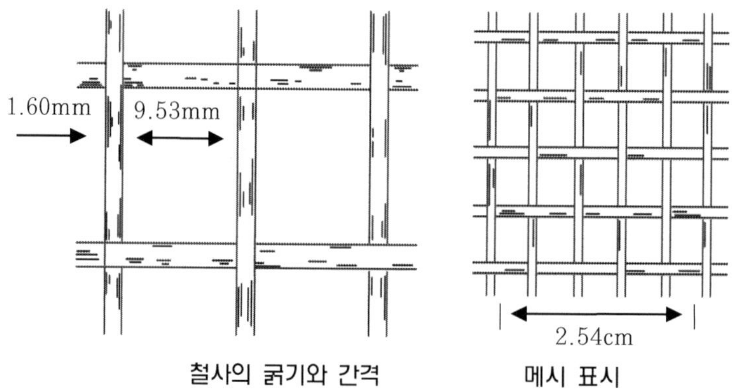

그림 2-5 메시체의 모양

2-2-2 분쇄기

식품을 분쇄하는데 사용되는 분쇄기는 그 종류가 다양하고, 명칭도 여러 가지로 불린다. 따라서, 적당한 분쇄기를 선정하기 위해서는 여러 가지 요소를 면밀하게 검토해야 하는데, 이를테면 원료 물질의 특성, 사용 가능한 분쇄기의 종류, 가루제품의 특성에 대하여 잘 알아야 한다.

1) 충격형 분쇄기

(1) 해머밀

해머밀(hammer mill)은 1개의 회전축에 고정되어 있는 원판 주위에 여러 개의 해머가 달려있는 것이다. 해머밀은 결정성 고체, 섬유질 원료 등을 분쇄할 수 있으므로 식품가공에서는 원당·마른 채소·절간고구마 등을 분쇄하는 데 널리 사용된다. 해머밀의 구조 및 식품에 분쇄되는 모양은 그림 2-6에서 보는 바와 같다.

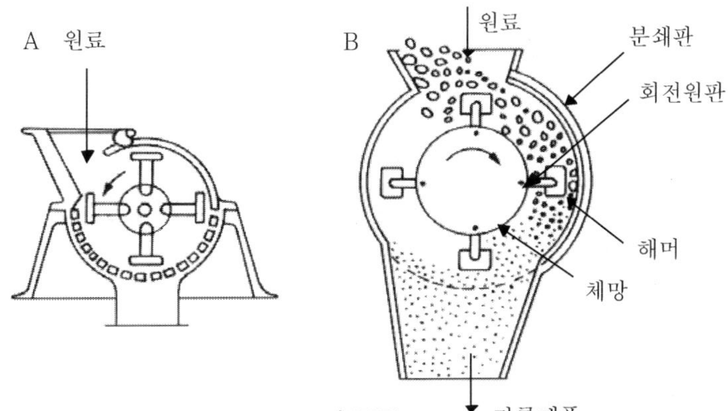

그림 2-6 해머밀

(2) 볼밀

볼밀(ball mill)은 그림 2-7에서 보는 바와 같이 저속으로 회전하는 수평형 원통과 그 속에 들어 있는 금속볼(steel ball)이나 돌(flint stone)로 구성되어 있다. 분쇄작용은 원통이 회전함에 따라 금속볼이 뒤집히고 부딪치면서 그 사이의 공간을 채우고 있는 원료가 분쇄됨으로써 이루어진다.

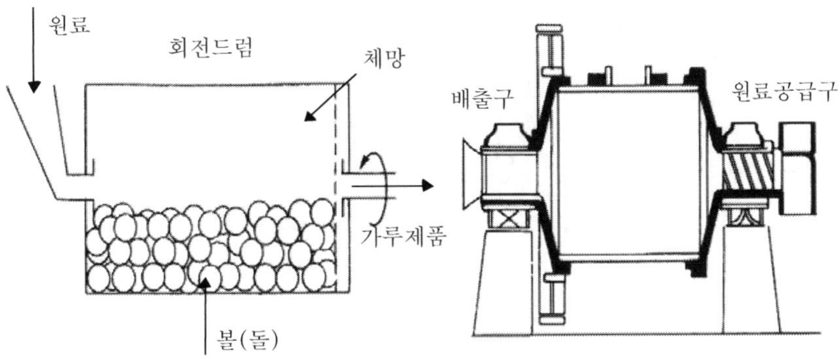

그림 2-7 볼밀

너무 느려도 효과가 없을 뿐만 아니라 너무 빨라도 원심력에 의하여 볼이 원통의 기벽에 붙어 같이 돌아가기 때문에 분쇄효과를 얻을 수 없다.

(3) 핀밀

핀밀(pin mill)은 원판에 작은 막대모양의 핀이 붙어 있는 것으로서 식품가공에서 많이 사용된다(그림 2-8 참조). 그 원리는 원판이 회전할 때 붙어 있는 핀이 회전하면서 원료를 타격하는 것이 충격식 분쇄기이다.

그림 2-8 핀밀

2) 전단형 분쇄기

(1) 디스크밀

디스크밀(disc mill)은 금속으로 된 원판(그림 2-9 참조)을 또 다른 원판과 서로 맞대서 반대방향으로 회전시킨다. 이때 원료는 두 원판 사이의 좁은 간격에 투입되고, 원판이 회전할 때 생기는 마찰력과 전단력에 의하여 분쇄된다.

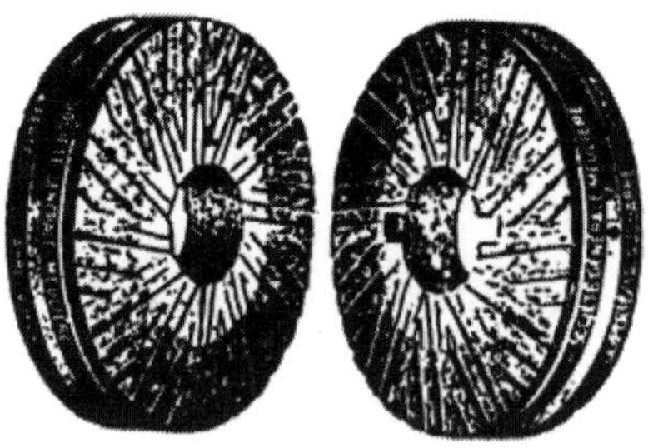

그림 2-9 디스크밀의 원판모양

3) 압축전단형 분쇄기

대표적인 압축전단형 분쇄기로는 롤밀(roll mill)이 있으며, 이 분쇄기는 2개 또는 그 이상의 무거운 금속롤(roll)이 서로 마주 보고 회전하면서 원료를 물고 들어가 롤을 통과할 때 압축력을 받아 분쇄된다. 경우에 따라서는 두 롤의 회전속도가 달라 전단력과 압축력에 의하여 분쇄효율이 높아지도록 설계되어 있다.

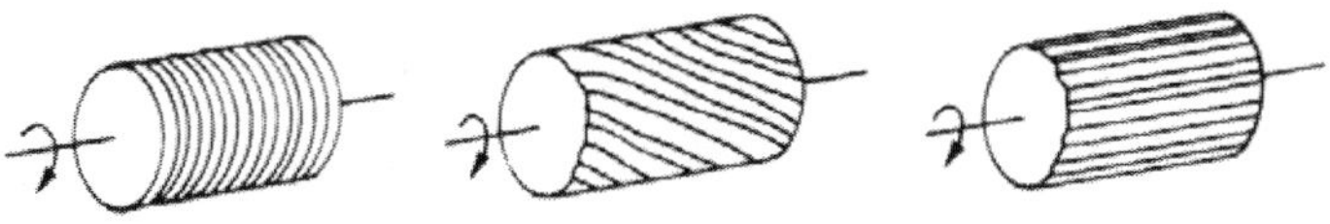

그림 2-10 여러 가지 홈이 팬 롤의 모양

4) 절단형 분쇄기

식품 원료 중에는 건조된 채소와 같이 충격이나 전단력만으로는 잘 부서지지 않는 것이 있다. 이와 같은 경우에는 절단력을 분쇄원리로 이용하는 절단분쇄기(cutting mill, 그림 2-11 참조)를 사용해야 한다.

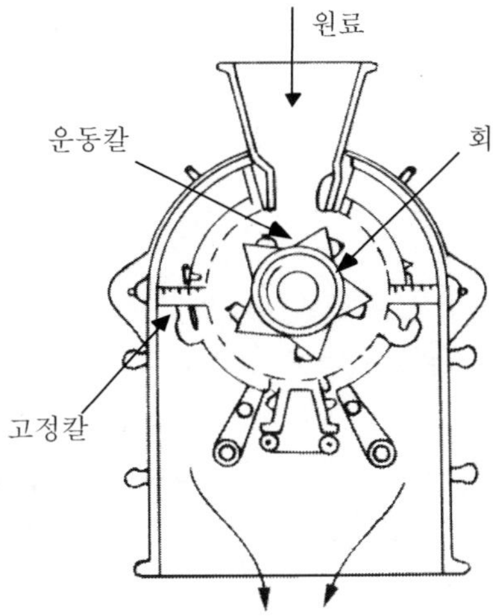

그림 2-11 커팅밀

5) 충격식 과채류 분쇄기

고구마・감자 및 과일류를 분쇄할 때에는 충격식 분쇄기(vegetable crusher)가 사용되기도 한다. 즉, 스크루에 의하여 원료가 투입되면 중앙에 여러 개의 막대가 달린 회전축이 회전하면서 원료에 충격을 주어 분쇄하고, 일정한 크기의 분쇄물은 다공판을 통하여 분리된다(그림 2-12 참조).

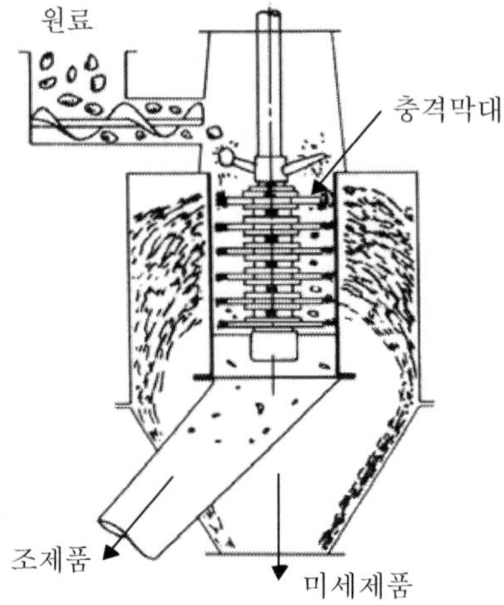

그림 2-12 충격식 감자 분쇄기

2-3 식품의 혼합 및 유화

대부분의 가공식품은 두 가지 이상의 원료를 써서 제조되며, 제품의 질은 이들 원료를 어떻게 잘 섞어 주느냐에 따라 좌우되므로 거의 모든 식품가공에서는 혼합조작을 필요로 하고 있다. 혼합조작은 단순한 물질의 혼합을 목적으로 하는 경우와 식품제조 공정의 한 보조수단으로서 이용되는 경우가 있다.

혼합조작은 서로 혼합하고자 하는 물질에 따라 고체-고체 혼합, 고체-액체 혼합, 액체-액체 혼합, 그리고 기체-액체 혼합으로 나눌 수 있다.

혼합의 형태와 방법에는 여러 가지 있지만, 어떤 경우에나 원료내의 각 성분이 같은 비율로 균일하게 분포되어야 하며, 동력을 적게 쓰면서 짧은 시간 내에 혼합제품을 얻을 수 있어야 한다. 또, 혼합조작은 단순히 섞는 작업 이외에도 혼합 중에 물리적 성질 및 화학적 변화를 일으켜 반응속도를 촉진시키고, 독특한 물성을 얻을 수 있게 한다.

2-3-1 혼합기

혼합조작은 단순히 섞거나 버무리거나 저어 주는 기계적인 것이지만, 양이 많을 때에는 골고루 혼합한다는 것이 그리 쉬운 일이 아니다. 따라서, 이와 같은 조작을 각종 식품에 따라 어떻게, 그리고 어떤 장치를 이용하여 단시간 내에 완료할 수 있는가 하는 것이 매우 중요하다.

고체-고체의 혼합에는 비교적 간단한 장치를 사용하는데, 크게 나누어 다음과 같은 두 가지 방법을 이용한다. 그 중 하나는 용기 속에 원료를 넣고 용기를 회전(rotation)시키거나 뒤집기(tumbling)를 반복하는 것이며, 또 다른 하나는 용기를 고정시켜 놓고 스크루 또는 리본과 같은 혼합장치를 사용하여 혼합하는 것이다.

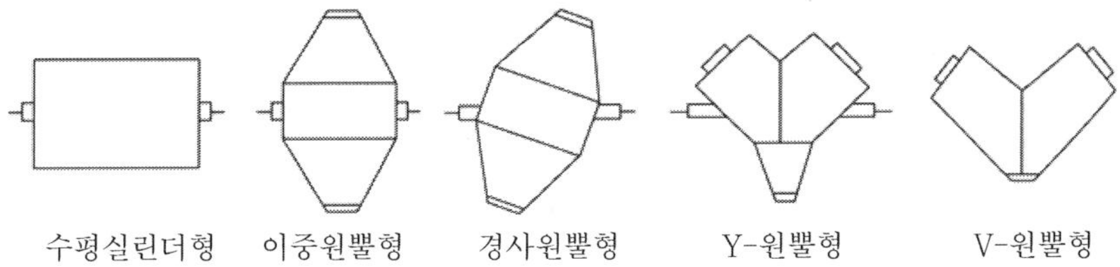

그림 2-13 여러 가지 텀블러 혼합기의 모양

스크루혼합기(screw mixer)는 스크루의 회전에 따라 고체입자를 아래위로, 그리고 앞뒤로 섞어 주는 작용을 혼합 목적에 이용한 것이다. 이 혼합기는 스크루와 식품 사이의 마찰력이 커서 혼합 도중에 식품이 부서지기 쉬운 단점이 있으므로 혼합할 때 부서져도 무관한 식품 원료에만 적용할 수 있으나, 혼합하면서 수송을 겸할 수 있는 장점이 있다.

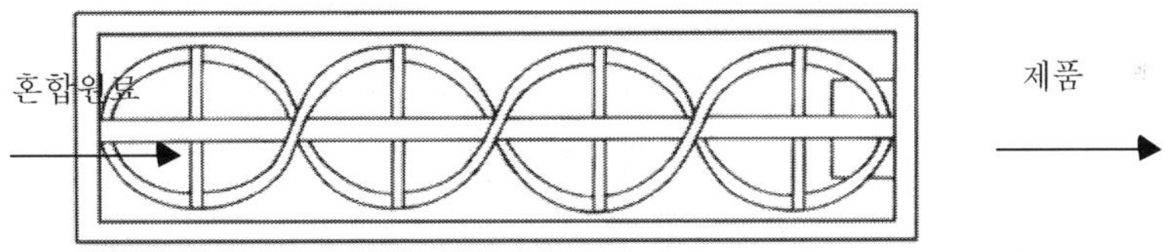

그림 2-14 리본형 혼합기

고체-액체의 혼합은 고체 및 액체의 양에 따라, 그리고 혼합물의 성질과 혼합제품의 특징에 따라 혼합원리가 달라진다. 예를 들면, 밀가루가 담긴 그릇에 물방울을 떨어뜨리면 밀가루는 물을 흡수하면서 덩어리를 만드는 응집현상을 일으켜 이미 가루가 아닌 상태로 변화된다.

또, 마른 콩에 약간의 물을 혼합하는 것도 고체-액체 혼합이지만, 콩을 불린다고 말할 뿐 혼합이라고는 하지 않는다. 그 이유는 콩에다 소량의 물을 붓고 잘 섞어 주는 것은 그리 힘들지 않을 뿐만 아니라 고체-고체를 혼합할 때와 같은 V자형 혼합기로도 충분히 목적을 달성할 수 있기 때문이다.

그러나, 소금 및 설탕과 같은 용해성 고체를 물과 같은 많은 양의 용매에 녹이는 경우에는 액체-액체 혼합에서와 같은 교반원리가 적용된다. 고체의 양이 증가하면 점성이 크게 증가하고 유동성이 떨어지게 되므로 혼합조작시에는 식품의 유동성을 이용할 수 없고, 순전히 기계적인 교반 날개만으로 혼합하게 된다. 이때 교반 날개는 혼합물의 구석구석을 고루 섞어 주어야 하는 데, 이와 같은 조작을 반죽(kneading)이라고 한다.

제빵·제과용 반죽의 경우에는 다량의 밀가루에 소량의 물을 붓고 혼합하는 것으로서 균일한 혼합에만 목적이 있는 것이 아니라, 빵이나 과자로 제조했을 때 우수한 물성을 가진 제품을 얻을 수 있는 반죽상태를 만드는데 목적이 있다. 따라서, 고체-액체의 혼합에서는 혼합제품의 목적에 맞는 혼합장치를 특별히 제작·사용하고 있으며, 그 종류도 다양하다.

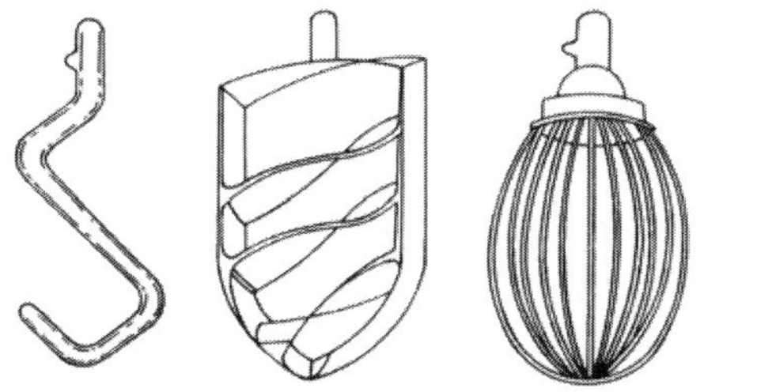

그림 2-15 팬혼합기에 사용되는 여러 가지의 교반날개

2-3-2 식품의 유화(乳化; emulsification) 현상

분산질과 분산매가 다같이 액체인 교질상태를 유화액(emulsion)이라 하고 유화액을 이루는 작용을 유화라 한다. 물과 기름의 혼합물은 서로 섞이지 않아 비교적 불안정하나 이 혼합물에 비누나 단백질과 같은 한 분자 내에 소수기와 친수기를 공유하고 있는 혼합물을 소량 놓고 흔들면 유화가 잘되어 안정한 유화액을 형성하게 된다.

유화제는 한 분자내에 -OH, -CHO, -COOH, $-NH_2$ 등의 구조를 가진 친수기와 알킬기와 같은 소수기를 가지고 있는데 소수기는 기름과 결합하고 친수기는 물과 결합하여 물과 기름의 계면에 유화제 분자의 피막이 형성되어 계면장력을 저하시켜 유화현상을 일으킨다.

유화액에는 물 속에 기름이 분산된 수중유적형(水中油滴型; oil in water: O/W)과 이와 반대로 기름 중에 물이 분산된 유중수적형(油中水適型; water in oil:W/O)의 두 가지의 형이 있다. 예를 들면 우유, 마요네즈, 아이스크림 등은 수중유적형(O/W)이고 버터는 유중수적형(W/O)이다.

유화형을 이루는 조건에는 ① 유화제의 성질 ② 전해질의 유무와 그 종류 및 농도 ③ 물과 기름의 비율 ④ 기름의 성질 ⑤ 물과 기름의 첨가 순서 등이 있어 이들 조건에 따라 유화형이 달라진다.

표 2-1 유화 식품의 상태

식품명	형	분산상	분산매	유화제
우유	O/W	지방	물, 젖당	casein
마요네즈	O/W	사라다기름	초, 물, 소금	달걀노른자위
아이스크림	O/W	얼음·크림	물	아르긴산 소오다
버터	W/O	물, 소금, 젖산	지방	

2-4 식품의 여과 및 막분리

2-4-1 여과의 원리

식품 중에는 식용유·주류·식초·과즙·당시럽 등과 같이 맑고 투명한 액체상태의 것이 많다. 이들 식품은 원래 투명한 것이 아니라, 대부분 혼탁한 고체-액체 혼합물을 면포와 같은 것으로 걸러서 고형물을 분리·청징하여 만든 제품들이다.

이와 같이 면포와 같은 다공성 여과제(filter media)를 사용하여 고체-액체 혼합물을 물리적으로 분리하는 조작을 여과(filtration)라고 한다. 여과하고자 하는 고체-액체 혼합물을 여료 또는 현탁액(slurry)이라 하고, 여과제를 통과하여 얻어지는 액을 여액(filtrate)이라고 한다. 여과제를 통과하지 못하는 고형물은 여과제 위에 쌓이게 되는데, 이를 여과박(filter cake)이라고 한다.

대부분의 여과조작은 청징한 액체를 얻기 위하여 이용되지만 때로는 전분유로부터 녹말을 회수할 때와 같이 고형물을 얻는데 사용되기도 한다.

2-4-2 여과 속도

여과조작을 실제로 하기 위해서는 조작조건에 따라 여과속도, 즉 단위 시간 및 단위 면적당 분리할 수 있는 현탁액의 양을 알아야 하며, 이 속도로부터 여과장치의 크기를 결정해야 된다.

일반적인 여과조작에서 액체는 여과 매체를 통과하고, 고체는 이 위에 쌓이게 된다. 여과의 초기에 여과제에 처음 접하는 고체입자가 여과제의 조그만 구멍을 메워 여액의 흐름에 큰 저항이 생기게 된다. 이때 여과 매체에 의하여 형성된 저항을 여과제의 저항이라고 한다.

여과가 진행됨에 따라 여과제의 표면에 고체층이 형성되고, 그 두께가 점차 증가한다. 이와 같은 고체층에 의한 저항을 여과박의 저항이라고 한다. 여과박의 저항은 여과 초기에는 0이고, 여과시간에 따라 점차 증가한다.

여과제는 여과장치의 기본이 되는 것으로서 고체를 걸러 낼 수 있는 구조로 되어 있는데, 이때 사용되는 여과제로는 체나 면직과 같은 직조형(그림 2-16 참조), 철판에 구멍을 뚫어 놓은 다공판형, 솜·펄프와 같은 섬유조직을 가진 펄프형 등이 있다. 그 밖에도 모래·자갈·규조토·숯 등도 사용되고 있다.

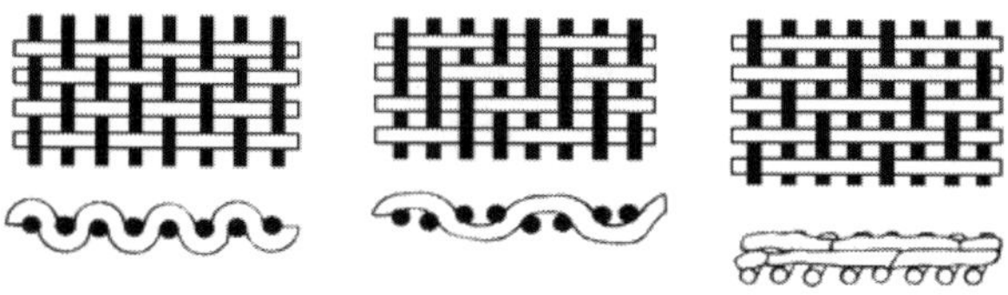

그림 2-16 직조형 여과망의 모양

그러나, 여과가 진행되는 동안 생성된 고형물(여과박)이 여과제의 공극을 막아버려 여과속도를 늦추거나 여과작업을 계속할 수 없게 된다. 가압여과를 하면 이와 같은 현상이 더욱 심하기 때문에 여과제의 구멍이 막히지 않도록 보호해 줄 필요가 있다.

그 방법으로 규조토·실리카겔·펄프 등의 비압축성 성질을 가진 거친 입자를 사용하여 여과제 위에 별도의 층을 형성시켜 놓는다. 이때 사용되는 재료를 여과조제(filter aid)라 하고, 이것들에 의하여 형성된 층을 프리코트(precoat)라고 한다.

2-4-3 여과기

여과기(여과장치)는 기본적으로 여과제를 기계적으로 받쳐 주는 지지력, 여과제가 원활하게 통과하도록 하는 흐름, 여과 중에 생겨나는 여과박을 제거하기 위한 장치 등으로 되어 있다. 경우에 따라서 여과박에 묻어 있는 여액의 잔사를 제거하기 위하여 세척을 해야 한다. 이외에도 여과제의 상부에 가압시설을 하거나, 하부에 감압장치를 하여 여액의 흐름속도를 증가시키기도 한다.

1) 고체-액체 여과

(1) 중력여과기

여과를 일으키는 구동력으로 고체-액체 혼합물의 중력 자체만을 이용하는 것이 가장 간단한 장치(그림 2-17 참조)이지만, 이는 여과박의 투과성이 극히 높지 않으면 효율이 떨어지기 쉽다.

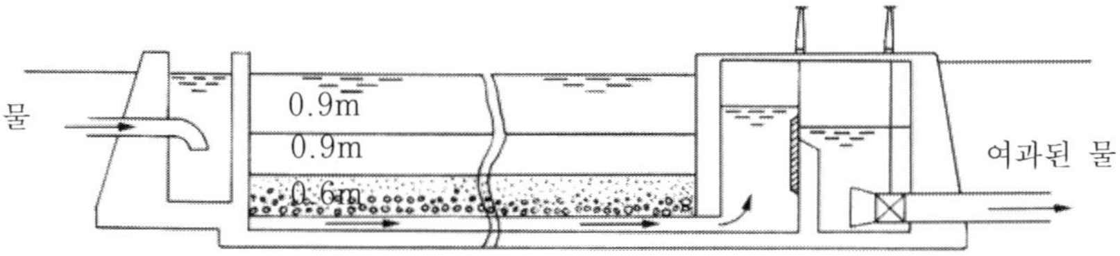

그림 2-17 모래와 자갈층을 이용한 중력여과기

식품가공에서는 공업용수의 정수시설에 주로 이용되고 있다. 이 장치는 큰 탱크 밑 바닥에 다공판을 깔고, 그 위에 자갈층과 모래층을 만들어 놓아 탱크 윗부분에서 물을 공급하면서 여과할 수 있도록 되어 있다.

(2) 가압여과기

가압여과기(pressure filter)는 식품가공에서 가장 널리 이용되는 방식으로서 압력을 가해 주기 때문에 여과속도를 빠르게 할 수 있으며, 그 대표적인 것으로 필터프레스(filter press, 그림 2-18 참조)가 있다. 그 구조를 보면 사각형 모양의 여과틀 양면에 여과포를 씌우고 여기에 여과판과 세척판을 교대로 배열하여 조립한 것이다.

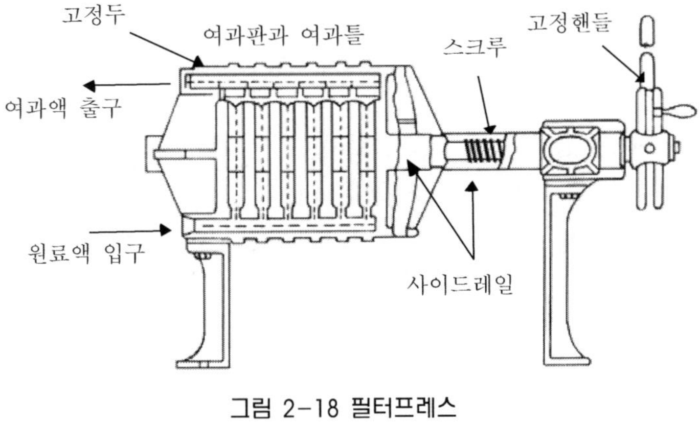

그림 2-18 필터프레스

여과판과 여과틀의 조립체는 나사나 수압 또는 압축공기에 의하여 단단히 죄어져 액체가 새지 않게 장치되어 있다. 여과포는 개스킷(gasket)으로서도 작용하여 여과판과 여과틀 사이에 액이 새어 나오는 것을 방지한다. 여과판과 여과틀의 구석에는 구멍이 나 있는데(그림 2-19 참조), 기계가 죄어져 닫히게 되면 구멍이 서로 맞게 연결되어 액이 이곳을 통하여 흐르게 된다.

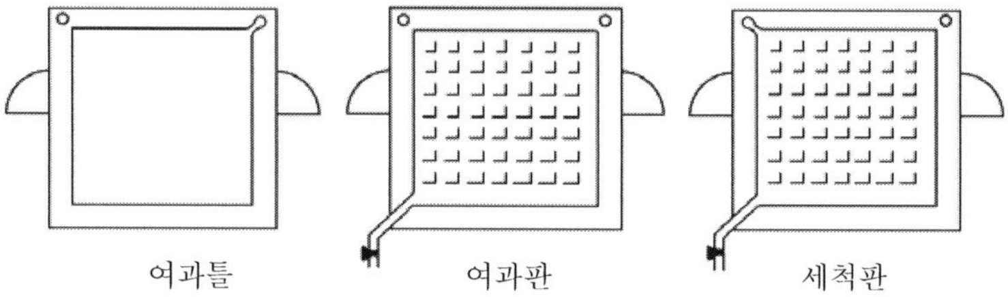

그림 2-19 필터프레스의 주요 부분

원료액은 구멍을 통하여 들어가고, 여과박은 여과틀의 중앙 빈 곳에 쌓이게 된다. 여과포를 통과한 여액은 여과판 위의 홈을 지나 아래 배출구멍을 통하여 빠져나간다.

여과는 여과틀 안의 공간에 여과박이 채워질 때까지 계속되며, 이와 같은 상태에 도달하면 여액의 배출속도가 현저하게 감소한다. 여과가 끝난 후 원료액 대신 세척액을 흘려 보내어 여과박을 세척하는데, 이때 세척판을 사용하면 효과적인 세척을 할 수 있다. 여과하는 동안 이 세척판은 여과판으로 이용되지만, 세척하는 동안에는 세척판의 배출구가 닫히고 따로 마련된 통로를 통하여 세척액이 주입된다.

(3) 원심여과기

원심여과기(centrifugal filter)는 망상으로 된 금속제 바구니모양의 원심분리통이 수직 회전축의 끝에 고정되어 있고, 여과제가 원심분리통의 기벽 내부에 둘러져 있다.

낮은 속도로 회전하고 있는 원심분리통에 원료액(여로)을 주입한 후 회전속도를 높이면 원심력의 차이에 따라 여과박이 기벽에 쌓이게 되고, 이 여과박을 통하면서 여액이 분리된다. 여과가 끝나면 세척액이 여과박 표면에 살포되고, 이때 여과박이 고속으로 회전함에 따라 탈수·건조된다.

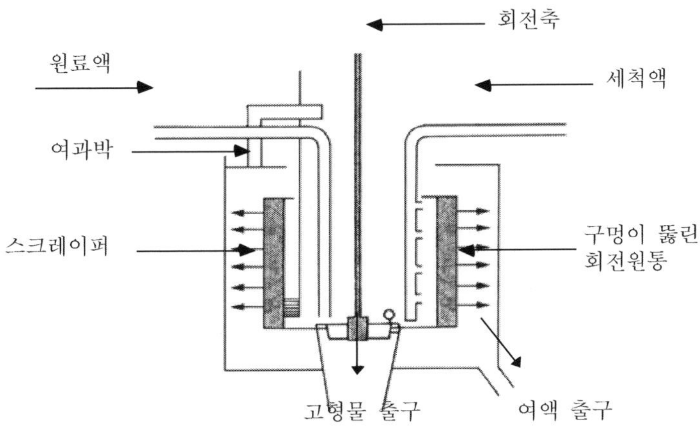

그림 2-20 원심 여과기의 구조

2-4-4 막분리

용액상태의 식품을 구성하는 각 성분은 반투막을 이용하여 분자 수준에서 농도가 서로 다른 용액으로 분리할 수 있다. 물은 반투막을 사이에 두고 묽은 용액으로부터 진한 용액으로 막을 통과하여 흐르게 되는데, 이때 생기는 압력을 삼투압(osmotic pressure)이라고 한다. 이 삼투압보다 더 높은 압력을 진한 용액 쪽에 가하면 막을 통한 흐름이 멈출 뿐만 아니라 더 나아가서는 진한 용액 쪽에서 용매분자가 막을 통하여 묽은 용액 쪽으로 이동하게 되어 진한 용액의 농도가 더 높아지게 될 수 있다.

이와 같은 공정을 역삼투(reverse osmosis)라고 하는데, 물분자와 같이 가장 작은 분자를 제외한 모든 분자들은 이와 같이 막을 이용하여 분리할 수 있다. 따라서, 삼투압보다 더 높은 압력에 견딜 수 있고 치밀한 구조를 자진 여러 가지 막들이 막분리 공정에 사용된다.

물뿐만 아니라 더 큰 용질분자도 가하는 압력을 조정하여 선택적으로 통과시킬 수 있는 덜 치밀한 막도 개발되어 있는데, 이 막은 용매와 저분자량의 물질은 쉽게 통과시키지만 단백질과 같은 고분자량의 큰 입자는 통과시키지 못하므로 앞에서 설명한 여과와 비슷하다. 이와 같은 공정을 한외여과(ultra-filtration) 또는 초여과라고 한다.

역삼투는 단순당류나 염류와 같이 분자량이 작아 용질과 용매의 분자량은 비슷하지만 높은 삼투압을 나타내는 용액들을 농축할 때 해당되며, 식품가공에서는 과일주스를 만들 때 역삼투방식을 이용하여 물을 제거함으로써 가열하지 않고도 농축된 주스를 얻게 된다.

한외여과는 용질과 용매의 분자량이 100배 정도 차이가 있는 우유 및 혈액단백질과 같이 고분자로 구성된 용액을 농축시키는 데에도 주로 이용된다.

2-5 식품의 추출, 압착 및 흡착

2-5-1 추출

추출하고자 하는 성분(용질)이 2개의 상(액체와 액체 또는 액체와 고체)사이에 존재하게 되면 이 두 상으로 용해되는데, 그 결과 더 많이 용해될 수 있는 상 쪽으로 이동이 많이 되고 나머지 상에는 소량으로 존재하게 된다.

이와 같이 용해도 차이를 이용하여 원하는 물질을 농축 또는 분리하는 조작을 추출(extraction)이라고 한다. 추출 후 용질이 풍부하게 존재하는 용액 중의 용매를 증발시키면 순수한 용질을 얻을 수 있다. 식품공업에서는 이러한 원리를 이용하여 필요한 성분을 제조한다.

추출속도는 용질이 한 상에서 다른 상으로 이동되는 속도를 말한다. 따라서, 추출속도는 여러 가지 요인에 따라 달라진다. 즉, 입자의 크기, 용매의 종류, 온도, 액의 교반 정도, 농도 등에 따라 크게 달라질 수 있다. 즉 추출속도는 농도의 차가 클수록, 추출온도가 높을수록 표면적이 넓을수록 증가한다.

2-5-2 추출기

추출기(extractor)는 용매와 원료를 섞는 혼합기와 혼합 후 용액과 잔류물을 분리하는 분리기로 구성되어 있다. 고체-액체 추출기는 잔류물층과 용액층이 쉽게 분리되므로 따로 구별하지 않고 하나의 장치로 되어 있다. 추출장치로는 회분식 추출기와 연속식 추출기가 사용되고 있다. 용매는 하부에서 펌프에 의해 공급되어 탑의 꼭대기에 있는 배출구로 유출된 유지와 함께 배출된다.

추출이 식품공업에 응용되는 예를 들어보기로 한다. 사탕무나 사탕수수로부터 설탕의 추출과 콩·견과 및 종실에서 유지를 회수하기 위하여 용매 추출법으로 식용유를 추출한다거나 인스탄트 커피나 차의 제조 과정에서 추출은 매우 중요한 단계이다.

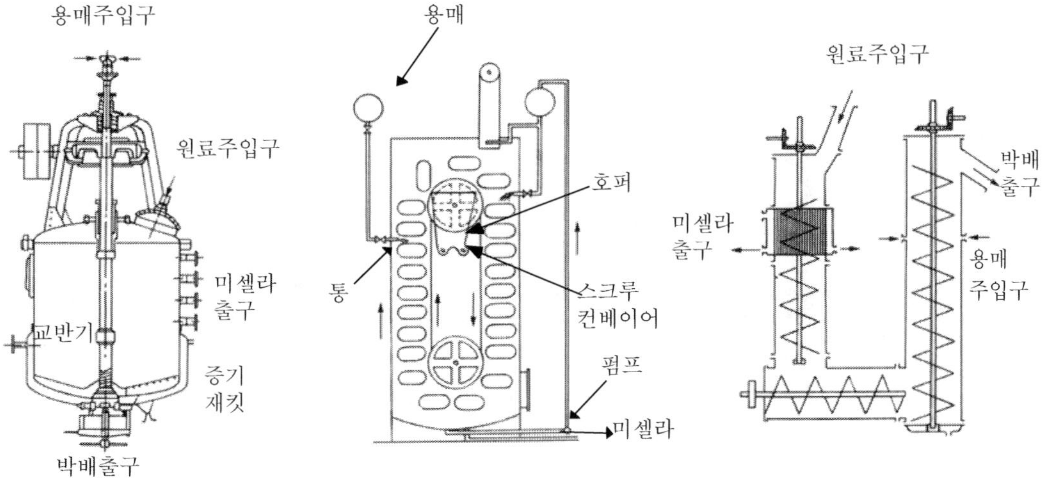

(a) 회분식 추출기 (b) 볼만 추출기 (c) 힐데브란트 추출기

그림 2-21 추출기의 종류

2-5-3 압착기

압착(expression)은 고체에 압축력을 작용시켜 고체로부터 액체성분을 짜내는 조작으로서 옛날부터 식품공업에서 착유, 치즈제조, 과일주스의 착즙 등에 널리 이용되어 왔다.

압착방법은 유압에 의한 압착, 롤러에 의한 압착, 그리고 스크루에 의한 압착으로 크게 나눌 수 있다. 유압식압착기 및 스크루식 압착기는 착유 및 과일주스의 가공에 널리 사용되고, 롤러압착기는 사탕수수에서 원당액을 추출하는데 사용된다. 일반적으로 유압식 압착기는 회분식(batch type)이고, 롤러와 스크루식 압착기는 연속식이다.

압착기는 압축력을 얻는 기계적인 장치와 유용한 액체성분을 잔류 고체 성분과 분리할 수 있는 여과장치로 구성되어 있다. 압착효율은 고체의 항복응력(변형에 대한 저항), 형성된 고형물의 공극율(void fraction), 압착액의 점도, 사용한 압축력에 의하여 영향을 받는다.

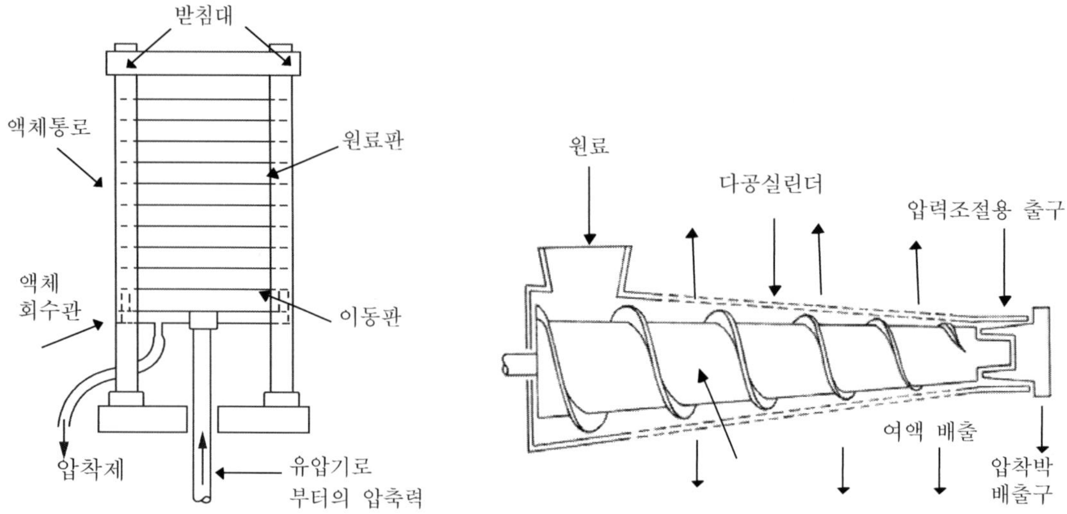

(a) 유압식 압착기 (b) 스크루식 압착기

그림 2-22 압착기의 종류

2-5-4 흡착

흡착은 기체나 액체를 고체에 접촉시키면 고체에 결합하는 성질을 이용하여 분리하는 조작이다. 흡착제는 활성탄(active carbon), 산성백토(acid white clay), 실리카겔, 골탄(bone black), 이온교환수지(ion exchange resin) 등을 사용한다.

활성탄은 다공질로, 내부 표면적이 커서 유지나 물, 수용액의 탈색과 정제에 널리 이용되고 있다. 간장에 숯을 띄우는 것은 불순물의 흡착에 목적이 있다. 산성백토는 염화알루미늄이 주성분으로, 유지의 탈색과 탈취에 이용되고, 실리카겔은 그물눈 구조를 가져서 공기 중의 수분 제거나 제습제로 이용된다. 골탄은 인산칼슘이 주성분으로, 수용액의 탈색에 이용된다. 이온교환수지 음이온을 흡착하는 것을 음이온교환수지, 양이온을 흡착하는 것을 양이온교환수지라 하며, 물과 용질의 정제에 이용한다.

2-6 식품의 농축

가당연유, 당시럽, 농축과즙, 설탕, 식염, 각종 인스턴트차와 스프(soup)들은 농축조작만으로 만들어진 제품이거나 제조과정에서 농축조작을 거쳐서 생산된 식품들이다.

농축(concentration 또는 evaporation)이란 용액으로부터 용매를 제거하여 용액의 농도를 높여주는 조작이다. 용매는 일반적으로 물 또는 유기용매이며 식품공업에서는 주로 물인 경우가 많다. 이 농축조작은 식품가공과정에서 식품 중에 유효물질의 농도가 낮을 때 농도를 높이는 수단으로 사용되고 있다.

농축방법은 용매를 제거하는 방식에 따라 증발농축(evaporation) 및 냉동농축(freeze concentration)으로 나눌 수 있는데 전자는 가열하여 물(용매)을 증발제거하는 방법이며 후자는 용액을 냉동시켜 물을 얼음으로 석출 제거하여 용액의 농도를 높이는 방법이다. 그러나 식품공업에서 가장 보편적으로 사용되고 있는 것은 증발농축방법이다.

증발농축은 수분을 제거하는 점에서 건조(drying)와 같으나 최종산물이 고형이 아니고 액상 또는 시럽(syrup)상인 점에서 구별된다. 또한 증발농축은 용매를 증기화(vaporization)시키고 이를 용액으로부터 분리 제거한다는 점에서 증류(distillation)와 흡사하나, 증류는 증기성분을 제품으로 얻는데 반하여, 농축은 증기성분을 제거한 다음에 관내에 남은 잔류물을 제품으로 얻는다는 점에서 그 차이점이 있다. 물론 바닷물로부터 담수를 만들 때도 증발농축방법을 사용하나 이때는 증기를 제품으로 얻게 되는데 이는 어디까지나 예외적인 경우라고 할 수 있다.

일반적으로 농축된 식품은 상품적 가치가 높을 뿐 아니라 원액에 비하여 부피가 훨씬 작아지기 때문에 저장과 수송에 편리한 이점이 있다. 또한 농축제품은 수분함량이 낮으며 수분활성도(water activity)도 낮으므로 미생물이 쉽게 번식할 수 없는 조건을 갖추고 있어서 장기간 저장할 수 있는 이점을 지니고 있다.

2-6-1 증발농축 장치

액체를 가열 농축할 수 있는 장치를 증발농축관 또는 증발관이라고 부른다. 증발관에는 여러 가지 형태가 있으나 일반적으로 가열부, 기-액분리부, 응축부로 구성되어 있으며 이밖에도 여러 가지 부대시설이 첨가된 것들이 있는데 식품공업에서 흔히 사용되는 것들을 보면 다음과 같다.

1) 솥형 농축기

솥 또는 팬(pan)모양으로 된 가장 간단한 농축기이며 화염으로 직접 가열하는 직화식과 스팀자켓식이 있다.

이 농축장치는 구조가 아주 간단하며 가격도 저렴하기 때문에 비교적 소량의 식품을 농축하는데 적합하다. 그러나 액의 증발속도가 낮아 농축시간이 오래 걸리게 되고 농축이 완료될 때까지 식품이 오랜 시간 솥 안에 머물러 있게 되므로 열변성을 피할 수 없다는 단점이 있다. 솥형 농축기의 대부분은 개방형이지만 어떤 것은 뚜껑이 부착되어 있는 밀폐형으로 된 것도 있다. 밀폐형 중에는 관내의 압력을 낮추어 주거나, 교반기를 설치하여 농축시간을 단축할 수 있도록 제작된 것도 있다. 이 농축기는 소량의 토마토즙, 스프(soup) 및 잼(jam)을 제조하는데 널리 쓰이고 있다.

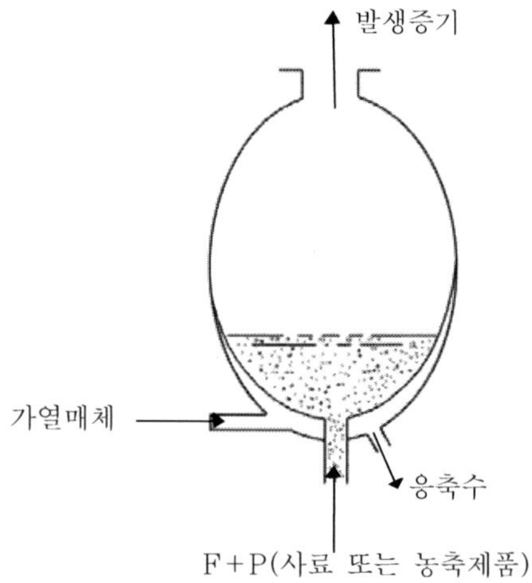

그림 2-23 솥형 증발농측기

2) 단관형 농축관

농축장치의 가장 대표적인 형으로 농축관이라고 하면 일반적으로 단관형 농축관(short tube evaporator)을 뜻하는 경우가 많다. 이 농축관을 일명 칼란드리아(calandria)증발관이라고도 부르는데 그 구조를 보면 그림 2-24와 같이 가열부(calandria)는 짧은 관(단관, short tube)으로 되어 있는 것이 특징이며 관의 배열이 수직인 것과 수평으로 된 것이 있다. 이 증발관은 압력을 조절할 수 있도록 밀폐식으로 되었고 원료액의 입구, 가열부, 발생증기 배출구, 장애판(baffle) 및 농축제품 배출구 등으로 구성되어 있다.

원액은 원료액 입구를 통하여 증발관 내에 들어가 가열되면 대류작용에 의하여 가열부 주위로 순환한다. 액이 끓기 시작하면 증기가 발생하며 증기는 곧 증기배출구로 배출되며 증기배출구는 감압상태로 유지되기 때문에 증기는 쉽게 관을 떠난다.

가열매체로는 수증기가 사용되는데 액이 증발되는 동안 스팀은 계속 소요되며 이때 생기는 응축수는 응축수 출구를 통하여 배출된다. 이 증발관은 식품공업에 제당, 당시럽제조 등에서 널리 이용되고 있다.

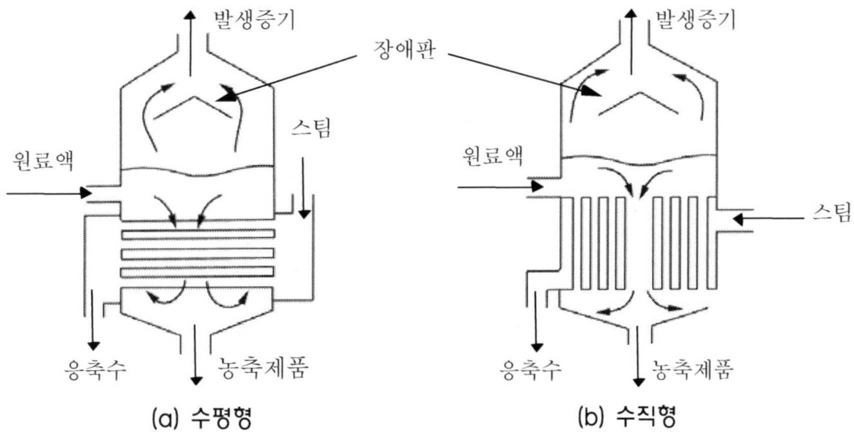

그림 2-24 단관형 증발농축장치

2-6-2 냉동농축

냉동농축은 용액을 냉동할 때 일어나는 얼음의 석출현상을 이용한 것이다. 용액의 동결에 의해서 얼음이 형성되면 비동결액의 용질농도는 높아지기 때문에 얼음을 체 또는 원심분리기를 이용하여 제거해주면 농축효과를 얻을 수 있다. 냉동농축에 사용되는 원심분리장치와 농축공정을 보면 그림 2-25와 같이 동결기(scraper cooler)에서 얼음결정을 형성시켜 탱크에서 교반, 혼합액을 만든 후 원심분리기에서 얼음을 분리, 제거하여 농축액을 얻는다. 남은 용액은 냉각기를 통과하면서 다시 동결되어 더욱 농축될 수 있다.

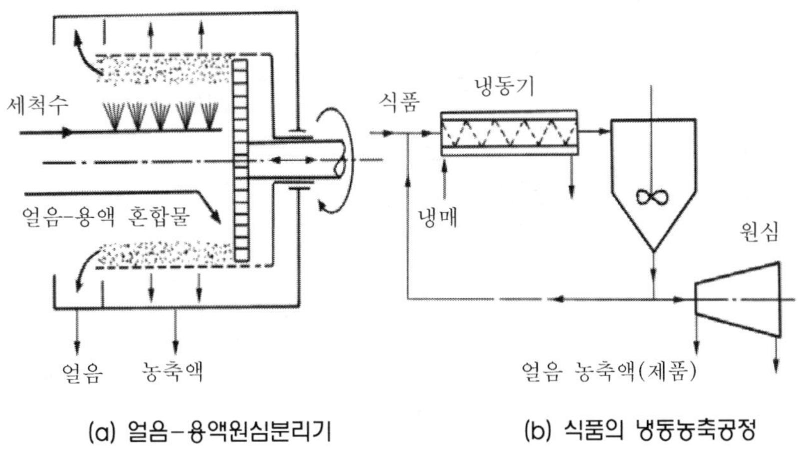

그림 2-25 냉동 농축장치

2-7 식품의 증류

혼합물 중에서 어떤 유효성분을 분리해내는 분리조작은 식품공업에서 그 응용범위가 넓다. 예를 들면, 침강, 여과, 원심분리와 같은 기계적인 분리조작을 들 수 있고 추출과 증류를 꼽을 수 있다. 여기서 다루고자 하는 증류는 앞장에서 이미 다룬 바 있는 추출과 흡사한 점이 많다. 추출은 고체와 액체 또는 서로 잘 녹지 않는 액체와 액체간의 물질분리 조작인 것이며 증류는 액체와 기체 사이에서 물질의 분리를 꾀하는 것인데 모두 2개의 상 사이의 물질의 이동을 취급한다는 점에서 공통점을 갖고 있다.

따라서 증류와 추출은 이론과 조작상에서 대단히 흡사한 점이 많다. 비점이 서로 다른 두 가지 이상의 물질을 포함한 용액을 가열하면 비점이 낮은 성분은 쉽게 증발하여 액상에서 증기로 이동된다. 이때 증기를 응축하여 액화시키면 이 액체는 원래의 용액보다 훨씬 높은 농도의 저비점 성분을 포함한다. 따라서 혼합액을 비등시켜 발생하는 증기를 응축함으로써 저비점 성분을 고비점 성분들로부터 분리할 수 있다. 이와 같은 예는 주정 발효액을 가열하여 발생하는 증기를 응축해서 위스키(고농도 에탄올액)를 제조하는데 이용된다. 증류조작은 주정공업, 유지공업, 향료공업 등에서 유효성분의 분리, 정제 등에 광범위하게 이용되고 있다. 증류는 혼합액의 분리방법과 분리정도에 따라 여러 가지 종류로 구분되는데 단증류, 분류, 공제증류, 수증기증류 등이 있다.

단증류(simple distillation)는 혼합용액을 끓일 때 발생하는 증기를 전부 응축하여 이를 제품으로 하는 증류법으로 위스키의 제조 등에 사용되고 있는 증류법이다.

분류(fractional distillation)는 정류(rectification)라고도 하는데 혼합액을 구성하는 여러 가지 성분의 비점의 차이에 따라 분별증류하여 각각의 성분을 분리하는 증류법을 말한다. 일반적으로 증류라 하면 이 분류를 의미하는 경우가 많다.

수증기증류(steam distillation)는 고급지방산과 같이 증기압이 낮은, 즉 b.p.가 높은 물질을 비휘발성 물질로부터 분리하는데 사용하는 증류법이다. 수증기를 원료액에 취입하여 가열하면 수증기와 분리하고자 하는 성분의 혼합기체가 발생하게 되는데 이 혼합증기를 응축하면 응축액은 목적성분과 물의 두 가지 층으로 분리되므로 목적성분을 분리할 수 있다. 이 수증기증류법은 주로 식품의 향기성분 등을 분리하는데 사용된다.

한편 증류는 혼합용액을 구성하는 성분의 수에 따라서 구분되는데, 2가지 성분으로 된 혼합액의 증류를 2성분계증류, 여러 가지 성분으로 된 경우를 다성분계증류하고 한다. 여기서는 가장 간단한 2성분계의 증류에 관하여 다루어 보고자 한다.

2-7-1 증류장치

증류장치는 증류탑, 증류관, 응축기로 구성되어 있으며 이밖에도 원액, 환류액 등의 수송에 필요한 펌프와 파이프 배관으로 이루어져 있고 각 부위의 온도, 압력, 유량 등을 측정, 기록, 조절할 수 있는 계기 등이 설치되어 있다. 증류장치는 원료 및 제품의 성질에 따라 증류탑의 구조 및 높이가 달라지기 때문에 그 종류도 다양하다. 여기서는 식품공업 분야에서 가장 많이 사용하고 있는 주정공업의 주정분리용 증류장치를 기준으로 설명하기로 한다.

2-7-2 증류탑

증류탐은 여러개의 증류단을 조립하여 만든 탑인데 그 높이는 수 m에서 수십m에 이르는 것이 있다. 어떠한 증류탑이든 간에 기본이 되는 것은 증류단이며 증류단은 기-액평형이 신속히 이루어질 수 있도록 증기와 액이 잘 접촉할 수 있는 구조로 되어 있다. 그 일례로 포종형(bubble cap)형 증류단은 그림 2-26(a)같으며 증기와 액의 접촉이 그림 2-26(b)와 같이 잘 이루어진다.

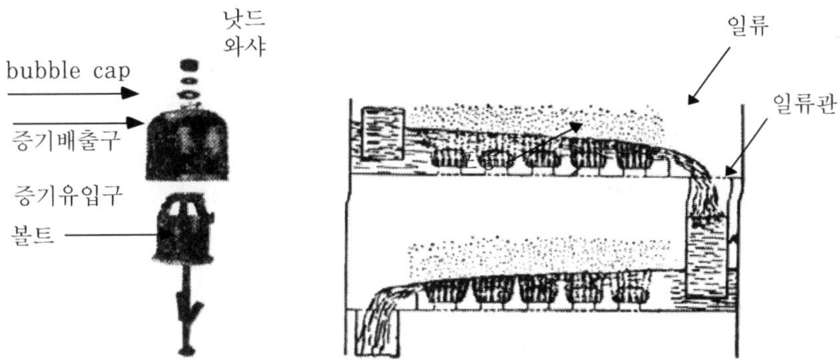

(a)포종의 모양 (b)여러개의 포종을 갖춘 증류단에서의 기-액접촉상태

그림 2-26 증류탑의 구조

증류단의 높이는 끓을 때 생기는 액상이 바로 위의 증류단으로 증기와 함께 옮겨가는 비말동반 현상을 피할 수 있을 만큼 충분히 높아야 하며 수증기의 유입속도도 적절히 조절하여야 한다.

실제의 증류탑에서는 이론적인 평형단에서처럼 기-액평형이 완전하지 못하기 때문에 저비점성분의 분리효율, 즉 단효율(plate efficienhcy)이 떨어진다.

2-8 식품의 물성

우리가 식품을 먹을 때 입 속에서 느끼는 감촉은 식품의 풍미에 큰 영향을 미친다. 이것은 식품의 알맞은 견고성, 점성, 탄성 등의 물리성이 식품의 기호에 커다란 영향을 미치기 때문이다. 이들의 물리적 성질은 rheology라는 과학의 분야에서 다루고 있다. 따라서 rheology는 물체의 변형과 유동성에 관하여 연구하는 학문이라 할 수 있다. 즉 기체는 기체법칙, 액체의 점성법칙, 고체의 탄성법칙 등 물체의 기본적인 성질이 식품의 rheology와 밀접한 관계가 있으며, 또한 이들의 물성정수를 구하는 것이 중요시되고 있다.

식품의 가열, 냉각, 냉동, 혼합, 교반 등의 조작에 의한 물성의 변화와 식품 제조공정 중 제조기계, 수송, 저장 등의 식품의 rheology에 어떠한 영향을 미치는가를 연구해야 한다.

rheology의 취급 분야에 속하는 물질의 탄성 및 점성에 관하여서는 예전부터 여러 가지 법칙이 발견되고 연구되어 왔으나 본격적인 rheology의 발달은 미국의 Bringham이 소성유동의 개념을 발표한 이후 이 학문이 화학공업, 섬유공업 및 식품공업 등에 공헌한 바가 크다. 화학공학의 분야에서는 액체와 기체의 rheology에 대하여 많이 연구하지만, 식품공업에서는 분체, 고형물, 반고형물 등에 대한 취급과 연구가 많다.

2-8-1 물성(Rheology)의 개념

1) 점성(粘性; viscosity)

액체는 외부에서 힘을 가하면 유동하는데 이러한 유체에 있어서 흐름에 대한 저항이 점성이다. 저항성이 적어서 잘 흐르는 물 등은 점성이 낮고, 저항성이 큰 물엿 등은 점성이 높다. 액체에 있어서는 일반적으로 온도를 올리면 점성이 줄고 압력이 함께 증가한다. 용액의 점성은 용매의 점성 외에 용질의 종류, 농도 등에 의하여 변화한다. 휘발유는 점성이 낮은 액체이며, 아스팔트는 점성이 극히 높은 물질이다. 점성의 정도는 점도(粘度)로 나타내는데 표준단위는 poise이다. 20℃에서 물의 점도는 0.01 poise(1 centipoise CP)이다.

2) 탄성(彈性; elasticity)

탄성이란 외부의 힘에 의하여 변형을 받고 있는 물체가 본래의 상태로 되돌아가려는 성질을 말한다. 고무줄을 손으로 당겼다가 손을 놓으면 원상태로 돌아가는 것이 탄성의 대표적인 예이다. 모든 물체는 다소나마 탄성이 있고 일반적으로 탄성이 있는 물체라는 것은 탄성한계 안에서 큰 변형을 하는 것이다.

3) 소성(塑性; plasticity)

외부에서 힘을 받으면 물질이 변형된다. 이때 힘을 제거하여도 원상태로 돌아가지 않는 물질을 소성이라 한다. 버터, 마아가린, 생크림은 소성을 나타낸다. 어떤 물체를 수저로 퍼서 접시에 올려놓아도 흐르지 않는다. 이에 반하여 물엿과 같은 고점성체는 수저로 쉽게 뜰 수가 없으나 접시에 놓으면 점차로 흘러서 퍼져 나가는 성질이 있다. 이와 같이 생크림과 물엿의 역학적 성질이 다른 것은 rheology의 개념으로 구별할 수 있다.

4) 점탄성

물체에 힘을 작용시키면 순간적으로 일어나는 탄성변형만이 아니라, 점성유동이 동시에 일어나는 것이 많다. 예를 들면 포장에 사용하는 polyethylene film막을 잡아당기면 탄성고무와 같이 늘어나는 동시에 아스팔트와 같이 점성변형을 하게된다. 이와 같이 점성유동과 탄성변형을 동시에 나타내는 복잡한 성질을 점탄성이라 한다.

아마인유과 같은 건성유를 공기중에서 가열하면 점도가 차차 높아지는데 이것을 상온에서 교반하다가 정지하면 교반봉이 원상태로 돌아가는 성질이 있다. 이 때 교반봉을 올리면 고무줄과 같이 길게 늘어졌다가 끊어져서 재빨리 원상태로 돌아간다. 이와 같은 점탄성을 가진 것을 유체상점탄성체(油體狀粘彈性體)라 하고, polyethylene film과 같은 것을 고체상점탄성체(固體狀粘彈性體)라 한다.

점탄성은 온도 및 변화시간 등에 관계가 있다. 예를 들면 막대기 모양의 엿은 기온이 낮을 때는 구부리려면 부러지나 온도가 높으면 분명히 점탄성을 나타낸다. 그리고 구부리는 속도를 빨리 하면 부러지지만 천천히 구부리면 깨끗하게 구부러지는 수가 있는 것 등이다.

점탄성체는 점탄성율과 같은 기초적인 물리적 성질 또는 그들의 조합으로 해석할 수 없는 것이 많다. 그러나 식품학이나 고분자학에 있어서는 중요한 의미를 가지고 있는데, 예를 들면 다음과 같다.

① 예사성(曳絲性; spinability): *Bacillus natto*로 만든 청국장이나 달걀의 흰자 등에 젓가락을 넣었다가 빼면 실과 같이 늘어나는데 이 성질을 예사성이라 한다.

② Weissenberg의 효과: 연유 중에 젓가락을 세워서 회전시키면 연유가 젓가락을 따라 올라간다. 이와 같이 액체의 회전운동을 부여하였을 때에 법선(法線)

방향으로, 즉 흐름과 직각방향에 현저한 압력이 생겨서 상술한 바와 같은 작용이 나타나는 현상을 Weissenberg의 효과라한다. 이 현상은 액체의 탄성에 기인한다고 생각되며 rheogonimeter로 측정할 수 있다.

③ 경점성(硬粘性;consistency): 점탄성을 나타내는 견고성은 경점성을 말하는 것이다. 표준 mixer로 일정속도로 혼합할 때 혼합축에 작용하는 토오크로서 측정된다. 반죽 또는 떡의 경점성은 farinograph등을 사용하면 알 수 있다.

④ 신전성(伸展性;extensibility): 국수 반죽과 같이 대체로 고체를 이루고 있으며, 봉상(棒狀) 또는 긴 끈 모양으로 늘어나는 성질을 신전성이라 한다. 신전성은 인장시험으로 측정할 수 있으나 실제는 Brabender의 extensograph 등의 장치를 사용하여 알 수 있다.

2-8-2 식품의 교질성

설탕이나 소금의 수용액은 투명하나, 전분, 젤라틴 등을 물에 넣어 교반하면 흐리게 되고, 방치하면 밑에 불용성의 침전이 생긴다. 윗층의 흐린 부분은 걸름종이로 걸러도 맑아지지 않고, 현미경으로도 볼 수 없으나 1~100mμ의 입자가 물에 분산되어 있는 것이다. 이와 같은 미세입자를 교질(膠質; colloid)이라 하고, 이 상태를 교질상태(colloid state)라 한다. 한편 1mμ 이하의 경우에는 진정용액이 되는 것이다. 즉, 교질상태란 물질의 종류에 의하기보다는 입자의 크기에 의하여 결정되는 것이다.

교질용액과 같이 어떤 용매에 다른 물질의 입자가 분산되어 있는 경우를 분산계(分散系)라 한다. 이때 분산되어 있는 입자를 분산질(分散質: dispersed phase)이라 하고, 이를 분산시키고 있는 용매를 분산매(分散媒;dispersion medium)라 부른다. 분산계에서는 표 2-2에서와 같이 여러 가지가 있고 식품에서의 예를 보여주고 있다.

표 2-2 식품에서의 분산계

분산질	분산매	교질상태	예
기체	액체	거품	맥주의 거품, 발효 중의 거품
액체	액체	유화액	우유, 크림, 마요네즈
고체	액체	sol	전분액, 풀, 젤리
액체	고체	고체 sol	버터, 초코렛, 마아가린
고체	고체	고체 sol	사탕과장

1) 교질의 상태

(1) Sol

분산매가 액체이고, 분산질이 고체, 또는 액체의 교질 입자가 분산되어 있어 전체가 액체상태를 띠고 있는 것을 sol이라 한다. sol의 예로는 우유, 전분액, 된장국, 한천 및 젤라틴을 물에 넣고 가열한 액 등을 들 수 있다.

전분 및 젤라틴의 수용액은 분산상과 물이 단단하게 결합하여 전해질을 넣어도 교질상태가 안전하게 유지되어 있다. 이와 같은 sol을 친수 sol(親水; hydrophilic sol)이라 한다. 한편 금이나 염화은의 sol은 분산상과 물이 친화성이 적어, 이 sol에 전해질을 넣으면 침전이 생긴다. 이와 같은 sol을 소수 sol(疏水; hydrophobic sol)이라 한다.

전해질에 대한 sol의 안정성을 높일 목적으로 친수 sol을 넣는 수가 있는데, 이 친수 sol을 보호교질(保護膠質;protective colloid)이라 한다.

(2) Gel

한천이나 젤라틴 등을 따뜻한 물에 풀어서, 이것을 냉각시키면 굳어져서 일정한 모양을 지니게 된다. 이와 같은 상태를 gel이라 한다. gel은 다량의 분자상 입자들 사이에 비교적 소량의 분산매가 있어 분산질 입자가 서로 접촉하여 유동성을 잃는 것이다. gel의 예로서 한천젤리, 젤라틴젤리, 묵, 생선묵, 삶은 달걀 등을 들 수 있다. gel에는 생성 방식에 따라 침전 gel과 젤리의 두 가지가 있는데, 전자는 우유가 산패되어 분리, 침전되어 sol이 생기는 것이고 후자는 한천 및 젤라틴과 같이 다량의 물을 함유한채 분산질이 서로 접촉되어 망상구조(網狀構造)를 만들어 생성된 것이며, 이것을 가열하면 녹아 sol이 되고 냉각하면 다시 굳어서 젤리가 된다.

젤리를 장시간 방치하면 젤리의 망상구조의 눈이 점차 수축되어 분산매를 분리하는 수가 있다. 이 현상을 이액현상(吏額現象;synersis)이라 한다. 그리고 gel이 건조 상태가 된 것을 xerogel이라 하는데, 그 예로는 분말한천 및 판상젤라틴을 들 수 있다.

2) 교질의 성질

(1) 반투성(半透性)

일반적으로 이온이나 작은 분자는 셀로판막을 통과 할 수 있으나, 단백질과 같은 교질입자는 분자의 크기가 앞의 것들보다. 훨씬 크므로 통과하지 않는다. 이와 같은 막을 반투막이라 한다. 교질입자가 반투막을 통과할 수 없다는 것은 조리 가공상 매우 중요한 것이다. 곧 식품이 살아 있는 상태에서는 원형질막이 반투성을 지니고 있으나, 조리・가공에 의하여 막이 찢어지면 반투성은 사라지고 내용물이 녹아 나온다.

(2) 브라운 운동(Brownian motion)

sol의 상태에서 교질입자는 항상 브라운 운동을 하고 있다. 물의 분자가 항상 불규칙적으로 운동하고 있기 때문에 떠도는 교질입자와 충돌하여 입자를 움직이게 하는 것이다. 이로 말미암아 교질입자는 불균일한 힘의 작용을 받아 언제까지나 물속에 분산되어 있는 것이다.

(3) 응결(凝結; coagulation)

소수성 sol에 소량의 전해질을 넣으면 교질입자가 침전되는데 이 현상을 응결이라 한다. 그러나 친수성 sol에서는 전해질을 넣어도 잘 침전되지 않는데 이 경우에는 전하의 중화 외에 입자와 결합하고 있는 물의 분자를 유리시켜야 한다. 따라서 많은 양의 전해질을 가하면 친수성 sol을 침전시킬 수 있는 데 이를 염석(鹽析;salting out)이라 한다.

2-9 식품의 성형

2-9-1 식품의 성형

성형(moulding)의 목적은 가공 원료의 모양을 바꾸어 식품의 외관을 보다 좋게 하고, 식품이 가지고 있는 고유한 특성을 나타내도록 하는 데 있다. 따라서, 식품의 성형은 소비자의 기호와 관심을 자극하여 가공식품의 상품적 가치를 높이는 데 중요한 역할을 한다.

성형은 식품의 종류와 성질에 따라 차이가 나타나며, 그 종류도 대단히 많다. 따라서, 여기서는 대표적인 식품의 성형방법에 대해서만 설명하고, 식품가공에 이용되는 예를 들어 보기로 한다.

1) 주조성형

주조성형 방법은 일정한 모양을 가진 틀에 식품 원료를 담고, 이것을 냉각 또는 가열에 의하여 굳혀서 제품을 만드는 것으로서 빙과류・빵류・과자류 등의 제조에 이용되고 있다.

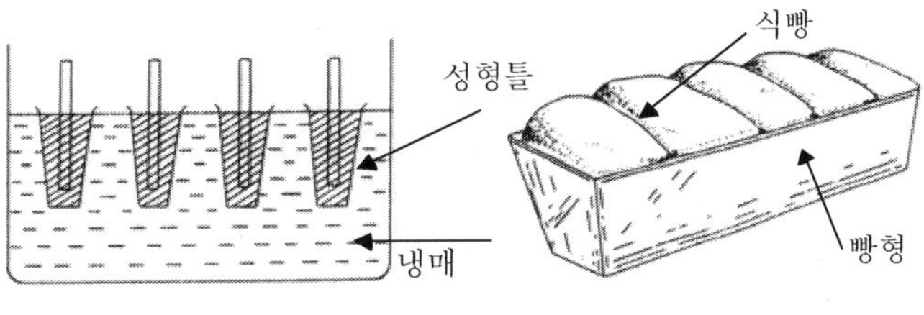

(a): 빙과류의 성형 (b): 식빵의 성형

그림 2-27 주조성형의 예

2) 압연성형

압연성형(compression moulding)은 흔히 국수·껌 등의 제품에서 볼 수 있는데, 먼저 분체상태의 식품을 반죽하고, 이것을 2개의 회전롤(roll)사이로 통과시키면서 얇게 늘리어 면대를 만든 다음, 이를 세절하거나 압인 또는 압절하는 방법으로 성형시키는 것이다. 일반적인 국수 면대기가 대표적인 압인성형기이며, 이외에도 비스킷 등의 제조에 이용된다.

3) 압출성형

압출성형은 반죽·반고체 및 액체식품을 노즐(nozzle) 또는 다이스(dice)와 같은 조그마한 구멍을 통해서 압력으로 밀어내어 일정한 모양을 가지게 하는 성형법이다.

압출성형(extrusion)은 압출성형기(exctruder)로 하며, 한 장치만으로 혼합·조분쇄·가열·열교환·성형·팽화 등을 할 수 있다.

압출성형은 발열방식과 비발열방식이 있다. 비발열방식은 원료의 조직 및 물성이 변형되지 않고 성형을 주목적으로 한다. 발열방식은 전단과 마찰로 내부 온도와 압력이 높아져서 원료의 물성을 변형시키고 여러 가지 변화를 일으킨다.

압출성형기는 원료공급장치·스크류 및 구동장치·배럴·압출구·절단장치 등으로 구성되어 있다. 장치는 원료가 고속 스크류에 의하여 혼합·전단·가열 작용을 받아 고압, 고온으로 순간적으로 점탄성 물질로 외부로 압출된다. 이 과정에서 혼합·가열·팽화·성형이 이루어진다.

압출성형은 전분질 식품의 가공, 호화 전분의 제조, 효소의 불활성화, 두류의 저장성 향상, 향미 개선 소화율을 증대시키고, 전분질 곡류와 고단백질 곡류를 혼합 가공하여 고단백질 스낵식품, 팽화 간편 식품, 스낵 식품을 제조할 수 있고, 콩단백질로 쇠고기와 같은 인조단백질을 제조할 수 있다.

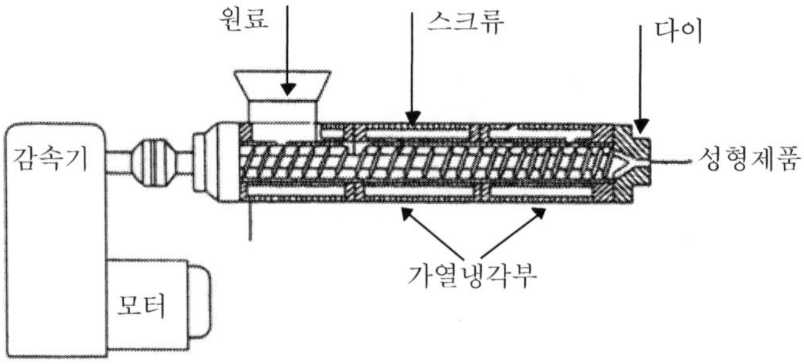

그림 2-28 압출성형기(extruder)

4) 과립성형

커피 분말은 입자가 너무 작으면 물 속으로 가라앉지 않고 표면에 떠 있기만 해서 잘 녹지 않는다. 인스턴트주스나 분유에서도 이와 같은 현상이 문제된다.

이와 같은 문제를 해결하기 위하여 입자가 작은 분말을 응집시켜 응괴형태로 바꾸어 주면 물에 녹일 때 뜨지 않고 가라앉아 녹기가 쉬우므로 상품가치를 높일 수 있다. 빵, 이스트, 각종 인스턴트 다류(茶類)의 제품 중에서는 이와 같이 응괴입자로 성형시키는 경우가 있지만, 때로는 좁쌀알과 같은 크기의 형태로 만들 경우도 있다.

응괴성형 방법은 그림 2-29에서 보는 바와 같은데, 그림에서 (a)는 떠있는 건조분체 중에 작은 물방울을 분사시켜 분체를 물방울에 응집하게 하여 보다 더 큰 응괴입자로 성형시키는 과정을 나타낸 것으로서 이를 응괴성형이라고 한다. 그림 2-29의 b는 젖은 상태의 분체식품이 구멍이 있는 회전드럼 속에서 회전틀에 의하여 압출되어 펠릿(pellet)으로 만들어지는 과정을 나타낸 것으로서 이를 과립성형이라고 한다.

그림 2-29의 c는 초콜릿볼이나 당의정 약과 같이 표면에 당액을 분사하여 건조시키는 작업을 나타낸 것으로서 이때에는 회전솥을 사용한다. 이러한 작업을 반복함으로써 차츰 모양이 커지게 되는데, 이를 피복성형이라고 한다.

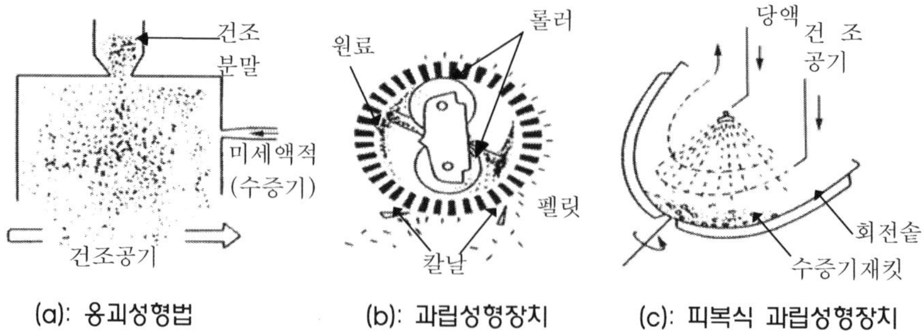

(a): 응괴성형법 (b): 과립성형장치 (c): 피복식 과립성형장치

그림 2-29 과립성형 장치의 구조

제 2 편

식품저장

제 3 장

식품저장과 원리

3-1 식품저장의 원리

식품을 저장하려면 미생물, 해충류 등 생물(生物)의 생육으로부터의 변질, 효소, 산소, 저분자물질(갈변)의 반응 등 화학적(化學的) 변질 그리고 온도, 광선, 수분의 변동 등 물리작용(物理作用)에 의한 변질이 식품변패의 원인으로 밝혀짐으로서 각종 식품의 성질에 따라 가공·저장법을 채용할 필요가 있다.

3-1-1 미생물의 제어

식품의 변패를 방지하는 것 중 가장 제일로 중요한 것이 우선 변패의 원인이 되는 미생물(微生物)의 작용을 저지하는 방법이 이루어져야 한다. 그러나 미생물 제어의 달성 목적을 위해서는 첫째 미생물을 사멸시키는 것이다. 즉 식품을 미생물의 생존한계 온도 이상에서 가열(加熱)하는 것이다. 이 방법을 이용한 통(병)조림,

retort pouch식품, 우유 등의 초고온살균(超高溫殺菌)이나 간헐살균(間歇殺菌), 마이크로파살균, 원적외선살균(遠赤外線殺菌) 등이 여기에 해당된다.

둘째는 미생물의 생육에 부적당한 조건을 만들어 번식을 방지하는 것이다. 즉 식품 중에서 미생물이 번식하기 어려운 환경을 만들어 주는 것으로 미생물이 생육과 번식하는데 필요한 수분(水分), 온도(溫度), pH, 영양물(營養物) 중 어느 하나가 부적당하면 생육이나 번식은 어렵게 되는 것이다.

수분의 경우 식품으로부터 어느 정도 수분을 제거하면 식품중의 용액의 침투압(浸透壓)이 증대되어 미생물의 생육에 필요한 수분을 잃어버리기 때문에 미생물의 생육과 번식은 억제된다. 건조법(乾燥法, 탈수)이 여기에 해당되고 또 식품을 소금에 절이는 염장법(鹽藏法), 설탕 등에 절이는 당장법(糖藏法) 등도 이 원리에 해당되는 것이다.

온도의 경우 미생물이 잘 살 수 있는 온도영역 이하나 그 이상으로 하게 되면 미생물의 생육은 억제된다. 세균, 효모, 곰팡이 등의 미생물은 그 종류에 따라 온도에 대한 내성의 차이는 있지만 대부분의 미생물은 대략 15~37℃ 영역에서 잘 자라며, 그 이하의 저온이나 그 이상의 고온에 두면 생육이 억제된다. 이 원리를 이용한 방법으로 저온영역은 움저장, 냉장, 냉동법(冷藏, 冷凍法)에 해당되고 가열영역은 저온살균법(低溫殺菌法), 순간고온살균법(瞬間高溫殺菌法), 자비살균법(煮沸殺菌法), 상업적 살균법(商業的 殺菌法) 등이 여기에 속한다.

또 pH의 경우 산을 첨가하여 pH를 조정하여 억제하는 산장법(酸藏法), 식품첨가물 중 보존료(保存料) 첨가 등과 그 이외 복합적인 훈연(熏煙) 및 훈증법(熏蒸法) 등이 있다. 그러나 미생물을 사멸하는 방법과 저지하는 방법에 차이가 있기 때문에 주의가 요망된다.

3-1-2 효소작용의 억제 및 상실

식품의 품질적인 변질을 방지하기 위해서는 효소작용(酵素作用)의 억제 내지 파괴가 필요하다. 효소는 모든 동식물에 함께 존재한다. 이들 효소는 가열에 의해 수분안에 간단하게 불활성화되어 상실하지만, 탈수에 의해서도 어느 정도 억제된다.

그리고 효소는 미생물과 달리 상당히 저온에서도 서서히 작용하는 것이 있다. 예를 들면 냉동채소의 경우 동결전 열처리가 나쁜 상태에서 효소활성이 남아있으면 냉동저장중에 색택, 향기의 변화현상이 일어난다. 그러나 저온으로 내려 갈수록 효소의 활성은 점차 억제 내지 상실된다. 특히 농산물중 과일류, 채소류 중의 과채류, 근채류, 곡류 등을 신선한 상태로 오래 저장하려면 저온에서 대사작용을 억제하여 발아나 발근, 추숙, 수분증발 등을 억제함으로서 효과를 얻을 수 있다. 이 방법의 이용은 CA저장이나 MAP저장 등에 해당된다. 더불어서 오염된 미생물도 번식을 억제하게 된다.

3-1-3 산소작용의 억제 및 제거

식품 중에는 되도록 어떤 공기와 접촉하지 않는 상태로 저장하는 것이 필요하다. 식품 중에는 지방계통 식품, 색소함유 식품, 비타민 다량 함유 식품 등에 특히 필요하다. 왜냐하면 이들 식품은 산소(酸素)와 작용하여 산화를 일으키므로써 산패(rancidty) 내지 변색 등을 일으키기 때문이다.

이것을 방지하기 위하여 식품에 직접 산화방지제(酸化防止劑)의 첨가, 탈산소제(脫酸素劑)의 봉입 등을 하는 것이 여기에 해당된다.

또 이것은 식품의 포장과 밀접한 관계가 있다. 예를 들면 분유에 있어 질소가스 충전포장, 햄이나 소시지 등 각종 식품의 진공포장(眞空包裝), 그 외 탄산가스나 혼합가스 포장도 여기에 속한다. 또 냉동식품에서 glazing(氷衣) 등도 산화를 방지하는 목적에서 행해진다.

그리고 산화작용은 수분이 많으면 그만큼 현저하므로 건조식품의 저장에는 습기에 주의하지 않으면 안된다. 특히 지방함유 분말식품의 경우 공기접촉이 없도록 노력하여야 할 것이다. 또 광선에 의해서도 산화가 촉진되므로 광선의 차단이 요망된다. 그래서 냉암소나 차단성 포장재(遮斷性包裝材)를 사용하여야 한다.

이상에서 식품저장의 근간이 되는 것은 식품의 변패원인의 주체인 미생물의 작용을 어떻게 방지하느냐가 가장 큰 비중을 차지한다고 할 수 있다. 또 이들의 방지법도 한가지 이용의 방법도 사용하지만 여러 가지 복합방법으로 병용하여 방지하고 있다. 또 원하는 목적에 따라 차이가 있지만 향미, 색택, 조직이 변하지 않도록 하는 것이 바람직하고, 영양적인 면에서도 만족한 상태로 해주는 것이 바람직하다. 아울러 이들 주요 원인요인 이외에도 더 고려할 것이 있으나 더 구체적인 것은 각 절에서 다루기로 한다.

3-2 식품의 건조

식품건조(food drying 또는 dehydration)는 단순히 수분을 말려버리는 수분제거 조작에 불과하지만 이것으로 인하여 얻는 이득은 너무도 크다. 우선 무게와 부피가 줄어 다루기가 편할 뿐 아니라 수송과 유통에 도움을 준다. 또한 식품의 수분 함량을 낮추어 줌으로써 미생물의 번식을 억제하여 식품의 장기저장을 가능케

하며, 건조과정에서 독특한 색, 맛, 향미가 형성되는 경우가 많아 상품적 가치를 높여준다.

그러나 식품은 잘 마르지 않는 특징을 갖고 있기 때문에 열에너지를 많이 소요할 뿐 아니라 많은 시간이 소요된다. 따라서 열효율을 높이고 짧은 시간 내에 효과적으로 수분을 제거하는 방법과 원리를 습득하는 것이 중요하다. 여기에는 열의 전달과 물질(수분)이동의 원리가 적용되어 열원의 공급매체와 수분의 운반매체로 작용하는 건조공기의 성질이 중요한 위치를 점하고 있다.

노천건조(태양건조)와 같이 특별한 시설이 요구되지 않는 경우도 있지만 열풍건조, 분무건조, 드럼건조, 복사건조, 감압건조, 냉동건조, 초단파건조 등은 독특한 건조장치를 사용하여야 하므로 그 구조와 기능을 이해하여야 한다. 건조방법과 건조기의 종류는 대단히 많기 때문에 여기서는 식품공업에서 주로 사용되는 것만을 골라서 다루어 보기로 하겠다.

3-2-1 수분

수분은 동물 또는 식물체에 가장 많이 함유하고 있는 구성성분으로 농산물에 있어서는 곡류가 12~15%, 두류가 12~16%, 과채류가 85~97%를 함유하고 있다. 수분함량은 원료의 가공, 저장, 포장 등의 조작을 하는 경우 고려해야 할 중요한 요소이다.

식품에 함유된 물은 자유 용매, 겔에 속박된 것, 단백질과 당질 및 이온 등과 결합한 것, 고체표면에 흡착된 것 등으로 존재하며, 결합 상태에 따라 결합수와 자유수로 나눈다.

결합수는 단백질의 카르복시기, 아미노기, 수산기, 카르보닐기, 이미드기 등과 수소결합하고 있는 것이다. 결합수는 용질을 녹이지 않고, 대기 중에서 100℃ 이상으로 가열하여도 제거되지 않고, 0℃ 이하에서도 얼지 않고, 미생물이 이용하지 못하고, 압착해도 제거되지 않고, 물보다 밀도가 크다.

식품을 건조하여 수분함량을 감소시키면 미생물은 생육할 수 없게 된다. 가용성 고형물의 농도가 상대적으로 증가하기 때문에 삼투압이 높아져서 저항력이 약한 미생물은 생육하지 못한다. 당의 첨가에 따른 수분활성도는, 동일 농도일 경우 분자량이 작은 당의 삼투압이 높으므로 포도당이나 과당이 설탕보다 감소 효과가 크다. 실제로 효모의 생육을 막는데 설탕용액의 농도가 60~70%는 되어야 하지만, 포도당이나 과당은 45~50% 정도면 충분하다.

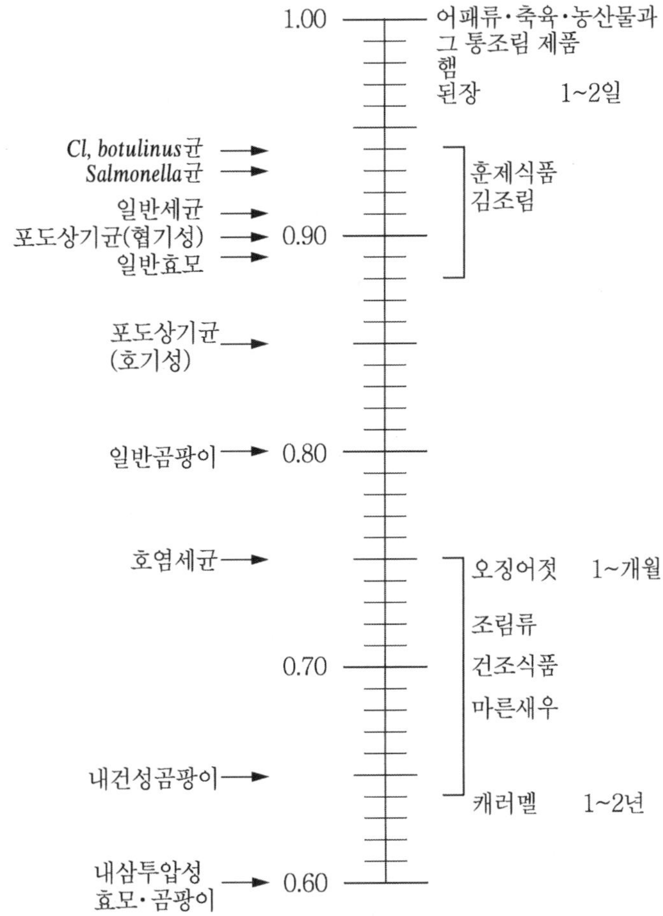

그림 3-1 수분활성과 미생물 생육

수분활성도는 식품이 나타내는 수증기압과 그 온도의 순수한 물의 수증기압과의 비이다. 미생물 생육에 필요한 수분활성도는 세균 0.93, 효모 0.85, 곰팡이 0.80 정도이다. 그러므로 채소, 생선(Aw=0.99~0.97), 쌀, 밀, 콩(Aw=0.75~0.60) 등은 수분활성도를 0.7까지 건조(탈수)하면 미생물에 의한 부패는 일어나지 않는다. 그러나 호염성 세균은 0.75, 내건성 곰팡이는 0.65, 내삼투압성 효모는 0.60 이상에서도 생육할 수 있다.

식품의 수분활성도를 낮추는 방법은 용매 제거(건조), 용질 가하기(당장, 염장) 얼리기(냉동)가 있다.

식품의 건조법

- 자연건조 —양건, 음건: 건포도, 곶감, 건면, 나물, 건어물 등
- 인공건조
  - 가압: 가열법→가압→감압분출: 튀밥 등
  - 상압
    - 자연환기법: 곶감, 고추 등
    - 열풍법(터널식, 로터리식, 벨트식): 각종 고체 식품
    - 분무법(가압노즐식, 원심분무식):분말커피, 분유, 분말향료
    - 피막법(드럼, 벨트): α화 전분, 으깬 감자
    - 포말법(기초박막법): 크레이터법, 스파게티법(과즙, 우유, 육엑기스 등)
    - 건조제법(오산화인, 실리카겔): 각종식품
    - 고주파법 ─ 10~20MC 분자운동, 마찰열에 의함 ─ 비교적 수분이 적은 식품
    - 적외선법 : 복사열에 의함 ─ 비교적 수분이 적은 식품
  - 진공 (각종식품(저온에서 건조가능))
    - 동결: 얼음의 승화
    - 피막(드럼식, 벨트식)
    - 분무
    - 교반

그림 3-2 식품의 건조법

3-2-2 식품건조의 원리

건조 조작에 의해 식품중에 수분을 제거하는 기구(mechanism)를 보면 다음(그림 3-2)과 같다.

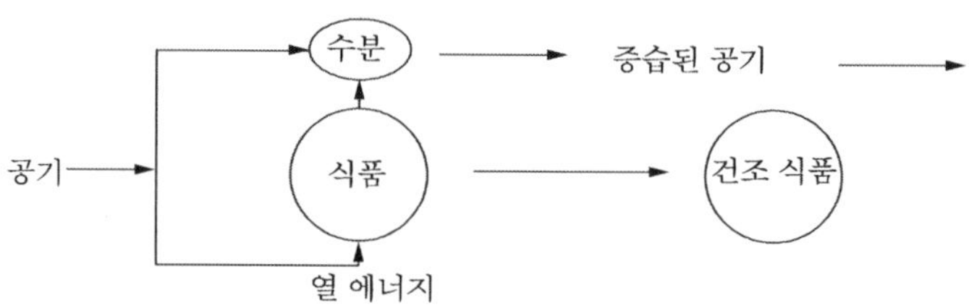

그림 3-3 식품의 건조기구

즉, 식품 속에 있는 수분을 증발시키기 위해서는 여기에 필요한 증발잠열(latent heat of vaporization)을 외부로부터 공급해 주어야 하기 때문에 우선 식품을 가열할 필요가 있다. 식품을 가열하는 방법은 미리 가열된 공기를 식품에 접촉하게 함으로써 열이 식품 속으로 전달되도록 한다.

한편, 수분은 식품의 표면에서 공기 속으로 이동되며 표면에 있던 수분이 다 증발되고 나면 식품 속에 있는 수분은 표면으로 이동된다. 이때 수분의 이동은 확산(diffusion) 방식을 따르는 경우와 식품조직 내의 미세한 모세관(capillary)이동

에 의존하게 된다.

이상과 같이 식품의 건조는 열과 물질이 동시에 이동되는 현상이기 때문에 열전달과 물질이동의 원리들이 함께 적용된다. 따라서 건조속도(수분의 증발속도)는 열과 물질의 이동속도에 크게 의존하게 되므로 건조구동력(drying driving force)은 식품과 공기 사이의 온도차와 수분농도차(수증기분압차)에 대체로 비례한다.

식품이 수분을 잃게 되면 무게가 계속 감소하게 되는데 수분함량의 변화를 나타낸 곡선을 건조곡선(drying curve)이라고 한다.

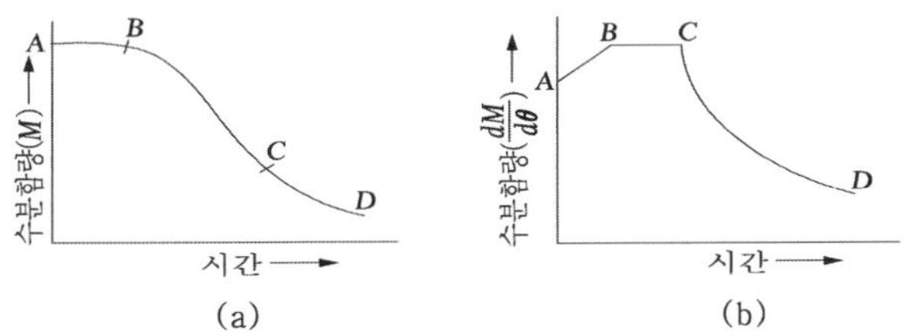

(a) (b)

그림 3-4 식품의 건조곡선

건조곡선은 그림 3-4(a)와 같이 수분함량과 건조시간으로 나타내는 경우와 그림 3-4(b)와 같이 건조속도(수분함량의 변화율)와 건조시간과의 관계로 표시되기도 한다. 식품건조 조작에서는 전 건조기간을 편의상 몇 개의 구간으로 구분하는데 그림에서 A—B 기간을 조절기간(settling down stage)이라고 하며, B—C를 항률건조기간(constant rate drying period), C 점은 임계수분함량(critical moisture content), C—D를 감률건조기간(falling rate drying period)이라고 한다. 조절기간은 식품이 가온되는 단계이며, 항률건조 기간은 식품표면에 있는 수분이 증발되는 단계이다. 그리고 감률건조기간은 표면 수분이 전부 제거되고 식품 내부에 있는 수분이 표면으로 이동되면서 건조되는 기간이다.

식품의 건조는 일반적으로 항률건조기간이 짧거나 없는 경우가 많으며 감률건조기에서 대부분 건조되는 것이 특징이다. 감률건조기에서도 건조속도가 일정하게 감소되지 않으며 이를 세분하여 제1감률건조기 및 제2감률건조기로 나누기도 한다.

3-2-3 열풍 건조기

열풍건조기는 식품을 열풍에 접촉시켜 건조하는 것으로 킬른(kiln)건조기, 캐비닛(cabinet) 건조기, 터널(tunnel) 건조기, 기송식(pneumatic)건조기 등이 있다.

1) 킬른 및 캐비넷 건조기

Kiln 건조기나 cabinet 건조기는 그림 3-5와 같이 그 구조가 간단하며 쉽게 제작할 수 있는 장점을 갖고 있으며 소량의 식품(수~수백kg)을 건조하는데 적합하다.

그러나 이들 건조기는 열풍의 자연순환 상태에서 건조하면 아래와 위쪽의 온도차가 크기 때문에 식품을 수시로 저어주어야 하는 번거로움이 따르게 되므로 공기순환팬을 설치하여 사용한다. 벼, 콩과 같은 곡물을 건조하는데는 그림 3-6과 같은 건조기들이 사용된다.

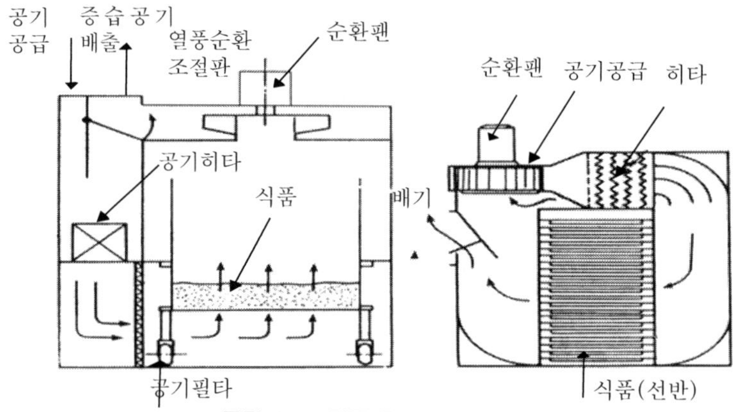

그림 3-5 킬른 및 캐비넷 건조기

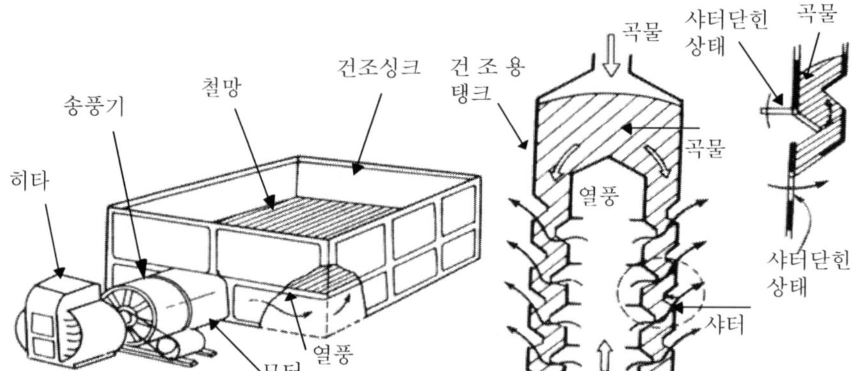

그림 3-6 곡물건조기

2) 터널 건조기

터널 건조기는 그림 3-7(a)과 같은 구조를 갖고 있으며 다량의 식품을 건조하는데 적합하고, 연속적으로 건조작업을 수행할 수 있다. 터널건조기에는 열풍이 흐르는 방향과 식품이 이동되는 방향에 따라서 병류식(cocurrent type)과 향류식

(counter current type)으로 분류된다. 전자는 열풍과 시료가 같은 방향으로 이동되는 것으로 건조 초기에 건조속도가 크다. 후자는 그 흐름의 방향이 서로 반대인 것으로 초기건조속도는 낮으나 건조효율이 높은 장점이 있다. 터널 건조기의 규모는 가로, 세로가 2m, 길이가 5~20m 정도인데 식품은 여러 개의 선반을 갖고 있는 선반차(truck)에 실려 터널의 한쪽 끝(wet end)으로 들어가서 다른 끝(dry end)으로 나오게 된다.

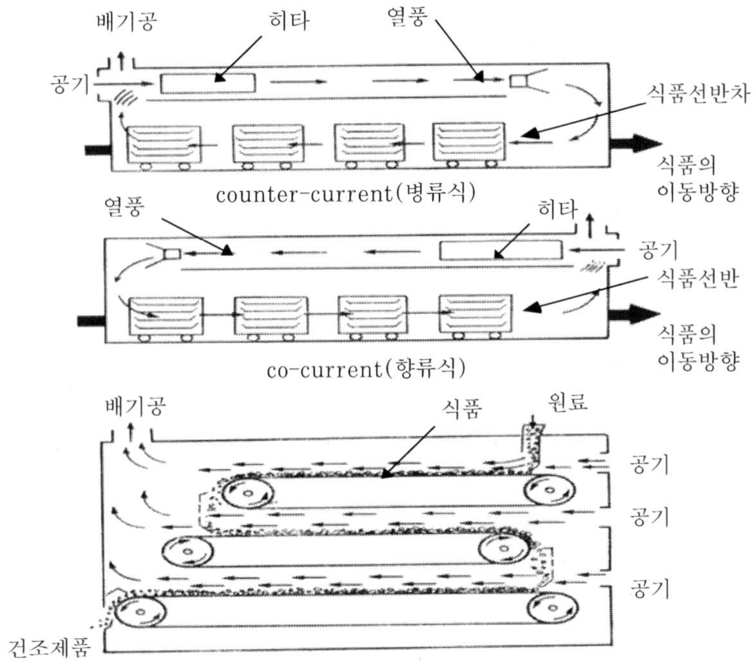

그림 3-7 터널건조기와 콘베어식 건조기

터널 건조기와 유사한 것으로 콘베어건조기(conveyor dryer)가 있는데 이는 건조시료의 이동방법을 콘베어 벨트로 한 것이다.

3) 부상식(유동층식, fluidized bed) 건조기

이 건조기는 식품이 담긴 탱크(건조실)의 아래쪽에서 가압된 열풍을 불어넣어 열풍 속에 식품이 약간 뜨게 함으로써 시료와 열풍과의 접촉을 좋게 만든 건조기이다. 따라서 식품의 건조속도가 빠르고 균일한 건조제품을 얻을 수 있으며 그 구조는 그림 3-8과 같다. 그러나 강한 열풍을 식품에 통과시키는 관계로 미세입자의 배출손실이 발생하게 되는데 이것은 사이클론(cyclone)을 설치하면 회수할 수 있다. 이 건조방법은 곡물과 같은 시료를 건조하는데 적합하며 회분식 및 연속식 조작이 가능하다.

4) 기송식(pneumatic) 건조기

그림 3-9와 같이 높은 속도의 열풍 속에 시료를 투입하여 시료를 열풍기류와 함께 이동시키면서 건조하는 방식이다.

부상식과 같이 건조속도가 빠르고 고른 건조제품을 얻을 수 있으며, 건조와 동시에 제품을 수송할 수 있는 이점을 갖고 있다.

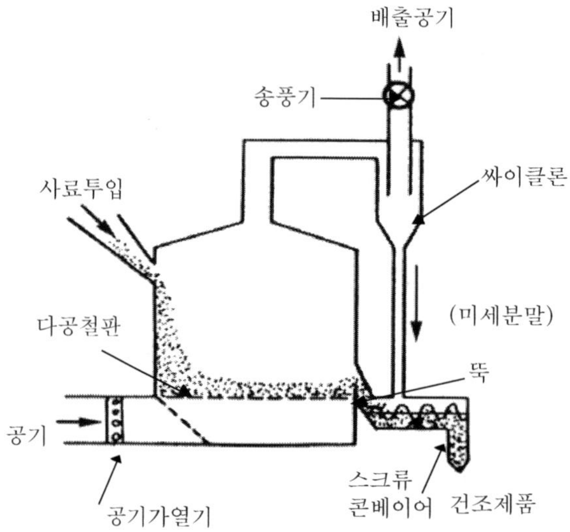

그림 3-8 부상식 건조기

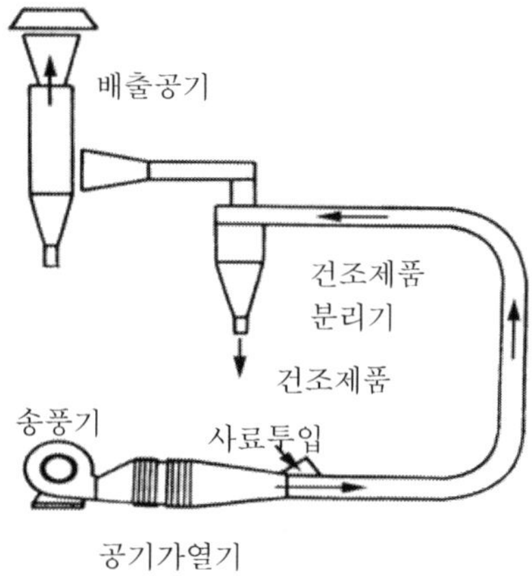

그림 3-9 기송식 건조기

5) 분무건조

분무건조(spray drying)를 이용하는 식품에는 분유, 아이스크림 믹서, 버터, 치즈, 유아식품, 커피, 차, 계란분말, 주스분말, 단백질 분만, 육엑기스 분말 등이 있는데 주요 이점은 열에 아주 예민한 물질들을 건조할 수 있고 속이 빈 구형입자들을 생산할 수 있다는 것이다. 또 용액, 슬러리(slurry) 또는 엷은 반죽으로부터 한 단계 공정만으로 건조제품을 만들 수 있는 우수한 건조방법이다.

분무건조는 슬러지나 액체재료를 미세한 액체입자(10~200㎛)로 건조실내(180℃ 부근)에 분무하여 미세 액체입자와 열풍을 접촉시켜 짧은 시간 내(1~10초)에 건조하는 방법이다. 이 때 수분은 액체입자로부터 빠르게 기화되어 건조고체의 입자로 남으며 이들은 기체흐름을 통해 분리된다. 액체입자는 정률건조조건에서 대부분 건조되는데 이 입자는 부피에 비하여 표면적이 매우 크고 열풍과 잘 접촉하므로 증발속도가 빠르다. 특히 입자온도는 증발잠열 때문에 열풍의 습구온도 이상 올라가지 않으므로 제품의 열에 의한 변화도 적게 일어난다. 실제 분무건조실 내부온도는 180℃ 부근이지만 액체입자의 표면온도는 55℃ 정도밖에 되지 않는다.

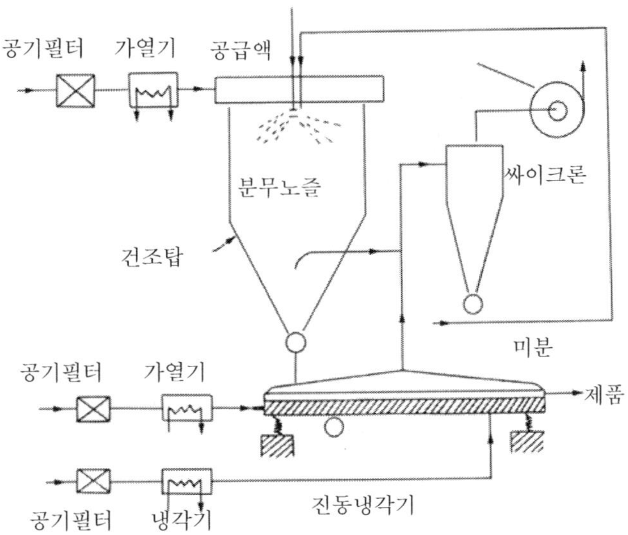

그림 3-10 분무건조기

분무건조장치는 공기가열부, 원액분무장치 제품회수장치로 구성되어 있는데 분무장치와 건조장치가 가장 중요한 부분이다(그림 3-10). 분무장치는 분무노즐(nozzle)을 통해 액체재료를 원하는 크기의 액체입자로 미립화하여 건조실 꼭대기에 있는 노즐로부터 분무하여 고온의 기체 흐름 속으로 분산시키는 장치이다. 건조장치는 분무된 미립자와 열풍이 접촉하여 수분이 제거되는 것으로 건조분말이 건조실 벽면에 부착하지 않고 모두 회수장치로 들어간다. 분무된 액체미립자의 온도는 열풍온도보다 낮으며 열풍으로부터 대류, 전도에 의해 열을 받는다. 미립자내의 수분은 열을 받고 표면의 공기 경계막을 통과한 후 열풍과 접촉하게 된다.

건조가 진행되면 미립자 표면의 수분농도가 감소하여 수분이동 저항이 커지므로 수증기 분압이 저하하고 따라서 수분증발속도(건조속도)가 낮아진다. 용액을 분무건조하는 경우 액체입자 표면으로부터의 증발은 입자내부가 포화상태에 다다르기 전에 표면에 용질을 침적하게 만든다. 용질이 입자 속으로 확산하는 속도는 내부에서 표면으로 물이 이동하는 것 보다 느려서 전체 용질함량은 표면에 누적된다. 분무건조의 경우에는 분무된 액체입자가 건조 중 팽창, 파열 등 복잡한 변화를 일으키므로 향기성분의 잔유율은 감소한다. 따라서 향기성분의 가능한 손실을 방지하기 위해서는 건조속도를 빨리하고 습도를 적게하여야 한다.

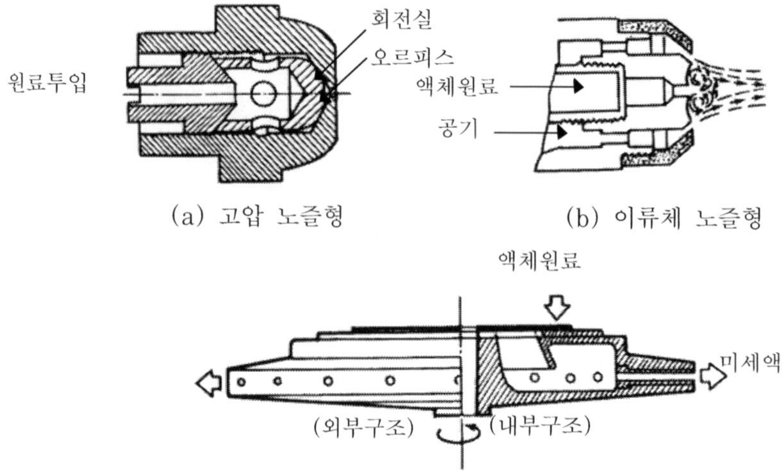

그림 3-11 여러 가지 분무장치(atomizer)의 구조

6) 동결건조기

동결건조의 기본 이론은 승화현상이다. 승화현상이란 고체상태의 얼음이 기체상태의 증기로 변하는 것으로 우선 3중점(triple point)의 의미를 이해할 필요가 있다. 즉 융해 곡선상에서는 얼음과 물이 공존하고 증기압 곡선상의 점에서는 물과 수증기가 공존하므로 두 곡선이 만나는 교점 즉 물의 3중점에 해당하는 상태에서는 물의 고체, 액체, 기체의 3상태가 모두 공존하게된다.(그림 3-12)

중요한 것은 3중점 이하의 압력에서는 어떠한 물질도 액체상태로 존재할 수 없다는 것이다. 또 고체와 기체상태를 서로 구분하는 곡선 즉 승화곡선은 고체에서 기체로, 기체에서 고체로 직접 승화하는데 필요한 조건을 나타내고 있다. 승화현상이 일어나는 것은 동결식품 주위의 수증기의 분압이 식품내부의 얼음이 포화증기압보다 낮을 때 증기압차가 생기므로 얼음이 승화한다. 그러므로 승화에 필요한 증기압차를 형성하기 위하여 건조실 내부압력을 진공상태로 해주어야 한다. 동결건조를 하려면 우선 동결에 의하여 식품 중의 수분이 얼게 하여야 하며 둘째, 얼음 승화에 의해서 원료로부터 수분을 제거하고 셋째, 원료 중의 잔존 수분제거를 위해 진공 하에서 원료의 온도를 높여야 한다.

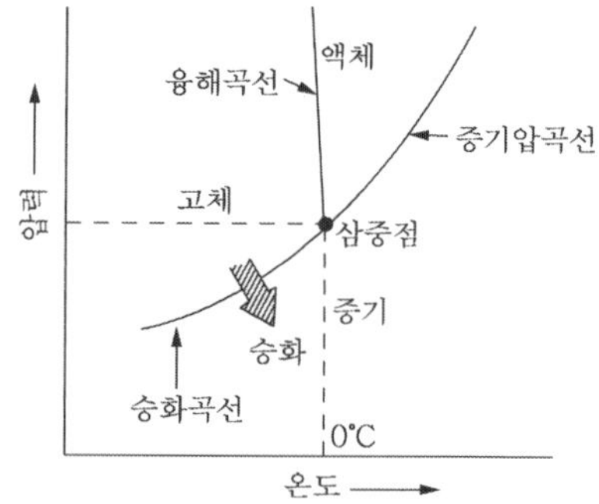

그림 3-12 물의 상태도와 승화

동결건조 속도를 지배하는 인자로는 동결식품 표면으로부터 승화하는 증기의 이동속도와 동결식품 표면으로 가해지는 열의 이동속도가 있다. 승화한 증기의 이동

속도는 증기압차 즉 얼음의 포화 수증기압과 건조층 표면에서의 수증기 분압과의 차에 비례하므로 가능한 한 얼음의 온도가 높아야 한다. 그러나 승화에 필요한 열을 공급하여 주지 않으면 승화잠열로 인하여 얼음온도가 낮아져 건조속도는 감소한다. 동결건조에 소요되는 시간은 식품의 두께, 건조층의 표면온도, 건조층의 열전도도에 따라 달라진다. 열 이동이 한 방향일 때 보다 다양한 방향에서 이동될 때 전체 건조시간은 크게 단축된다. 동결층 중에 건조층이 부분적으로 존재할 경우에는 건조층의 열전도도가 동결층에 비하여 극히 낮기 때문에 전열저항은 건조속도에 현저한 영향을 미치게 된다. 동결진공건조기의 구조는 4개부분, 즉(동결장치 -10~-30℃), 가열부분, 진공감압장치(130Pa 정도임), 응축기 그 외 기타 건조실을 갖추고 있다.

따라서 냉동건조장치는 식품을 동결상태로 유지할 수 있는 냉동시설, 건조실 내를 감압으로 유지할 수 있는 감압시설, 승화열을 공급할 수 있는 가열장치로 구성되어 있으며 여기에 증발되는 다량의 수분을 응축(condensation) 제거할 수 있는 응축기(condenser)가 부가되어 있다.

따라서 냉동건조는 자연히 건조비용이 많이 들므로 고가의 식품에 한하여 사용되는 것이 보통이다. 그러나 냉동건조식품은 식품의 조직파괴가 덜 일어나고 복수성이 뛰어나며 향미성분의 보지성이 높기 때문에 그 실용화 범위가 차츰 증대되고 있다.

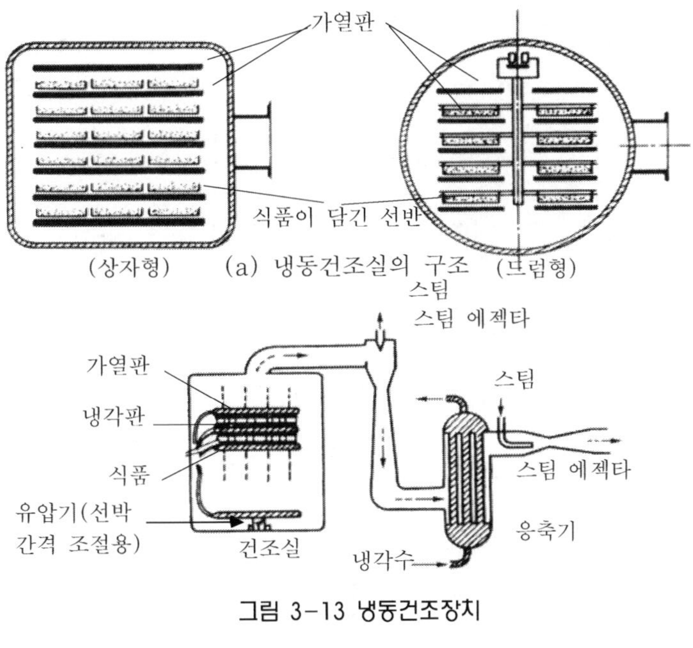

그림 3-13 냉동건조장치

7) 원적외선 건조/고주파 건조/초음파 건조

전자파인 원적외선(infrared ray, 50μm~1mm)의 복사에너지를 이용하여 건조하는데 원적외선을 식품에 조사하면 식품의 온도가 올라가 수분이 제거된다. 고주파 건조법(high frequency drying)은 유전가열(dielectric heat)을 이용하는데 열전도가 나쁜 식품의 건조에 이용한다. 이 방법은 식품을 빨리, 균일하게 가열하여 수분제거를 쉽게 할 수 있다. 초음파는 식품을 가열하지 않고 건조시키므로 열변성이 잘 일어나는 식품의 건조에 이용된다. 초음파를 식품에 조사하면 식품표면과 내부의 증기압차가 생겨 표면의 수분은 증발하게 된다. 사용 주파수는 보통 6~10kHz이며 송풍장치를 병용하면 효율이 커진다.

8) 포말건조/드럼건조/팽화건조

포말건조(foam mat drying)는 식품을 농축한 후 기포제(메틸 셀루로오스, monoglyceride, egg albumin 등)로 기포력을 크게 하여 열풍을 불어넣어 건조하는 방법으로 각종 주스분말, 커피, 분유, 엑기스 등 제조에 이용한다. 드럼건조(drum drying)는 진공, 가열, 회전드럼의 표면에 액상의 식품을 엷게 코팅하여 건조시키는 방법(그림 3-14)으로 α-전분, 인스턴트 스프, 분말유아식품 등 제조에 이용한다.

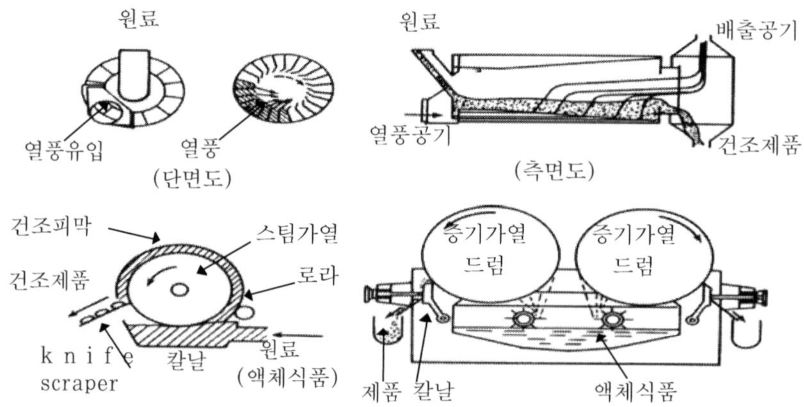

그림 3-14 드럼식 건조기

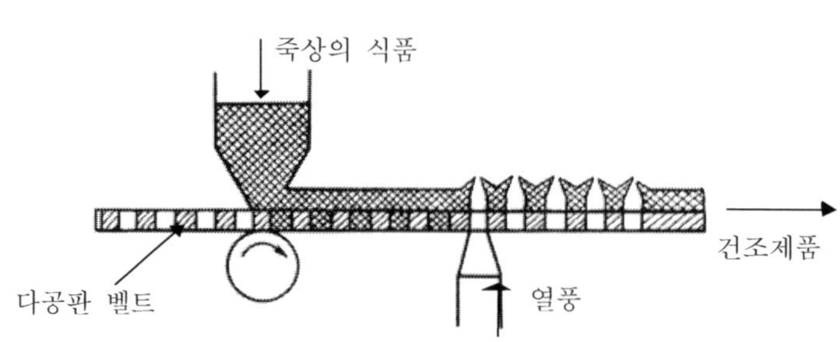

그림 3-15 포말식 건조기

팽화건조(puffing drying)는 수분함량이 15~40% 정도인 식품을 고압, 가열한 후 갑자기 상압, 상온으로 노출시키면 순간적인 수분의 증발, 확산으로 식품 조직은 팽창하여 다공성을 가지게 된다. 이 방법은 재래 옥수수, 쌀, 콩 등의 팽화에 이용한 것으로 수분함량이 많거나 조직이 연한 것은 적용할 수 없다. 제품은 흡습성이 강하므로 저장에 유의하여야 한다.

한편 액상식품을 건조하는데 사용되는 포말식 건조기(foam mat dryer)는 그림 3-15와 같이 체망(screen) 벨트 위에 약 5mm정도의 거품을 만들 수 있도록 벨트 밑으로부터 가열공기를 불어넣어 건조시키는 방식으로 열에 약한 죽 상태의 식품을 건조하는데 적합하다.

3-2-4 건조식품의 저장

건조식품은 습도가 높은 상태에서 흡습하여, 수축하면 서로 부착한다. 미생물과 효소의 작용으로 색, 맛, 향기, 외관에 변화가 생기고 동결 건조식품은 복원성도 변한다. 당, 산, 아미노산, 염류의 함량이 높으면 흡습성도 높다. 건조식품을 보존하는 데는 습기와 산소를 차단하는 재료로 포장한다. 흡습재와 탈산소재와 함께 밀봉포장 하든가 질소가스를 채운다.

흡습을 방지하기 위해서는 진공포장하고, 염화칼슘, 5산화인, 실리카겔 등의 건조제를 동봉한다. 지방질 함유식품의 산패를 방지하기 위해서는 공기를 질소로 치환하든가 탈산소재를 동봉한다. 훈증처리하는 경우도 있다. 훈증제로는 황, 메틸브로마이드, 에틸렌 디클로리드 + 사염화탄소 등이 있으나 유독하므로 주의해야 한다.

3-3 냉장 · 냉동

3-3-1 냉각의 원리

1) 냉동 사이클

액체가 기화하기 위해서는 열을 흡수하여야 하며 기체를 다시 액체로 하기 위해서는 열을 제거하면 된다. 냉동기 내에서 액체냉매가 식품으로부터 열을 흡수하면 기체가 되고, 공기나 냉각수에 의해 열을 빼앗기면 다시 액체가 된다. 이와 같이 냉매가 액체와 기체 상태를 반복하며 흡열과 방열을 하면서 식품을 냉각시키는 것을 냉동 사이클(cycle)이라 한다.

2) 냉매

냉매는 열을 이동시키는 매체로서 냉동기 내에서 열을 흡수하여 밖으로 제거하는 역할을 한다.

냉매에는 식품에서 직접 열을 흡수하는 직접냉동방식의 냉매인 1차냉매와 간접냉동방식에서 1차 냉매에 의해 냉각된 부동액(brine)이 식품에서 열을 흡수하게 되는데 이 때 부동액을 2차냉매라고 한다. 2차냉매는 1차냉매와는 달리 상태변화에 관계하는 열(잠열)을 이용하는 것이 아니라 온도변화에 관계하는 열(감열)만을 이용하게 된다.

표 3-1 냉매의 성질

구 분		ammonia	freon-12	freon-22
화학식		NH_3	CCl_2F_2	CHClF2
비점(℃)		-33.3	-29.8	-40.8
응고점(℃)		-77.7	-158	-160
임계온도(℃)		133	112	96
표준조건	증발잠열(kg/cm^2)	2.41	1.862	3.03
	응축압력(kg/cm^2)	11.895	7.581	12.26
	냉동효과(kcal/kg)	269	29.52	40.15
	성능계수	4.8	4.7	4.7
	비체적(m^3/kg)	0.5087	0.0195	0.0788
	비열비(C_p/C_v)	1.31	1.137	1.184

표 3-2 각종 brine의 최저온도

brine의 종류	농도 %	온 도 ℃
식염	23.0	-21.2
$CaCl_2$	29.8	-51
$MgCl_2$	21.6	-32.5
propylene glycol	60.0	-60.0

3) 냉동기와 냉각기구(冷却機構)

압축식 냉동기의 주요부분으로는 압축기(compressor), 응축기(condenser), 수액기(receiver), 팽창변(expansion valve) 및 증발기(evaporator)가 있다.

① 압축기(압력증대장치): 증발기에서 기화된 가스상태의 냉매는 상온의 냉각수나 공기에 의해 냉각되어 응축하기 위해서는 상온보다 높은 온도가 필요하다. 그러나 증발기에서 나온 냉매의 온도는 매우 낮기 때문에 온도를 높이기 위해서는 압축을 하여야 한다. 압축기에서 높은 압력으로 압축을 하면 100℃ 정도

로 온도가 높아져서 응축기에서 응축되기 쉬운 상태로 된다.

② 응축기(열제거장치): 응축되기 쉬운 상태의 냉매는 쉽게 열을 빼앗기고 액체 냉매가 되면서 수액기로 보내진다.

③ 팽창변(압력감소장치): 수액기에 모아진 냉매는 액체냉매만이 증발기로 보내지는데, 증발기 입구에 있는 팽창변을 열면 냉매는 분출하면서 팽창하여 압력이 내려간다. 이 때 냉매의 일부가 기화하는데 이 때 필요한 기화잠열을 액체 냉매에서 빼앗으므로 냉매의 온도는 내려가게 된다.

④ 증발기(열흡수장치): 냉동실 내의 공기 온도보다 더 낮은 온도로 냉각된 냉매는 증발기 외측과 접하고 있는 식품이나 공기(또는 2차냉매)로부터 열을 흡수한다. 이 때 식품은 냉각되고 냉매는 기화되면서 다시 압축기로 들어간다.

4) 냉동능력

냉동기의 능력은 냉동기가 1시간 동안에 제거할 수 있는 열량(Kcal/hr)으로 나타내며, 3,320 kcal/hr의 냉동능력을 1냉동톤(refrigeration ton, RT)이라 한다. 이것은 0℃ 물 1 ton이 24시간 동안에 녹아서 0℃ 물로 될 때에 흡수하는 열량과 같다.

3-3-2 저온저장의 기초

냉동(refrigeration)이란 본래 냉각(cooling), 동결(freezing) 그리고 저온저장(cold storage)을 총칭하는 용어로서 주위보다 온도를 내리는 것을 의미한다. 그러나, 일반적으로는 동결과 같은 의미로 사용되고 있으며 그 예가 냉동식품이다.

1) 저온저장의 원리

식품을 저온에 두면 저장성을 얻을 수 있는 원리는 온도가 내려감에 따라 품질변화속도가 감소하고, 동결을 시키면 자유수의 감소로 수분활성도가 감소하기 때문이다. 이와 같은 저온저장법은 식품의 품질을 자연상태로 유지할 수 있는 저장방법이라 할 수 있다.

2) 저온저장의 온도대

식품을 저온에 보관하여 품질의 열화를 방지하는 것을 저온저장이라 한다. 이 경우 빙결점 이상의 온도에서 15℃ 사이에 저장하는 방법을 냉각냉장이라 하고, 2~-2℃ 사이에 저장하는 것을 빙온저장, 그리고 식품을 동결하여 -18℃ 이하에서 저장하는 것을 동결저장이라 한다.

(1) 동결에 진행에 따른 현상

식품을 어느 온도이하로 냉각시키면, 식품성분의 대부분인 물이 빙결하기 시작한다. 그렇게 되면 빙결온도 이상에서의 냉각과는 다른 물리적 현상들이 일어난다.

가) 빙결점(氷結点, freezing point)

온도가 내려가서 빙결정이 처음으로 발생할 때의 온도를 빙결점 또는 동결점이라 한다. Rault의 법칙에 따라서 용질의 mol농도에 비례하고, 순수의 빙결점 0℃보다 낮아진다. 이것을 빙점강하라고 하며, 수용액의 경우 빙점강하도(氷点降下度)는 1.86℃/mol이다.

많은 식품의 빙결점은 -1~-2℃이지만, 같은 종류의 식품에서도 부위, 선도, 생사(生死) 등에 따라 용해성분이 농도가 다르기 때문에 빙결점은 달라진다.

표 3-3 주요 식품의 빙결점

식품명	빙결점(℃)	식품명	빙결점(℃)
사 과	-2	우 유	-0.5
오렌지	-2.2	난 백	-0.45
감	-2.1	버 터	-2.2
바나나	-3.4	치 즈	-8.3
양 파	-1.1	우 육	-0.6~-1.7
감 자	-1.7	우 육	-0.6~-2

나) 빙결율(또는 동결율)

식품 중에 들어있는 수분의 일부분이 동결 진행중에 빙결정으로 변한 값을 수분빙결율(水分氷結率) 또는 동결율이라 부르며, 식품의 종류와 온도에 의해서 다른 값을 갖는다. 수분빙결율이 80%를 초과하면 식품은 감각적으로 딱딱해져서 동결된 상태가 된다.

품온이 θ℃인 어떤 식품의 수분빙결율 ɣ%는, 그 식품의 빙결점이 θ_f℃의 경우, 다음식으로 근사값을 구할 수 있다.

$$\gamma(\%) = \left(1 - \frac{\theta_f}{\theta}\right) \times 100$$

다) 냉동곡선(冷凍曲線, freezing curve)

식품을 동결하는 경우에, 시간의 경과함에 따라 식품 내의 어느 한 점에서 품온의 변화를 기록하여 연결하면 곡선이 그려진다. 이것을 냉동곡선 또는 동결곡선이라고 한다.

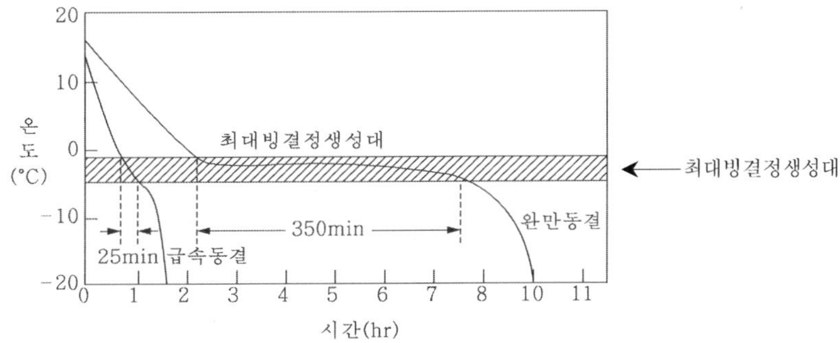

그림 3-16 식품의 냉동곡선

라) 최대빙결정생성대(最大氷結晶生成帶, zone of maximum ice crystal formation)

그림 3-16의 최대빙결정생성대는 빙결정이 가장 많이 만들어지는 온도대로서, 일반적인 식품에서는 -1∼-5℃ 사이를 말한다.

이 온도대를 통과하는 속도에 따라 빙결정의 형태, 크기, 숫자, 분포 등이 결정되며 동결식품의 품질에 가장 영향이 큰 온도대이다. 이 온도대를 통과시간이 짧으면 급속동결이고 길면 완만동결이다.

급속동결의 경우는 빙결정이 세포내에 균일하게 분산되어 있으며, 빙결정의 크기는 70㎛ 이하이고 숫자는 많아서 조직의 손상이 적다. 한편 완만동결의 경우는 빙결정이 세포외에서 발생하며 빙결정의 성장으로 조직이 손상되어 품질이 나빠진다.

마) 저온장해(低溫障害, chilling injury)

과실·야채 중에는 빙결점 이상의 저온에서 장해를 일으키는 경우가 있는데 이를 저온장해라 한다. 저온장해는 식물체의 대사작용의 균형이 깨져서 일어나는 일종의 생리적장해인데, 단기간에 발생하는 것은 아니며 특정온도 이하의 장기저장에서 문제가 된다.

증상은 종류에 따라서 가지각색이지만 과피의 변색, 반점, 과육의 연화, 갈변 등이 많으며, 열대·아열대 원산인 것이 저온에 대한 감수성이 크므로 쉽게 발생하는 것으로 알려졌다.

3-3-3 저온저장법

1) 냉각(冷却, cooling)

식품의 온도가 높으면 그 만큼 변질의 속도가 빠르므로, 가능한 품온을 빨리 내리면 품질을 유지하는데 유리하다. 이와 같이 신선한 식품을 수송, 냉각냉장, 또는 동결처리를 하기 전에 미리 일정한 온도까지 빠르게 내리는 것을 냉각 또는 예냉

(豫冷, pre-cooling)이라 한다.

냉각방법은 식품의 종류, 포장방법, 그리고 작업방식에 따라 다르나 일반적으로 채소와 과일 등은 송풍냉각(air blast cooling)이나 냉수냉각(hydro- cooling), 브로일러(broiler)는 회전하는 원통을 이용한 빙수냉각(spinchiller), 그리고 어류는 빙수 또는 -2~-3℃의 염수(brine)에 침지하는 방법을 사용한다.

2) 냉각저장(냉장)

식품의 냉각저장에는 주로 어류의 단기저장에 사용되는 빙장(氷藏, icing)이 있지만, 장기저장인 경우에는 일반적으로 실온이 일정한 온도를 유지하는 냉장설비에 넣어 보관한다. 또, 저온과 더불어 공기조성을 조절하는 CA저장과, 특히 0℃ 전후에서 저장하는 chill저장(chilled식품)이 있다.

(1) 빙장

얼음 특히 쇄빙을 식품에 접촉시켜서 냉각저장하는 것을 빙장(氷藏, icing)이라 하며, 얼음을 서서히 녹이면 0℃를 유지할 수 있다.

(2) 냉각저장 설비

냉각저장설비에는 영업용의 대형에서 가정용의 소형까지 크기도 여러 가지고 부르는 방법도 가지각색이지만 유지온도에 따라 급별이 만들어져 있다. F급(-20℃이하), C_1급(-10℃~-20℃ 미만), C_2급(-2~-10℃미만), C_3급(10~-2℃) 등 4가지이다. 냉각냉장에 사용되는 것은 C3급이고, 나머지는 동결저장에 사용되는 것이지만 C_1과 C_2급은 현재 잘 사용되지 않는다.

(3) Chilled 식품

Chilled 식품이라는 것은 명확한 정의는 아직 없지만 저온유통식품을 총칭하는 말로서, 5~-5℃에서 판매되는 식품을 가리키는 것으로 생각된다.

3) 빙결점 전후에서의 냉장

냉각냉장과 동결저장의 경계, 즉 빙결점 전후에서의 저장으로 0℃ 이상에서보다 저장성이 크고 동결장해도 억제할 수 있다. 대표적인 저장방법으로는 동결시키지 않는 방법으로 당, 식염, 알코올 등을 단독 또는 조합시킨 부동액에 식품을 침지시키거나 주입시켜 식품의 빙결점을 내려서 보다 낮은 온도에서도 동결이 되지 않는 빙결점조절저장(controlled freezing point storage)이라 부르는 빙온저장(氷溫貯藏)이 있다.

4) 동결(凍結, freezing)

식품을 동결저장하기 위해서는 그 전에 동결이라는 처리를 하여야 한다. 동결은 식품의 품온을 빙결점 이하로 내려 함유하고 있는 수분을 빙결시키는 것이다. 식품의 품질을 본래대로 유지한 채 동결시키기 위해서는 동결의 조건, 동결방법, 그리고 장치 등이 적절하게 사용되어야 하며, 또 그 제조관리에도 충분한 배려가 필요하다.

(1) 동결방법과 장치

① 정지공기동결장치(sharp freezer): 냉각 코일을 선반모양으로 배치하고 그 위에 동결 팬(pan) 등에 넣은 식품을 놓고 -25~-30℃에서 동결한다. 자연대류에 의하므로 동결속도는 느리다.

② 반송풍동결장치(semi-air blast freezer): 공기동결법을 보완하여 -30~-35℃의 냉풍을 1.5~2m/sec 속도로 공기를 교반하여 동결시간을 1/2로 단축시키는 방법이지만 최근에는 잘 사용되지 않는다.

③ 송풍동결장치(air blast freezer): 식품표면에 -30~-40℃의 공기를 3~5sec/m 속도로 불어넣어 단시간에 동결시키는 방법이다.

④ 접촉식동결법(contact plate freezer): -30℃ 이하로 냉각한 금속판 사이에 식품을 넣고 상하로 밀착시켜 동결하는 방법이다.

⑤ 분사동결장치: 염수(brine)를 분사시켜 식품과의 접촉면적을 크게 하여 열교환을 빠르게 하는 방법이다.

⑥ 침지식동결법: 냉각한 염수 중에 식품을 담가서 동결하는 방법이다.

⑦ 가스동결 : 액체질소를 많이 사용하며 온도차와 기화잠열을 이용하여 급속동결을 시키는 방법이다.

5) 냉동저장(동결저장, freezing storage)

동결한 식품은 즉시 냉동저장고로 옮겨서 보관한다. 이 경우 냉동저장고는 F급으로 -18℃ 이하로 내린 식품의 온도를 그 상태에서 유지시키는 것으로, 온도를 내리는 능력은 없어도 된다.

동결한 식품의 보관온도를 -18℃이하의 어느 온도까지 내리는 것이 품질적 또는 경제적으로 적당한가 하는 것은 여러 가지 조건에 따라 달라진다. F급냉장고는 보통 -30℃를 유지하도록 설계되었지만 실제는 -25℃에서 운전되는 경우가 많다. 특수한 경우로 참치, 가다랭이 등은 육색을 중요시하기 때문에 보통 -40~-50℃에서 냉장시키고 있다.

6) 해동

해동은 냉동식품을 가열하여 식용, 또는 다른 처리를 할 수 있게 얼음을 물로 전환시키는 작업을 말한다. 냉동식품의 품질은 동결속도와 저장온도도 중요하지만 해동작업이 적절하지 못할 경우에는 품질이 크게 저하할 수 있으므로 주의를 요한다.

(1) 해동의 조건

해동은 식품의 종류, 형상, 이용목적에 따라 방법을 달리 하지만 품질을 유지하기 위해서는 다음과 같은 조건을 만족시키는 것이 바람직하다.

① 온도가 균일하게 해동되고, 특히 온도의 승온부분이 없을 것.
② 품질저하가 적을 것.
③ 중량감소, 드립이 적을 것.
④ 해동 중에 세균번식, 오염이 적을 것.
⑤ 해동 효율이 좋을 것.
⑥ 해동 비용이 적을 것.

이와 같이 바람직한 상태로 해동하기 위해서는 식품에 따라 해동속도, 해동종온 및 해동환경 등을 검토하고 방식이나 장치를 결정하여야 한다.

(2) 해동속도

품온의 상승속도에 따라 완만해동과 급속해동으로 구분하며, 가온 매체의 종류, 온도, 방법 등 외에 해동하는 식품의 종류, 형상 등에 따라 달라진다.

완만해동은 해동된 수분이 세포에 재흡수되므로 식육, 어육 그리고 과실에 적합한 방법이며 재흡수에는 10~20분이면 충분하다. 완만해동은 시간이 많이 걸리므로 산화, 효소작용, 미생물 등의 영향을 받기가 쉽다.

급속해동은 해동매체의 온도를 높이거나 유속을 빠르게 하는 것으로 표면부만 빠르게 녹거나 온도가 올라가기 쉬우므로 여러 가지 문제가 된다. 이 방법은 해동과 동시에 조리를 하거나 취식온도까지 가온을 동시에 행하는 경우에 특히 적합하다. 식품의 크기(두께)를 작게 하면 해동을 빠르고 균일하게 할 수 있다.

고주파 등을 사용하면 식품을 내부에서 가열하는 것이 가능하고 특히 승온이 빨라서 초급속해동이라고도 불리워지고 있다.

(3) 해동종온

해동종온을 몇 ℃로 하는 것이 좋은가는 식품의 종류와 그 이용 목적에 따라 다르고 날 것인 경우에는 온도가 낮을수록 좋지만 가능한 -1℃ 정도에서 정지하는 것이 좋다. 그러나, 부분적으로 온도차가 당연히 나오게 되는데 온도가 가장 높은 부분일지라도 10℃ 이하가 바람직하다. 해동 후 절단을 하거나 가당(加糖)한 냉동과실 등은 반해동 상태에서 조리 또는 취식하는 것이 좋다. 종온(終溫)이 높으면 드립이 많고 변질도 되기 쉽다. 조리가열에 의해 해동을 하는 경우에는 80℃ 이상에서 하는 것이 좋다.

(4) 가열방법

동결과는 반대로 해동은 열을 식품에 가하는 것이지만, 조리가열 이외에는 잠열 부분 이상의 열을 가하지 않는 것이 좋다.

가열방법은 외부가열과 내부가열로 대별된다. 외부가열은 동결식품을 그 품온보다 온도가 높은 곳에 두고 표면에서 열을 가하는 방식으로 보통의 해동은 대부분 이 방법이며, 식품에 접하는 매체로는 공기, 물, 기름, 금속판 등이 있다.

내부가열은 고주파 등의 전기적 작용으로 식품의 내부에서 발열시키는 방법이 있으며 급속 또는 초급속해동에 속한다.

7) T.T.T

냉각·동결식품의 저온유통, 즉 콜드 체인(cold chain) 중에도 식품의 품질은 느리지만 서서히 저하한다. 이 때 영향을 주는 요인으로서는 온도와 시간이 가장 크다고 할 수 있다. 이 두 가지 요인과 품질저하와의 관계를 시간-온도내성(time-temperature tolerance, T.T.T)이라 한다. 이러한 T.T.T 개념은 동결식품에서 통용되는 것이지만 냉각유통식품에서도 기본적으로 적용할 수 있다.

(1) T.T.T의 개념

소비자가 이용하는 시점에서 동결식품의 품질, 즉 최종품질(final quality)에 영향을 주는 인자로서, ① 원료품질, ② 동결과 그 전·후처리, ③ 포장, ④ 저장·유통의 온도, ⑤ 저장·유통기간 등이 있다.

처음의 3요인은 동결제품의 생산직후의 품질, 즉 초기품질(initial quality)을 구성하는 것으로, P.P.P(product, processing, packaging)인자라 부른다. P.P.P가 적절하면 생산직후의 동결식품은 고품질(high quality)을 갖게 된다.

이 고품질을 유지할 수 있는 기간, 즉 고품질유지기간(high quality life, HQL)은 그 유지기간 중의 온도에 따라서 변하게 된다. 다시 말하면, 고품질을 유지할 수 있는 내성의 한계(tolerance)는 유통간(流通間)의 온도(temperature)와 시간(time)에 따라 달라진다는 것이다.

(2) 품질유지 특성곡선 (keeping quality characteristic curve)

횡축에 유지온도, 종축에 품질유지기간을 취하면 식품마다 하나의 곡선이 그려진다. 이것을 품질유지특성곡선(品質維持特性曲線) 또는 T.T.T 곡선이라 한다.

이 경우 품질유지기간으로 전술한 HQL을 취할 수도 있고, 또는 품질평가의 조건을 그 보다 완화하여 초기품질보다는 다소 열등하여도 상품으로서 판매하는데는 지장이 없는 기간, 즉 실용저장기간(practical storage life, PSL)이라 불리우는 것을 취할 수도 있다.

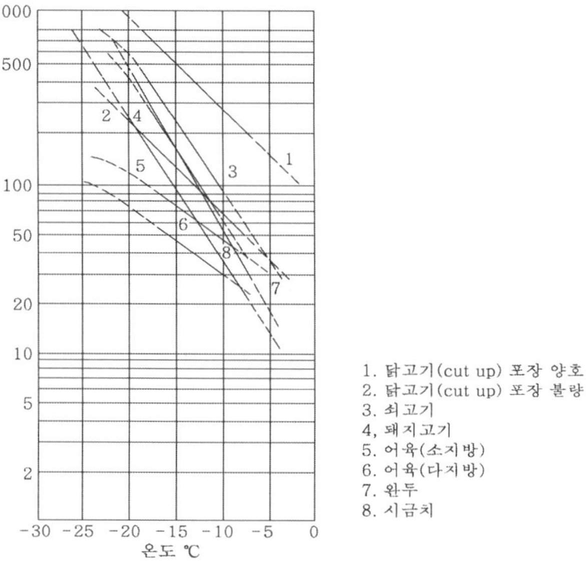

그림 3-17 품질유지특성곡선

어느 온도에서 관능검사에 의해 품질저하가 인정되었을 때의 품질변화값을 1.0이라 하면, 그 온도에서의 1일당 품질변화값은 "1.0÷품질유지기간"이 된다.

어느 식품의 저장·유통단계 중의 전체품질변화값은 각 온도에서의 1일당 품질변화값에 저장기간을 곱하여 각 단계의 품질변화값을 구한 다음 모든 단계의 품질변화값을 더하면 된다. 이 때 전체 품질변화값이 1.0을 넘게 되면 그 식품은 관능적으로 신선하지 않다는 것을 의미한다. TTT 계산 예는 다음과 같다.

표 3-4 TTT 계산 예

번호		온도 (℃)	시간 (일)	1일당 품질저하량	(품질저하량)×(시간)
1	생상자의 동장(凍藏)	-30	95	0.00362	0.344
2	생산자에서 도매상으로 동결수송	-18	2	0.011	0.622
3	도매상의 동장	-22	60	0.0074	0.444
4	도매상에서 소매상으로 동결수송	-14	3	0.016	0.048
5	소매상의 동결보관	-20	10	0.008	0.080
6	소매상의 동결판매	-12	21	0.018	0.378
7	소매상에서 소비자에게 동결수송	-6	1	0.036	0.036

3-4 염장, 당장, 산장, 훈연 및 훈증, 식품첨가물의 저장식품

3-4-1 염장법(소금절임법, 鹽藏法, Salting)

1) 염장법의 의의와 방부원리

소금은 모든 식품에 첨가하여 기본 맛을 내는 물질로서 식품저장에서는 다량 첨가하여, 보존성을 높이는 것으로 우리나라에서는 전통적으로 옛부터 장류 계통, 수산식품 계통 등에 주로 널리 이용되어 왔다. 서양에선 햄, 베이컨, 소시지 등 육류 계통에서 많이 이용되어 왔다.

소금절임법의 방부원리(防腐原理)는 삼투압작용(滲透壓作用, osmosis)에 의해 이루어진다. 소금의 삼투작용이란 식품내외의 삼투압차에 의하여 침투와 확산의 두작용에 의하여 식품 내에 존재하는 수분과 소금(NaCl)이온 용액이 바뀌어 소금은 식품 내에 스며들어 흡수되고 수분은 탈수되어 식품의 수분활성(Aw)강하가 되며 또 한편으로는 부착되어 있는 미생물 자체도 소금에 의한 높은 삼투압으로 세포는 원형질 분리(plasmolysis)를 일으켜 미생물 증식이 억제되거나, 아니면 사멸을 가져오는 현상을 말한다. 또한 소금에 대한 미생물의 저항력은 식품의 종류, 균의 종류, 내성이나 포자의 유무 등과 식염의 농도 등에 따라 저장효과는 다르다.

표 3-5 균류의 식염에 대한 저장력

균	명	식염농도(%)
병원균	*Bacillus tuberculosis*	2.0
질소고정균	*Azotobacter chroococcum*	3.0
부패균	*Streptococcus pyogenes*	5.0
	Proteus vulgaris(식중독균)	9.0
	Bacillus coli communis	9.0
	〃 *subtilis*	9.0
	〃 *mesentericus vulgatus*	9.5
	〃 *pyocyaneus*	10.0
	〃 *cereus*(식중독균)	10.0
	〃 *mesentericus propioni*	10.0
	〃 *megatheroides*	10.0
	〃 *panis*	10.0
	Staphylococcus pyogenes	12.0
	Bacillus mesentericus fuscus	12.0~15.0

균	명	식염농도(%)
-	*Micrococcus botulinum*	25.0
식중독균	*Clostridium botulinum*	6.0
	Salmonella enteritidis	7.0
전염병균	*Vibrio cholerae*	8.0
	Bacillus anthracis	8.8
	Bacillus paratyphus B	9.5
낙산균	*Granulobacter saccharobutylicum*	10.0
간장세균	*Bacillus soja gasformans*	15.0
유산균	*Bacterium lactis acidi*	15.0~20.0
황세균	*Thiobacillus denitrificans*	30.0
효모	*Mycotorula japonica*	11.0
된장효모	*Zygopichia miso*	15.0
효모	*Saccharomyces major sp.*	15.0
간장효모	*Zygosaccharomyces major*	20.0
효모	*Torula sp.*	25.0
곰팡이	*Penicillium*	20~30

식품의 종류는 고형식품이나 액상식품이나 지방, 단백질 등 성분함량의 대소 여부, 대형식품이냐, 소형식품이냐 등에 따라 삼투속도, 삼투량 등이 다르다. 고형식품은 액상식품 보다, 지방이 많은 식품은 적은 식품보다, 대형식품은 소형식품보다 삼투속도가 느린 것을 볼 수 있다.

균중에서 세균은 상온에서 대략 소금농도가 2%에서부터 억제되기 시작하여 10% 정도 되면 상당히 억제되는 반면 *Thiobacillus denitrificans*는 30%의 고농도 식염에서도 저항력을 가지고 있는 것도 있고, 효모는 보통 15% 이상에서 활성이 억제되며, 곰팡이는 대부분 20% 이상에서 억제되는 것을 볼 수 있다.

2) 염장방법

(1) 염수법(물간법, 염지법, brine salting pickle curing)

식품을 소금물에 담그는 방법을 염수법이라고 한다. 수분이 빠져 나오므로 농도를 일정하게 하기 위하여 소금을 수시로 첨가하여 유지하여야 한다. 또 장시간 방치 시는 염수층이 생기므로 교반을 수시로 실시해야한다. 김치절임, 젓갈 등의 수산식품, 간장, 된장 등에 이용되어 왔다.

(2) 건염법(마른간법, drying salting)

식품에 식염을 직접 뿌려 염장하는 방법을 건염법이라 한다. 식품표면의 수분이나 또는 내부에서 침출한 수분에 식염이 녹아 포화식염수 상태를 만들어 덮여 있는 상태가 된다. 그러므로 소금의 삼투는 건염법이 식품내외의 삼투압차가 크므로 염수법 보다 빠르다. 그러나 식염이 균일하게 침투되기 어려워 품질이 고르지 못하고, 식품표면에 공기의 접촉으로 산화되어 산패나 유지변색(rusting)을 일으키는 결점이 있다. 햄 등의 축산식품, 굴비와 같은 수산식품, 김치절임, 된장 등에 이용되고 있다.

(3) 개량염수법(개량물간법)

처음에는 염장용기에 식품을 한 층씩 건염법으로 쌓아 놓고 내림뚜껑을 하여 가압(加壓)하면 식품으로부터 침출된 수분에 의해 포화식염수가 형성되어 뒤에는 염수법으로 한 것 같은 염장법을 개량염수법이라고 한다.

(4) 개량건염법(개량마른간법)

처음에는 염수법으로 염지하여 세균 및 식품표면의 점질물, 염용액 등을 제거한 후 건염법으로 본 염지를 하여 염장효과를 높이는 방법이다.

(5) 염수주사법(brine injector method)

형태가 큰 대형 축육이나 어육의 염지에 통상 사용하는 방법으로, 염지기간을 ⅓ 이내로 단축시키고 균일하게 염지가 되도록 염장하는 방법으로 근육주사법(stitch pumping method)과 맥관주사법(Morgan법, vascular pumping method)이 있다. 근육주사법은 염지액 주사기에 염지용액을 넣고 근육중심부에 주사하여 염지하는 방법이고, 맥관 주사법은 도살 즉시 흉부를 절개하여 좌심실로부터 대동맥 속에 염지용액을 넣은 주사침을 장치하고 우심실(右心室)에는 구멍을 뚫어 혈압과 같은 압력으로 혈관 내에 주입하여 염지하는 방법을 말한다.

(6) 변압염장법(變壓塩藏法, 감압염장법)

밀폐된 용기에 식품을 넣고 용기 내를 감압(진공상태)하여 식품조직 내의 기체를 배제한 다음, 염수를 주입하여 염지하고, 다음에 용기내를 가압하여 식염의 삼투를 신속히 하는 급속염장법의 하나이다. 햄 등의 제조에 주로 이용되고 있다.

(7) 압착염장법(壓搾塩藏法)

처음에 건염법으로 하고 다음에 염수법으로 염지하여 식염의 삼투를 한 후, 염수에서 건져내어 적당히 가압하여 과잉의 염분과 수분을 압출시키는 방법으로 소금기를 적게 하고 풍미를 목적으로 할 때 이용되고 있다.

3-4-2 당장법(당절임법, 糖藏法, Sugaring)

1) 당장법의 의의와 방부원리

당장법도 염장법과 같이 삼투압작용의 방부원리로써 식품에 당을 가하면 삼투압차에 의해 당이 침투되고 수분이 빠져나와 식품중의 수분은 적어지고 또한 부착한 미생물의 성장을 억제시키는 방법을 당장법이라고 한다.

그러나 당은 식염에 비해 삼투압이 낮아 식품내부로의 삼투가 느리게 진행된다. 더욱이 당의 종류에 따라 그 삼투속도가 다른데 당의 분자량이 적은 것일수록 침투속도는 빠르게 된다. 그러므로 단당류인 포도당(분자량 180), 과당 등은 소당류인 설탕(분자량 342)보다 빠르다. 또한 미생물에 대한 각종 당의 저장력 순서는 Erickson 등에 의하면 과당〉 포도당〉 설탕〉 젖당 순이었으나, Fabian 등은 flat sour 고온균에 대한 저장효과는 포도당〉 과당〉 설탕의 순서로 나타났다. 표 3-7에서 보는 바와 같이 과당, 포도당, 젖당, mannitol은 20~30%에서도 억제되는 것을 볼 수 있다.

따라서 전체적으로 안전성을 고려하면 일반적으로 미생물은 당농도가 50% 이상일 때 미생물의 성장이 억제되어 저장성을 가지며, 당농도가 50% 이하가 되면 오히려 영양물질로서 작용하여 미생물이 더 잘 번식하여 식품을 썩게 만들게 된다. 그러므로 세균을 억제하기 위해서는 대략 당농도가 50% 이상이어야 하고, 효모나 곰팡이는 대략 70% 이상일 때 저장성을 갖게된다.

표 3-6 미생물의 생육과 당농도와의 관계 (++ 생육양호,+ 생육한계,- 생육억제)

설탕농도(%)	0	10	20	30	40	50	60	70	80	90
미생물	++	++	++	++	++	+	-	-	-	-
내산투압성 효모와 곰팡이	++	++	++	++	++	++	++	++	+	-

표 3-7 각종 미생물에 대한 당류의 발육저지 농도

균주명	최소 발육 저지 농도(%, W/W)							
	설탕	맥아당	젖당	포도당	과당	sorbitol	mannitol	xylitol
Staphylococcus FDA 209p	60	40~60	>30	30	20	40~50	>30	40

균주명	최소 발육 저지 농도(%, W/W)							
Escherichia coli O-1	40	40	>30	30	20	40	30	30
Pseudomonas aeruginosa-II-D-P2	40	40	30	20	20	30~40	30	20~30
Aspergillus oryzae 557	70	70	>30	60	60	60	>30	60
A.niger IAM 2020	70	70	>30	60	60	60	>30	60
Penicillium citrimum QM-1226	70	70	>30	60	50	60	>30	60
	설탕	맥아당	젖당	포도당	과당	sorbitol	mannitol	xylitol
P.notatum IAM 7168	60~70	>70	>30	60	40~50	50~60	>30	60~70
Pencillium SP.	60	70	>30	50~60	40~50	50~60	>30	60
Rhizopus nigricans NHL 1003	60	70	>30	60	50	60	>30	50~60
Cladosporium SP.	60~70	60~70	>30	60	30	50	>30	50~60
Candida japonica IAM 1225	60~70	70(±)	>30	50	50	50	>30	50~60
Pichia farinosa NI 7380	70	70	>30	50~60	50	60	>30	60

농축당조림인 잼, 젤리, 마말레이드(marmalade), 당침인삼, 인삼과자류, 과일버터(fruits butter), 가당연유(sweetened condensed milk) 등은 대표적인 당장법의 이용이다. 아울러 잼, 젤리에서 산도 1.2% 시에는 당농도 45%에서 효모와 세균의 발육을 억제 할 수 있으나 산도가 0.8%에서는 억제할 수 없어, 산이나 염분의 첨가는 보존효과를 더 높일 수 있다고 한다.

3-4-3 산장법(산절임법, 酸藏法, 초지법, Pickling)

산장법(산절임법, 酸藏法)은 염장법, 당장법과는 달리 수소이온(pH) 농도가 낮은 초산, 젖산, 구연산 등을 이용하여 미생물들이 잘 살수 없는 중산성 내지 강산성 영역으로 해주어 식품을 저장하는 방법이다. 이 방법을 이용하는 식품은 오이피클, 마늘피클, 단무지, 김치, 죽순, 양배추 등 채소류와 토마토 등의 과일류 ,칼피스, 탄산음료, 어육의 초지식품 및 육류 등이 있다.

산절임법은 주로 산의 살균작용에 의한 원리로 보고 있으나, 그 이외에도 해리되지 않은 분자나 산화합물의 음이온이 관계하는 것으로 생각된다. pH로 말하면 pH가 낮은 숫자의 강산성 쪽으로 갈수록 저장성의 효과는 큰데 산류의 살균작용은 수소이온에 의한 세포단백질의 응고의 결과로 생기는 현상이라고 한다. 각 식품의 pH 값에 가열에 따른 *Clostridium* 포자의 파괴에 필요한 시간을 보면 표 3-8과 같다.

표 3-8 각 식품의 PH값에 바른 Cl. *botulonum* 포자파괴에 필요한 시간(※소요시간: 분)

식품의 종류	식품의 pH	온도(℃)				
		90	95	100	105	110
hominy	6.95	600(※)	495	345	34	10
옥수수	6.45	555	465	255	30	15
시금치	5.10	510	345	225	20	10
깍지강남콩	5.10	510	345	225	20	10
호박	4.21	195	120	45	15	10
배	3.75	135	75	30	10	5
말린자두	3.60	60	20	-	-	-

여기서 pH값이 강산쪽으로 갈수록, 또 가열온도가 높을수록 짧은 시간에 포자가 파괴되는 것을 볼 수 있다. 식품 중 채소류, 과일류는 대략 pH 5~pH 3 범위에 있지만 곡류, 육류, 수산물 식품은 약산성 영역인 pH 7~pH 5 영역에 많이 분포되어 존재하고 있으며 미생물중 대부분의 세균은 중성인 pH 7 내외 영역에서 잘 성장한다. 그러므로 세균은 점차 pH 7→pH 6→pH 5 이하의 낮은 숫자의 강산성 영역 쪽으로 하면 생육이 억제되어 보존성을 높이게 된다.

효모는 약산성인 pH 5 전후에서 잘 생육하나 그 이하에서부터 pH 4 이하가 되면 점차 억제 하나 어떤 효모는 pH 2.5까지 생육을 한다.

곰팡이는 효모보다 더 강해 pH 4 전후 영역에서 잘 생육하나 그 이하에서 점차 억제되며 pH 1.5 정도까지도 생육하는 것이 있다.

식품저장에서 가장 많이 사용되는 산으로는 식초라고 하는 초산(acetic acid), 김치 등의 젖산(lactic acid) 및 구연산 등이 이용되고 있다. 균의 종류에 따라 차이가 있지만 Erickson 등은 pH값에 근거를 두었을 때 우리가 흔히 사용되는 산 중 저장력과 세균에 대한 살균력은 초산 > 구연산 > 젖산의 순이였으며 산의 량을 근거로 할 때는 젖산 > 초산 > 구연산의 순이였다고 한다.

3-4-4 훈연 및 훈증법(燻煙 및 薰蒸法)

1) 훈연법(燻煙法, smoking)

(1) 훈연의 의의와 방부원리

축육이나 어패류 등의 식품에 목재 등을 불안전 연소시켜 생긴 연기 즉 연기속의 방부성 성분, 산화방지성 성분 등을 침착시키거나 살균력을 가진 연기성분의 물질을 흡착시키는 동안 건조를 수반하면서 상승효과를 얻어 저장성을 갖는 방법을 훈연법이라고 한다. 훈연 시 사용되는 목재는 첫째로 수지(resin)가 있어서는 안되며, 잘 건조된 단단한 나무가 좋고 나무의 종류에 따라 향기성분 등에 차이가 있으므로 그 선택도 중요하다. 특히 수지가 많은 소나무, 전나무, 뽕나무, 감나무, 삼나무 등을 사용하면 제품이 좋지 않다.

훈연성분은 연기 속에 약 200여 종 이상의 화학성분이 존재한다고 하며 그 중 방부작용(살균작용)을 갖는 성분으로는 알데히드류, 알코올, 초산이나 개미산, 지방산 등이 관여되는 것으로 보고 있으며 알데히드류는 미량이므로 제품에 대한 유독성은 없다고 하고 산류는 훈연육을 더욱 산성으로 하여 보존성을 갖게 한다.

두 번째로 항산화작용으로서 훈연성분 중에는 cresote, guaiacol과 같은 polyphenol류가 지방을 함유한 축・어류 식품의 산화를 방지하는 효과를 볼 수 있다. 그 이외 염지성분과 냄새와 훈연성분이 합쳐서 훈연취가 부여되므로 풍미를 갖게 된다.

표 3-9 톱밥 1kg으로부터 생성되는 연기의 유기 성분

연기성분	떡갈나무	벗나무	왕겨	전나무	삼나무
formaldehyde	1.61g	1.77g	0.96g	1.03g	0.82g
acetaldehyde	0.22g	0.12g	0.50g	0.25g	0.36g
furfuraldehyde	0.50g	0.88g	0.54g	0.24g	0.27g
acetone	0.80g	0.90g	0.97g	0.63g	0.77g
계미산	0.05g	0.06g	0.03g	0.03g	0.04g
식초산 및 휘발산	1.29g	1.33g	1.30g	0.60g	0.81g
tar 성분	4.28g	3.31g	5.14g	2.31g	2.93g
목탄 및 잔물	170.00g	160.00g	457.00g	160.00g	158.00g

(2) 훈연방법

가) 냉훈법(冷燻法, cold smoking, slow smoking)

20~30℃의 온도에서 3~4주일간 훈연하여 제품의 수분을 20~45%까지 감소시켜서 장기간의 저장성을 목적으로 훈연시키는 방법을 냉훈법이라 한다. dry sausage 제조에 많이 이용되나 regular 햄, 베이컨 등의 제조에도 이용된다.

나) 온훈법과 열훈법(溫燻法, 熱燻法, hot smoking)

30~50℃에서 1~3일 훈연하는 것을 온훈법이라 하고 50~80℃에서 5~12시간 훈연하는 것을 열훈법이라 한다. 또 학자에 따라 50℃ 내외에서 훈연처리하는 것을 중온법(中溫法, warm smoking), 70℃ 내외에서 훈연처리하는 것을 고온법(高溫法, rapid smoking)이라고 하고 시간은 2~12시간 정도 훈연한다. 온훈법의 주목적은 독특한 풍미를 주기 위한 것으로 장기 저장은 곤란하다.

다) 배훈법(焙燻法, roast smoking)

95~120℃에서 2~4시간 정도 훈연 하는 것을 배훈법 또는 소훈법(燒燻法)이라 하고 저장보다는 바로 식용 할 수 있는 훈연법이다.

라) 액훈법(液燻法, liguid smoking metlod)

훈연재료를 사용하는 대신 목초액(木醋掖 wood vinegar), cresol, 알코올, 붕산, 명반, 두송유, 초석, 색소 등을 배합하고 필요시 조미료, 향신료도 배합하여 염지와 동시에 고기를 담그어 연기 성분을 침투(浸透)시키는 방법을 액훈법이라 한다. 이는 조성성분에 따라 침지시간 등을 고려해야 한다.

마) 훈연액법(燻煙液法, smoke solution method)

목초액, cresol, 두송유 등의 배합으로 액훈법과 같이 만든 훈연액을 증발되기 쉬운 용기에 넣고, 다시 탈지면을 띄워 훈연액을 가열하여 증발(蒸發)시켜 식품을 훈연하는 방법을 훈연액법이라 한다.

바) 전훈법(電燻法, electric smoking)

원료 식품을 5cm 간격으로 교차시켜 +,- 전극으로 하여 훈연하면서 10~30kv의 전압을 걸어 corona 방전(放電)을 시키면 연기 중의 하전(荷電)된 유효성분이 반대극의 원료에 흡착시키는 방법을 전훈법이라고 한다. 이것도 수분증발이 적어 저장성도 약하다.

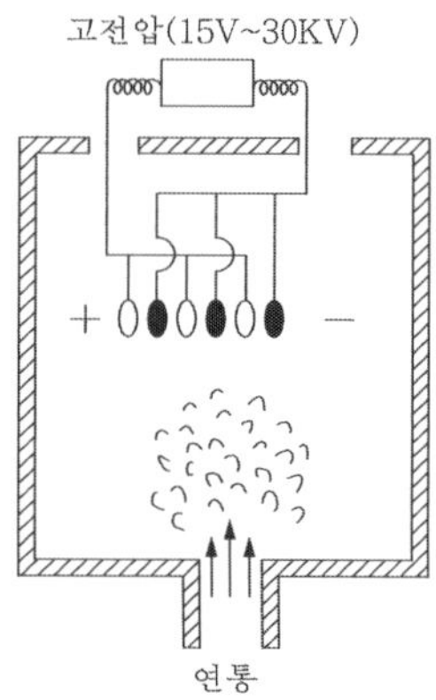

그림 3-18 전훈법에 의한 훈연

2) 훈증법(燻蒸法, fumigation)

훈증법은 주로 곡물저장에 또는 일부 과일류 등을 저장 할 때 해충(pest)이나 미생물로부터 보호하기 위하여 일정한 용기내에 또는 포장된 포대 등에 휘발성 살충제나 살균제 즉 훈증제를 기화가스(氣化)로 하여 해충과 충란 또는 미생물을 사멸시키는 방법을 말한다.

훈증할 때에는 곡물 중에 가스가 잘 침투가 되도록 하여야 할 것이며, 살균제는 그 종류나 사용량에 따라 사람과 가축에게도 유해하므로 적절한 훈증이 요망된다. 살포시 방독면 등을 사용하여 위생적인 피해가 없도록 해야한다. 또 저장창고는 잘 밀폐되지 않으면, 가스가 새어나가므로 완전 밀폐하여 훈증하도록 할 것이다. 그러나 종자용 곡물에는 잘 못하면 발아가 상실되므로 적절한 사용이 필요하다.

방충제는 곤충류나 진드기류의 해충방제의 목적에서 같거나 비슷하나 방충제의 종류나 방제방법의 차이로, 농약의 분제(粉製)나 유제(乳劑)로 식품에 낮은 농도로 혼합하든가, 아니면 식품표면에 분무 살포하여 해충을 방제시키는 것을 말한다. 특히 주의 할 것은 바로 섭취할 식품에는 방제해서는 안 된다. 훈증제로는 ethylene oxide, chloro picrine, 취화메틸(methyl bromide) 등이 사용되어 왔다.

3-4-5 식품 첨가물(食品添加物: Food Additives) 이용

화학물질인 천연식품 첨가물로는 설탕 등 당류, 소금, 식초 등 산류, 훈연성분 등도 사실 천연 식품첨가물의 하나로서 식품의 보관 및 저장에 이용되어 왔지만 여기서는 합성첨가물에 대하여 이야기하고자 한다.

1) 보존료(preservatieves)

식품이 변질, 부패에 이르게 되는 데는 미생물의 요인이 가장 크다고 언급한 바 있다. 미생물의 억제 작용을 주목적으로 하는 것을 정균작용(靜菌作用, bacteriostatic action)이라고 하고, 이 작용하는 화학물질이 보존료(保存料)이다. 미생물 등을 사멸시키려는 주목적에는 살균작용(殺菌作用, germicidal action)이라고 하는데 그 물질이 살균료(殺菌料)로써, 상기 두 물질을 널리 일컬어, 일명 방부제(防腐劑)라고 통용하고 있다.

식품의 pH는 보존료의 작용에 영향을 미치며 산형보존료(酸型保存料)는 산성영역에서 그 보존효과를 발휘하는데 pH가 낮을수록 효과가 크다. 보존료의 종류, 사용식품 및 첨가량의 기준과 규정은 표 3-10에서 보는바와 같다.

표 3-10 허용 보존료와 그 사용기준

보존료명	사용기준	
	사용식품	첨가량
데히드로 초산 (DHA:dehydro acetic acid) 데히드로 초산 나트륨(DHA-S : sodium dehydroacetate)	치즈, 버터, 마가린	데히드로 초산으로서 0.5g/kg 이하
소르빈산(sorbic acid) 소르빈산 칼륨 (potassium sorbate)	치즈 식육가공품, 경육제품, 어육가공품, 성게젓, 피넛버터, 저지방마가린 가공, 모조 치즈, 된장, 고추장, 춘장, 혼합장, 어패건제품, 팥 등 앙금류, 단무지, 알로에 겔, 염분 8%이하인 젓갈류, 절임류(당절임, 식초절임은 제외), 알로에겔가공식품, 알로에겔 농축액, 플라워페이스트 잼, 마요네즈, 파인애플농축취급(과・채가공품류) 건조과실류,토마토케찹,식초절임 과실주 젖산균 음료(살균한 것은 제외)	소르빈산으로서 3g/kg이하 (프로피온산 나트륨 및 프로피온산 칼슘을 병용할 때에는 프로피온산 및 소르빈산의 사용량의 합계가 2g/kg 이하 1g/kg 이하 0.5g/kg 이하 0.2g/kg 이하 0.05g/kg 이하
안식향산 (benzoic acid) 안식향산 나트륨 (sodium benzoate)	과실・채소류음료(비가열제외), 혼합음료, 인삼음료, 홍삼음료, 탄산음료(탄산수 제외) 간장 알로에겔(농축액,가공식품포함) 마가린류,오이초절임,마요네즈 잼류 유산균음료 과・채가공품류(망고에 한함)	안식향으로서 0.6g/kg 이하 0.6g/l 이하 0.5g/kg 이하 0.5g/kg 이하 1g/kg 이하(타보존료 병행시 1g/kg 이하) 0.05g/kg 이하 0.25g/kg 이하
파라옥시 안식향산 부틸 (butyl p-hydroxybenzoate) 파라옥시 안식향산 에틸 (ethyl p-hydroxybenzoate) 파라옥시 안식향산 프로필 (propyl p-hydroxybenzoate) 파라옥시 안식향산 이소부틸 (isobutyp-hydroxybenzoate) 파라옥시 안식향산 이소프로필 (isopropyl p-hydroxybenzoate)	캡슐류 간장 식초 과・채소류음료(비가열제외), 혼합음료, 인삼음료, 홍삼음료 소오스류 과일 및 야채의 표피 잼류 유산균음료 과・채소가공품(망고에 한함)	파라옥시 안식향산으로서 1.0g/kg 이하 0.25g/l 이하 0.1g/l 이하 0.1g/kg 이하 0.2g/kg 이하 0.012g/kg 이하 1g/kg 이하 0.05g/kg 이하 0.25g/kg 이하
파라옥시 안식향산 부틸 (butyl p-hydroxybenzoate)	과실주, 약주, 탁주	파라옥시 안식향산 부틸로서 0.25g/l 이하

보존료명	사용기준	
	사용식품	첨가량
프로피온산(propionic acid) 프로피온산 나트륨 (sodium propionate) 프로피온산 칼슘 (calcium propionate)	빵 및 생과자 치즈 잼류	프로피온산으로서 2.5g/kg 이하 3.0g/kg 이하 1g/kg 이하
이초산 나트륨 (sodium diacetate)	빵류 식용유지, 식육가공품, 캔디류, 알 가공품 소스류 건과류, 스프류	0.4% 이하 0.1% 이하 0.25% 이하 0.05% 이하

한편 보존료의 첨가량에서 DHA와 DHA-S의 경우 사용기준에는 DHA로서 0.5g/kg 이하로 되어 있기 때문에, DHA 1g은 DHA-S로 환산하면 1.237g에 해당된다. 이에 대한 계산은 다음과 같고, 이는 분자량이 서로 다르기 때문이다.

DHA-S상당량 = 1g×DHA-S분자량/DHA분자량 = 1g×208.15/168.15 = 1.237g

2) 살균료(bacteriocides)

살균료는 물에 녹으며 수용액에 유리염소를 발생하여 산화, 표백, 살균작용을 나타낸다. 또 살균료는 조해성이 있고 열이나 광선 등의 빛에 의해서 분해되어 살균력의 주체인 유효염소가 감소하므로 차단된 밀폐용기나 냉암소에 보관하여야 한다. 그리고 살균력은 유효염소와 pH에 의해 크게 영향을 받는데 pH의 수가 낮을수록 효과가 크다. 차아염소산 이온은 산화작용이 강해서 세균생육에 필요한 효소를 파괴시킨다. 살균료의 종류와 사용기준을 보면 다음과 같다.

표 3-11 허용 살균료와 그 사용기준

품명	사용기준
표백분(bleaching powder)	
고도표백분(calcium hypochlorite)	
차아염소산나트륨(sodium hypochlorite)	참깨에는 사용금지
이염화이소시아뉼산나트륨 (sodium dichloro isocyanurate)	참깨에는 사용금지
과산화수소(hydrogen peroxide)	최종제품 완성전에 분해 제거할 것

3) 산화방지제(antioxidants)

지방 함유 식품이나 색소 등의 식품 중에는 공기중의 산소에 의해 산화되어 산패(rancidity)가 일어나므로, 이의 방지를 위해서는 화학물질인 산화방지제(酸化防止劑)가 사용되는데 일명 항산화제(抗酸化制)라고도 한다.

산화는 불포화지방산을 함유한 식품에서 잘 일어나고 가열된 유지, 색소식품과 분말건조식품 그리고 공기와 접촉면적이 큰 분말식품 등에서 잘 일어난다. 아울러 유지는 효소, 수분, 금속염, 열, 광선 등의 존재하에서 산화는 촉진되기 쉬운데 처음에는 서서히 진행되다가 그 기간이 지나면 급격하게 진행된다.

허가되어 있는 산화방지제의 종류와 사용식품 및 사용량을 보면 표 3-12와 같다.

표 3-12 허용 산화방지제와 그 사용기준

산화방지제명	사용기준	
	사용식품	첨가량
디부틸 히드록시 톨루엔(dibutyl hydroxy toluene: BHT) 부틸 히드록시 아니솔(butyl hydroxy anisole: BHA) 터셔리부틸히드로퀴논(tert.-butylhydroquinone, TBHQ)	유지, 버터, 어패 건제품, 어패 염장품 어패 냉동품(생식용 냉동선 어패류 및 생식용 굴은 제외), 고래 냉동품(생식용 냉동선어패류 및 생식용 굴은 제외)의 침지액 껌	0.2g/kg 이하 1g/kg 이하 0.75g/kg 이하 병용할 때에는 그 합계량이 각각의 사용기준량 이하
몰식자산 프로필(propyl gallate)	유지, 버터	0.1g/kg 이하
에리소르빈산(erythorbic acid) 에리소르빈산나트륨(sodium erythorbate)	산화방지 이외의 목적에 사용 금지	제한 없음
L-아스코르빈산(비타민 C)(L-ascorbic acid) L-아스코르빈산나트륨(sodium L-ascorbate) 아스코르빌 팔미테이트(ascorbyl palmitate)	제한없음	제한없음
DL-α-토코페롤(비타민 E)(DL-α-tocopherol)	제한없음	제한없음
이디티에이 칼슘 2 나트륨(calcium disodium ethylenediamine) 이디티에이 2 나트륨(disodium ethylenediamine tetra-acetate)	마요네즈 사라다 드레싱 마가린	무수 이디티에이 2 나트륨으로서 0.075g/kg 이하 병용할때는 그 합계량이 이디티에이 2 나트륨으로서 0.075g/kg 이하

4) 피막제(glazing agents, coating agents, glazes)

수확 후 과일이나 채소 및 난류(卵類)는 호흡이나 증산작용(수분증발 등) 등을 하므로, 이 작용을 적절히 억제시켜 오랫동안 신선한 상태로 품질을 유지시키기 위하여 식품원료의 표면에 피막을 만들기 위한 피막제(皮膜劑)를 사용한다. 우리나라에서 식품첨가물로 허가되어 있는 것은 다음과 같이 몰호린 지방산염, 초산비닐수지와 그외 쉘락이 이용되고 있다.

몰호린 지방산염(morphorine fatty acid salt)은 과일이나 채소에 한천이나 고무류에 물을 가하여 유상으로 한 후, 초산 비닐수지를 가해 저어서 분무하거나 침지하여 건조시킨다.

쉘락왁스(shellac wax)는 왁스계면활성제를 이용하여 도포시킨다. 오렌지, 배, 복숭아 등과 계란의 알 껍질에 도포시켜 이용한다.

3-5 전자파 이용법

3-5-1 마이크로파 가열살균법

1) 마이크로파 가열의 원리

극초단파의 일종인 마이크로파(microwave)를 이용한 가열로서 사용되는 조리기구가 최근 전자레인지(電子range, microwave oven, radar range)이다. 1955년 미국 Raytheon Co사에서 상품화한 전자레인지는 마이크로 주파수중 2,450㎒의 전자파를 이용한 것이다. 전자파의 파장과 이용은 그림 3-18에서 보는 바와 같다. 마이크로파의 범위는 미국 연방규정집에는 890~6000㎒의 주파수로 하고 있으나, 전파법상의 ISM(Industrial,Scientific and Medical) 주파수 band로서, 가열(加熱)의 목적에는 915±25㎒ 및 2,450±50㎒가 널리 사용되고 있다.

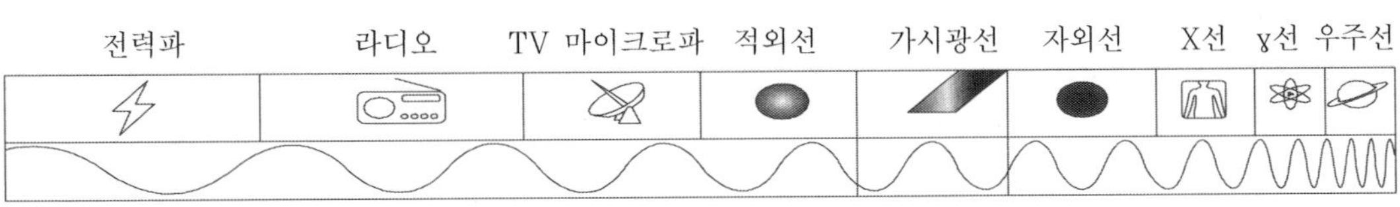

그림 3-19 전자파의 스펙트럼과 그 명칭

마이크로파는 물질에 따라 이 전파를 금속 등에 쏘이면 반사(反射)하는 것과 공기, 유리, 도자기, 종이제품, 플라스틱류 등에 투과(透過)하는 것 그리고 식품, 물 등에 흡수(吸收)하는 것(분자마찰에 의해 열에너지로 변함)으로 3가지 물성을 가지고 있다.

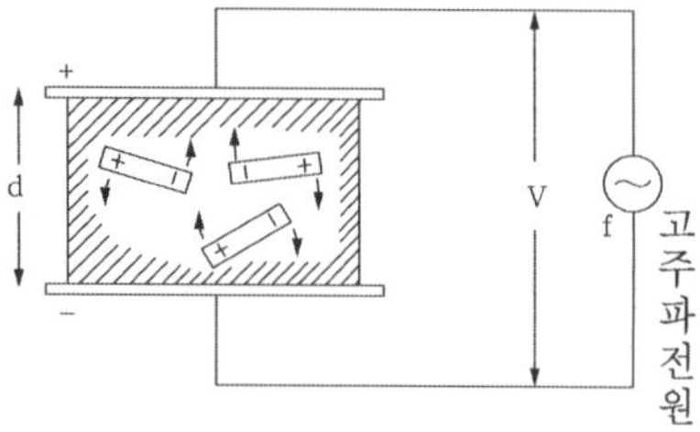

그림 3-20 마이크로파의 유전가열

그림 3-21 마이크로파의 성질

그러므로 식품에 대한 마이크로파의 원리는 2,450㎒의 주파수로 쏘일 때 식품에 흡수되어 식품 내에 존재하는 수분을 비롯한 구성분자는 분극을 일으키고, 극성을 갖는 분자(쌍극자 등)끼리 그림과 같이 재배치하려는 과정에서 회전과 진동, 마찰이 일어나 열이 발생하여 온도가 올라가게 된다. 다시 말해 식품이 전파를 흡수하여 식품표면으로부터 약 3.81㎝ 가량 뚫고 들어가면서 식품중의 수분, 지방, 당분자들을 활성화하여 전파에너지는 열에너지(熱 energy)로 바뀌어 발열하므로 식품 그 자체가 열원(熱源)상태가 된다.

따라서 마이크파의 특징은 ① 식품자체가 뜨거운 발열상태이므로 열효율이 높고 가열속도가 빠르므로 짧은 시간 내에 가열할 수 있다. ② 가열이 균일하고 식품의 열손상이 매우 적어 영양소의 파괴가 적다.(지정된 시간을 지켜야함) ③ 진공중인 식품이나 진공포장하에서 가열할 수 있다. ④ 선택적 가열이 가능하므로 비금속의 포장재내에 포장된 식품을 가열할 수 있다. ⑤ 조작이 간단하고 적응성이 좋아 공정합리화나 작업환경이 좋다.

이와 같은 특징을 이용하여 가열, 살균, 건조, 해동 등에 이용할 수 있다.

2) 전자레인지와 이용식품

(1) 전자레인지의 구조

전자레인지의 구조는 그림 3-21에서 보는 바와 같다. 가열은 전자레인지에 장치된 마그네트론(magnetron, 이극진공관)에서 발진되는 2,450㎒의 극초단파로 전자레인지 내에 놓아 둔 식품에 직접 조사됨은 물론 가열실 내벽이 스테인레스나 알루미늄 등 금속으로 되어 있기 때문에 전자파가 반사되어 순식간에 식품에 흡수, 침투되어 열원상태가 됨으로서 가열, 살균 등이 이루어진다. 전자레인지의 가열시간의 결정은 가열장치의 종류(소형은 550~600왓트량, 대형은 700~800왓트량), 식품의 종류, 양, 크기 및 형태, 조미료의 유무, 포장재의 종류나 형태, 다른 가열방법이나 다른 공정과의 병용방법 등에 따라 달라진다. 아울러 마이크로파는 인체에도 흡수하므로 전자파에 노출이나 누출이 혹시 있는가를 살펴봐야 한다.

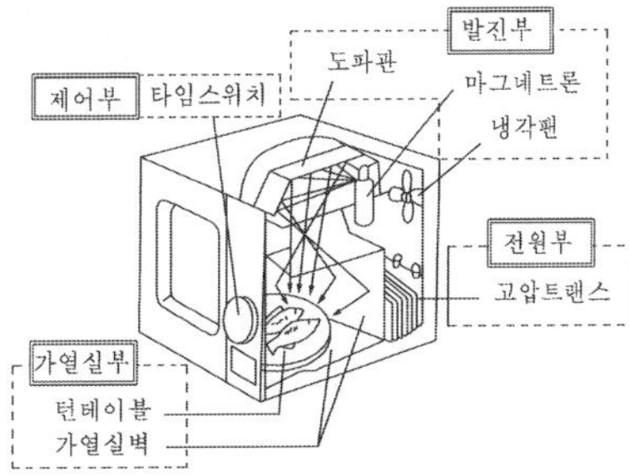

그림 3-22 전자레인지의 구조

(2) 전자레인지용 식품류

오늘날 대부분의 사람들은 시간에 쫓겨 바쁘고 또 편안한 생활을 요구하는 경쟁 시대이다. 그러므로 손쉽게 식사를 준비하고 먹을 수 있는 조리기구가 바로 가정용 전자레인지이다. 대형의 전자레인지는 산업용으로 크게 발전하고 있다. 식품에 따라 다소 차이는 있지만 전자레인지에 넣어 대략 2~3분이면 대부분의 식품은 가열하여 익혀 먹을 수 있고 조리 살균도 하나의 공정으로 이용된다. 전자레인지의 가열되는 식품은 수분이 많은 액체류, 그 다음 채소류, 과일류가 가장 빠르고 건조식품, 고단백식품, 고체상식품 등은 느린 것을 볼 수 있다.

마이크로파 조사에 의한 건조(乾燥)가 이용되고 있다. 일반 건조에 비해 아주 빠르다. 종류로는 마이크로파 공기건조, 마이크로파 냉동건조, 마이크로파 진공건조, 마이크파와 다른 건조방법을 병용하여 이용되고 있다. 또 마이크로파의 해동(解凍)에도 널리 이용되고 있다. 그리고 조리식품, 가공식품은 물론 도시락, 병조림식품, 포장식품 등은 저장 목적으로 살균이나 멸균을 하고 있다. 최근 마이크로파의 데치기(blanching)를 일년 내내 가동하는 채소류, 과일류 등 일부 식품에 이용되고 있다.

비록 수분간 가열이지만 영양소, 향기, 냄새, 맛 등의 변화를 방지하고 감자 같은 갈변 등의 방지할 목적으로, 냉동하거나 통·병조림 등을 하기 전에 마이크로파의 데치기로 효소 등을 불활성화 한다. 그러나 단점은 표면에 갈변을 요구하는 빵, 과자, 닭고기 등에는 색택기호 등에 적당치 않으나, 개선으로 인해 실용화 단계가 되고 있다. 또 껍질이 있는 열매는 터지므로 벗기어서 가열시켜야 한다.

3-5-2 원적외선 가열살균법(遠赤外線加熱殺菌法)

1) 적외선의 범위와 이론

적외선(赤外線, Infrared rays)은 가시광선(可視光線)의 적색(赤色)영역 이외

(外)로부터 마이크로파의 사이에 위치하고, 파장의 범위는 0.7㎛(760 mmHg)~1,000㎛(1,000,000mmHg)로써 전자파의 일종이다. 적외선은 0.76㎛~약 3㎛ 범위를 근적외선(近赤外線), 약 3㎛~1,000㎛를 원적외선(遠赤外線)으로 나누는가 하면, 근적외선(0.76~1.5㎛), 중적외선(1.5~5.6㎛), 원적외선(5.6~1,000㎛)으로, 학자마다 명확하지 않으나, 그림과 같이 근적외선과 원적외선으로 나누는 경우가 많다.

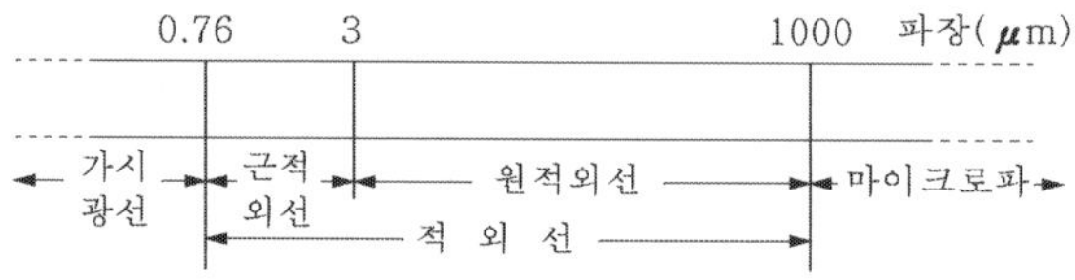

그림 3-23 적외선의 분류

원적외선이나 근적외선의 가열은 똑같이 복사가열(輻射加熱)로서 일반 열풍가열보다 빠르다. 원적외선 가열은 일반 열풍가열보다 20~30% 에너지가 절약된다. 가열효율(加熱效率)에서 원적외선은 근적외선 보다 월등히 좋고 그림 3-23에서 보는 바와 같다. 적외선은 물체의 표면으로부터 내부에 열이 침투되는데 원적외선이 근적외선 보다 깊이 침투된다. 일반으로 수mm로부터 수십mm까지 이른다.

적외선 가열의 원하는 동일주기의 적외선을 조사하면 공명현상에 의하여 적외선 에너지는 분자에 흡수되어 그 원자 또는 원자단은 여기상태(勵起狀態)로 된다. 여기에 대해 이 분자의 고유진동에 일치하지 않은 파장의 적외선은 분자내를 투과 또는 반사한다. 단점이기도 하지만 적외선 흡수는 파장선택성이 있어 이것을 적외선의 선택흡수(選擇吸收)라고 한다. 일반적으로 공유결합성이 강한 분자의 적외선은 약 2.5~25㎛ 범위이고 이온결합이 강한 분자는 약 10~30㎛범위에서 일어나는 경향이 있다. 그러나 반대로 금속결합성이 강한 분자에는 적외선을 반사하는 경향이 강하다. 일 예로 알루미늄박에 포장된 식품이나 식염의 다량함유 식품 등에는 적외선 가열효과가 거의 없어 적당치 않다.

2) 원적외선의 식품에의 특징과 이용

적외선의 이용은 적외선 분광분석, 적외선 온도측정, 적외선 사진, 적외선 전구, 적외선 요법 등이 있었지만 식품에의 이용에는 식품의 가열, 건조, 살균, 해동, 저장, 포장재료의 성형, 인쇄 등에 이용되고 있다. 식품에 이용되는 적외선가열 영역은 대략 2.5㎛ 이상의 원적외선 영역에서 주로 발휘한다. 파장이 2.5~20㎛의 원적외선은 유기물질(有機物質)의 흡수가 크고 특히 식품 등에 대한 가열효과가 크기 때문에 식품의 가열, 살균, 건조 등에 널리 이용되고 있다. 원적외선의 방사체

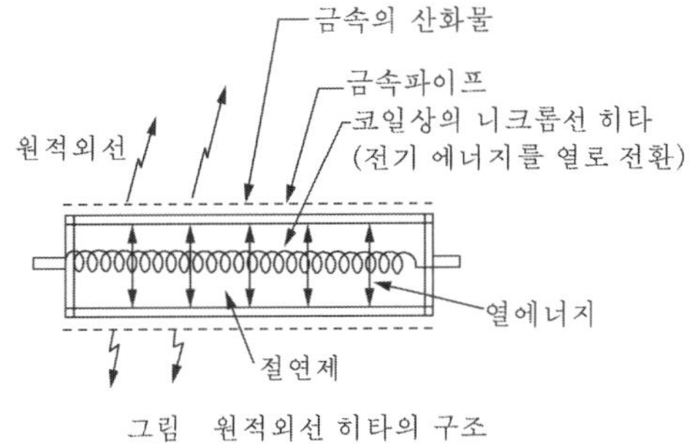

그림 3-24 원적외선히타의 구조

(放射體)는 세라믹(금속산화물이나 탄화물)을 전열히타에 의해 가열하는 것으로 세라믹으로부터 원적외선을 방출한다. 원적외선을 방사하는 발열체를 원적외선히타라고 하고 그림 3-24와 같다.

식품에서의 원적외선의 특징은 ① 원적외선은 공기(N_2, O_2의 이원자분자 등)에는 거의 흡수되지 않기 때문에 직접 식품표면에 도달하여 흡수시켜 가열효과를 나타난다. 다만 원적외선은 식품의 내부 깊이 까지 침투하는 것은 안 된다. 두껍고 큰 대형식품의 가열 살균은 어려우나 표면살균은 가능하다. ② 원적외선의 에너지 수준은 낮기 때문에 원적외선을 조사하여도 식품성분의 화학변화는 거의 일어나지 않아 식품의 품질저하는 별로 일어나지 않는다. ③ 가열효과에 미치는 색조나 텍스쳐의 영향이 작고 균일하게 가열된다. ④ 원적외선 복사가열은 적외선의 직진성 때문에 피가열체에 음지(陰地)부분이 생기므로, 식품이 부정형(不正型) 형태나 한 층씩 쌓아둔 적층형태로 조사하는 것은 적합하지 않다. ⑤원적외선 가열은 잘 보이지 않으므로 가열상태를 알 수 있는 장치가 요망된다. 아울러 그림 3-23에서와 같이 랩포장된 연식품을 원적외선 히터에 가열 멸균한 것과 살균이 3분 30초에 완료되는 데에는 히타 온도가 330℃ 이상에서, 제품표면온도 65℃이상에서 양호한 것을 볼 수 있다.

식품에의 이용은 비스켓, 센베이 같은 비교적 두껍지 않은 식품의 가열가공, 수산연제품이나 어류 등을 굽거나, 생선, 채소, 표고버섯, 해조류 등의 건조에 이용되어 왔다. 또 식품의 해동에도 이용되고 있다.

3-5-3 자외선 살균법(紫外線殺菌法)

1) 자외선의 범위와 이론

자외선(ultra violet rays)는 가시광선(可視光線)의 자색(380㎛) 영역 이외로부터 X-ray파의 사이에 위치하고, 파장범위는 380㎛~10㎛(380nm~10nm)로써 전자파의 일종이다. 빛의 스펙트럼을 기준으로 자색(보라색)의 밖(外)에 있다 하여 자외선이라 붙여진 이름으로 눈으로는 볼 수 없으나 태양광선과 함께 자외선이 많이 존재하고 있다.

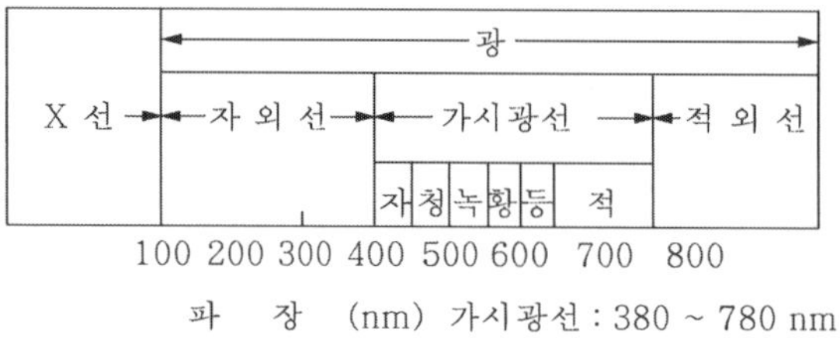

그림 3-25 광(光)(자외, 가시, 적외선)의 파장

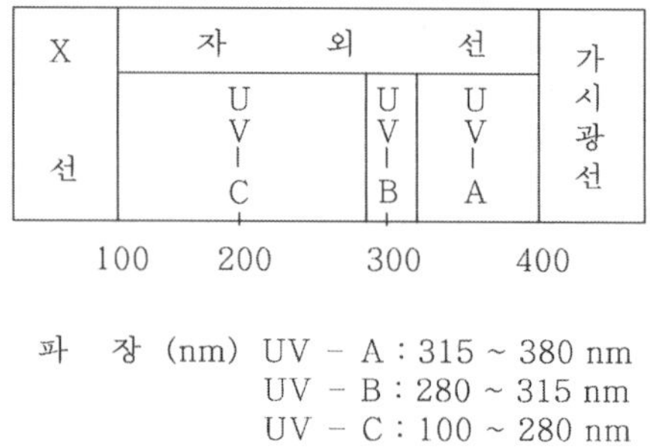

그림 3-26 자외선 파장의 분류

자외선을 쏘이면 살균효과가 있는데 그 중 가장 살균력이 강한 파장은 그림과 같이 대략 250~260㎛(2500~2600Å, 최고 2,537Å) 부근이라는 것이 알려져 왔고, 근자외선 300~400㎛의 1,000~1만 배의 효과가 있다. 다시 말해 태양광선에 의해 일광소독 내지 살균하는 것은 주로 이 자외선에 의해 세균 등 병원균을 사멸하기 때문이다. 파장 280~320nm의 자외선은 건강선(健康線)이라 칭하고 특히 250~313nm의 자외선은 체내에서 Vit. D를 생성한다. 그 이외도 파장 200~340nm의 자외선을 쏘이면 표피중의 아미노산에 변화를 일으켜 모세관을 확장시키는 홍반작용(紅斑作用)을 가지므로, 장시간 노출은 삼가야 할 것이다.

자외선 살균의 메카니즘은 아직도 확실치 않으나 자외선 파장의 범위를 광자(光子)에너지로 바꾸면 거의 3eV~100eV에 이르는데 이 에너지가 분자를 해리(解離)시켜 화학반응을 일으키거나 원자와 분자를 이온화시켜 반응성을 증대시킨 상태가 되므로써, 미생물 세포내의 핵단백질이 변화되어 신진대사에 장해를 일으켜서 사멸하는 것으로 생각하고 있다.

자외선의 살균작용은 자외선의 파장, 조사강도 및 조사시간과 거리가 관계된다. 세균에 자외선을 조사한 경우의 생존수는 유효조사조도(有效照射照度)와 조사기간의 곱(積)에 대하여 지수관계로 감소한다. 자외선의 살균작용은 직사선이 닿는 물체 표면에만 살균되므로 전체적으로 살균력이 못 미치는 것이 결점이다.

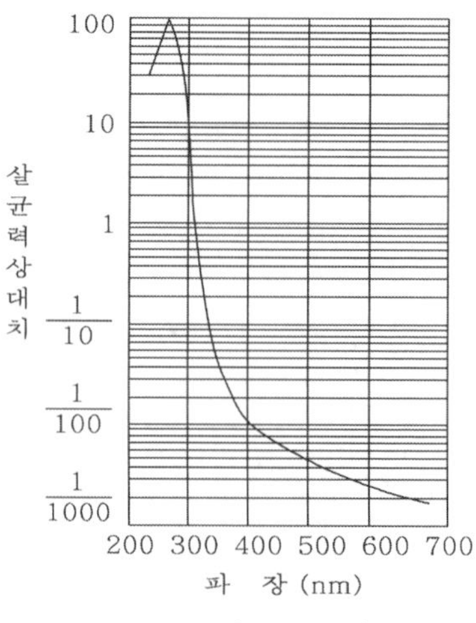

그림 3-27 자외선 살균효과의 파장특성

2) 각종 미생물의 살균효과

자외선에 의한 살균 효과는 세균, 효모, 곰팡이에 의하여 다르고, 같은 세균이라도 균종, 균주 등에 의하여 다르다. E.coli(대장균), 포자없는

Proteus vulgaris(赤型菌), *Sal. typhosa*(장티프스), *Shigella Dysenteriae*(적리균), *Staphylococcus aureus*(포도상구균) 등은 표 3-13에서 보는 바와 같이 비교적 낮은 선량에서 사멸되지만, *Bacillus subtilis*(고초균)는 100% 사멸에서 영양세포는 11,000㎼·sec/ cm^2, 포자에서는 22,000㎼·sec/cm^2의 높은 선량에서 사멸되는 것도 있다.

일반적으로 효모류는 세균보다는 조금 자외선에 대한 저항성을 가지고 있다.곰팡이는 표에서 보는 바와 같이 세균보다 월등히 자외선데 대한 저항성이 크다. 바이러스는 일반적으로 비교적 저선량에서 사멸된다.

표 3-13 배지상의 각종 미생물의 90%와 100% 사멸시키기 위하여 필요한 자외선 조사량(단위;㎼ sec/㎠)

미생물명	90%	100%
(세균 및 바이러스)		
Salmonella typhimurium(살모넬라)	8000	15200
Escherichia coli(대장균)	3000	6600
Proteus vulgaris(적형균)	3000	6600
Starhylococcus aureus(포도상구균)	2600	6600
Shigella dysentriae(적리균)	2200	4200
Shigella flexneri(적리균)	1700	3400
Salmonella typhosa(장티푸스균)	2150	4100
Salmonella paratyphi(파라티프스균)	3200	6100
Vibrio comma-cholera(콜레라)	3375	6500
Poliovirus-Poliomyelitus(소아마비)	3150	6500
infectious-Hepaititus(간염바이러스)	5800	6000
		8000
Bacillus anthracis(탄저병)	4520	8700
Mycobacterium tuberculosis(결핵균)	6200	10,000
Corynebacterium diphtheria(티프테리아균)	3370	6500
Bacillus subtilis(고초균)	5800	11,000
〃 〃 (고초균의 포자)	11,600	22,000
곰팡이		
Aspergillus flavus(아플라톡신균, 황록색)	60,000	99,000
〃 *niger*(흑곰팡이)	132,000	330,000
Penicillium expansum(patulin생성균, olive)	13,000	23000
〃 *roqueforti*(푸른곰팡이)	13,000	26,400
Rhizopus nigerisans	111,000	220,000
효모		
Sacharomyces ellipsoideus(포도주효모)	6000	13,200
〃 *sp.*	8000	17,600
Bakers yeast(빵효모)	3900	8800

3) 자외선 살균 장치와 식품 등의 이용

일반적으로 자외선 살균장치의 살균 등은 저압수은증기 램프 속에서 전기적으로 방전시키면 수은(Hg)이 공명하여 253.7㎛의 에너지량이 방사되어 살균작용을 갖는 것이다.

자외선 살균작용은 직사선이 닿는 물체표면에만 살균되므로 전체적으로 살균력이 못 미치는 것이 결점이다. 최근엔 고성능 자외선 살균장치가 식품포장의 살균용으로 개발되었고 식품산업에도 응용되고 있다. 또 ethanol과 자외선 살균을 병용하는 경우도 있다. 일반적으로 사용되는 가열 살균보다는 영양손실이나 변질 및 변형을 주지 않는 장점도 있다. 그러나 지방식품에서는 산패취가 발생하는 일이 있으므로 주의가 요망된다.

특히 자외선 살균은 음료수, 공업용수, 각종 용기, 기구 및 포장은 물론 실내 공기 또는 조리장, 공장창고, 식품 처리장 등의 살균과 소독에 유용하게 이용되고 있다. 그러나 단백질이 함유된 식품에는 자외선이 흡수되어 살균효과가 현저히 떨어지며, 자외선이 사람의 피부에 많이 쏘이면 피부에 상처가 생기고, 직시하면 눈에 결막염, 각막염 등이 일어나 매우 조심해야 한다.

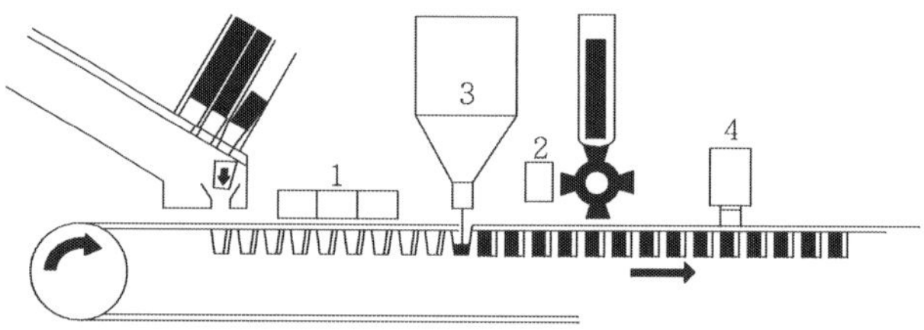

1 : 자외선살균장치 (용기용)　　2 : 자외선살균장치 (덮개용)
3 : 충전기　　4 : 밀봉기

그림 3-28 자외선 살균장치에 의해 용기를 살균하는 무균충전

3-5-4 방사선 조사 살균법(放射線照射殺菌法)

1) 방사선 조사의 종류와 원리

방사선을 만드는 방사성 핵종(核種)에는 Co^{60}, Cs^{137}, I^{131} 등 많은 종류가 있다. 오늘날 전세계적으로 식품용의 조사(照射)에 사용되는 핵종은 Co^{60}이 대부분 이용되고, 우리나라는 Co^{60}의 핵종이 사용되고 있다. 이들 핵종으로부터 α선, β선, γ선, 중성자 등과 고전압(高電壓) 발생장치에서 나오는 X선은 모두 전리 방사선(이온화 방사선, ioning radiation)이다.

방사선의 종류에는 보통 X선이나 γ선과 같은 전자파(電子波, electromagnetic wave)와 α선, β선, 중성자와 같은 입자(particle)의 입자선 (粒子線, particulate ray)으로 나눈다.한국은 Co^{60}의 γ선이 이용되고 있다.

입자선은 동식물의 조직속에 들어가도 없어지지 않지만, 전자파인 X선, γ선의 방사선은 이온화를 일으킬 때는 간접적으로 일으키며 조직속에 들어가면 에너지를 모두 소비하고 없어지므로 식품의 이용에 매우 안전하다.

방사선 조사의 원리는 이온화 방사선의 생물학적 작용 (生物學的作用)에 의해 주로 이온화하므로써 에너지를 부여하는데 있다. 즉 동식물의 생체조직의 구성물질인 세포내의 핵(핵)이나 DNA 분자 등이 감수성이 높아 이 부분에 전리를 일으키므로써 기능을 상실하여 사멸 또는 불활성화를 가져와 저장효과를 갖게 된다. 또한 한 학설은 어떤 물질에 존재하는 물(H_2O)이나 그 외에 다른 구성성분이 전리하므로 생성되는 제2차 생성물들에 의해 화학반응(化學反應)이 일어나 유리기들에 의해 화학작용이 일어나는 것으로 보고 있다(간접 작용설의 부반응). 이러한 물질은 식품이나 미생물, 곤충 효소 등에 다 해당된다.

식품저장에서 방사선의 장점은 ① 방사선 처리에 의하여 식품자체의 온도가 거의 상승하지 않는 것 ② Can이나 플라스틱 등으로 된 포장식품도, 다시 곤포물(梱包物)에도 적당한 선량을 이용하여 처리할 수 있고 ③ 연속공정으로 처리 할 수 있는 등의 장점이 있다.

2) 방사선의 식품저장에의 이용

식품의 저장목적에 적합한 선량(線量)의 종류와 범위를 나누어 보면 다음 표 3-13과 같다.

(1) 저선량 조사(底線量照射)

저선량조사의 선량은 1 Kgy(10Mrad) 이하의 범위로써 저선량 조사에 의해서는 살균효과는 크게 기대할 수 없으나 농산물의 발아, 발근의 억제(sproutinhivion) 및 숙도지연 (delayed senescence), 해충의 살충 (insectdisinfestation), 그리고 농축산물의 기생충사멸(parasite disinfection) 목적에 이용될 뿐이다. 가령 감자는 수확 후 약 3개월 정도의 휴면기를 지나면 발아하여 상품가치를 잃는다. 그림 3-28과 같이 0.05~

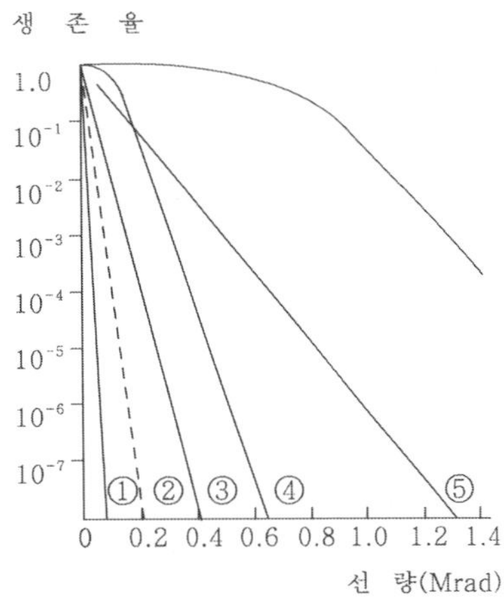

① 일반세균, ② 푸른곰팡이, ③ 효모, ④ 방사선저항성 그람음성세균, ⑤ 세균아포, ⑥ 방사선저항성 그람양성세균,

그림 3-29 호기적 조건에의 각종 미생물의 생존곡선

0.1Kgy(0.005~0.01Mrad) 의 방사선 조사를 하면 감자의 품질에 악영향을 주지 않고 6~10개월 정도 발아억제가 가능하다. 또 밀,밀가루의 살충에는 0.2~0.54 Kgy(0.02~0.05Mrad)로 충분하고 쌀에 대한 바구미 등의 해충도 0,15~0.2Kgy(0.015~0.02Mrad)선량에 사멸되고 돼지고기의 선모충, 건조식품이나 향신료 등의 해충이나 진드기 등도 저선량으로 사멸시킬 수 있다. 미생물은 그 종류에 따라 방사선의 감수성을 달리하는데 *Vibrio* 〉 *Campylobacter* 〉 *Pseudomonas* 〉 *E.coli* 〉 *Salmonella* 속 등은 가장 민감해서 0.03~0.25kg의 선량이 요구된다.

(2) 중선량 조사(中線量照射)

1~10 Kgy(0.1~1.0 Mrad) 범위의 선량으로 완전살균은 되지 않으나 딸기 등의 채소, 과일, 육류, 어패류 등의 표면에 부착된 부패균, 병원균의 살균과 식품특성의 품질개선을 시킬 목적으로 조사한다. 이 균들은 *Penicillium* 〉 *Aspergillus* 〉 *Micrococcus* 〉 *Saccharomyces* 〉 *Bacillus*속의 순이고, *Cl.botulinum*과 *Virus*가 가장 저항성이 큰 것으로 알려졌다. 방사선의 전리작용에 의해 식품의 물리적 특성을 변화시켜 가공적성을 향상 시킬 수 있다. 예로, 5Kgy 이상의 선량으로 한천 추출시 추출성과 여과성을 개선시키며, 건조채소의 tecture개량 및 재수화성 향상, 조리가 어려운 두류나 곡류의 조리시간 단축과 포도, 인삼 및 생약재의 유효성분의 추출률 증대 및 추출시간 단축 등의 효과나 변성전분 생산 등에도 실용화되고 있다.

표 3-14 식품의 방사전 조사 기술 응용분야

	조사목적	조사선량 (kGv)	대상식품	조사 효과	비고
저선량 조사	발아, 발근 억제	0.05~0.15 (0.25)	감자, 양파, 고구마, 파, 마늘, 생강 등(밤)	저장기간 연장, 공급의 안정화	
	해충, 기생충 방제	0.15~1.0	곡류, 콩류, 신선한 과일, 채소, 건조과일, 건조생선, 건조육, 돼지고기, 대추, 야자, 카카오, 육류 기생충 방제 등	저장기간 연장, 위생화, 유통확대	사료원료 포함
	숙도지연	0.5~2.0	바나나, 파파이어, 망고, 아스파라가스 등 신선과일, 채소, 버섯 등	유통확대, 저장기간 연장	
중선량 조사	부패균, 병원균 살균(1)	1.0~10	생선, 딸기, 수산가공품,축육가공품, 생선 등 냉동새우, 냉동 개구리 다리, 가금육 등	위생화, 저장기간 연장	사료원료 포함

	조사목적	조사선량 (kGv)	대상식품	조사 효과	비고
중선량 조사	식품특성 개선	1.0~10	건조곡류, 채소(가공/조리시간 단축), 위스키(숙성촉진), 포도쥬스(수율향상), 유효성분추출율 향상 등	가공에너지절약, 생산성 향상	
고선량 조사	식품소재, 첨가물살균(2)	3.0~50	향신료, 건조채소류, 효소제재, 천연껌 등	위생화, 저장기간 연장	포장용기 와인용 코르크
	살균(3) (약간의 가열 병용)	3.0~50	축육, 가금육, 수산가공품, 환자식사, 우주식 등	위생화, 저장기간 연장	실험동물 사료, 의료용품

(3) 고선량 조사(高線量照射)

10~50 KGy(1~5 Mrad) 범위의 선량으로 모든 미생물을 완전살균하는 것이 가능하나 방사선의 부반응(副反應, side reaction) 에 의한 품질 변화가 심한 식품이 많다. 또한 살균선량 정도에서는 식품조직 중에 존재하는 효소(enzyme)를 불활성화 시킬 수는 없다. 그러므로 잔존 효소에 의해 자기소화(autolysis)가 일어난다.

아울러 방사선 조사에서 Radapperitization(완전살균)은 아포의 사멸과 기타 모든 미생물이 검출되지 않을 정도로 완전살균 처리하는 것을 말하며 Radicidation(병원미생물살균)은 식품에 오염된 식중독균, 경구전염병균 등의 병원성 미생물을 살균, Radurization(부분살균)은 일반오염 미생물의 생균수를 감소시켜 보존기간 또는 냉장기간을 연장시켜 처리하는 것을 말한다. 방사선의 이용한계성에서 저급지방산을 다량 함유한 우유나 유가공품, 일부 과채류에 있어서는 조직연화 현상, 인공색소나 발색물질의 색소불안정 등에는 고려되어야 한다.

(4) 국내에서 방사선 허가 식품의 종류와 선량 범위

1950~1960 연대에 미국, 소련, 영국, 카나다 등 8개국을 시작으로 현재 50여 개국에 근접한 나라들이 방사선 조사식품이 허가되어 있고 우리나라는 1987년 10월에야 늦게 식품 등의 규격 및 기준에 방사선 조사식품이 허가되기 시작하여 현재 18종의 식품이 섭취하기에 이르렀다.

저선량 조사식품에 해당되는 것으로는 감자, 양파, 마늘을 발아나 발근 목적으로 0.15 Kgy이하로, 밤의 발아나 발근 방지에는 0.25Kgy 이하, 생버섯 또는 건조버섯의 성장억제, 살충에는 1.0Kgy 이하로, 중선량 조사식품에 해당되는 건조식육, 된장, 고추장, 전분, 어패류 분말, 분말간장의 살균, 살충 목적에는 7 Kgy이하, 건조향신료인 마늘, 후추, 양파, 생강, 파의 살균, 살충 목적에는 10 Kgy 이하로 규정되어 있다. 아울러 이들은 5호 활자 이상의 〈조사식품 마크〉를 부착하도록 규정하고 있다.

3-6 가스저장법, 막분리살균법, 고압처리살균법

3-6-1 가스저장법(Gas Storage)

1) 가스저장의 의의와 분류

가스저장은 넓은 의미에서 "물리적 수단에 의해 저장환경중의 가스조성을 인위적으로 변경(modify)하여 식품의 품질유지기간을 연장하는 방법"이라고 말할 수 있다. 한편 협의로는 가스치환포장에 의한 저장을 지칭하는 경우가 많아, 가스의 종류로는 CO_2, N_2, O_2, ethylene, Ar, He 또는 혼합가스 등이 있다. 광의의 가스저장을 분류해 보면 표 3-14와 같다.

표 3-15 가스저장의 분류

저장방법	가스환경	첨가식품
밀폐저장	공기→낮은 O_2, 높은 CO_2, 미량가스	곡 류
감압저장	공기 일부 제거	곡류, 두류, 채소, 과일
진공저장	미량의 공기 또는 N_2 잔존	가공식품
탈산소제첨가저장	공기→O_2만 제거	가공식품, 곡류
CA저장	낮은 O_2, 높은 CO_2, 또는N_2 O_2, CO_2, 미량가스의 엄밀한 억제	곡류 채소, 과일
간이CA저장	공기→낮은 O_2, 높은 CO_2, 미량가스	채소, 과일
MA저장	낮은 O_2, 높은 CO_2, 또는 N_2 공기에 의한 조제된 MA가스	채소, 과일, 곡류 가공식품
가스치환저장	N_2, CO_2, O_2 N_2+O_2, O_2+CO_2 등의 혼합가스	농수축산물 조리가공식품일반
선도유지저장	미량가스(에틸렌가스 등)의 제거 미량가스(알코올가스 등)의 첨가	채소, 과일 가공식품

2) 가스의 성질

(1) 질소가스(N_2)

질소가스는 공기 중에 약 78%(78.09%)가 존재한다. 고순도 질소가스는 통산 공기를 액화분리 정제하여 얻는다. 질소가스 자신은 미생물이나 곤충에 대한 효과는 없지만 가스치환에 의해 용기내의 질소가스농도를 높이고 상대적으로 잔존 산소량을 낮추므로써 미생물이나 해충을 억제하는데 있다. 상온에서 무미, 무취, 무색의 기체로서 물에의 용해도도 없고, 낮은 화학반응도 일으키지 않기 때문에 산화방지(酸化防止)의 목적에 이용된다.

곰팡이는 산소농도가 1%에서도 상당히 발육하므로 아주 고농도의 질소로 하지 않으면 효과가 없다. 또 효모도 거의 마찬가지고 혐기성 세균의 번식도 억제되지 않는다. 그러나 곤충은 산소농도 1%에서는 가사상태에 이른다.

(2) 탄산가스(CO_2)

탄산가스는 생물의 호흡이나 유기화합물의 불완전연소시에 발생한다. 공기중에 0.03% 존재한다. 고농도의 탄산가스는 호기성균뿐만 아니라 혐기성균에 대하여도 정균작용을 가지고 있다.

일반적으로 곰팡이에 대한 작용이 가장 강하고 탄산가스농도가 30%에서 억제효과를 나타난다. 또 탄산가스는 산소의 존재하에서도 상당히 유효하지만 다소의 잔존산소가 있어도 곰팡이 생육을 억제한다. 효모도 생육억제효과가 있지만 100% 탄산가스 하에서도 생육하는 것도 있다. 세균의 경우는 고농도의 탄산가스에서 증식억제가 기대된다. 또 탄산가스는 저장 해충에 대해서도 살충효과를 가지고 있다. 탄산가스는 매우 약한 산성취(酸性臭)나 산미를 가지고 있는 무색의 기체로 물에 아주 잘 용해되기 쉽다. 그러므로 수분이 많은 식품에서는 PH저하가 일어난다. 유지에도 용해되기 쉽다. 단백질 아미노산 등에도 흡착되는 경우도 있다. 따라서 미각에 유의하여야 하며 용기의 변형도 있고 채소・과일 등에서 고농도의 탄산가스는 생리장해도 일으키는 경우도 있다.

(3) 산소가스(O_2)

공기 중에 약 21%(20.95%) 존재하는 산소는 신선한 채소,과일 등의 식품에 신선도를 유지하는데 매우 중요하다. 수확 후 산소는 채소나 과일, 활어패류의 기본대사의 유지에 필요하나 품질유지의 기본은 대사억제 특히 호흡작용의 적절한 억제에 있어서 산소량의 감소는 호흡량의 저하를 초래한다. 그러므로써 대사활동이 억제되어 저장성을 갖게 된다. 또 혐기적 미생물을 억제할 수 있다.

한편 가공식품의 저장에서 산소가스의 존재는 오히려 좋지 않은 것을 볼 수 있다. 유지함유 식품이나 색소함유 식품은 산소의 작용으로 산화되어 유지는 산패를 일으키고 색소는 퇴색을 가져온다.

(4) 혼합가스

단독으로 사용하는 가스외에 혼합가스를 사용하면 좋은 경우가 있다. 저장해충에서 산소, 질소, 탄산가스의 혼합가스로 매우 훌륭한 살충효과를 볼 수 있다. 오스트리아의 소맥 사일로에 혼합가스로 훈증하여 저장에 실용화는 매우 좋은 예이다.

햄, 소시지의 저장에서 통상 질소 70~80%,탄산가스 20~30%의 혼합가스로 무균화포장되어 있으므로, 퇴색(退色)방지의 목적에 매우 효과적이었다. 식육에서 선홍색의 발색 유지를 목적으로 탄산가스 20%의 혼합가스가 사용되고 있다.

(5) 에틸렌가스(ethylene gas)

에틸렌은 식물호르몬의 하나로서 휴면타파, 생장촉진, 과실의 성숙촉진, 엽록소 분해촉진, 호흡작용의 촉진, 노화촉진 등 여러 가지 생리작용을 가지고 있다. 숙성된 과일에서는 에틸렌가스가 대량 발생하므로 미숙한 과일을 빨리 익게 하므로 이의 억제가 중요하며 채소도 마찬가지이다.

(6) 미량가스

에타놀(ethanol) 가스는 1~3%의 저농도에서도 상당한 정균작용을 하기 때문에 가공식품의 가스저장에 보조적으로 사용되고 있다. 다만 에타놀의 냄새, 착색, 단백질 변성 등의 문제가 있어 사용범위에서 제한되어 있다. 알코올가스를 서서히, 또는 분말 알코올이 카스테라나 생과자에 사용되고 있다. 그 이외에도 아르곤, CO, ethylene oxide, 아황산가스 등이 이용된 바 있다.

3) CA저장(controlled atmosphere storage), MAP저장(modified atmosphere packaging, MA포장)

(1) 수확 후 농·수·축산물의 생활작용

가스저장의 대상에는 생명이 살아있는 즉 호흡하는 원료식품과 살아 있지 않는 가공식품으로 나눌 수 있다. 수확 후 원료식품인 농산물의 채소류, 과일류, 곡류나 두류, 수산물의 활어패류(活魚貝類),그리고 축산물중의 알류(卵類)는 살아있는 생물이다.

살아있지 않는 가공식품의 대상에는 분유, 식육이나 어육, 지방함유 스낵류, 제빵 등의 분야에 가스저장법이 이용되어 왔다. 다만 가공식품의 가스저장법은 가스충전 포장항에 다루기로 하고 여기서는 생략한다. 수확후 채소류, 과일류를 대기환경의 자연상태로 놓아두면 외관상 시들고 말라 점점 품질이 떨어지는 것을 볼 수 있는가 하면, 시간이 흐르면 썩기도 하고, 한편으로 어떤 종류는 익기도 하며, 온습도가 적당하면 싹이 터 자라는 것도 있다.

이와 같이 수확 후 원료식품의 생활작용에는 그 첫째가 호흡작용(呼吸作用)과 호흡열(呼吸熱)을 볼 수 있다. 식품의 종류에 따라 많은 차이가 있지만 CO_2 가스의 방출, 수분(H_2O)의 탈수현상, ethylene(C_2H_4) 가스의 발생과, 반대로 공기중의 산소(O_2) 가스를 흡입하며 대사작용에 의해 호흡열 즉 발열현상(發熱現狀)을 볼 수 있다. 예로 늦가을 추운 날씨에 김장배추 속에 손을 넣어 보면 따뜻한 것을 볼 수 있다. 이것은 바로 호흡에 의한 발열현상이라고 할 수 있다.

둘째로 증산작용(蒸散作用)을 한다. 채소, 과일은 수분이 85~93% 정도로 보통 함유되어 있으므로 당대사작용(TCA cycle)에 의해 수분이 생기며 또 한편으론 대기 환경이 건조하면 탈수하므로 증산작용을 하여 시들게 된다. 아울러 향기 성분도 증발하게 된다.

셋째로 추숙작용(追熟作用)을 한다. 일반적으로 채소, 과일은 미숙상태에서 수확한 후 운송, 저장, 판매시 시간이 경과하면 점점 익는 추숙작용(after ripening)을 한다. 특히 과일의 경우 미숙상태에서의 과일보다 더 단맛을 내게 된다. 수확 후 밀감류는 CO_2가 계속 감소되는 점감형(CR형, climacteric rise)으로, 사과, 토마토, 서양배, 바나나, 아보가드 등은 완숙기에 일시 증가하다가 감소하는 일시상승형, 그리고 딸기, 복숭아, 감. 일본배 등은 과숙기에 증가했다 감소하는 말기상승형의 3 타입을 그림과 같이 볼 수 있다.

넷째로 생장작용(生長作用)을 하는 것도 있다. 적당한 온습도가 되면 고구마, 감자, 양파, 무, 밤, 수분투여량이 높은 콩 등의 두류, 벼 등의 곡류 등은 뿌리가 생기는 발근(發根), 또는 싹이 돋는 발아(發芽)를 볼 수 있다. 그러므로 발근, 발아는 본래의 영양소를 저하시키게 된다.

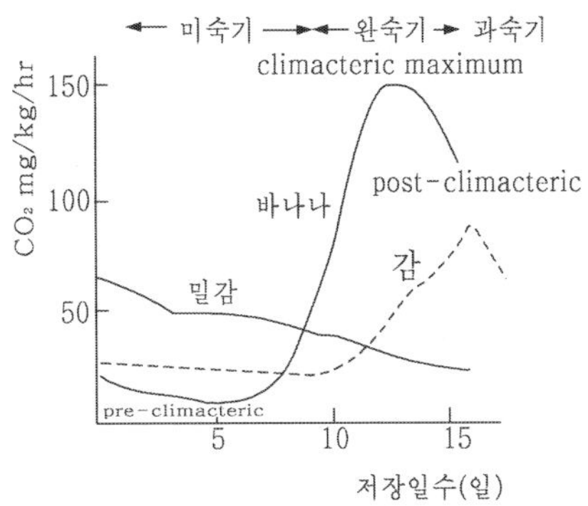

그림 3-30 수확 후 과실의 호흡형 (점감형, 일시상승형, 말기상승형(緖方作圖)

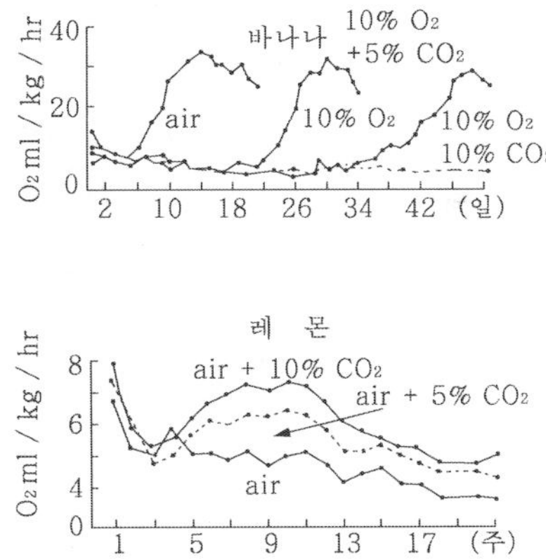

그림 3-31 동일산소농도하에 있어서 CR형과 비CR형의 과실의 호흡에 대한 CO_2 가스의 영향

다섯째로 부착된 미생물에 의해 병해작용(病害作用)을 볼 수 있다. 논이나 밭에서 오염된 농산·축산물 또 민물 바다에서 오염된 수산물은 시장, 수송, 판매 시 취급부주의로 병해작용을 받아 썩거나 질병을 수반할 수 있다. 가령 고구마, 당근, 토마토, 밀감의 흑반병, 딸기, 감자, 양파의 연부균, 감자, 양파의 탄저병, 사과, 밀감의 푸른 곰팡이, 배, 포도, 사과의 회색 곰팡이 등 여러 질병을 가져 올 수 있다. 그

러므로 미생물, 해충을 억제하도록 해야 한다.

수산물의 활어패류를 밀봉포장해 수출할 경우 밀폐된 공기 중의 산소는 점점 부족해져 죽게 되기 때문에 최소한의 O_2를 공급함으로서 생명을 유지할 수가 있다. 축산물의 신선한 알류는 CO_2량을 신선란과 같은 정도로 유지하면 오래 저장할 수가 있다. 가공식품은 내용물의 구성성분 등과 변태요인에 따라 가스의 특성에 맞는 종류를 선택하여 사용하면 된다.

(2) CA저장과 MAP저장 등

CA저장이나 MAP저장은 통상 신선한 채소나 과일 등의 저장에 선진국에서는 많이 이용되어 왔다. CA저장이나 MAP저장의 원리와 필수요건은 다음과 같다. 대기의 환경기체인 공기는 N_2 78.09%, O_2 20.95%, CO_2 0.03% 그 외 미량의 Ar, He 등의 혼합기체로 조성되어 있다. 그에 반해 원료식품을 ① 가스의 조성에서 대개 그 농도는 1~10% 정도로 감소시키고, CO_2 농도는 1~20% 정도로 증가시켜 대체로 매우 낮은 농도로 조절하거나 공기를 N_2로 치환하여 조성하기도 하고 ② 온도는 냉장상태(0~10℃)의 저온하에서 ③ 상대습도는 85~95RH 상태에서 보관하면 저장수명을 연장시키는 것을 볼 수 있다.

그러나 CA저장과 MAP저장의 차이점은 근본적인 원리와 필수조건은 다 같으나, 다르다면 CA저장은 살아있는 식품이나 살아 있지 않은 식품에 적용되며 통상 인공적으로 가스공급장치(generator 등)를 갖춘 냉장고나 저장고 내에 주입시켜 온도와 습도를 유지하면서 대량으로 저장하는데 비해, MAP저장(modified atmosphere packaging)은 살아있는 식품에만 적용되는데 영어용어에서와 같이 플라스틱필름이나 저장상자 등에 포장하여 필름 등의 기체투과 특성이나 원료식품의 발생기체의 량과 종류에 의하여 소포장단위로 저장고 등에 보관하여 저장에 적합한 농도를 유지하면서 저장하는 점이 차이라 하겠다. 채소나 과일의 호흡량은 종류에 따라 차이가 크고 온도에 따라 10℃ 증가하고 감소하는데 따라 2~3배(Q10치)가 커지고 작아진다.

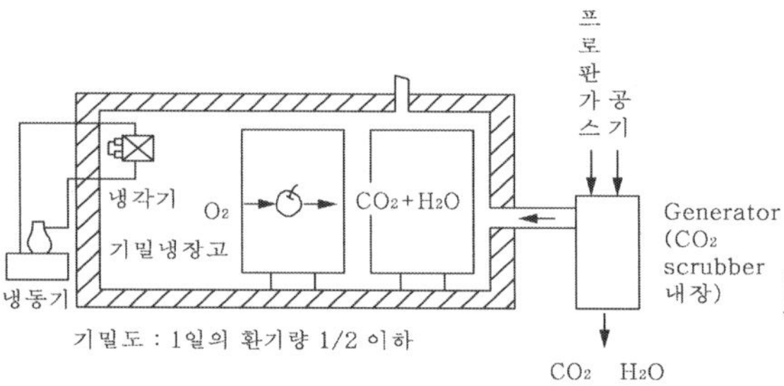

그림 3-32 기계식 CA방식(Generator식)

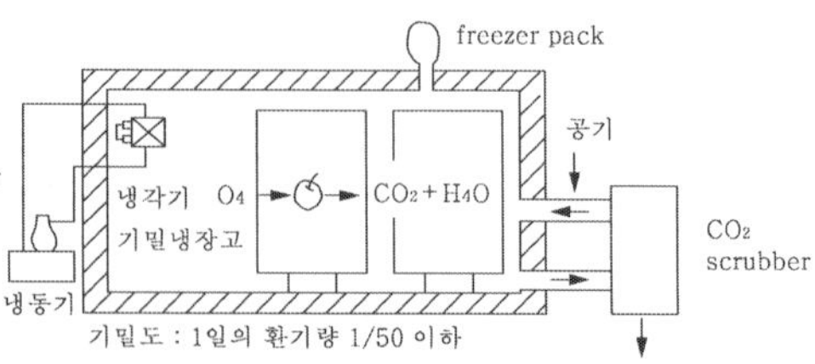

그림 3-33 보통 CA방식(scruber식) 그림

MA포장시 포장재료는 기체나 습기의 투과성이 있는 재료나 포장재료에 구멍을 뚫던가 하여 그 식품에 따른 필름의 두께(0.02~0.1mm) 등에 따라 선택하는데 통상 LDPE, HDPE, PVC, PP, 제오라이트 함유한 Bio-PE 필름, 기능성 BIO-상자, 가정용 랩, 수축포장 재료 등이 통상 사용하여 왔거나 연구되고 있다.

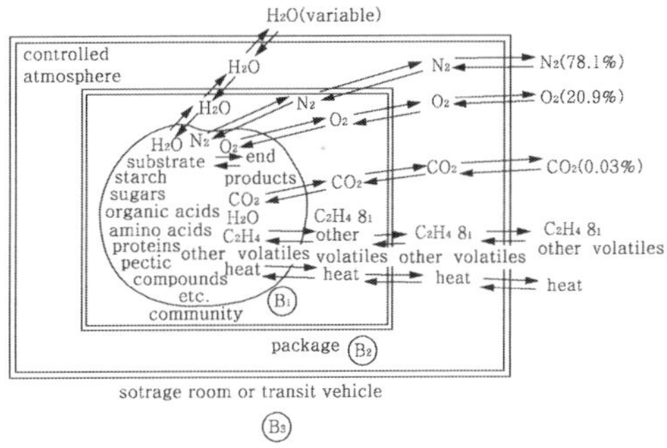

그림 3-34 식품의 MA모델

표 3-16 채소, 과일의 CA저장고 내의 CO_2, O_2가스, 온도와 습도

식품종류	CO_2%	O_2%	온 도℃	습도	비고
사과(홍옥)	3	3	0	90%이상	jonathan품종
사 과	2~3	3	0	〃	delicious품종
복숭아	2	4~5	0	〃	
포 도	0.5~1	1~2	-0.5	〃	
오렌지	3~5	2~4	4~0	〃	
딸 기	2~10	10	0	〃	
감	2~3	5~10	0	〃	
바나나	5~10	5~10	12~14	〃	
상치	2	2		〃	
시금치	2~3	3~5	0	〃	CA저장(3~4주)
토마토(녹숙)	2~3	3~5	10~12	〃	CA저장(5~6주)
고구마	2~4	4~7	3	〃	CA저장(4월)
감자(남작)	2~3	3~5	3	85~90%	CA저장(8월)
양배추	5	2		90%이상	
오이	9	3		〃	
양파	10	1		〃	

CA저장 시 산소가 없으면 세포조직은 분자간 호흡에 의해 알코올을 생성하여 품질저하를 가져오므로 철저한 유지가 요망된다. 또 CA저장 시 단점은 저장고 내외의 기압차가 심하므로 균열이 올 수 있고 온도를 항온으로 해야하므로 완벽한 밀폐의 저장고를 설치해야 하고 장기간의 유지비가 많이 들기 때문에 고가의 채소나 과일에만 적용된다. 그리하여 포장을 이용한 MAP저장이 더 이용되고 연구되고 있다.

3-6-2 막분리살균법(膜分離殺菌法)

1922년 cellulose ester을 이용한 membrane filter가 세균 제거에 효과가 있다는 사실이 발전의 기초가 되었다.그 후 1960년대 후반에 Loeb Sourirajan씨 등에 의해 역침투막(逆浸透膜, RO)의 획기적인 기술개발을 계기로, 더욱더 발전시킨 결과 Michaels씨가 한외여과막(限外濾過膜, UF)을 공업적으로 이용해 의약품공업을 비롯한 식품공업에까지도 기여하게 되었다. 1970년에 들어서 정밀여과막(精密濾過膜, MF) 등이 개발되어 제균 및 살균에까지 이르게 되었다. 제균을 위한 막종류별 여과영역은 그림 3-35와 같다.

RO, UF, MF막은 50~200㎛ 정도의 두께를 유기고분자 폴리머로부터 제막되지만 최근에는 UF막, MF막에는 알루미나(alumina, 향토)나 지르코늄(zirconium, Zr.)을 이용한 무기막(無機膜)도 개발되어 내열성, 내약품성이 양호하므로 식품가공 분야에 여러용도로 활용되고 있다.

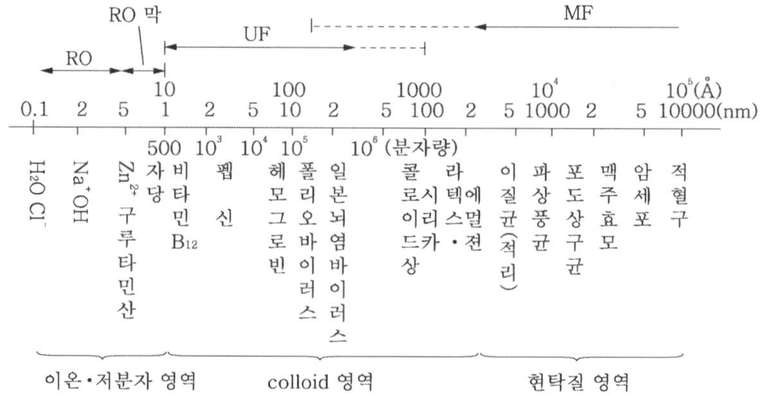

그림 3-35 역침투막, 저압역침투막, 한외여과막, 정밀여과막의 영역

막여과의 장점은 생략하고 단점만을 열거하면 정기적으로 막면을 세정해야 하며 유기계막에서는 내열성이나 내약품성의 관점으로부터 증기나 알카리에 의한 CIP(clean in place, 定置洗淨法)을 행할 필요가 있다. 또 막의 파괴로 pin hole이 발생하는 것을 볼 수 있다. 제균능력은 그림에서 보는 바와 같이 막의 종류에 따라 여러물질과 미생물 등이 제거되는 것을 볼 수 있다.

RO막은 소재가 초산셀루로스와 폴리아미드계 합성복합막이 주류를 이루고 제균의 목적에 초산셀루로스가 사용되나 식품공업에는 거의 사용이 적다. 일부 무가열농축으로 과즙농축이나 수돗물의 정수기에 사용된다.

UF막은 용액 중의 미립자 고형성분이나 용해하여 있는 물질중 분자량이 큰 것 또는 물을 주체로 하는 용매를 분리하는 용도로 사용되고 있다. 따라서 당연 세균의 제거능력을 가지고 있다. 액체의 제균목적에 가장 많이 사용되는 것은 중공사형(中空絲型)module이다. 이것은 경제성이 풍부한 모듈형식이고 막소재는 처음에 폴리아크로니트릴계(PAN)나 셀루로스아세테이트(CA)가 사용되었지만 열수나 증기에 의한 세정에 견디는 막모듈이 필요하므로 지금은 polysulfone이나 폴리에텔설폰(PES)이 주류로 점하고 있다. UF막으로 효소제거하는 것에 의하여 나빠지는 현상을 개선한다. 식품공업에서 가열살균하지 않는 청주같은 생주(生酒), 생크림 등에 이용되고 있다. 아울러 어떤 UF막은 살균 및 제균에 유효한 것도 확인되었다.

MF막의 사용방법에는 일반적으로 전량여과방식이 이용되고 있다. MF막의 소재로는 CA-CN(셀루로스계), PA(나일론), PS, PAN, PES, PP, PDVF(폴리비니리덴 플로라이드), PTPE(4불화에틸렌) 등이 사용되고 있다. 식품분야에서 대표적으로 사용되는 MF막의 이용식품은 맥주의 여과 및 제균이고 또 와인의 정밀여과에도 제균 및 투명성 등으로 상품성을 높이는 효과로도 사용된다.

3-6-3 고압처리살균기술(高壓處理殺菌技術)

고압처리살균 기술은 물리적 방법의 하나로 1899년 미국의 웨스트 버지니아의 한 대학의 농업연구소 Hite B.H가 고압처리로 식품을 대상으로 연구하기 시작한 이래, 드디어 1990년 일본에서 고압처리에 의한 딸기 등의 잼이 시장에 출하되었고 감귤류 과즙가공품이 이어서 판매되기 시작하였다. 가공되어진 식품을 포장할 경우 식품에 수백 MPa의 압력을 가하면 공유결합(共有結合)은 절단 내지 생성을 일으키지 않고 비공유결합만이 고압에 의해 영향을 받으므로 향미, 색상 등의 품질유지를 갖는다.

식품의 가압(加壓)에서 100MPa의 압력은 거의 생물(生物)을 사멸시킨다. 즉 미생물의 경우 형태변화, 세포나 세포막 등의 구조변화, 포자막 등의 변화를 일으킨다. 연구에 따라 차이가 있지만 세균, 곰팡이, 효모 등의 영양세포는 300~400MPa 정도에서 사멸되고 virus는 더 낮은 압력에서 불활성화할 수 있다.

압력을 나타내는 단위는 SI단위로 Pa(파스칼)가 추천되고 있으며 기압을 여러 단위로 나타나면 다음과 같다.

1기압(atm) = 1.0033Kg/cm^2 = 1.013bar = 0.101MPa

따라서 1,000기압은 100MPa가 되고 10,000기압은 1,000MPa에 해당된다.

식품에의 고압처리 이용은 다음과 같다.

① 미생물의 정균 및 살균작용, 살충작용: 정균작용은 신선한 원료식품의 저장기간을 연장하고 살균, 살충작용은 천연원료의 과일이나 채소의 과즙, 육, 어육

등에 이용되어 저장기간을 연장한다.

② 효소의 불활성화: 효소반응을 억제함으로써 유용물질의 생산이나 생단백질이나 전분의 효소에 의한 분해나, 한정분해로 무증자발효나 탈취하는데 이용된다.

③ 단백질의 gel화나 변성과 전분의 호화; 식품의 texture를 개량할 수 있고 식품의 신소재(新素材)를 만들 수 있다.

④ 지질과 단백질 혼합체에서 emulsion의 개량 효과를 얻을 수 있다.

⑤ 발효식품이나 절임류의 숙성을 억제하거나 정지하는 효과도 볼 수 있다.

식품저장에서 정균 내지 살균작용에 대해 살펴보면 우선 가압압력이 높으면 가압시간이 짧아진다. 압력이 100MPa 정도의 수압(水壓)하에서 미생물은 정균상태로 되고 그 상태에서 얼마가지 않아 사멸한다. *Sacharomyces cerevisiae*는 핵막(核膜)이 200MPa에서 붕괴된다고 한다.

또 300MPa의 고압처리에 의해 세균의 그람염색체가 양성에서 음성으로 변한다는 보고도 있다. 연구자에 따라 차이가 있지만 *Serratia marcescens, Streptolactis, Pseudomona fluorescens, Aerobacter aerogenes*를 20~25℃의 조건에서 가압처리하면 200~300MPa에는 사멸에 이르기까지 60분이 필요하지만, 340~400 MPA에서는 10분, 580~680MPa에서는 5분 처리로 충분하다.

효모에서 *Sacharomyces cerevisiae*의 경우 200~240MPa에서 60분 정도 사멸되지만 370~400MPA에는 10분, 570MPa에는 5분으로 충분하다. 그러나 고압은 세균포자의 발아를 촉진하는 경우도 있다. 한편으로 열처리와 가압처리 기술의 병용이 이루어지고 있다.

앞으로 저압장시간 살균에는 400MPa 전후에서 10~20분의 가압살균처리가 예상되고 앞으로 저압장시간 살균에는 400MPa 전후에서 1~2분의 가압살균처리, 초고압순간 살균에는 동압(動壓)을 이용한 600MPa 이상에서 초단위의 가압살균이 예상된다.

제 4 장

통조림 및 병조림

통조림(canning)은 양철관이나 유리병 레토르트 파우치 등의 용기에 식품을 채우고 탈기, 밀봉한 후 가열살균하여 장기간 변패하지 않도록 만든 저장식품의 하나로서 통조림의 원료로는 농산물(양송이, 완두콩, 아스파라가스, 양배추, 죽순감자, 시금치, 두류 등), 축산물(쇠고기, 돼지고기, 양고기, 토끼고기, 기타 동물의 심장, 간장 등) 등이 주류인데 식품종류에 따라 적당한 통재질을 사용해야 한다. 통조림의 장점은 장기보존이 가능하며, 운반이 편리할 뿐만 아니라, 바로 먹을 수 있도록 조리되었으며(ready to eat food), 풍미가 좋고 영양가 높으며, 비교적 값이 싼 위생식품이라는 것이다.

4-1 용기

4-1-1 유리병(glass container)

투명하여 내용물을 판별할 수 있고, 식품과 반응하지 않는다. 반면, 깡통(tin can)은 내용물을 식별할 수 없다. 주둥이 크기에 따라 입이 넓은 병과 좁은 병이 있다.

광구병은 과일 채소같이 큰 원료나 반고체 식품에 사용하고, 세구병은 액체 식품에 사용한다. 왕관병, 앤커병(ancer cap jar), 페닉스병(phenix jar), K. C. 병, 양우병 등으로 구별하기도 한다. 마개는 밀봉형과 돌려서 막는 스크루식이 있고, 재료로는 코르크, 함석, 알루미늄, 플라스틱 등을 사용한다.

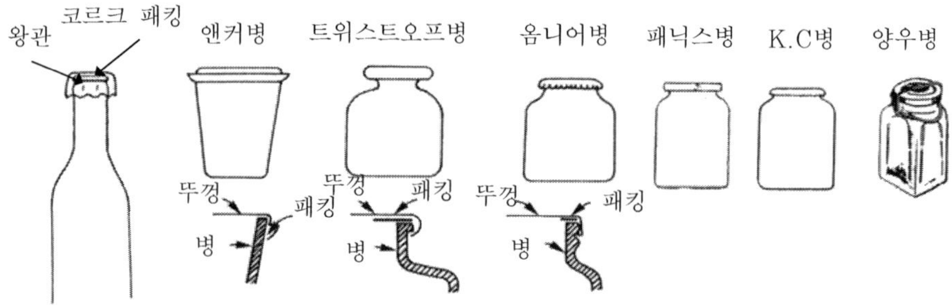

그림 4-1 병조림용 병

4-1-2 통조림관(tin can)

통조림 용기 중 가장 많이 사용하고 있는 재료는 양철판(tin plate)이지만 주로 음료용으로 이용되고 있는 알루미늄관 및 유리병, 무도석강판(tin free steel plate, TFS)의 사용이 늘고 있다. 양철판이나 TFS는 다같이 강판을 소재로 하는데 양철판은 0.3mm 정도의 압연한 얇은 철판에 주석을, TFS는 강판에 크롬을 도금한 것이다.

통조림 통은 고온에서 견딜 수 있고 내압 등 물리적 강도가 크고 밀봉이 가능하여야 한다. 통조림 용기와 내용물 사이의 화학적 반응을 방지하기 위하여 사용하는 내면 도료에는 유성도료와 에나멜 수지가 있다. 천연 건성유나 합성 건성유에 송진, 수지, 등을 200~210℃에서 용해시켜 만든 유성도료는 내산성이 강하여 과채류 등의 통조림에 이용된다. 에나멜 수지에는 여러 가지가 있는데 유색 과실을 보존하기 위하여 사용하는 R-에나멜, 옥수수와 두류 등 유황을 함유하는 식품의 흑변을 방지하기 위하여 유성도료에 ZnO를 용해시켜 만든 C-에나멜, 과실통조림이나 유지함량이 많은 식품에 이용되는 내열성 에폭시 에나멜(epoxy enamel), 과실주스나 음료용 등 부식성이 강하거나 향미를 중요시하는 식품에 이용하는 비닐에나멜, 그 외에 페놀수지 등이 있다. 국내에서 사용되는 관 중에 4호관, 3호관, B관 등이 사용되고 있으며 통조림 통의 제조(그림 4-2)와 밀봉과정은 매우 중요한 통조림가공의 기본공정이다.

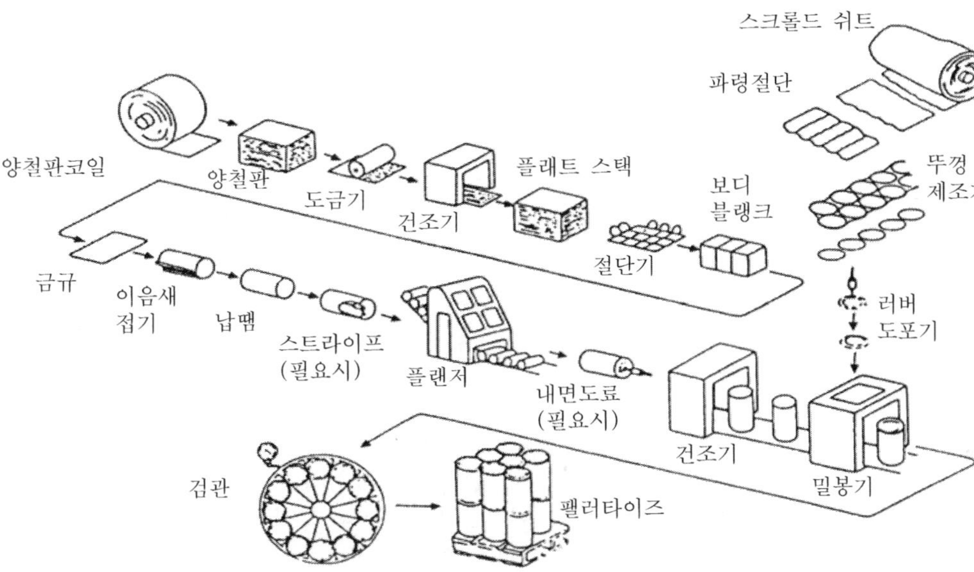

그림 4-2 통조림통 제조공정

표 4-1 우리 나라의 표준 통조림통의 규격

형태	호칭	안지름 (mm)	높이 (mm)	내용적 (ml)	종 류	비고(외국 통과의 비교)
원형	202	52.3	56.5	102.8	상하 이중 권체통	양송이 1(일)
	211-1	65.4	39.2	108.9		참치 3(일)
	211-2	65.4	52.7	152.5		No.1/4(미)
	211-3	65.4	69.2	210.7		8호(일)
	211-4	65.4	81.3	249.3		양송이 2호(일)
	211-5	65.4	101.1	318.1		과일 7호(일)
	301-1	74.1	36.2	125.9		7호(일)
	301-2	74.1	39.2	138.6		평 3호(일)

형태	호칭	안지름 (mm)	높이 (mm)	내용적 (ml)	종 류	비고(외국 통과의 비교)
원형	301-3	74.1	50.5	187.5	상하 이중 권체통	게 3호(일)
	301-4	74.1	59.0	223.2		휴대관(일.중)
	301-5	74.1	81.3	318.7		6호(일.중)
	301-6	74.15	95.3	379.3		5호(일.중)
	301-7	74.1	113.0	454.4		양송이 3호(일)
	307-1	83.5	45.5	208.9		4호(일.중)
	307-2	83.5	51.5	240.5		참치 2호(일)
	307-3	83.5	55.9	165.2		평 2호(일.중)
	307-4	83.5	113.0	572.7		게 2호(일)
	307-5	83.5	142.0	732.0		3호(일.중)
	401-1	99.1	59.0	396.6		양송이 4호(일)
	401-2	99.1	68.5	468.2		참치 1호(일)
	401-3	99.1	71.7	493.7		평 1호(일.중)
	401-4	99.1	120.9	872.3		게 1호(일)
	603-1	153.5	169.4	2,974.6		2호(일.중)
	603-2	153.5	176.8	3,090.5		1호(중)
						특수(일)
타원형	125	125.7×83.0	31.5	225.2		타원 3호(일.중)
	158	158.9×106.7	38.5	448.2		타원 1호(일.중)

4-1-3 통조림관 표시

통조림은 뚜껑 위에 기호를 3단으로 찍는다. 기호는 통조림에 따라 다르며, 고유 기호가 200여 종 이상 정해져 있다. 현재는 바코드를 많이 사용하고 있다.

제1단(상단)의 기호는 내용물의 품종, 조리방법, 형태 등을 표시한다. 처음의 두 문자는 품종을 표시하고, 셋째 문자는 가공 조리 방법, 넷째 문자는 대소 및 내부상태를 표시한다.

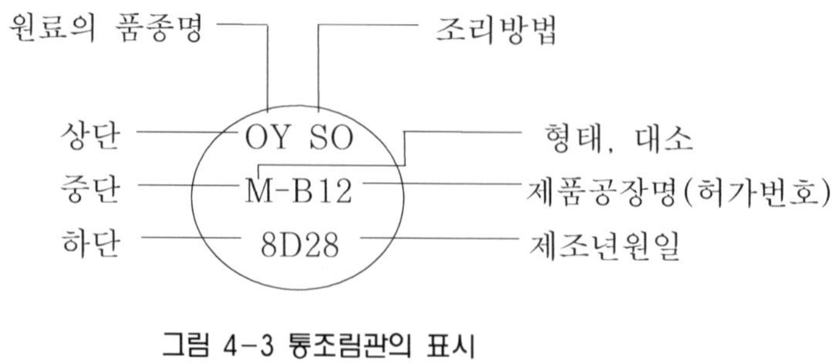

그림 4-3 통조림관의 표시

조리 가공 표시는, BL(수산물 Boiled), W(농산물 Boiled), FD(가미), S(훈제 기름절임), Y(시럽 절임), E(김치), M(콩류 설탕절임) 등으로 표기한다.

제2단(중단)은 제조업자를 표시한다.

제3단(하단)은 제조 연월일이다. 첫 번째 수는 제조년의 끝숫자이고, 두 번째는 달, 마지막 두 숫자는 제조일이다. 즉, 1998년의 8, D는 12월, 28일의 28로 표시되어 있다. 1-9일까지는 01-09로, 10일 이후는 날짜를 숫자로 쓴다.

표 4-2 농산물의 원료의 품명기호

1. 과실		(4) 감귤		크림	SWH
(1) 복숭아		온주귤	MO	(4) 김치	KCH
백도홀	PWW	여름귤	SO	(5) 깍두기	KDG
백도 2절	PW	(5) 포도		(6) 마늘장아찌	GFD
백도 4절	PWQ	씨뺀 것	GE	(7) 콩나물	SBSB
백도슬라이스	PW:	씨안 뺀 것	GS	3.잼 및 마말레이드	
백도다이스	PWD	2. 야채 및 곡류		(1) 딸기	SJM
황도홀	PYW	(1) 아스파라거스		(2) 복숭아	PJM
황도 2절	PY	화이트	AWW	(3) 사과	AJM
황도 4절	PYQ	그린티프트	ARW	(4) 귤	OJM
황도슬라이스	PY:	그린	ARW	(5) 포도	GJM
황도 다이스	PYD	화이트 절단	AW:	4. 주스	
(2) 사과		그린티프트절단	AR:	(1) 사과	NAJ
윤절	APR	혼합절단	AM:	(2) 복숭아	NPJ
4절	APQ	(2) 양송이		(3) 포도	NGJ
슬라이스	APS	버튼	MBB	(4) 귤	NOJ
다이스	APD	홀	MBW	(5) 자두	NPLJ
(3) 배		버튼슬라이스	MBSB	(6) 살구	NAPJ
윤절	PER	홀슬라이스	MBSP	(7) 파인애플	NPAJ
2절	PEH	피스앤드스템	MBSP	(8) 딸기	NSJ
4절	PEQ	혼합채소	MVE	(9) 혼합주스	NMJ
슬라이스	PES	(3) 옥수수		(10) 농축주스	NCJ
다이스	PED	홀	SWC		

표 4-3 수산물 원료의 품종기호

고등어	MK	도루묵	SF	왕게	P	개아지살	SL
꽁치	MP	줄삼치	BO	대게	C	홍합	MS
학꽁치	HB	삼치	CM	새우	SH	가리맛조개	SI
전갱이	HM	대구	CD	굴	OY	토조개	CC
멸치	AN	갯장어	SE	전복	AB	피조개	AC

고등어	SA	붕장어	CE	소라	TP	밤조개	SP
참다랭이	TB	뱀장어	EL	골뱅이	BT	오징어	SQ
날개다랭이	TA	날치	FL	대합	SC	갑오징어	SC
황다랭이	TY	양미리	NA	백합	HC	문어	OC
가다랭이	TS	갈치	HT	소라고동	R	쭈꾸미	PO
방어	YT	어육	FM	개량조개	RC	꼴뚜기	WA
송어	TR	어단	FB	새조개	CO	고래고기	WM
까나리	SS	꽃게	T	맛조개	RA	꼬막	BC
청어	ME	털게	E	바지락	SN	김	LA

표 4-4 조리방법의 기호

보일드 통조림	BL	훈제기름담금 통조림	SO	젤리담금 통조림	JY
가미 통조림	FD	머스터드담근 통조림	MD	야채가미 통조림	VD
기름담금 통조림	OL	조림 통조림	BD	구이 통조림	RD
토마토담금 통조림	TO	스튜 통조림	ST	소시지 통조림	SG

※ 통조림공장 허가처분 시 . 도별 기호

S: 서울특별시	B: 부산광역시	D: 대구광역시	K: 경기도
A: 강원도	H : 충청북도	D: 대전광역시	C: 충청남도
O: 전라북도	E: 전라남도	I: 인천광역시	J: 제주도
U: 경상북도	Y: 경상남도	I: 광주광역시	

※ 크기

L: 대　M: 중　S: 소

4-2 통조림의 실제 가공방법

통조림은 조리한 원료를 일단 열탕 혹은 증탕하여 통에 담고 적당한 용액을 주입시킨 후 탈기, 밀봉, 살균, 냉각하여 제품화한다.

통조림용 가공원료의 선택과 처리는 매우 중요하며, 가공방식에 따라 적합한 원료의 선택은 물론 수확시기와 저장방법도 제품의 색깔, 향기, 품질 등에 영향을 주게 된다. 원료에 따라서는 가식부분을 분리한 후 기술적인 조작에 의해 표준화로 작업능률을 향상시키기 위해 선별 및 선과를 한다. 선별은 품종, 숙도, 불완전 과일, 크기, 색깔 등에 의해 이루어지며, 입지조건과 재배방법 등에 의한 원료조직의 경도와 화학적 성분도 고려된다. 선별이 끝난 원료는 모래, 토양, 미생물, 약제 등을 제거하기 위하여 세척을 한다.

4-2-1 충진

우선 용기를 청결히 하고 채우는 재료가 액상인지, 죽 모양인지, 고체인지를 알고 정확한 양을 담아야 한다. 내용물이 액상이 경우에는 사용되는 액체가 시럽, 소금물, 설탕물인지 알고 충진하는 것이 좋다. 소금물은 열전달을 좋게 하고 삼투압 때문에 식품보존도에도 도움을 주며 갈변화를 방지하기 때문이다. 점성물질 즉 어류와 육류 페이스트(paste), 퓨레 등을 채울 경우에는 이들이 함유한 공기가 열전달을 감소시키고 내압을 높이며 불균일한 담기를 가져오므로 충진하기 전 식품의 예비 진공으로 이를 최소화시켜야 한다. 통조림 식품의 충진은 기계적 또는 수동적으로 하게 되므로 세심하게 조절하여야 한다. 이것은 통조림 통에 충진되는 식품의 총 중량에만 신경써야 되는 것이 아니고 식품의 형태에도 신경을 써야 하기 때문이다.

4-2-2 탈기

통조림 또는 레토르트(retort)식품을 제조할 때는 식품 중에 함유되어 있는 가스와 용기 내에 들어 있는 공기를 제거해야 하는데, 이 조작을 탈기(exhausting)라고 한다. 보통 통조림 용기에 내용물을 충진한 후 다음과 같은 목적에서 탈기를 한다.

① 열처리 중에 내용물의 팽창으로 인해 관내에 생기는 내압을 낮게 하여 권체(seaming) 부위의 파손을 방지한다.
② 산소농도를 낮춤으로써 내용물의 화학적 변화를 감소시키고 관 내면의 부식을 억제한다.
③ 유리 산소량의 감소로 호기성 세균의 발육을 억제한다.
④ 뚜껑과 밑바닥을 오목하게 만들어 변패관의 검출을 용이하게 한다.
⑤ 내용물의 향미, 색깔, 영양가의 손실을 방지한다. 산화로 인한 퇴색, 지방산의 산화, 비타민 등 영양가의 변질과 파괴를 방지할 수 있다.

탈기의 방법은 가열탈기법, 진공탈기법, 수증기분사법(steam flow closure)으로 구분된다.

1) 가열탈기법

가열탈기법은 뜨거운 내용물을 관내에 넣고 곧 밀봉하거나, 탈기상자(exhausting box)를 이용하여 실시한다. 탈기상자를 이용하는 방법은 액상식품이나 염수를 가한 제품 등에는 효과가 있으나, 고체식품은 열팽창율이 적어 효과가 적다. 내용물의 가열팽창 후 냉각시에 수축으로 인한 진공도를 이용하는 것으로 내용물에 함유되어 있던 공기와 주입액에 용해되어 있던 공기가 제거되고 head space의 공기도 팽창 제거된다.

2) 진공탈기법

진공탈기법은 육류, 어류 등 고형식품의 통조림제조에 많이 이용되는 방법으로 감압하에서 밀봉조작도 겸할 수 있다. 소요면적이 적게 들고 증기가 절약되어 고능률로 대량처리가 가능하며, 가열에 의한 나쁜 영향도 줄일 수 있을 뿐만 아니라 위생적인 처리가 가능한 장점을 가지고 있다.

그러나 갑자기 감압상태가 되므로 액즙이 많고 용해된 기체가 많은 식품에서는 내용물이 분출할 우려가 있으므로 진공충진기(prevacuumerizer syrupper)를 이용하여 내용물 중의 기체를 제거한 다음 진공에서 시럽을 가하고 진공 밀봉하여야 한다. 그러나 이 방법은 통조림 내의 head space의 공기만 빼기 때문에 내용물 조직 중에 함유되어 있던 공기가 빠져 나오게 되면 시간이 경과한 후에는 진공도가 떨어지는 결점이 있다.

3) 수증기분사법

수증기분사법은 head space 중의 공기를 수증기분사로 대체함으로써 내부의 진공을 얻는 방법이다. 용해된 공기가 적은 고체 또는 반액상의 식품에 이용한다.

4) 통조림 내의 진공도에 영향을 주는 요인

통조림 내의 진공도는 통조림 내부압력과 외부압력의 차이를 말하며, 이는 저장 및 유통에 관여하는 중요한 요소로서 다음과 같은 여러 가지 요인에 영향을 받게 된다.

① 가열온도와 가열시간: 탈기효과만을 고려하면 온도가 높을수록, 시간이 길수록 진공도가 높아진다. 진공 밀봉기를 사용하는 경우는 감압 정도와 밀봉시간에 관계된다.

② head space와 충진상태: head space가 클수록 진공도가 커서 제품이 좋아지나, 상품판매상 제한을 받는다. head space가 같을 때는 내용물의 종류, 충진상태, 온도 등에 영향을 받는다.

③ 내용물의 신선도: 신선도가 떨어진 원료는 가열살균 시 가스의 발생으로 고진공도를 얻을 수 없다.

④ 내용물의 산성도: 과채류 등 산성도가 높으면 관의 부식 등으로 수소가스가 발생하여 진공도가 떨어지므로 내면 도료관을 사용한다.

⑤ 기온과 기압: 온도가 상승하면 내용물의 팽창하여 진공도가 저하된다.

⑥ 살균온도: 살균온도가 높을수록 식품 중에 함유되어 있던 산소가 나와 진공도를 떨어뜨린다.

4-2-3 밀봉

통조림 용기의 충진, 탈기가 끝난 다음 미생물이나 공기의 접촉을 방지하고 식품을 안전하게 보존하기 위하여 밀봉기(closing machine 또는 double seamer)를 이용하여 밀봉(closing)한다.

밀봉기의 주요 부분은 그림 4-4와 같이, 척(chuck), 제1롤(1st roll), 제2롤(2nd roll)과 리프터(lifter)로 구성되어 있다. 밀봉이 이루어지는 순서는 다음과 같이 연속적으로 진행된다.

통조림관에 내용물을 충진하여 뚜껑을 얹힌 관을 리프터 위에 올려 넣으면, 리프터가 상승하여 관을 척과 리프터 사이에 고정시킨다. 관이 고정되는 동시에 제 1롤이 왼쪽으로 수평운동을 하여 척에 접근하여 뚜껑이 구부러진 부위인 curl을 압착하면서 관 주위를 회전한다. 이 때 curl이 관의 동체 윗 부분에 휘어진 부위인 flange 밑으로 말려 들어가 제 1단계 밀봉이 이루어진다. 그러면 제 1롤이 밀봉부위를 압착하여 이중밀봉을 완성시킨다. 제 2단계의 밀봉이 끝나면 제 2롤이 후퇴하는 동시에 리프터가 내려오고 관이 밀봉기 밖으로 나오게 된다.

밀봉기는 원동력에 따라 수동식(home seamer), 반자동식(semitro seamer), 자동식으로 구분하며, 롤수 또는 스핀들(spindle) 수에 따라 분류하기도 한다.

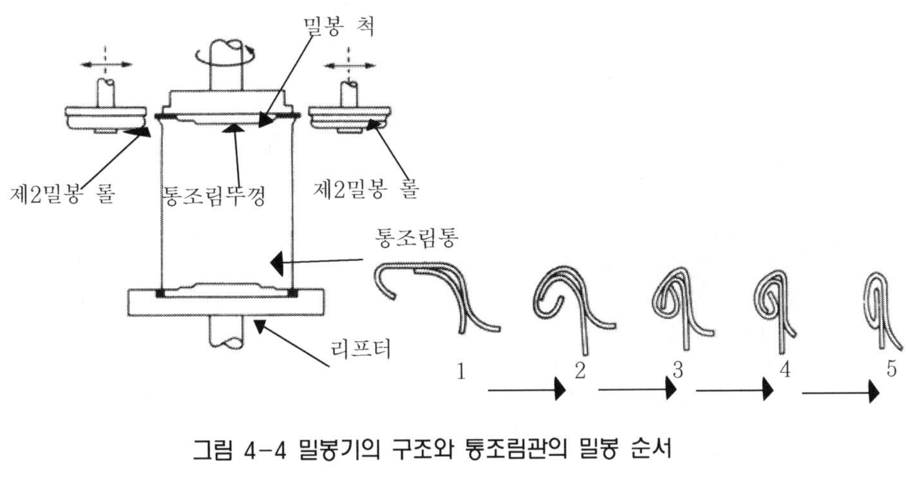

그림 4-4 밀봉기의 구조와 통조림관의 밀봉 순서

4-2-4 살균

밀봉이 끝난 통조림관은 내용물 중에 들어 있는 미생물을 사멸 또는 번식능력을 상실시켜 부패의 근원을 없애기 위하여 살균을 실시한다. 과즙중의 효모 등 변패미생물의 열저항성이 크지 않은 경우나 pH 4.5 이하의 산성식품인 경우는 100℃ 이하에서 저온살균(pasteurization)을 한다. 그러나 보통 통조림의 살균은 고온살균(sterilization)을 실시한다.

1) 살균장치

고온살균에 사용되는 대표적인 레토르트(살균기, retort)의 구조는 그림 4-5와 같다. 대량처리를 하는 경우는 연속적 살균장치를 이용하며, 대표적인 연속식 회전 레토르트와 transfer valve의 내부구조는 그림 4-6에서 보는 바와 같다.

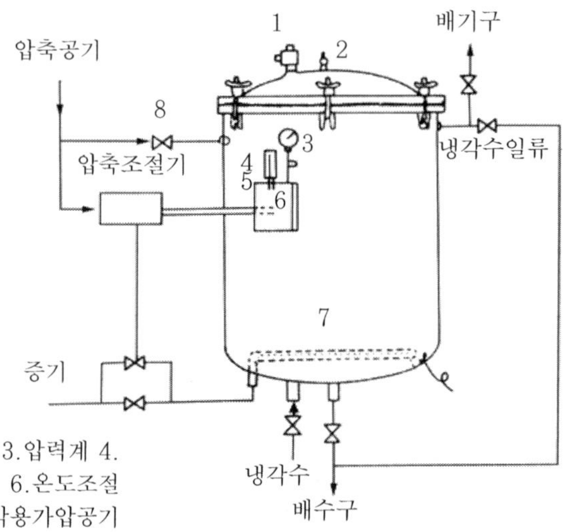

1.안전판 2.증기조절구 3.압력계 4.온도계 5.자동조절장치 6.온도조절 7.증기분사장치 8.냉각용가압공기 밸브

그림 4-5 살균기의 구조

2) 통조림 살균에 영향을 주는 요인

통조림살균에 영향을 주는 요소로는 내용물에 함유되어 있는 미생물의 종류와 수, pH, 열전달 방식과 형태 등이다. 곰팡이와 효모는 열에 비교적 약하며, 부패균이나 병원균 등 포자를 형성하지 않는 세균은 70-80℃에서 수분 정도로 사멸이 된다. 그러나 포자를 형성하는 내열성 세균은 100℃이상에서 열처리를 해야만 살균이 가능해 진다. 또한, 미생물의 수가 많을수록 살균에 소요되는 시간은 길어지며, 통조림 원료의 오염도와 신선도에 따라 차이가 있으므로 제조공정 중에 위생처리

를 해야 한다.

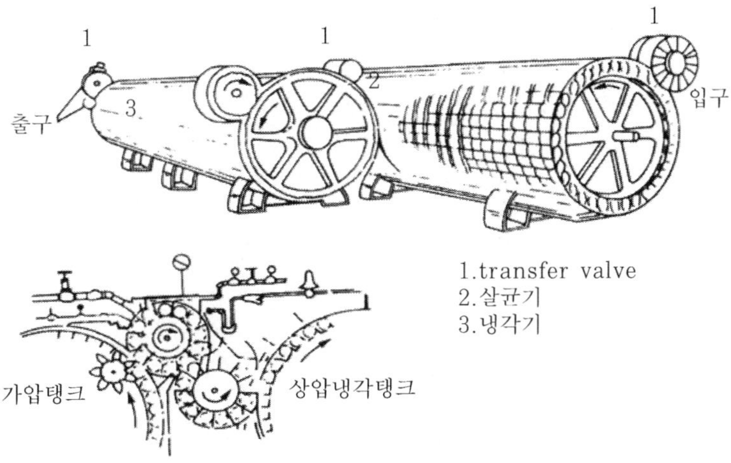

그림 4-6 연속식 회전레토르트와 transfer valve의 내부구조

내용물의 pH는 살균에 영향을 주게 되는데, 과채류 중에 매실, 살구, 감, 귤류 등 pH 4.5 이하인 산성식품은 75℃에서 10분 정도 처리로 살균효과를 얻을 수 있으나, 아스파라거스, 완두 등 pH 4.5 이하인 산성식품은 100℃에서 4시간 이상 살균해야 한다. 따라서 내용물의 산도가 높으면 살균시간을 단축할 수 있는데, Bigelow등(1921)은 pH 2.7인 오렌지는 82℃에서 3분, pH 3.53인 사과는 102℃에서 10분, pH 6.97인 배는 115℃에서 38분이 소요된다고 하였다.

3) 열전달 형태

통조림 살균의 열전달형태는 주로 전도와 대류에 의해 이루어지며, 용기의 종류와 크기, 회전속도, 내용물의 온도와 레토르트의 온도에 관계된다. 유리병은 양철판의 1/4-1/8 정도의 열전도율을 가지며, 대부분 용기의 중심부에 위치하는 열침투가 가장 늦은 냉점(cold point)에 열이 전달되는데 소요되는 시간은 대체로 용기직경의 제곱에 비례한다고 한다.

냉점의 측정은 온도감지장치(thermocouple 또는 thermister)를 통조림 식품이나 레토르트식품에 장치를 한 다음 가열하면서 온도분포 등을 측정하며(그림 4-7), 통조림 내용물에 따라 열전달방식이 다르므로 냉점의 위치가 달라진다(그림 4-8). 통조림 내용물에 따라 열 회전시킬 때 특히 액체식품에 있어서는 열전달효과가 크다.

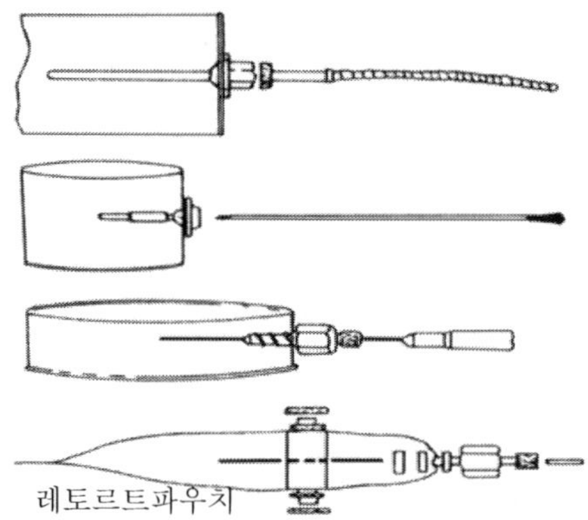

그림 4-7 온도계 sensor에 의한 레토르트식품의 온도측정장치

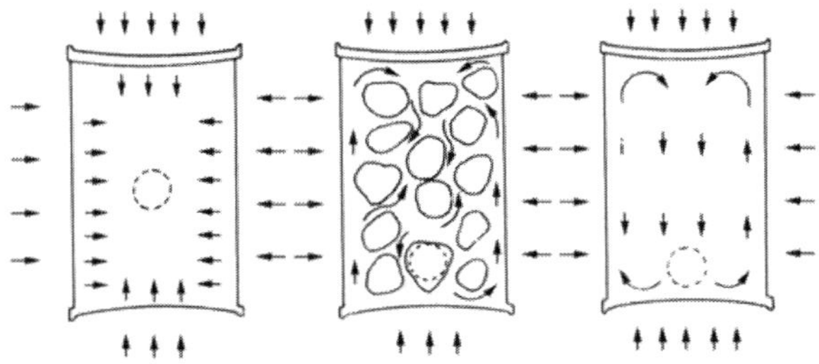

그림 4-8 통조림 식품의 열전달 방식에 따른 냉점의 위치

내용물의 물리적 특성으로는 조미액의 밀도와 점도, 내용물의 종류와 상태 등이 열전달에 관여한다. 대두, 완두, 죽순, 송이 등 주입액이 많은 것은 주로 대류에 의해 열전달이 잘 이루어지며, 호박이나 옥수수 등 전분질로 점착력이 강하고 대류가 어려운 것은 열전달이 늦어져 살균시간이 길어진다.

4-2-5 냉각

살균 후에 고온에서의 방치시간이 길어지면 과열에 의해 내용물의 조직의 연화되고, 유화수소가스(H_2S)의 발생으로 통조림이 변색할 우려가 있으며, 호열성 세균(thermophiles)이 발아하거나, 수산물 통조림인 경우는 유리모양의 결정질을 형성하는 스트루바이트(struvite)가 생기게 되므로 이를 방지하기 위하여 냉각(cooling)을 한다. 특히 50-55℃에서 방치시간이 길어지면 내열성 세균의 포자가 발아하여 변패를 초래할 우려가 있다.

냉각수가 들어 있는 수조에 담가 두는 수중침지법과 소규모인 경우는 흐르는 물에 냉각시키는 유수냉각법을 사용한다. 그러나 대량처리를 할 경우는 레토르트의 내압을 유지하면서 상부로부터 냉각수를 살포하거나 또는 증기와 냉각수에 의한 가압냉각법을 이용한다.

4-2-6 통조림의 검사

통조림제조가 끝나면 일단 이상 유무를 검사하고 제품화하게 된다. 통조림 검사법에는 외관검사, 개관검사, 가온검사, 세균검사, 화학적 검사법, 물리적 검사법이 있다.

1) 외관검사

통조림의 외관검사는 스테인레스스틸, 대나무, 또는 상아로 만든 타검봉으로 때려 보아 맑은 소리가 나면 이상이 없는 것으로 판정한다. 둔탁한 소리가 나는 것은 탈기가 불충분하였거나, 충진과다, 미생물의 생육이나 관의 부식 등에 의해서 관내에 가스가 발생했을 때, 밀봉이 잘못되어 외부의 공기가 들어갔을 때, 그리고 기온 및 기압 등 여러 가지 원인으로 일어난다.

2) 개관검사

개관검사는 통조림 검사법의 규정에 의해 이루어지며, 개관하기 전에 진공검관계를 사용하여 진공도를 측정하고 나서 개관하여 head space의 높이, 고형물의 양 등을 평량하고, 관능검사를 실시한다. 관능검사에는 냄새, 색깔, 육질, 맛, 액즙의 상태, 불순물의 유무 등을 검사하게 된다.

3) 가온검사

가온검사는 일종의 저장성시험으로 36~37℃에서 내용물의 종류에 따라 적당 기간동안 가온하여 품질의 유지상태를 점검한다. 액즙이 많은 것은 1~2주, 적은 것은 2~3주, 산성식품인 경우는 2~3주 동안 수시로 관찰하여 팽창관이 발생할 때는 방냉한 다음 세밀한 검사를 한다.

4) 세균검사

군수용 통조림인 경우는 세균검사를 필수적으로 하며, 무균적으로 개관하여 직접 검경하거나 배지에 접종한 후 세균수를 측정하고 세균이 발생했을 때는 내열성 및 독성을 시험한다.

5) 화학적 검사

특수한 경우나 연구용으로 실시하며 pH, 내용물과의 반응생성물, 인돌(indol) 등 부패 및 분해 생성물의 정량, 중금속의 검출, 방부제와 인공 감미료 등 첨가물량의 조사, 통조림 내의 가스조성 등을 분석한다.

6) 물리적 검사

X-ray를 사용하여 용기의 상태, head space의 크기와 상태, 내용물의 상태 등을 검사한다.

4-3 통조림의 변패

미생물의 작용이나 내용물과 용기 사이의 화학반응, 제조시의 잘못된 처리, 부적당한 저장조건 등에 의해 통조림의 변패가 일어나게 되며, 대표적인 변패현상은 다음과 같다.

4-3-1 내용물의 성상으로 본 변패

1) flat sour

살균부족 등으로 *Bacillus*속의 호열성 세균의 발육으로 인한 유기산 생성이 원인이 되며, 외관상으로는 정상관과 구분하기 어렵고, 개관 후 pH측정이나 세균검사를 통하여 알수 있다. 채소류나 육류통조림에 많이 나타난다.

2) 흑변

내용물 중에 들어 있던 단백질 성분 중에서 -SH기가 환원되면서 황화수소가 발생하여 용기에서 용출한 금속 또는 내용물 중의 금속성분과 결합하여 황화금속(FeS 등)이 생성되어 일어나거나, 내열성 세균이 원인이 되어 일어나는 현상을 흑변(surfide spoilage, black strains) 이라고 한다. 육류나 수산물통조림, 옥수수통 조림에서 볼 수 있다.

3) 주석의 이상 용출

주석(Sn)은 독성이 심하지 않으나 다량 섭취하면 권태감이나 구토증세를 나타낸다. 오렌지, 토마토쥬스의 경우 내용물에 함유하고 있는 질산이온에 의해 용출이 촉진된다. 통조림 개관 후에 산소의 무제한 공급으로 주석용출이 급격히 증가하므로 먹다 남은 내용물은 유리나 사기그릇에 옮겨서 보관해야 한다.

4-3-2 외관으로 본 변패

1) flipper

내압이 없고, 거의 정상관과 같으나 한쪽 면이 약간 부풀어 있다. 미생물, 과다충진, 탈기부족, 밀봉 후 살균까지 장시간 방치 등이 원인이 된다.

2) springer

한쪽 면이 튀어나오는 상태로 미생물, 충진과다, 탈기부족, 수소발생 등이 원인이 되어 일어난다. 과일통조림의 경우 저장온도가 높을 때 발생하기 쉽다.

3) swell(blower)

양면이 팽창된 관을 말하며, 손으로 눌러서 조금 들어가는 것은 연질 팽창관(soft swell), 반응이 없는 단단한 상태의 것은 경질 팽창관(hard swell) 이라고 한다. 수소가스의 발생에 의한 팽창과 달리 미생물에 의한 가스발생에서 기인한다.

4) buckled can

돌출형관이라고도 하며 살균공정에서 많이 발생한다. 관의 내압이 외압보가 커져서 관의 탄성한계를 넘어설 때 생기는 변형관이다.

5) leaker

미세한 구멍(pinhole)이 발생하거나 밀봉조작이 잘못되었을 때 생긴다.

4-3-3 기타

1) stacking burning

과채류통조림의 저장온도가 너무 높을 때에 내용물의 연화 또는 퇴색되거나 토마토통조림 등에 나타나는 불쾌취가 발생되는 현상이다.

2) discoloration

금속이온이 많을 때나 고온 또는 미생물에 의해 일어나는 탈색현상이다.

3) glass-like deposits

채소통조림 등이 부분적으로 너무 농축되었을 때 용액의 침전으로 유리 모양의 결정이 생기는 현상으로 무해하다.

4) off-flavor

채소류통조림의 산미, 과일통조림의 곰팡이 냄새 등이 변패 관이다.

4-3-4 통조림 용기의 부식

1) 관 외면의 부식

도금 중에 미세한 구멍이 생기거나 제관공정 중의 충격으로 인해 주석 도금한 면이 균열되어 철면이 노출되었을 때 공기 중의 산소와 수분에 의해 부식이 일어난다. 이러한 부식이 계속 진행되면 천공(perforation)이 일어나며, 이를 방지하기 위하여 외면도료를 사용하여 방지하거나 기온변화에 따른 이슬이 맺히는 일이 없도록 해야 한다. 냉장고에 보관했던 통조림을 꺼내 물기를 닦지 않고 그대로 두었을 때 미세한 구멍(pinhole) 부위에 녹이 생기는 현상을 흔히 볼 수 있다.

관 외면의 부식을 촉진하는 요인으로는 레토르트나 통조림을 담은 용기에 녹이 생겼을 때 녹이 옮겨지거나, 가열 살균 후에 과도한 냉각, 부식성이 있다.

4-4 레토르트 식품

레토르트 파우치(retort pouch) 식품은 고압 살균에 견딜 수 있는 내열 내압성 플라스틱 필름 주머니(plastic pouch)나 플라스틱과 알루미늄박(aluminium foil)을 겹으로 한 주머니에 식품을 포장, 멸균한 식품이다. 즉, 폴리에스테르 필름, 알루미늄 호일, 폴리에틸렌 필름 등을 2중, 3중으로 복합한 주머니(pouch)나 접시(tray)에 식품을 넣어 밀봉한 후 가압솥(retort)에서 110~120℃에서 20~30분간 살균하거나 130~140℃에서 4~10분간 고온 단시간 살균한다. 이렇게 살균한 것은 통조림, 병조림과 같은 저장성을 지닌다.

레토르트 식품은 일반 식품은 말할 것도 없고, 비상식품, 병원급식, C-레이션, K-레이션, 도시락용 등 식품의 가공, 저장에 널리 이용된다. 제품으로는 김치찌개, 추어탕, 곰탕, 북어국, 우거지국, 미역국, 된장국, 육개장, 참치죽, 호박죽, 잣죽, 닭죽, 짜장, 카레 등과 스파게티소스, 탕수육소스 등이 있다.

4-4-1 레토르트 파우치의 장점

레토르트 식품은 통조림, 병조림과 같이 오래 저장할 수 있고, 용적이 작고, 용기가 유연하고 가볍고 개봉이 쉽고 사용후 용기 처분이 간단하다. 높은 온도로 살균하므로 식품 보존제, 살균제를 첨가하지 않고 상온에서 유통할 수 있어서 냉장, 냉동식품보다 유통 비용이 싸고 장시간 보존할 수 있다. 포장 채로 가열하여 즉석 이용할 수 있고, 가볍고 휴대하기 쉽고 개봉하기 쉽고, 간편하고, 가격이 싸다. 포장재료가 얇고 표면적이 넓어서 열전달이 빠르므로 살균시간은 통조림의 1/2~1/3 밖에 안 된다. 그래서 영양성분, 맛, 향기, 색의 변화가 적다. 모양, 용량, 포장재료의 선택등을 식품의 종류에 따라 알맞게 선택할 수 있다.

4-4-2 레토르트 식품의 제조과정

포장재 원료 → 식품충전 → 탈기 → 밀봉 → 가압살균 → 가압냉각 → 건조 → 포장
↑
상압 또는 진공

① 채우기: 식품을 봉지에 채운다.

② 탈기: 공기 팽창으로 포장이 파열되는 것을 막고, 열전도율 저하로 가열살균 효과가 떨어지는 것을 막고, 공기에 의한 비타민 A 등의 산화와 갈변화를 방지하고 내용물의 연화를 방지하기 위해 탈기한다.

③ 밀봉: 밀봉시 주의할 점은 접착이다. 불량 제품은 대부분 접착 불량으로 발생하기 때문이다. 그러므로 포장 재료의 종류에 따라 접착 온도, 시간, 압력을 정확하게 조정해야 한다.

④ 가압살균 : 알루미늄 호일을 함유한 파우치는 돌기가 없는 한 강하지만 내부 압력에 대해서는 약하므로 가압하면서 살균, 냉각한다.

살균 기준은 통조림과 같고, 살균 대상으로 하는 기준균은 *Clostridium botulinum*, *Clostridium sporogenes*, *Flat. sour thermophile* 등이므

로 이들 균의 포자를 사멸시킬 수 있는 온도와 시간을 설정해야 한다. 통조림은 115-120℃에서 가열 살균하는 것이 품질면에서 가장 좋다.

표 4-5 세균의 종류와 포자의 내열성

가열온도 (℃)	*Cl. botulinum*	*Cl. sporogenes* N.C.A. NO.3679	*Flat. sour thermophile* N.C.A. NO.1518
100	330	750	-
105	100	160	-
110	34	38.6	300
115	10	12.6	110
120	4	5.1	35

4-4-3 레토르트 식품의 포장재료

적층 필름(laminated film)은 강도가 높은 폴리에스터 필름(외층), 기체와 광선을 차단할 수 있는 알루미늄 호일(중층), 접촉성과 가열 밀봉이 쉬운 폴리프로필렌(내층) 포장재로 구성되며 여러 종류의 플라스틱 필름을 겹으로 합치거나 플라스틱 필름과 알루미늄박을 합친다.

밀봉은 고주파 접착법, 열 접착법, 전기충격(impulse) 접착법, 결착법 등이 있다. 포장재료는 가열하여도 환경호르몬, 페놀, 포르말린, 중금속, 과망간산 칼륨, 증발잔류물 등이 나와서는 안 된다. 포장지의 용량은 규제가 없고 내용량을 자유로 할 수 있고, 편편하여 가열살균에 요하는 시간이 짧고, 가열에 의한 식품의 변질이 적고, 무게가 가볍고 통조림과 같은 금속취가 없다.

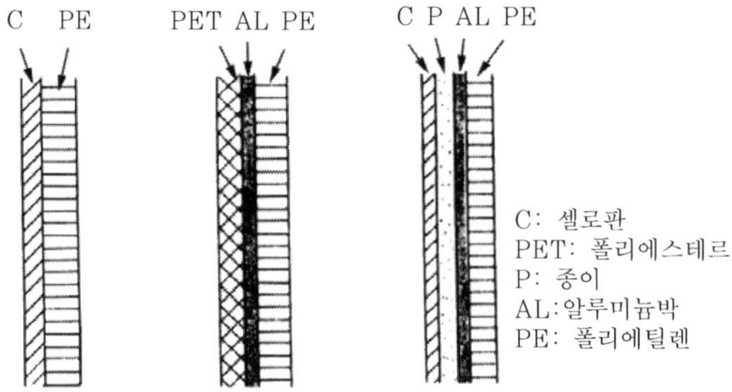

그림 4-9 라미네이트 필름의 구성

제 5 장

식품포장

5-1 식품포장의 정의와 목적

식품과 포장은 바늘에 실이 따라 다니는 격이다. 포장 없는 상품, 포장 없는 식품은 오늘날 거의 없을 정도다. 그래서 포장하는 것은 매우 중요하다. 1994년도 한국산업규격 KS A 1502에 의하면 포장(packaging)이라 함은 "물품의 유통과정에 있어서 그 물품의 가치 및 상태를 보호하기 위하여 적합한 재료 또는 용기 등을 시공한 기술 및 시행한 상태"를 말하며, 물품이 식품인 경우는 이것이 식품포장(Food packaging)이라고 정의할 수 있다. 그러나 현대의 포장은 시대와 더불어 넓은 의미의 환경친화성 또는 포장폐기물 관리 등에도 확대 적용시키고 있다. 식품은 거의 유기물이므로 각종 요인에 의해 변화 내지 썩거나 부패되므로 과학적인 포장을 하지 않으면 오히려 아니한 것만 못하다.

식품포장의 목적은 식품이나 그 사용되는 포장재료의 품질이나 안전성 유지와 포장의 작업성, 편리성 및 상품적 가치의 부여,내용식품의 표시 등을 향상시키는데도 있지만 가장 중요한 것은 충격, 진동, 압축, 마찰, 광, 온도, 습도, 산소, 탄산가스 등의 환경기체 등의 물리・화학적 요인 또는 미생물,해충 등의 생물학적 요인을 방지 또는 경감시켜 보호(保護)하는데 그 주목적이 있다. 아울러 포장은 한국산업규격의 분류(KS A1502)에서 낱포장, 속포장, 겉포장으로 나누어 정의하고 있다.

5-2 식품포장 재료로서의 필요한 여러가지 성질

식품포장에서 제일 중요한 사항이 그림 5-1이다. 다시말해 구비조건이라고도 한다.

식품포장재료로서의 필요한 성질

- 1. 위생성(sanitary) — 무미, 무취, 무독 등
- 2. 보호성(protection)
  - 물리적강도
    - 인장강도, 신장율, 파열강도, 인열강도, 내절강도
    - 충격강도, 압축강도, 내마모성, 완충성 등
  - 차단성(바리아성)
    - 방습성, 방수성, 방기성(기체차단성), 보향성
    - 차광성(광차단성), 단열성, 자외선흡수선성 등
  - 안정성
    - 내수성, 내광성, 내유성, 내산성(내약품성)
    - 내알칼리성, 내유기용제성, 내열성, 내한성, 내후성 등
- 3. 작업성(manafacturing)
  - 포장작업성 — 미끄럼성(slip성), 비대전성, 열봉합성
  - 기계적응성 — 접착제, 적응성, 내브로킹성, 열수축성
- 4. 편리성(convenienceutility) — 개봉용이성, 휴대용이성 등
- 5. 상품성(marketing) — 광택, 투명성, 인쇄적성, 평활성, 백색도 등
- 6. 경제성(economy) — 가격, 생산성, 수송보관성(중량, 형상치수 등), 적정포장
- 7. 환경성(environment) — 폐기물처리(재사용 및 재활용 등), 포장설계의 적절성

그림 5-1 식품포장재료로서의 필요한 성질(구비조건)

식품의 포장재료로서 요구되는 조건 및 성질은 대단히 많아서 어느 한 종류의 재료로서 제반 조건을 만족시키기는 어렵다. 그러므로 식품의 특성에 의해 선택적으로 사용하게 되며 때로는 2종이상 여러 재료가 복합적으로 사용하게 된다. 상기 성질을 간략하게 요약하면 다음과 같다.

① 위생성: 보건 영양상 해를 끼치는 포장을 해서는 안된다. 가령 통조림 can의 경우 내용식품이 산에 의하여 석(tin)이 기준함량 이상으로 검출되거나 P.V.C.용기나 필름에서 중간반응생성물인 vinyl chloride monomer(V.C.M)가 잔존하여 암을 유발한다든지 그에 첨가되는 가소체,안정체의 유해성, 인쇄잉크로 인한 Cd, Pb 등과 P.C.B. 물질 검출, 종이류에 사용되는 고지 및 첨가제 문제, 열경화 성수지인 phenol용기 등의 formaldehyde 검출,

기타 저분자휘발물질과 식품성분이 반응하여 이취를 발생하는 것 등을 포장재료나 첨가제로 사용 시 유의하지 않으면 안된다. 더욱이 포장재료로 사용 시 세정이나 소독을 철저히 하여 미생물 등의 오염으로부터 방지하여야 한다. 따라서 식품포장은 무미, 무취, 무독하여야 한다.

② 보호성: 원료식품이나 가공식품을 포장한 후 생산지에서 소비지까지 제품을 싣고, 운반하고, 내리고 또 판매하는 각 유통단계마다 잘 보호되지 않으면 포장이 터지거나 내용물이 파손되는 일이 발생하게 된다. 그래서 포장재료는 물리적강도(物理的强度, physical property)로서 인장강도, 신장율, 파열강도, 충격강도 등이 요구된다.

다음은 차단성(遮斷性,barrier)으로서 포장재료는 내용물의 성분변화나 반응으로부터 차단 내지 보호되지 않으면 안된다. 내용물 중에 향기를 보호해야 할 경우에는 보향성 재료가, 광선을 피해야 할 경우는 차광성재료가, 공기중의 산소를 막아야 할 경우는 방기성재료가, 외부의 습기를 차단하여야 할 경우는 방습성재료가 필요하게 된다. 이와 같이 내용물의 보호와 외부 환경요인의 차단을 잘 고려하지 않으면 안된다.

또 한가지 보호성은 포장재료자체의 안정성(安定性,stability)에 영향을 미친다. 가령 순수한 종이류는 물이나 습기에 견디지 못하므로 안정성이 결여되어 있다. 그러므로 물이나 습기로부터 견디는 내수성 및 내습성재료가 요망된다. 또 어떤 합성수지는 내열성이 낮은 것이 있는가 하면 나일론 같은 것은 내열성이 매우 높은 것도 있다. 또 산에 견딜 수 있는 내산성재료 등도 요구하게 된다. 따라서 물리적강도, 차단성, 안정성은 포장의 가장 기본이 되는 요체라 할 수 있다.

③ 작업성: 현대는 대량생산 시대이니 만큼 기계작업성이나 포장작업성은 그 재료가 갖는 특성에 맞추어 실시해야 한다. 가령 새 제품의 품목이 결정되면 판매량에 따라 연간 작업량이 달라지고 포장재료의 작업요구도 달라지게 된다. 또 작업성이 낮으면 생산성이나 경제성에도 영향을 미친다. 그러므로 작업에 용이한 재료가 요망된다.

만약 작업도중 기계가 마비되는 대전성재료를 써서 제품에 이상(異狀) 개수가 생기게 되면 부패의 여지를 안게 되므로 재료선택을 충분히 고려하지 않으면 안된다.

④ 편리성; 포장되어 있는 식품은 먹기 위하여 개봉 또는 휴대가 간편해야 한다. 가령 병마개를 열 때 관따개(opener)가 없으면 불편한 점을 많이 느낀다. 그중 tear tape나 PP(pifer proof)cap 그리고 easy open end can 등은 가장 편리성이 개선된 예라 할 수 있다. 따라서 뜯기 좋고 먹기 쉽게 하기 위해

서는 계속적인 편리성의 연구가 이루어져야겠다.

⑤ 상품성: 소비자는 보기 좋고 가치있도록 만드는 포장에 구매의욕을 갖고 있다. 모든 식품의 포장에는 외부에 내용물을 표시하도록 규정되어 있지만 그보다 더 중요한 것은 겉표지에 표시된 상표나 디자인이 구매충동에 매우 큰 영향을 주고 있으며 상품시대에 있어서 포장은 그 상품의 얼굴이므로 좋은 인상을 갖도록 하여야 할 것이다. 그러므로 포장재료가 광택이 있는지 투명성이 어느 정도인지 인쇄적성이 좋은지의 여부 등을 검토하여 할 것이다.포장은 말없는 판매원이다.(A silent salesman.-H.Martineau.)

⑥ 경제성: 소비자는 내용식품만을 섭취하는 것이지 포장재료까지 먹는 것은 아니다. 쓰레기통에 버리는 것 중의 대부분이 아마도 식품포장에서 나온 재료껍질 일 것이다. 따라서 버리는 부분에 너무 비싼 가격의 재료를 들일 필요가 없으나 보호성에 입각하여 적정포장(適正包裝, suitable packaging)이 이루어져야 한다. 다시 말해서 내용식품을 지나치게 보호하다 보면 상품의 전체가격에 포장비가 차지하는 비율이 너무 크게 되어 실제 먹는 식품은 소비자가 손해를 보는 것이다. 아울러 국내 물자의 손실에까지 영향을 미치게 된다. 그 이외도 열봉함시 전열비가 높은 재료라든가 수송보관성에서 낱개로 운반되기 보다 pallet이나 container system을 이용하면 비용이 절감되므로 경제성 면에서 여러 가지 이득을 보게 된다.

⑦ 환경성: 내용물을 먹고 난 포장재료껍질은 많은 쓰레기를 가져온다. 그래서 지구상에 환경을 더럽히게 되므로, 포장설계서부터 포장쓰레기까지 잘 계획하고 처리하지 않으면 안된다. 특히 쓰레기를 분리수거하여 재사용 및 재활용하므로써 자원낭비를 줄여야 할 것이다.

플라스틱 종류

	PETE	HDPE	V	LDPE	PP	PS	OTHER
재활용	가능	가능	불가능	가능	가능	가능	불가능
용도	음료수병 (콜라, 사이다, 쥬스 등)생수병 간장병 식용유병	물통,샴프 세제류용기 백색막걸리 등	대부분 공업용으로 가정용 배출품 거의 없음	우유병 막걸리병	상자류 (맥주, 콜라, 소주 등)	사와병	대용량 물통

금속 캔 종류

그림 5-2 한국의 재활용 표시마크
(한국자원재생공사)

영국 사이언스 프리사가 제정한 리사이클마크
상-좌: 리사이클 알루미늄캔
상-우: 리시이클 스틸캔
하-좌: 리사이클 유리병
하-우: 판지용기의 리사이클 종이
함유량을 나타내고 있음

그림 5-3 영국 사이언스 프리사의 리사이클마크

5-3 식품포장 재료의 종류와 성질 및 용도

5-3-1 종이 및 판지제품류

1) 종이류의 특성, 종류와 용도

목재나 짚을 가지고 섬유소를 분리하여 얻은 종이류 제품의 성질은 펄프의 종류(기계펄프, 화학펄프등)와 배합, 제조법에 따라(고해 등), 각종 첨가제 등에 따라 물성의 차이가 난다. 이 종이 및 판지제품류는 전체 포장재 중 40~50% 비율을 차지하고 있다.

종이류는 위생안전성이 있다. 그러나 고지(古紙), 첨가제 등의 사용으로 일부 문제가 되는 경우가 있다. 광선이나 자외선 차단성, 인쇄적성 등이 좋고 특히 종이는 분해, 소각이 용이하여 환경 친화성면에서 큰 장점을 가지고 있다. 또 타 포장재보다 가격이 싼 점도 매우 큰 장점이다. 그러나 강도, 방습, 방수성, 내습, 내수성, 내유성, 열봉합성 등이 결여되어 있으며 공기 및 가스 차단성을 요할 시에도 큰 결점이 된다. 강도, 차단성이나 안정성을 요할 시에는 수지 등의 도포 내지 적층(laminating)을 하여 가공지(加工紙, processed paper)를 만들어 대부분 이용되고 있다. 그중 식품에 많이 이용되는 포장재는 다음과 같다.

① 셀로판(Cellophanes): 목재 등에서 얻어진 섬유소(cellulose)를 화학물질(NaOH, CS_2 등)을 처리하여 필름상으로 재생, 건조시킨 것이 보통셀로판(plain transparent cellophane, PT)이고 여기에 PVDC 등과 같은 방습막 성분을 도포하여 가공한 방습셀로판(moisture proof cellophane) 등이 있다.

보통셀로판은 투명하며 다색인쇄적성이 아주 좋고 내유성, 내유기용매에 대한 저항성이 우수하며 건조상태에서는 가스투과성이 낮다. 또 인장강도가 큰데 비해 늘어나는 신장성이 적다. 그러나 방습성, 내산성, 내알카리성, 열접착성(heat seal성) 등이 약한 결점이 있다. 그래서 식품의 over wrap(겉싸개)용, twist wrap(꼬임포장), 그 외 셀로판 테이프 등에도 사용되었다.

② 크라프트지(kraft paper): 강도가 강한 장섬유로 된 크라프트지는 중량물 포장에는 내면에 방습성 등을 부여하여 여러겹으로 한 단일포대를 만들어 설탕포대, 밀가루포대, 곡물포대, 소금포대 기타 세면포대 등에 아주 많이 쓰였다. 또 봉지나 봉투로도 많이 사용하였다.

③ 황산지(parchment paper), 글라신지(glassine paper), 파라핀왁스지
황산지는 반투명하고 냄새가 없으며 내유, 내수성이 매우 우수하여 버터, 마아가린, 치즈, 육류 등의 낱포장에 많이 이용되고 있다. 글라신지(glassine paper)는 박엽지로서 투명도가 높은 것이 대부분이지만 점료를 가하여 불투명한 것도 있다. 핀홀이 없고 내습성, 내유성, 내산성이 우수하여 포테이토칩, 양과자, 초코렛, 쿠키 등에 사용되고 있다. 파라핀왁스지는 방수, 방습성이 강하므로 카라멜, 빵, 냉동식품, 기호품 담배, 종이컵 등의 포장에 많이 쓰인다.

2) 판지 제품류의 종류와 용도

(1) 골판지(corrugatedfiberboard)와 골판지상자{corrugated fiberboard carton(box)}

포장식품의 외포장에 골판지 상자는 절대적인 존재로써 가장 많이 쓰이는 중요한 포장이다.판지(板紙,board)는 여러겹의 종이층(紙層)을 형성하여 두껍고 견고한 판지를 얻는다. 국산판지는 0.3mm 이상 또는 평량이 100g/m²이상의 두 조건중 하나가 포함되는 종이의 상태를 판지라고 칭한다.

골판지는 라이너 원지(liner board) 즉 판지에 골심지(midium corrugate)를 접착제로 접착시켜 골판지를 만든 다음 그림 5-4와 같이 각종 형태의 골판지 상자를 만든다.

골판지는 KS A1502, 골판지 상자는 KS A1531에 규격으로 되어 있으며, 양면골판지를 가지고 상자를 만들면 양면골판지상자가 되며, 이중양면 골판지로 상자를 만들면 이중양면 골판지상자가 되는 것이다. 골판지 상자의 기본형식은 3가지 타입으로 KS A1003에 규정되어 있으므로 여기선 지면관계상 생략한다.

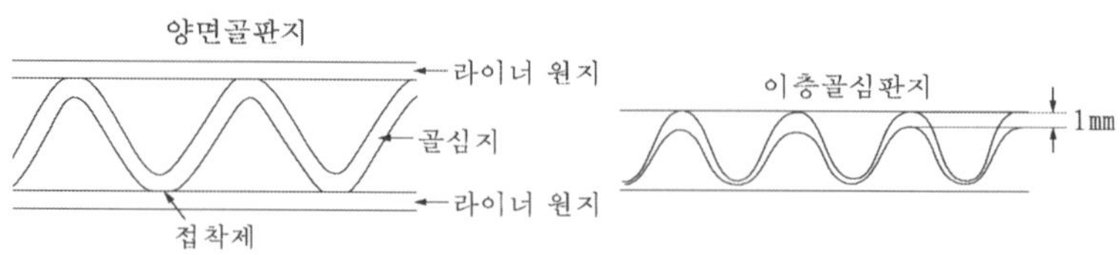

그림 5-4 골판지 상자의 기본형식의 전개도 및 입체도

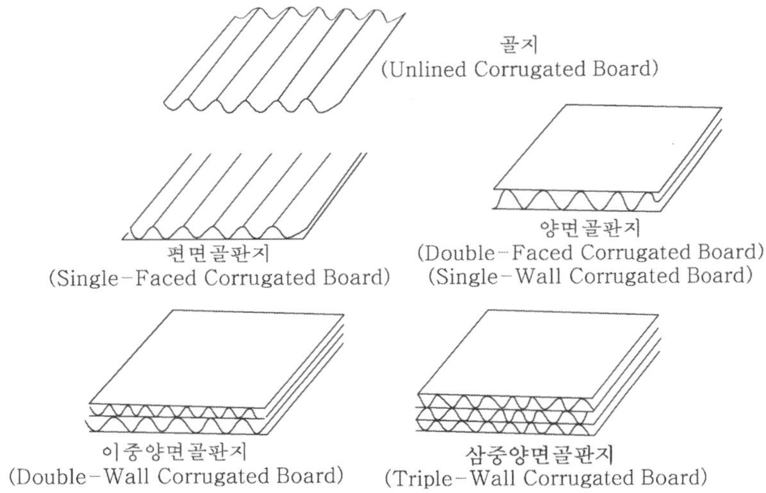

그림 5-5 골판지의 구조 및 종류

골판지 상자의 강도는 라이너 원지의 종류, 골심지의 종류, 상자의 형식에 따라 차이가 많다. 식품 등 물품을 골판지 상자에 넣고 포장 후 수송, 진열, 판매, 적재시 압축강도(壓縮强度)는 가장 중요한 성질중의 하나이며 적재 단수를 고려한 설계가 사전에 이루어져야 한다. 가령 일례로 사과상자를 6단으로 쌓을 시 제일 아래 골판지 상자는 위의 5단 골판지 상자의 총무게를 유지 시켜야 하는데 최하위상자가 찌부러지면 사과 내용물은 파손되는 것이다.

이 골판지 상자는 농수축산물의 원료, 가공식품 등의 포장은 물론 국내외 무역을 위한 수출입포장 등 사용되지 않는 물품이 없을 정도로 중요하다.

3) 종이용기(紙器, paper carton)

종이 용기는 두께가 두꺼운 순수한 종이로 만들어 사용하는 것보다는 투터운 종이에 플라스틱수지, 알루미늄 금속 등 여러 가지 복합재료로 구성시켜 만들어 이용되는 경우가 많다. 식품포장에 많이 이용되는 몇 가지를 열거한다.

(1) 종이상자(종이곽, paper box)와 종이컵(paper cup)

종이상자는 접는 상자(folding carton), 발라붙은 상자(setup box) 등이 있다. 이들 종이상자는 내용물이 가벼운 과자류, 건조식품 등 원료 및 가공식품의 겉포장에 주로 많이 이용된다. 종이컵은 종이 내면에 폴리에틸렌(PE) 등 합성수지, 왁스, 알루미늄박 coating 하거나 laminating 한 것을 컵형태로 만든 것이다. 또한 종이컵에 내용물을 넣고 뚜껑(lid)을 접착제로 개봉이 용이하게 접착시킨 것도 많이 사용되고 있다. 종이컵의 용도로는 물, 음료, 요구르트, 라면 등에 다량 사용되고 있다.

(2) 테트라 팩(tetra pak)과 퓨어 팩(pure pack)

테트라팩은 스웨덴의 Tetra pak 사의 제품으로 최초엔 피라밋형의 정사면체 용기로 그림 6-5과 같이 PE/kraft paper/ionomer resin/EVA WAX coating 등으로 재료가 구성되어 사용되었으나 오늘날에는 벽돌형의 tetra brix 등 다양한 재료와 형태로 구성되었다. 우유, 과즙용 주스, 막걸리 등 액체 음료 등에 살균 또는 멸균용으로 사용되고 있다.

퓨어 팩은 미국의 EX-cello 사의 제품으로 모양은 4각형에 지붕형인 장방체(gable top)종이 용기로, 재료구성이 처음엔 kraft지 양면에 wax coating 한 것이 사용되었다. 오늘날엔 PE/종이/PE 등으로 구성되어 역시 테트라팩과 같이 우유등 액체 음료에 살균용을 사용되고 있다. 그 이외도 독일의 PKL 사의 combibloc pack도 액체음료에 사용되고 있다.

(3) 지관(紙管)류의 컴포지트캔(composite can)과 화이버 드럼(fiber drum)

일명 지통으로도 불려지기도 하나 용도로는 냉동농축주스, hot fill 과일 주스, 건조식품, 녹차 특히 최근엔 과자류 등에 많이 사용된다.

화이버드럼은 대형복합용기로서 내용량은 220L 이하, 총중량은 100 kg 이하의 식품으로 곡류, 건조분말식품 등에 사용되고, 해외에선 가공용 고기원료의 포장에 이용되고 있다.

(4) 백인박스〔Bag in box(carton)〕

포장의 구성은 그림과 같이 골판지 상자 또는 종이 카톤을 외부포장으로 하고, 별개로 내부포장에는 PEcoating/종이, PEcoating/종이/Al foil 등의 봉투 또는 중공용기에 플라스틱 마개를 부착시켜 만든 것으로 내용물을 넣은 후 겉포장의 골판지상자에 구멍을 내어 이 구멍 밖으로 속포장의 마개가 나오도록 구성된 포장이다. 보통 내용물의 용량이 비교적 커서 0.9L, 1.8L,3.6L 등의 크기로 주우스, 와인 등의 술에 사용되고 있으며 그 밖의 소오스 등에도 사용되고 있다.

(5) 멀티 팩(multi pack)

병이나 캔 등의 음료나 주류 계통에서 낱개단위로 포장하여 판매하는 것을 2개 이상 4, 6, 8, 10, 12, 24개의 다단위로 포장한 것을 multi pack이라고 한다.

멀티 팩에는 판지로 만든 구조물의 멀티 팩이 있는가 하면 플라스틱 필름을 이용한 것도 있다. 이는 부분포장 및 전체 구조물포장으로 운반의 용이성이 있어 많이 쓰이고 있다.

표 5-1 액체형 종이용기의 종류

종 류	개략도	특징
지붕형(게이블 톱형) (저온유통용) 우유	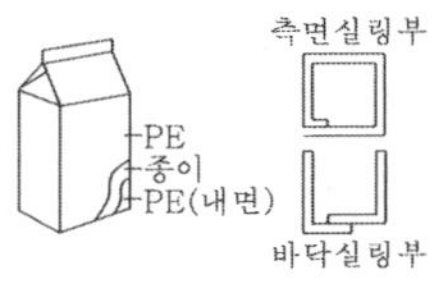	· 低溫 유통형 · 고 사이즈 종이지만 常溫에서의 장기간 보존시에는 종이의 단면에서 침투한다. · 시스템 완비
지붕형(게이블 톱형) (常溫유통형) 술, 기름, 식초	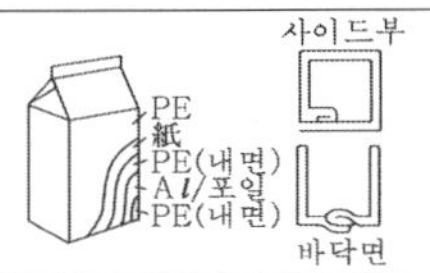	· 常溫 유통형 · 종이의 단면이 프로텍트 역할을 한다. · 시스템 완비
벽돌형(브릭형)	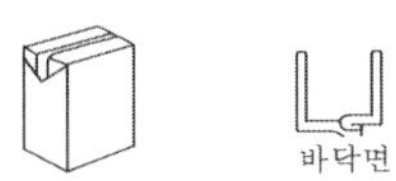	· 常溫 유통형 · 저온유통형(3층) · 바닥면, 사이드부 모두 열봉함하여 접어넣음(내부 PE). · 시스템 완비
복합컵	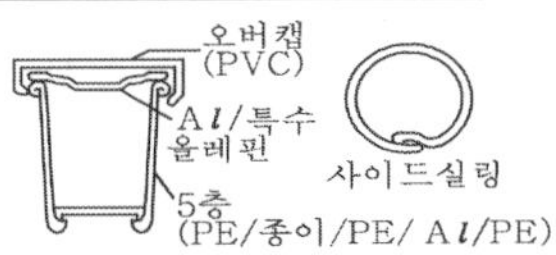	· 常溫 유통형 · 종이의 단면이 프로텍터 역할을 한다. · 뚜껑재료는 벗겨낼 수 있음. · 시스템 완비
백인카톤(BIC): 백인박스(BIB)	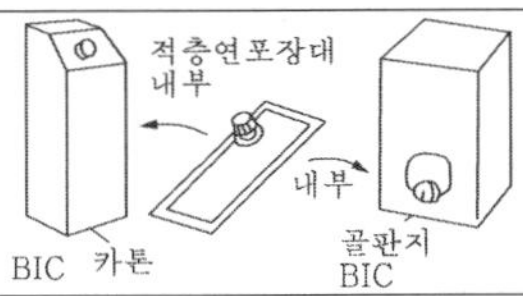	· 무균포장 가능 · 常溫 유통형 · 내부대는 식품에 따라 임의로 선택 가능 · 시스템 완비

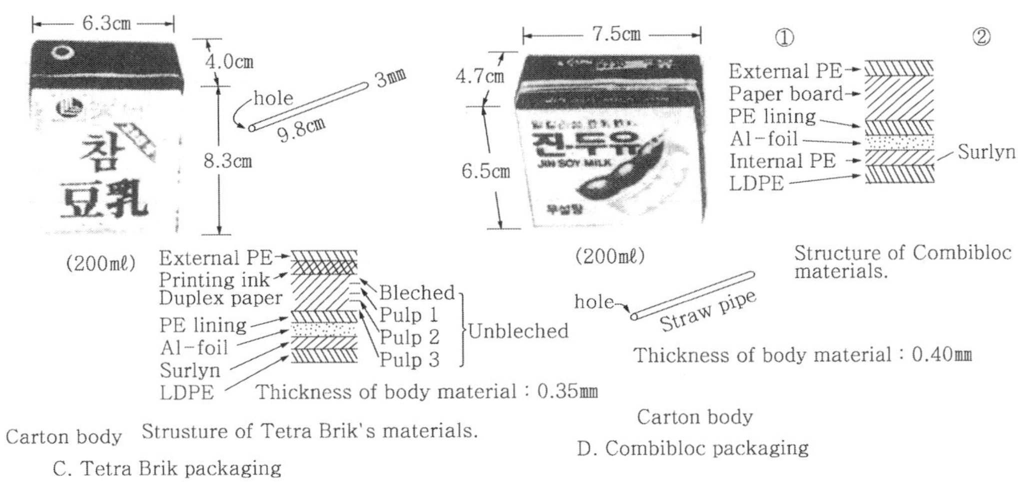

그림 5-6 테트라 팩 등의 구조

5-3-2 플라스틱류

플라스틱은 열가소성 플라스틱(수지)과 열경화성 플라스틱(수지)으로 나눈다. 그러나 후자는 재용융이 어렵다. 이들은 필름, 용기, sheet, foam 등의 가공품이 사용되나 식품의 용도나 목적에 맞는 가공 복합필름 또는 용기 등이 요망되어, 코팅, 라미네이팅, 접착제 등으로 원하는 포장재료가 얻어지는 것이다. 아울러 각종 포장재료의 특성비교를 보면 표 5-2와 같고 이들의 특성과 용도를 보면 다음과 같다.

표 5-2 각종 포장재료의 특성 비교(◎가장 우수, ○우수, △보통)

		차단성		강도				기능				
		습도	산소	일반	감촉	저온	고온	투명	성형	히트실	인쇄	보향
셀로판	PT	×	○	○	◎	△	◎	◎	×	×	◎	○
	MST	○	◎	○	◎	△	○	◎	×	○	◎	○
	K	◎	◎	○	◎	△	○	◎	×	○	◎	◎
종이		×	×	○	◎	◎	◎	×	×	×	×◎	×
금속	Aℓ	◎	◎	×	×	◎	◎	×	○	×	◎	◎
플라스틱	OPP	○	×	◎	◎	△	△	◎	×	US	◎	×
	CPP	○	×	○	○	×	△	◎	◎	◎	○	×
	PET	○	○	◎	◎	◎	◎	◎	×	×	◎	◎
	ONY	△	○	◎	○	◎	◎	◎	×	×	○	○
	CNY	×	△	◎	△	○	◎	○	◎	×	△	○
	LDPE	○	×	△	×△	○	×	○	◎	◎	△	×
	HDPE	○	×	○	△○	○	△	△	○	○	△	×
	PVDC	◎	◎	○	×	○	○	◎	×○	W	○	×
	PVC	○	×	○	△	○	△	◎	◎	W	○	○
	PVA	×	◎	◎	○	○	○	◎	○	×	△	○
	EVOH	×	◎	◎	○	○	△	◎	○	×	△	○
	OPS	△	×	◎	◎	○	○	◎	◎	○	○	×
K코트	KOP	◎	◎	◎	◎	△	△	◎	×	○	◎	○
	KPET	◎	◎	◎	◎	◎	◎	◎	×	○	◎	◎

PT: 보통셀로판 MST: 염화비닐코트 방습셀로판
K: 염화비닐리덴 코트셀로판 OPP: 2축연신 폴리프로필렌
CPP: 무연신 폴리프로필렌 PET: 폴리에스테르
ONY: 2축연신나일론 CNY: 무연신나일론
LDPE: 저밀도 폴리에틸렌 HDPE: 고밀도 폴리에틸렌
PVDC: 염화비닐리덴 PVC: 폴리염화비닐
PVA: 폴리비닐알코올 EVOH: 에틸렌비닐알코올 공중합체
OPS: 2축연신 폴리스티렌 KPET: 염화비닐리덴코트 폴리에스테르
KOP: 염화비닐리덴코트 2축연신 폴리프로필렌 W: 고주파웰더
US: 초음파실

1) 폴리에틸렌(polyethylene, PE), $(-CH_2-CH_2-)_n$

폴리에틸렌의 제법을 그림으로 요약해보면 다음과 같다.

석유 —(납사분해)→ ethylene —(중합(polymerization), (열, 압력, 촉매))→ poly ethylene resin —(가공)→ PE(film, sheet, bottle, wrap, foam 등

폴리 에틸렌의 종류로는 저밀도 폴리에틸렌(LDPE, 고압법PE), 중밀도PE(MDPE, 중압법PE), 고밀도 PE(HDPE, 저압법PE), 선상저밀도 PE(L-LDPE) 등이 있다.

이들은 모두 폴리에틸렌(PE)이라 해도 성질상에는 많은 차이를 나타나고 있다. 그러나 이들의 일반적인 공동적 성질은 위생적으로 안정하며 내수성, 열접착성이 우수하여 코팅, 라미네이팅 소재로 많이 이용되며 가격도 저렴하다. 수증기투과성(투습도)이 낮아 투과방지에 좋지만 인쇄적성, 향기방지에 좋지 않다.

그리고 HDPE 필름은 LDPE 필름에 비하여 강도(인장강도 등), 경탄성이 커서 얇아도 매우 질긴 장점을 가지고 있으며, L-LDPE 는 LDPE 보다 인장특성이 현저히 뛰어난 반면, 신장성(늘어나는 성질)에 있어서는 LDPE는 HDPE에 비해 늘어나는 성질이 있다. PE는 타필름에 비해 CO_2, O_2, N_2의 가스투과성이 높아 차단성을 요하는 식품에는 결점이나 LDPE 의 경우는 호흡하는 생식품 포장에는 좋은 점을 가지고 있다. LDPE는 연화점(軟化點 softening point) 이 낮아 가열살균에 요하는 포장에는 사용해서는 곤란하다.

이들 필름의 용도로는 봉지포장에 아주 많이 쓰이고 있으며 특히 HDPE는 물품을 담아 가게나 수퍼마켓 같은데서 가정에 운반용 봉지로 흔히 쓰이고 있다. L-LDPE는 랩(wrap) 의 용도로, 또 발포 PE, HDPE 중공성형(中空成形) 용기도 개발되어 사용되고 있다. 또 접착테이프의 기재로도 사용되고 있다.

그 외 V-LDPE(very-LDPE)는 우수한 탄성과 인열강도, 뛰어난 유연성을 갖고, 방사선조사 PE는 망상구조로 강도와 내열성이 향상되므로 retort 식품포장의 내면제로 쓰인다.

2) 폴리프로필렌(polypropylene, PP), $(-CH_2=CH-CH_3)$

폴리프로필렌도 폴리에틸렌과 같다. 중합에 의해 얻어진다. PP의 종류로는 통산 연신(延伸)에 따라 무연신 PP[미연선 PP, CPP, (casted PP)], 2축연신 PP[BOPP (biaxially) oriented PP, OPP] 등으로 나눈다. 2축연신의 OPP는 무연신 PP필름을 종, 횡 두방향으로 연신하여 만들면 좋아진다.

폴리프로필렌의 특성을 보면 범용수지(PE, PVC, PS 등) 중에서 비중이 가장 가볍고 위생적으로 안정성을 갖으며 물리적 강도 (기계적강도)가 아주 좋아 보통

bag이나 상자를 묶는데 PPband가 통상 쓰이고 있다. 그리고 투명성, 광택성, 방수・방습성, 내열성, 내약품성이 우수하다. 특히 OPP 필름은 포장의 개봉성에서 단열저항이 대단히 커서 tear tape처럼 질기면서도 찢어지는 성질이 좋은 장점을 가지고 있다. 한 예로 담배포장에서 과거 방습셀로판을 사용했으나 1976년에 OPP필름이 생산되면서 가격이 싸면서 개봉이 용이한 OPP 포장으로 바꾼 것도 한 예라 하겠다.

OPP필름은 연신으로 인해 인장강도, 충격강도 등 물리적 강도가 커지고 강성(剛性)이 증가하여 셀로판과 비슷하며 투명성, 광택성이 증가한다. 방습성이나 가스차단성이 무연신 CPP보다 약 2배가 된다. 내한성도 향상되며 필름 표면이 미끄럽게 되고 마찰에 의한 상처가 나지 않는다. 그러나 CPP 보다는 heat seal성이 나쁘다.

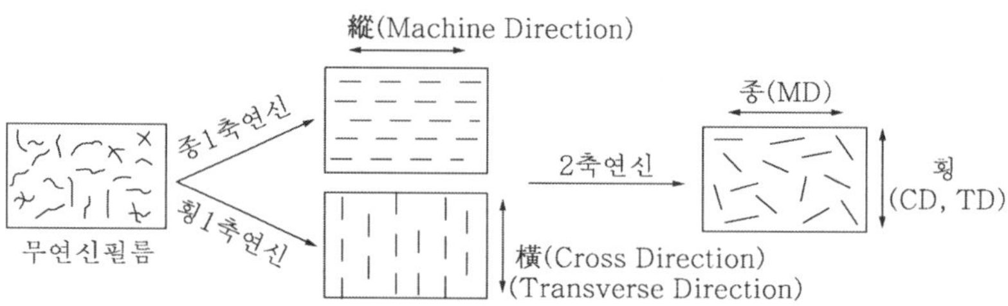

그림 5-7 무연신필름과 연신필름의 차이

3) 폴리염화비닐(polyviny chloride, PVC)

통상 비닐이라고 하는데 그제법은 에틸렌과 염소를 합성하여 단량체인 vinyl chloride monomer (VCM)를 만들고 이것을 중합해 PVC 수지를 얻은 후 가소제 (可塑劑 plasticid), 안정제 등을 넣어 유연성의 폴리염화비닐 필름을 얻는다. 유연성의 정도는 가소제 첨가량이 많으면 커지고, 적으면 약간 빳빳하여 유연성이 떨어진다. 그러나 PVC 파이프나 용기에는 가소제 없이 그대로 용융시켜 만든다.

폴리염화비닐은 중간생성물인 VCM이 발암물질로 밝혀지고 가소제나 안정제도 잘 못쓰면 위생에 저촉을 받으므로 식품포장에 잘 쓰지 않는 경향이다. 다만 PVC 용기 중 VCM 1ppm 이하와 식품에의 이행량이 50ppb 이하와 가소제, 안정제가 허가되어 있는 것에 한해 사용토록 허용하고 있다 특히 지방을 함유하는 식품에는 사용하지 않도록 할 것이다. 그러나 청과물, 계란의 팩용기, 식품의 겉포장용으로 오버랩(over wrap), 라벨 등에 사용되고 있다. 또 무가소 염화비닐은 가공법의 개선 등으로 식품포장 분야에 사용되고 있다.

4) 폴리염화비닐리덴(polyvinylidene chloride, PVDC) 〔$(-CH_2-CCL_2-)n$〕

염화비니리덴의 주성분 (75~85%)에 염화비닐과 공중합시켜 만든 합성수지로 부패되기 쉬운 축산물, 수산물의 가공품에 쓰이는 가장 중요한 필름 중의 하나로 최근엔 농산품, 과자류 등에까지 확대되고 있다. 또 가정용 PVDC 랩이나 복합 가공필름의 표면 도포나 라미네이트용 필름으로 많이 사용되고있다. 폴리염화비니리덴의 상품종류로는 Saran, Cry-O-Vacs, Kureharon 등의 PVDC 필름이 유명하게 쓰였다.

폴리염화비닐리텐의 특성은 일반적으로 위생성이 양호한 것으로 보나 vinylidene chloride 단량체가 PVDC 에 잔류하는 량은 1ppm 이하로 규정하고 있다. 습기나 공기, 탄산가스, 질소 산소 등 기체 차단성이 아주 우수하고 강도나 풍미, 향미의 보호포장, 내유성, 내수성, 내약품성, 내열성, 투명성, 열수축포장, 태양광선의 변색 방지 등에도 좋고 그라비아인쇄 등이 가능하다. 그러나 heat seal성이 어려워 주로 고주파씰링을 하며 가격이 비싸고 점착성(粘着性)이 있는 점이 흠이나 wrap 용으로는 자기 점착성이 좋아 장점이 되기도 한다.

5) 폴리스틸렌(polystyrene, PS)

스틸렌만 중합시킨 합성수지를 GPPS (General purpose PS)라 하는데 경도가 약하므로 내충격성이 결점이 있다. 그래서 부타디엔과 공중합시켜 충격강도를 좋게한 필름이나 시트용으로 HIPS(내충격성 폴리스틸렌, High impacted P.S)가 개발되되어 사용되었다. 내약품성을 개선시킨 AS수지(Acrylonitrile styrene), 내충격성, 내약품성, 강성, 내열성, 가공성 등의 특성을 모두 갖춘 ABS 수지(Acrylonitrile, butadiene-styrene), GPPS를 이축연신하여 강성이 큰 필름이나 시트용의 BOPS 수지(OPS, Biaxially oriente PS)가 이용되었다. 또 수지에 부탄, 펜탄 등의 발포제를 배합하여 20~70배로 팽창시켜 만든 EPS 수지〔발포 폴리스틸렌, ExpandablePS, foamed PS(FS)〕가 있고 필름, 시트상으로 압출하여 만든 P.S.P(PS paper) 등 여러 종류가 있다.

폴리스틸렌의 공통 장점은 투명성, 광택성, 강성, 표면경도, 인쇄적성 등이 좋고 흡수율이 적으며 산, 알카리, 염류에는 극히 안정하나 유기용매에는 약하다. 일반적으로 무독하나 스틸렌 단량체나 휘발성분의 이취 문제가 된 적이 있다. 내열성, 내한성이 좋으며 특히 단열성(斷熱性)이 아주 좋아 냉동식품 포장에 대표적으로 필름, 시트, 용기에 많이 사용되고 있다.

일명 스티로폼이라고 하는 발포성 성형용기는 아이스크림, 아이스박스, 컵라면 용기 등의 단열재로 우리주위에 흔히 볼 수 있으며 아울러 가볍고 완충제로도 대단히 많이 사용한다. 또 필름은 흡습성이 없고 열수축성이 좋아 채소, 과일 등의 수축 포장에도 이용되고 있다.

6) 폴리에스텔(polyester, polyetlylene terephthalate, PET)

열가소성 폴리에스텔은 테레프탈산과 에틸렌글리콜과의 축중합에 의해 에스텔(-COO-)결합형태로 만들어진다. 처음엔 섬유로 개발되어 양복기지 등에 널리 이용되어 왔으며, 후에는 Mylar라는 상품의 필름으로 개발되어 식품포장에 많이 사용되고 있다. 강도가 아주 강해 PP보다 더 강한 끈(낚시줄 등) 등으로도 이용된다. A-PET (Amorphous-PET, 無配向未結晶化)는 결정화 되어 있지 않아 유연하고 강인하며 투명성, 표면광택, 가스차단성, 보향성, 내유성, 저온성, 내열성이 우수하고 방사선의 γ선살균이 가능하다. 소각시 유독가스도 발생하지 않는다.

B-PET(二軸配向結晶化)는 2축연신법에 의해 필름의 결정이 배향되므로 투명하고 강도도 대폭 향상되어 아주 얇은 필름으로도 이용되고 내열성에서 고온에서의 치수 안전성이 좋아. 높은 온도에서도 견디는 가열살균의 retort pouch 등의 한 구성재료로 또한 가스투과성이 작아 가스충전포장에도 좋다. 연신 PET 병(일명 페트병)은 내압성이 우수해 탄산음료용은 물론 식용유, 간장 등에 이용되고 있다.

7) 폴리아미드〔polyamide P.A.Nylon(NY)〕

섬유로 출발한 나일론(상품명)이라는 폴리아미드는 PET와 같이 강도가 커서 밴드, 끈, 필름 등에 사용된다. 폴리 아미드필름에는 무연신 나일론필름(castnylon)과 2축연신 나일론필름(ONY, oriented)이 이용되고 있다.

무연신 나일론필름은 국내에서 주로 사용되는 Nylon-6 인 경우 강인성이 있으며 내열성 (160℃) 내한성(-60℃),내유성, 내약품성 내 핀홀성 등이 좋고 투명성도 있고 가스차단성도 비교적 좋다. 이축연신 나이론필름은 연신했기 때문에 투명성이 더욱더 좋고 내열, 내한성, 내유성, 내약품성, 내핀홀성은 물론 가스차단성도 매우 좋다. retort pouch의 한 재료로도 가능하고 냉동식품, 액체치즈의 표면층 필름으로 이용되고 있다. 다만 흡습성이 있어서 치수변화와 특성변화를 일으킬 수 있고 가격이 비싼 편이다.

8) 에틸렌비닐 알콜(ethylene-vinyl alcohol, EVAL, EVOH)

에틸렌과 초산비닐을 가압하에서 공중합한 후 알카리 비누화(검화)로 제조되는데 용융압출법 등에 의해 필름을 얻는다. 이는 에틸렌 공중합 배율이나 중합도에 의하여 크게 변화하므로 그 종류와 성질에 차이가 있다. 필름의 종류는 무연신 EVAL과 2축연신 EVAL로 나누고 일반적으로 고차단성재료로 뛰어난 장점을 가지고 있다. 특히 2축연신은 무연신필름에 비해 더욱더 가스차단성이 크다. PVDC 필름과 같이 차단성이 아주 좋다.

이 필름의 특징은 종류에 따라 차이가 있지만 일반적으로 선명한 투명성과 광택성, 산소 등 가스차단성, 방향성분의 보향성, 내유성, 내약품성이 아주 우수하고 인쇄적성, 열접착성도 양호하다. 그러나 친수성(親水性)재료이므로 대기중의 수분을 흡수할 가능성이 있는 결점이 있으나 공압출방법의 개발로 습기의 차단성을 높일 수 있어 식품포장용으로 널리 이용되고 있다. 또 복합필름으로서 그 용도가 다양화되고 있다. 그 이외에도 시트, 튜브와 중공성형법에 의한 병 등의 용기포장에도 많이 이용되고 있다.

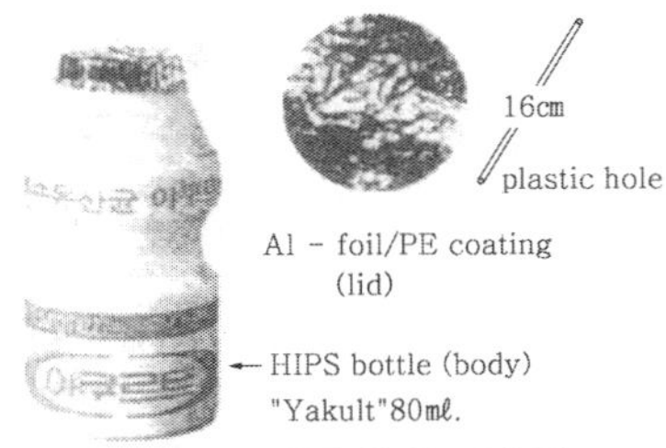

그림 5-8 발효유의 PS용기

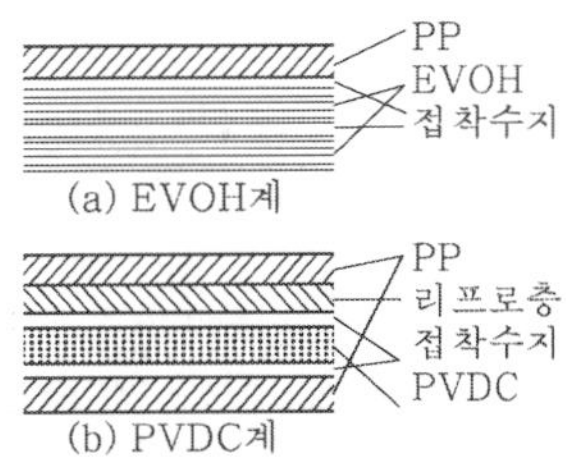

그림 5-9 플라스틱의 내열다층 용기의 구조

9) 기타 플라스틱 재료

기타 재료 중 주로 단독필름보다 코팅이나 라미네이팅의 복합 구성재료로 사용되는 것으로는 수용성의 폴리비닐 알콜(polyvinyl alcohol, PVA, vinylon), 저온에서 유연성이 있고 열접착성이 매우 우수하여 냉장, 냉동식품에 견디는 아이오노머(ionomer), 저온(hot seal)성이 있는 ethylene vinyl acetate(EVA), 그리고 접착제나 츄잉껌기재(base)의 poly vinyl acete 등이 사용된다.

5-3-3 금속류

1) 통조림캔(can)과 틴 프리스틸 캔(TFS can)

통조림에 언급되었으므로 여기선 생략한다.

2) 알루미늄 박(Al箔, Al-foil)과 알루미늄 증착제품 및 캔

(1) 알루미늄 박(Al 箔,Al-foil)과 알루미늄 박 용기

알루미늄 박은 일명 은박지라고도 불려지고 있는데 이는 Al금속의 원판을 두께 0.02mm~0.006mm(KS규정)까지로 얇게 박판시켜 만든 유연포장재이다. 그 이상 두께를 Al-can 용기 등으로 이용되고 오늘날 포장재료로서 많이 이용되고 있다. 특히 유연포장 재료로 0.007mm Al-foil을 복합구성 재료로 많이 사용되고 있는 실정이다.

알루미늄 박의 성질로는 무미, 무취, 무독 하지만 가끔 가공시 압연유가 문제된 적이 있다. 단일필름의 경우 두께가 얇으면 물리적 강도가 매우 약하고 또 0.03mm 이하의 두께에서는 통상 pin hole이 있는 것이 결점이나 두꺼우면 강하다. 방습, 방수, 가스차단성, 보향성, 차광성, 방충성 등의 차단성이 매우 우수하고 내열, 내한성도 좋으며 가볍고 금속광택성, 인쇄적성은 물론 코팅, 라미네이팅의 적성이 좋아 종이, 플라스틱 등과의 접합가공, 착색가공, 인쇄가공 등에 이용된다. 그러나 식품중 산이나 알카리, 소금이 많은 염분에 약한 것이 결점이다. 또 스파크 발생과 가열속도 지연으로 전자레인지용으로는 사용해선 안된다.

알루미늄 박은 retort pouch 등 복합필름의 구성재료로 가열살균 포장에 이용되고 있다. 다시 말해 단독으로 보다는 통상 종이, 플라스틱 필름, 셀로판 등과 코팅, 라미네이팅 등을 하여 복합필름형태로 과자류, 라면, 낙농품, 분말식품 등 유연포장재로 아주 많이 사용되고 있다. 알루미늄박의 용기는 알루미늄박으로 만든 접시, 도시락, 컵 모양 등의 성형용기와 크라프트지를 적층시켜 만든 관형태의 알루미늄 용기가 있는데 젤리, 케키, 쵸코렛, 과자류나 건어포류 등을 담는 접시, 도시락 용기, 음료용 컵과 냉장냉동식품에는 우동용기, 피자파이 등 그 외 조리식품 등에 다양하게 쓰이고 있다.

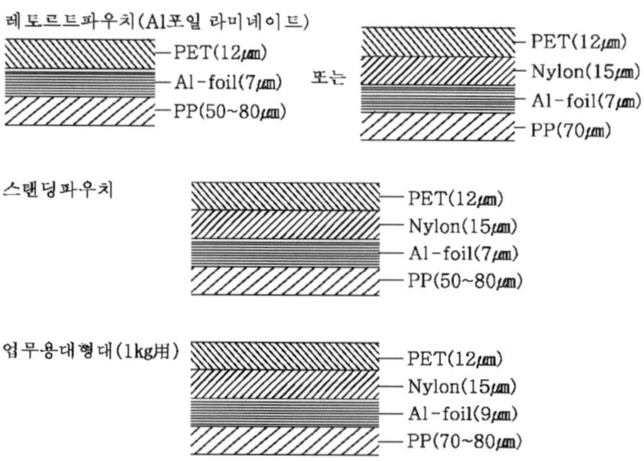

그림 5-10 레토르트파우치의 재료구성

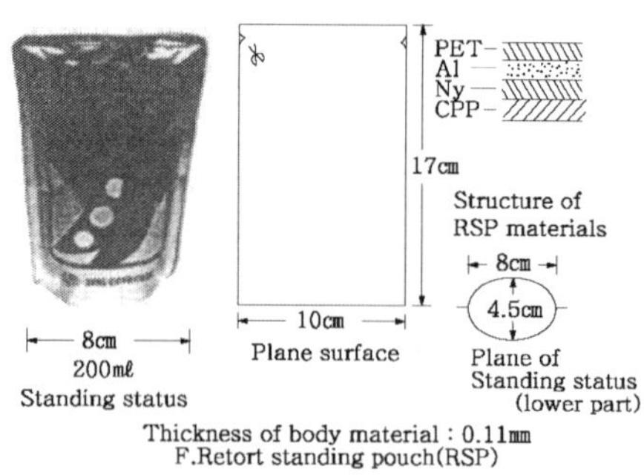

그림 5-11 두유의 retort standing pouch

(2) 알루미늄 증착제품(Al vacuum metallizing products)

알루미늄(진공)증착제품은 Al의 분말을 고진공(高眞空)중에서 가열 증발시켜 그 증기를 플라스틱 필름이나 특수처리된 종이의 표면에 응축결정화 시킴으로서 알루미늄박 보다 더 얇은 막을 형성하여 제조한 것으로 알루미늄 가루를 종이에다 증착시키면 알루미늄증착지(Al vacuum metallizing paper)라고 하고, 플라스틱 필름에 증착시키면 알루미늄증착 필름(Al vacuum metallizing film)이라고 한다. 후자의 기재(base)필름으로는 OPP, CPP, PET, 이축연신 nylon 등이 사용되고 있다. 그 외에도 PET 필름에 무기질의 규소산화물 SiOx 나 산화알루미늄을 증착한 세라믹증착 필름도 있다. 이것은 산소, 수증기, 향기에 대하여 우수한 차단성이 있고, 표면광택이 화려하다.

알루미늄 증착제품의 용도는 알루미늄 박과 비슷하나 비스켓, 크랙카 등의 과자류, 감자칩이나 감자깡, 라면, 냉동과자, 차류 등에 많이 이용되고 있다.

(3) 알루미늄 캔(Al-can)

알루미늄 캔의 재료성분은 순Al, Al-Mn계, Al-Mg계, Al-Mg-Mn계 등의 합금이 사용된다. 이 캔의 특성은 일반 통조림 캔(주석캔)의 $\frac{1}{3}$ 정도로 가볍고 두께가 두꺼워 강도가 강하나 수송, 하역 등에서 주석캔보다는 찌그러지기 쉬운 단점도 있다. 그러나 대부분의 성질 즉 보호성에서 차단성, 안전성 등이 알루미늄박에 준하며 특히 이 캔은 three piece can보다는 two piece can으로 만들어 많이 사용되고 있다.

그 용도로는 주류, 탄산음료, 과즙함유 청량음료, 저산성 음료인 홍차, 커피 등에 사용된다. 캔 뚜껑의 개봉은 관따개(opener)나 캔에 붙어 있는 키(key)에 의해 개봉되는 key open score end가 있었으나 개봉의 편리성의 요구가 증대됨에 따라 이지 오픈 뚜껑(EOE, easy open end)이 등장하였다. 처음엔 알루미늄을 소재로 손으로 당기는 풀탭(full tab)방식(scotch tab EOE), 탭 링(tab ring)을 완전히 당겨 떼어 내어 분리되는 ring full 방식, 그리고 탭을 당기면서 지랫대작용으로 내측으로 누르는 stay-on-tab 방식(개봉 후도 뚜껑에 붙어 있음) 등이 캔 뚜껑에 부착되어 오늘에 이르고 있다.

그 이외 많이 사용되는 알루미늄 튜브는 soft butter, spread cheese 토마토페이스트, 연커피 등의 용기로서 사용된다.

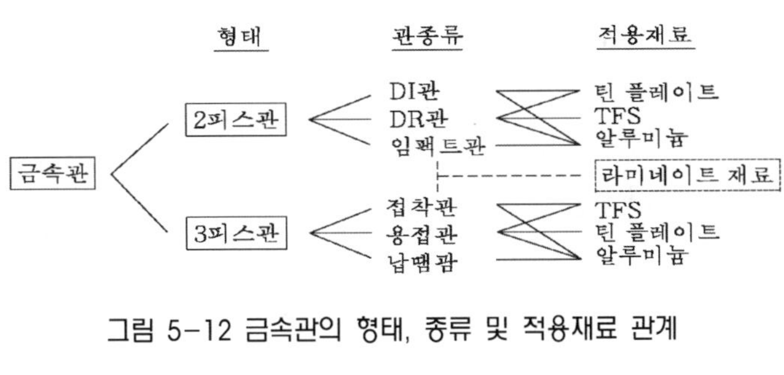

그림 5-12 금속관의 형태, 종류 및 적용재료 관계

5-3-4 유리병 용기

유리병 용기는 소다유리의 일반유리병과 경량화 유리병 그리고 특수한 목적의 자외선 차단용 유리병 등으로 나누는 경질성 포장재료이다. 더욱이 이 병의 소재는 대부분 국내에서 생산 되고 있다.

1) 일반 유리병

일반유리병의 특성은 화학적 안정성과 내구성이 우수하여 위생성, 방수·방습성, 가스차단성, 내수성, 내산성, 내열성, 절연성 등이 매우 우수하므로 고온 가열살균이 가능하며, 모든 식품 보존에 캔과 더불어 많이 이용되고 있다.

또 투명하여 내용물을 확인할 수 있는 장점과 회수해 재사용, 재활용을 위한 리사이클이 매우 좋은 점을 가지로 있다. 그러나 온도의 급변이나 두께의 편차로 인해 충격에 의해 파손되기 쉽고 또 무거워서 수송이나 취급이 불편하다. 그 용도는 음료를 비롯한 액상식품, 반고체상식품, 건조식품 할 것 없이 다양하게 사용되고 있다.

2) 경량화 유리병

경량화 유리병에는 두께가 얇게 제조된 유리병에 발포성 P.S를 둘러 씌워 수축시킨 plastic shield 경량화병과 수축 PVC라벨을 둘러 씌운 safe shield 경량화병 또 최근 종이를 이용한 종이라벨로 씌운 경량화병이 있다.

경량화 유리병의 특성은 대부분 일반 유리병에 준하되 무게가 가볍고 고급스런 진열 효과와 병이 깨질 때 파편의 비산을 방지하는 효과가 있다. 그러나 재활용시 일반유리병에 비해 플라스틱재료가 함유되어 있으므로 분리하는데 나쁜 점을 가지고 있다. 이들의 용도는 200~300ml의 소형병에 한정하여 토닉워터, 주스, 맥주, 콜라 등에 사용되고 있다.

3) 자외선 차단용 유리병

자외선 차단용 유리병은 식품중의 영양성분이 광선에 의해 산화, 내지 분해되는 것을 방지하기 위해 유리에 Fe^{+3}, Cr^{+6}, Ce^{-3}, V^{+5} 등을 함유시키면 자외선이 차단된다. 그러므로 광차단을 요하는 유지식품, 착색식품, 단백질식품, Vit C 등에 효과적으로 이용할 수 있다.

5-3-5 목재제품류 및 기타

1) 목재제품

나무를 이용한 목재제품은 목상자, 어상자, 청과물상자, 목통, 대나무바구니 등 여러 가지가 있는데 그 사용원료는 합판을 위시해서 각재, 판재 등이 쓰이고 있다. 포장의 용도로 보면 대개 장거리 수송을 위한 중량물 포장이 다량 쓰이고 특별히 식품포장에서는 각종 어패류의 어상자, 채소, 과일류의 청과물 상자, 젓갈류 목통, 전통과자류의 대나무바구니 등이 오래 전부터 사용되어 왔다. 그러나 오늘날엔 골판지상자, 플라스틱상자 등에 밀려 일부만 사용하고 있는 실정이다.

2) 기타

(1) 가식필름(可食, edible film)

먹을 수 있는 가식필름에는 수용성 물질의 포장재로 전분풀을 100℃ 이상에서 건조시킨 오브라이트(oblate) 필름, 전분에서 amylose만 분리해 만든 아밀로오즈(amylose) 필름, 전분을 Aureobasidium pullulans 흑효모가 균체외서 생성하는 다당류인 pullulan 필름 등이 있다.

오브라아트 필름이나 아밀로오즈 필름은 과거 주로 사탕, 젤리 등에 많이 사용되었고 pullulan은 식품의 품질개량제, 유화안정제, 산화방지용, 식품의 소포장용필름, 의약품정제용 등에 이용되며 특히 소포장용은 차단성이 높기 때문에 분말조미료, 분말스프, 커피, 각종 향신료 등의 소포장용으로 최근 널리 사용되고 있다.

또 gel성 물질의 포장재로는 gellatin 필름, algin산 필름 등이 있다. 또 비수용성 물질로는 소가죽의 corium(眞皮層)을 원료로하여 석회, 산으로 중화 처리한 후 압출성형, 건조하여 얻은 collagen casing 필름과 두유단백에서 얻은 대두단백 가식필름 등이 있다. collagen필름은 각종 소시지 포장에 대표적으로 이용되고 대두단백필름은 식감(食感)이 연하여 식육가공품의 햄, 베이컨 등의 낱포장에 주로 사용된다.

(2) 도자기용기(pottery and porcelain)

도자기는 관상용 이외 옛부터 식품용기로 또는 저장용기로 사용되어 왔다. 가격이 비싸고 또 무겁고 밀봉성이나 대량생산이 어려워 상품포장으로 생산이 어려웠으나 뚜껑이나 마개 등의 개선으로 값 비싼 선물용 전통민속주류 등에 일부 이용되고 있는 실정이다.

5-4 봉함방법 및 포장기법

5-4-1 봉함방법

봉함방법과 재료에는 다음과 같이 요약할 수 있다.

봉함방법
- 뚜껑 · 마개 밀봉법-금속뚜껑, 플라스틱 뚜껑, 나무마개 등
- 열 융착법-가열접착법, 고주파접착법, 임펄스식접착법
- 접착제법-①도포법-보통접착제,강압접착제,열용융접착제 등
  ②테이프법-감테이프,점착테이프,열접착테이프 등
- 결속법-금속, 플라스틱, 종이, 천연섬유끈 등
- 쟈크법-금속, 플라스틱
- 기타-완충제

뚜껑 · 마개 밀봉법은 금속캔, 유리병의 금속 뚜껑, 플라스틱 마개, 나무나 콜크 마개 등을 볼 수 있는데 자주 사용되는 것 중에, 몇 가지만 열거하면 왕관(crown cap), screw cap, PP(Al-Pilfer proof)cap, lug cap, maxi cap 등을 그림과 같이 볼 수 있다. 열융착법중 가열접착법(heat sealing)은 가열장치로 플라스틱 필름끼리 접착시키는 방법으로 PE, PP 등이 쓰이고, 고주파접착법(high frequency seal)은 두장의 금속성 전극 사이에 필름봉지 끝을 물게하고 압착시킨 후 고주파를 쪼여 접착시키는 것으로 PVDC 필름 등에 이용된다. 임펄스식접착법(impulse seal)은 아주 얇은 전기 저항체인 nichrom선을 이용해서 거기에 낮은 전압으로 고전류를 순간적으로 흐르게 하여 가열판의 온도를 순간적으로 올려 접촉시키는 방법이다.

접착제법 중 도포법은 봉투를 만들 때 밀가루풀이나 아교같은 천연물을 도포시켜 봉함하였으나 오늘날에는 플라스틱수지를 용융시켜 도포시키는 여러방법이 있고 테이프법은 종이, 플라스틱 필름, 섬유천 등의 기재에다 점착물을 도포시켜 테이프형태로 만들어 다시 풀어서 사용한다. 결속법은 전에는 새끼, 천끈 등이 이용되었으나 오늘날엔 철대, 지대, 철지대 특히 플라스틱의 PP밴드, 나이론끈, Al결찰선 등이 많이 사용되고 있다. 쟈크법은 주로 금속으로 된 쟈크를 가지고 밀봉시키는 방법이다. 그 외에 내용물간의 충돌을 피하기 위하여 완충제를 사용한다.

5-4-2 진공포장(Vacuum packaging)

1) 진공포장(眞空包裝)의 의의

천연 원료식품이나 가공식품을 공기 중에 방치하면 공기중의 산소 및 미생물 등에 의하여 많은 변화를 받게된다. 그래서 식품을 포장할 때 제조과정의 최종단계나 중간과정에서 포장내부를 감압(減壓)에 의해 진공상태로 함으로서 산화를 방지하는 것이다. 이때 기체차단성이 매우 우수한 포장재료로 포장하면 저장에 상당한 효과를 볼 수 있다. 다시 말해 지방함유 식품이나 튀김조리식품, 색을 유지하기 위한 식품, 비타민 C 등의 산화방지에 아주 중요한 포장이 된다.

2) 진공포장 방법과 용도

식품포장에서 실제로 100% 완전진공 포장은 기대하기 어렵다. 순간적으로 0mmHg의 진공포장이 되었다 하더라도 식품조직 내에 공기나 산소가 대략 5~10torr 존재하므로 오히려 감압포장이라 할 수 있다. 또한 식품 등의 기준 및 규격의 총칙에서 “감압은 따로 규정이 없는 한 15mmHg이하로 한다.”로 규정되어 있다. 그 방법과 용도는 다음과 같다.

① 스팀플레쉬법(steam flushing): 통조림의 탈기방법의 하나로 head space 내에 수증기를 불어넣어 밀봉 후 냉각하면 진공상태가 되는 것이다.

② 노즐식탈기법(nozzle vacuum): 포장 내부의 공기를 노즐에 의해 탈기하는 방식이고 햄, 소시지 등의 진공포장에 이용된다.

③ 챔버식탈기법(chamber vacuum): 챔버 내부를 진공포장기로 0.5~8torr 감압해 탈기와 동시에 밀봉하는 식으로 식품공장에서 대부분 챔버식이 햄, 소시지 등에 이용되고 있다.

④ 기계적 압착탈기식(counter presure vacuum): 기계 또는 수압으로 파우치 내부의 공기를 빼내면서 밀봉하는 방법으로 레토르트 식품 등에 사용된다.

⑤ 스킨팩포장(skin packaging): 스킨팩은 플라스틱으로 성형된 트레이나 필름, 판지 등의 베이스시트 상에 식품을 얹은 후 진공챔버부 위쪽의 플라스틱 필름을 덮어 씌워 열을 가함과 더불어 감압 탈기하여 식품을 밀착 포장하는 것을 말한다. 외관이 좋은 특징을 지니고 있다. 진공포장 한 후 재가열 하는데 내부의 팽창에 의해 봉함 부위가 벌어질 우려를 조심해야 한다. 진공포장식품은 저온저장과 저온유통이 요망된다.

5-4-3 가스충전포장(가스치환포장, gas flush packaging)

1) 가스충전 포장(Gas充塡包裝)의 의의

일명 가스치환 포장이라고 하는 말과 같이 포장 중에서 공기를 흡인 배기하고 질소(N_2), 탄산가스(CO_2), 혼합가스(N_2+CO_2) 등 불활성 가스로 치환하여 식품의 변질을 방지하는 것을 목적으로 하는 포장이다. 이것도 포장재료가 진공포장에서와 같이 높은 고차단성재료가 요망된다.

2) 질소가스 치환포장

식품은 질소가스 중에 유지하여 유지류, 색소, 비타민류 등의 산화를 방지하는 것을 목적으로 행한다. 질소가스 중에 산소혼입율이 5%를 초과하면 산화방지 효과는 기대할 수 없어 충전시 고순도의 질소가스를 사용하여야 한다. 질소가스 치환포장은 곰팡이, 효모류, 호기성 세균류의 발육억제 효과가 높다.

포장재료로서는 진공포장과 같은 특성이 요구되며 PVDC, Cellophane, Al 박, 종이 등의 라미네이트 필름이 사용된다. 진공포장에서 식품조직이 붕괴하는 경우에 질소가스 치환포장이 적합하다. 식품으로는 분유, 커피, 홍차, 녹차, 분말주스, 가다랭이포, 유과자, 버터케키, 로스트 너트 등에 질소가스를 충전하고 있다.

3) 탄산가스 치환포장

탄산가스도 질소가스와 같이 식품성분의 산화가 억제된다. 그러나 탄산가스는 질소가스에 없는 특징으로서 호기성 미생물의 증식저해 활성을 갖는다. 예를들면 공기 중의 탄산가스 농도가 10%로 되면 곰팡이류나 식품의 표면 부착 세균류의 증식저해가 일어나고, 40~50%의 농도로 되면 곰팡이류는 증식할 수 없게 된다. 업소형 생육과 생선, 슬라이스 햄이나 치즈, 카스테라, 땅콩, 아몬드, 가공조리 식품 등은 질소와 탄산가스의 혼합가스로 치환하며, 가정용 생육은 산소와 탄산가스로 치환 봉입한다. 이들 식품의 보존효과는 미생물의 억제, 유지와 색소 등의 산화방지, 비타민의 손실 방지 등의 목적에 사용되고 있다.

4) 가스충전 포장방법과 용도

앞서 진공포장은 공기를 제거하는데 비해 반대로 가스충전 포장은 불활성 가스를 넣는데 차이가 있지만 그 방법은 제거하는 장치와 불어넣는 장치를 반대로 하면 되니까 거의 진공포장법과 비슷하다. 그래서 불활성 가스를 ① 노즐식 가스 충전법 ② 챔버식 가스 충전법 ③ 노즐·챔버식 가스 충전법 ④ 가스 플래쉬 충전법(gas flushing) 등에 의해 봉입하면 되는 것이다. 가스플래쉬 충전법은 포테이토칩이나 유과자의 포장에 이용되고 있다.

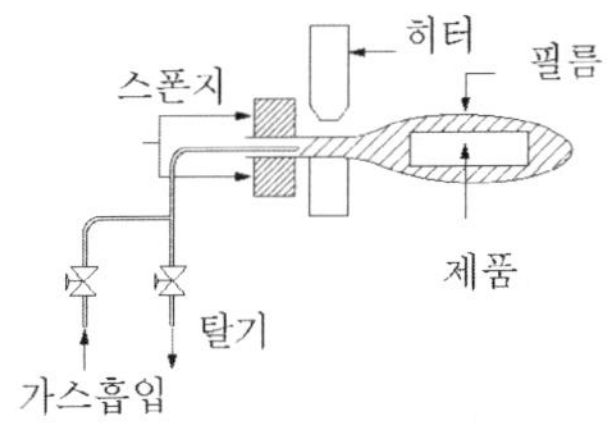

그림 5-13 노즐식 가스충전식

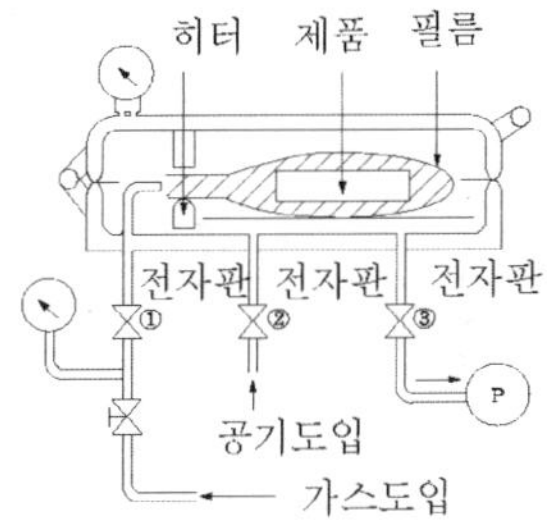

그림 5-14 챔버식 가스충전식

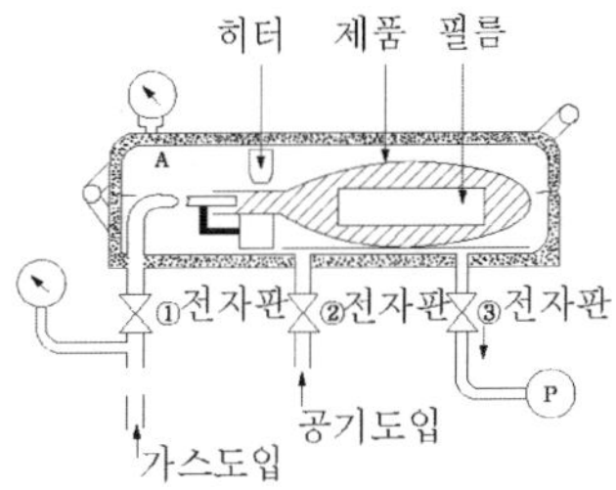

그림 5-15 노즐-챔버식 가스충전식

표 5-3 식품포장용 플라스틱필름의 가스투과도 및 투습도

필름의 명칭	가스투과도(cc, m2·24Hr·a수)			투습도(g/m2·24Hr)40℃, 90%rRH
	탄산가스	질소가스	산소가스	
폴리에틸렌	42,500	2,800	7,900	24~48
고밀도 폴리에틸렌	9,100	660	2,900	22
무연신 폴리프로필렌	12,600	760	3,800	22~34
2축연신 폴리프로필렌	8,500	315	2,500	3~5
PVDC코트 2축연신 폴리프로필렌	8~80	8~30	〈16	5
보통셀로판	6~90	8~25	3~80	〉720
방습셀로판	-	-	40*	8~15
PVDC코트셀로판	-	-	15*	〈12
폴리에스테르	240~400	11~26	95~130	20~24
무연신나일론	160~190	14	40	240~360
2축연신나일론	-	-	30*	90
PVDC코트 2축연신나일론	-	-	10*	4~6
폴리염화비닐	320~790	30~80	80~320	5~6
염화비닐리덴·염화비닐·코폴리머	60~700	2~23	13~110	3~6
폴리스티렌	14,000	880	5,500	110~160
폴리카보네이트	17,000	790	4,700	170
에벌(EVAL)	-	-	2*	30
파실리카(SM)	-	-	4*	23
OV	-	-	3*	4
K-플렉스**	-	-	10*	2
폴리아크릴로니트롤	-	-	3*	20

·사란코트·필름의 값은 코트제의 종류, 양에 따라 다르다.
·가스투과도의 측정조건 및 측정법
·무표시 : 25℃, 50%RH, ASTM D 1434-66
* 표시 : 27℃, 56RH, 동압산소전극법
·가스투과도 및 투습도는 두께로 환산한 값을 기록했다.
** 표시의 K플렉스의 값은 OPP/K-플렉스/CCP의 래미네이트의 값을 기록했다.

· 가스투과도 및 투습도는 전부 두께 25㎛로 환산한 값임.

표 5-4 식품별 진공, 가스충전 포장 현황

제품별 분류	식품명: 대항목	식품명: 소항목	포장방법: 진공 가스	포장방법: 가스 종류	포장방식	포장재료	특징
천연식품	농산물	채소, 과일	가스 (진공)	CO_2, O_2	袋 Shrink 포장	PE, PP, PS, NY/PE	① 청과물의 호흡 특성에 부합되는 필름의 선정(有孔 필름 포함) ② 발아의 방지를 위한 가스 치환 ③ TTT관리(허용온도, 시간)의 파악 ④ 냉동 채소의 품질 유지에 대하여도 진공포장의 연구가 행해지고 있음.
	축산물	정육, 햄	가스 진공	N_2 CO_2 O_2/CO_2	袋(tube) 深絞包裝 Stretch 포장	PVDC, CN/PE, CN/sarin CN/PE, PVC	① 정육의 포장의 문제점은 미생물의 오염과 외관이다. 이를 위한 포장은 투명성, 색택 유지를 위하여 필요한 산소 투과성 포장재의 음미 및 O_2와 CO_2 가스의 혼합비의 검토가 필요하다. ② 진공 포장이 주류임.
가공식품	농산가공품	납두(納豆)	가스	N_2	袋		① 숙성억제 ② ammonia 태 N 생성억제
		Potato chip	가스	N_2	Pillow 포장(가스, flash)	KOP/COP PET/PE/Al /sarin	① 油의 산화 방지
		Castella Sponge, cake	가스	CO_2 CO_2/N_2	Pillow 포장, 袋	KOP/PE, KPET/PE KM/PE	① 미생물의 억제 ② CO_2의 풍미 영향은 작다.
		coffee (Roast형)	가스	CO_2 N_2	袋, bag pack in carton	PET/Al/PE, CN/Al/PE/紙/PE/Al/PE	① 최근은 CO_2 충전이 많이 사용되고 있다. ② 로스트는 CO_2를 발생하기 때문에 주의를 요함.
		茶	가스	N_2	袋, bag pack in carton	MST/PE/紙/Al/PE, MST/PE/Al/PE	① 향기 성분의 유지 ② 비타민의 유지
		떡	가스 진공	CO_2	袋, pillow 포장	PET/PE, ON/PE KOP/PE	① 곰팡이 방지
		왜된장	탈기		pillow 포장	KON/PE, OV/PE.	① 왜된장의 변색 방지
		Nut류	가스	N_2	袋, pillow 포장	PT/PE/Al /紙/PE KOP/CPP PT/PE/Al/PE	① 산화 방지 ② 흡습에 의하여 적당한 굳기, 향이 상실되어 산화가 촉진된다. oil-off의 원인도 된다.
	수산	어묵, fish ham	가스 진공	CO_2 CO_2/N_2	袋 casing	KOY/PE, KOR/PE PVDC	① 제법은 가열 후 포장, 가열 전 포장으로 나누어진다.

제품별분류	식품명		포장방법		포장방식	포장재료	특징
	대항목	소항목	진공가스	가스종류			
가공식품	가공품	湖, 건조미역	가스	N_2	袋(三方 seal)	KOP /PE. KOP /CPP.KM /PE.OPP/ vinylon/PE	① 풍미유지, chlorohyll의 채색 방지, 방충
	축산가공품	Ham Bacon Sausage	진공 가스	CO_2, N_2 CO_2/N_2	深絞包裝 (유연, 반경성) pillow 포장	CNY/PE, PVC CNY/K-flex /PE, CPP/K-f /PE · KOP /CPP, KPET/PE	① 산화방지, 색택 변화 방지, 미생물 억제 ② CO_2는 밀착효과를 나타내기 위하여 진공포장과 같은 모양으로 함.
		유아용 분유	가스	N_2	can	석캔, AI 뚜껑, PET 뚜껑	① 산화 방지
		Cheese (procces) (natural)	가스	CO_2, N_2 CO_2/N_2	pollow 포장 深絞包裝 袋(三方 seal)	KONY/PE, KOP/PE, KPET/PE CNY/PE	① 미생물 억제, 산화방지 ② CO_2 충전은 밀착효과를 나타낸다.
	조리식품	Retort pouch 식품	가스	CO_2/N_2	袋(三方 seal) 深絞包裝	PET/K-f/CPP NY/K-f/CPP CPP/K-f/CPP	

5-4-4 탈산소제 봉입포장(산소흡수제 봉입포장)

1) 탈산소제 봉입포장(脫酸素劑 封入包裝)의 의의

탈산소제 봉입포장이란 포장 내에 식품과 함께 통기성의 소포장을 한 탈산소제를 집어넣어 포장내에 존재하는 유리산소와 식품중에 있는 용존 산소 및 삼투된 산소를 탈산소제가 화학반응에 의하여 흡수제거하므로서 내부를 항상 산소가 없는 상태로 식품의 품질을 보존하는 방법으로 유지의 산화, 곰팡이 등의 발생, 색소 변색, 해충발생, 비타민 C 등의 영양손실 등을 방지하는 포장을 말한다.

탈산소제는 산소를 흡수하므로 산소흡수제(酸素吸收劑, free oxygen absorber)라고도 한다. 특별히 기계설비가 필요 없고 연질식품의 일그러지는 것을 방지하는 장점을 가지고 있다.

2) 탈산소제의 종류와 포장재료

탈산소제의 종류는 가장 널리 사용되는 무기계의 철 탄산소제와 유기계인 당류계, 아스콜빈산계화합물, 활성탄, 아디티온산나트륨($Na_2S_2O_4$) 등이 있다. 철계는 산화 반응을 이용한 것이고 당류계는 산소를 흡수하는 타입과 산소를 흡수함과 동시에 탄산가스를 발생하는 타입이 있다. 탈산소제포장의 식품포장 재료는 기체차단성이 아주 우수한 필름이나 수증기투과하기 어려운 재료를 사용하여야 하고, 탈산소제 자체 포장재는 통기성이 있는 재료여야 한다. 또 한가지는 포장내 공기를 제거된 상태에서 필름에 palladium 촉매를 분산, 접착시켜서 필름형으로 포장하여 산소를 흡수 제거하는 방법도 있다.

5-4-5 방습포장과 방수포장 및 흡습제 삽입포장

1) 방습포장(防濕包裝)과 방수포장(防水包裝)

습기나 수분이 많고 적당한 온도가 되면 미생물은 다량 번식하므로 식품이 변질 또는 부패되기 때문에 습도와 수분의 관리는 매우 중요하다. 그와 반대로 포장식품 중의 수분이 휘발되지 않토록 보수성(保水性)을 요할 경우도 있다. 가령 포장된 건조식품에 습도가 높은 여름철에 외부로부터 습기가 들어 갈 경우 수분의 증가로 건조상태의 유지는 물론 상품가치의 저하로 먹지 못하게 되는 것을 볼 수 있다. 그러므로 방습포장을 하는 것은 습기나 수증기의 방지 및 차단에서 매우 중요한 것이다. 따라서 투습도가 낮은 PVDC필름, EVOH필름이나 복합재료 등이 사용되는 것이다.

방수포장은 액상의 수분이 침투 내지 탈수되는 것을 방수 포장재료를 사용하여 방지하는 것을 말한다. 특히 종이나 골판지의 방수처리는 매우 중요하며 플라스틱 수지, 파라핀, 왁스의 도포나 플라스틱 필름이 사용된다.

2) 흡습제 삽입포장(吸濕劑 插入包裝)

흡습제(吸濕劑, 乾燥劑)는 매우 건조한 식품 즉 김이나 차류, 센베이과자, 분말식품 등에 흡습방지를 위해 사용된다. 흡습제로 염화칼슘($CaCl_2$), 합성silicagel, 천연실리카겔 등이 있다. 식품을 방습성이 있는 플라스틱 파우치나 복합가공 재료의 파우치 속에, 흡습제를 기공성이 있는 소형봉지에 넣고 밀봉된 봉지를 함께 넣어 밀봉하여 저장, 유통시키면 장기보존이 가능하다. 방습포장방법중 건조제(흡수제)에 대한 규정은 KS A1032-72에서 볼 수 있다. 플라스틱 필름의 투습도 및 흡수율은 다음과 같다.

표 5-5 플라스틱필름의 투습도 및 흡수율

필름의 종류	두께 (mm)	투습도		흡수율 (%)	비 고
		$g/m^2/24hr$	$cc/cm^2/hr$		
PVDC	0.03	1~2	52~104	<0.1	시험조건은 40℃±1℃
HDPE	〃	5~10	260~520	<0.1	RH 90%
PP	〃	8~12		<0.1	
방습셀로판*	〃	10~80	520~4,140	-	*방습 셀로판의 경우 방습
염산고무	〃	15~25	780~1,300	<0.1	도포제의 종류, 용량에 따라
LDPE	〃	16~22	830~1,140	<0.1	변동됨.
Polyester	〃	22~30	1,140~1,550	<0.1	
무가소염화비닐	〃	25~40	1,300~2,070	0.1	
염화비닐(PVC)*	〃	25~90	1,300~4,660	0.1~0.5	*염화비닐의 경우 가소제의
Polycarbocate	〃	40~50	2,070~2,590	<0.2	함량에 따라 변동됨.
Vinylon	〃	100~400	5,180~20,700	50~100	
Nylon	〃	120~150	6,220~7,700	1.2~2.0	
초산 cellulose	〃	400~800	20,700~41,400	4~10	
보통 cellophane	〃	大	大	40~100	

※이 자료는 日本産工試(1960) 및 日本生産性本部에서 발간된 包製便覽에서 인용한 것임.

5-4-6 무균포장과 무균화포장

이미 언급된바 있지만 식품이 먹을 수 없이 썩게되는 이유 중에는 여러 요인이 있지만 그 중 가장 중요한 요인은 미생물의 번식이라고 볼 수 있으며 이의 방지가 최상의 목표라고 해도 과언이 아니다. 그래서 무균포장이나 무균화포장은 매우 중요하다.

1) 무균포장(無菌包裝, aceptic packaging)

KS A1006에 의하면 무균포장이라 함은 "미리 무균상태로 해놓은 식품,의약품 등을 무균화시킨 환경하에서, 감균제의 포장재로 무균상태로 포장하는 방법"이라고 정의하고 있다. 이렇게 멸균상태로 포장된 제품은 상온(常溫)에서 장기간의 보존, 유통이 되며 주로 우유, 우유음료, 과즙음료, 식육가공품, 의약품 등에 이용된다. 무균포장을 하려면 식품의 제조시 위생에 관련된 대상을 멸균 상태로 해야하므로 이를 5가지 대상을 가지고 열거한다.

① 원료식품은 물론 부재료인 첨가물, 조미료, 향신료, 물 등에 이르기까지 철저히 세정 및 살균시켜야 한다.

② 포장재료나 이에대한 포장가공품 등의 철저한 세정 및 살균이다.

용기,제품기계 및 장치 등의 실내환경에 대한 세정 및 살균이다.

③ 제조공정시 사용되는 용기, 제품기계 및 장치 등의 실내환경에 대한 세정 및 살균이다.

④ 벽, 천장, 실내바닥, 제조대, 실내공기 등의 실내환경에 대한 세정 및 살균이다.

⑤ 작업자나 식품취급자 등의 세정 및 살균이다.

이상에서 이들 미생물을 제거, 무균상태로 하기 위해서는 화학적인 방법으로 세정제나 살균제(H_2O_2 등)의 이용, 물리적인 방법으로는 가열살균(초고온살균법 등), 자외선살균법, 방사선살균법, 마이크로파 살균법 등이 이용될 수 있다. 제품의 무균성을 달성하려면 환경상 불필요한 오염원을 줄이고 온습도 관리 등에 신경을 써야 할 것이다.

2) 무균화포장(無菌化包裝, Semi-aseptic packaging)

무균화포장이라 함은 "식품 등의 내용물을 클린룸(clean room)과 같은 실내에서 될 수 있는 한 무균에 가까운 상태에서 포장하여 저온하의 보존 유통에 의해 셀프라이프(self-life)를 연장할 수 있는 포장"이라고 규정하였으며 주로 슬라이스햄, 슬라이스치즈, 쌀밥, 떡, 약과, 채소, 수산식품 등의 고형식품에 이용되고 있다. 액상식품, 고점성식품은 무균포장이 가능하나 고형 식품은 무균포장이 어렵기 때문에 무균화포장이 이루어 진다. 무균포장이나 무균화포장 재료의 성능은 진공포장이나 가스충전 포장재료에 준한다.

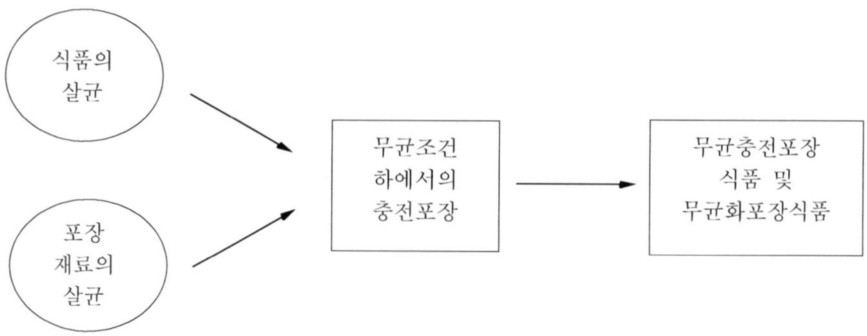

그림 5-16 무균포장 및 무균화 포장식품의 개요도

5-4-7 전자레인지용 용기 및 포장

전자레인지용 용기와 포장재료는 선별해서 써야하는 단점이 있으므로 주의가 극히 요망된다. 때론 사고가 발생된다. 알루미늄박, 캔 등의 금속용기, 일부 플라스틱 제품 등의 사용은 안된다. 사용되는 용기와 포장재료는 유리, 도자기, 종이제품과 플라스틱 중에는 PP의 복합재료, C-PET(결정화), PET 도포지, pulp mold

PET 라미네이트 등이 사용되고 최근 외국에서 금속 내외에 플라스틱 중에는 마이크로파 고열로 저분자 분해물질에 의한 식품위생의 안전성에 유의를 해야하므로 선별이 요망된다.

아울러 포장용기 그대로 전자레인지에서 가열시켜 조리가 끝난 냉장, 냉동식품이나 레토르트 식품에 많이 사용되고 있다. 냉장이나 냉동되어 유통한 전자레인지 대응 식품의 포장용기는 냉장이나 냉동에 견디는 성질과 동시에 내열성과 내습성이 요구된다. 그래서 일본에선 이들 요건을 갖춘 포장재료로서 탄산칼슘(CaCO3)을 혼입한 PP가 사용되고 있다.

레토르트 식품의 경우는 상온유통의 원인이나 전자레인지의 가열시간이 짧고 가열의 불균일성도 작기 때문에 전자레인지에 대응한 식품의 판매는 신장될 것이다. 포장재료로는 PP/PVDC/PP laminate film이 많이 사용되고 있다.

5-4-8 냉동식품 포장

냉동식품의 포장재료는 내한성이 특히 요망된다. 또 조리를 마친 냉동식품은 포장된 그대로 재가열되는 경우가 많고 내열성도 요구된다. 그리하여 포장재료로서는 광범위한 온도영역 즉 -40~100℃ 범위에서 내성을 갖는 것이 중요하다. 또 냉동식품은 비교적 장기간 보존하기 때문에 포장재료에는 식품의 산화, 퇴색, 향기의 휘산 등의 억제효과가 요구된다. 더욱이 투명성, 인쇄적성, heat seal성, 경제성이 우수한 포장재료가 선택하여야 한다. 이와 같은 특성을 가져야 하므로 통상 PP/PE, PET/PE, Ny/PE의 2층 라미네이트 필름이 사용되고 있다.

제 3 편

농산식품가공

제 6 장

곡류 및 서류의 가공과 저장

곡류(穀類, cereals)란 주로 식용으로 하거나 또는 사료로 사용할 목적으로 재배하는 농작물의 입상(粒狀) 종자를 말하며, 식물분류학적으로는 대부분 벼과 식물에 속한다. 우리나라에서는 이러한 곡류를 쌀은 미곡(米穀), 그리고 보리·밀·호밀·귀리 등은 맥류(麥類), 또한 조·피·기장·수수·옥수수·메밀 등은 잡곡(雜穀)으로 구분한다. 이 중에서 메밀은 벼과에 속하지는 않으나, 그 성장과 용도가 곡류와 유사하므로 잡곡에 포함시킨다.

곡류는 전분의 함량이 많고, 맛이 담백하여 상식(常食)하기에 적합하므로 주식용으로 널리 이용되고 있으며, 재배시기가 한정되어 있는 반면에 수분함량이 적고 단단한 외피로 싸여있어 저장성이 크고, 또한 유통이 용이하므로 모든 식품 중에서 가장 중요하고 또한 이용도가 높은 식량자원이다.

표 6-1 중요 곡류 및 서류의 구성 성분표(함량 : %)

식품명	수 분	단백질	지 방	탄수화물	회 분
쌀	12.0	7.5	1.7	77.7	1.1
밀	8.7	11.7	2.0	75.8	1.8
보 리	10.2	12.8	2.1	72.8	2.1
옥수수	11.0	10.0	4.3	73.4	1.3
귀 리	8.3	14.2	7.4	68.2	1.9
메 밀	12.0	2.4	2.4	71.6	1.6
호 밀	10.0	11.2	1.7	75.2	1.9
고구마	69.3	1.3	0.2	28.5	0.7
토 란	76.0	2.4	0.2	20.2	1.2
감 자	79.5	1.9	0.1	17.7	0.8
돼지감자	82.7	2.5	0.1	13.1	1.5
곤약감자	97.4	0.1	0.0	2.3	0.2

한편, 서류(薯類, potatoes)는 감자류 또는 근재식물(根栽植物)이라고도 불리는 식용작물의 한 종류이며, 우리나라에서는 감자・고구마・토란・돼지감자・참마・곤약감자 등이 재배되고 있다. 식용부위는 비후(肥厚)하게 성장되는 지하경(地下莖)이나 또는 뿌리이며, 이들은 전분의 함유율은 높으나, 곡류나 두류에 비하여 수분 함량이 많아서 부패, 발아, 저온장해(chilling injury) 및 동해(凍害)를 받기 쉽고, 또한 저장 중에 전분량이 변화되는 등 저장성이 떨어지므로 직접 조리에 이용되는 외에는 주로 전분제조용 원료로 많이 이용되고있다.

6-1 정곡(精穀)

수확・탈곡된 곡류는 구조상 소화(消化)와 영양성이 없는 외피에 싸여있으므로 그대로는 섭취할 수는 없고, 또한 섭취한다 하더라도 소화율과 기호성 및 영양소의 이용률도 저조하다. 따라서 곡류로부터 이와 같은 외피와 겨층 등을 제거하는 과정이 정곡(精穀)이며, 미곡(쌀)을 정곡 처리할 때는 정미(精米)라 하고 맥류(보리 등)를 정곡 처리하는 것을 정맥(精麥)이라 한다.

정곡처리를 하면 소화율과 기호성 등이 향상됨과 동시에 2차 가공분야도 확대되는 효과가 있다.

6-1-1 정미(精米)

1) 정미 과정

탈곡된 벼의 낱알도 벼(나락-正租)라고 부르는데, 이것을 수분 14~15% 정도까지 건조시킨 다음, 크고 작은 껍질이 서로 포개어져 있으면서 섬유질이 많은 왕겨층을 벗겨낸 것이 현미(玄米, unpolished rice, brown rice)이다. 벼 낱알은 중량비율로 현미 80%・왕겨 20%이고, 현미의 용량은 벼의 50~60% 정도이다.

(1) 쌀의 구조

현미의 가장 바깥 층에는 과피(果皮)라는 조직이 있고, 그 내부는 종피(種皮), 외배유(外胚乳), 호분층(糊粉層), 내배유(內胚乳) 및 배아(胚芽)로 구성되어있다. 현미의 바깥 층을 형성하는 과피와 종피, 외배유 및 호분층을 모두 합쳐 겨(米糠)층이라 한다.

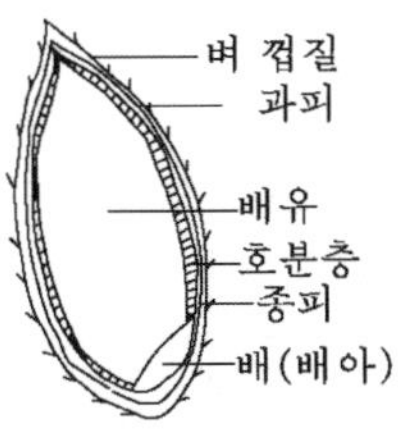

그림 6-1 벼의 구조

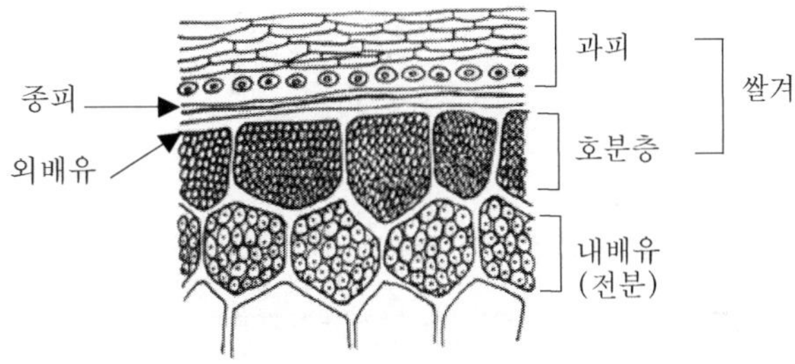

그림 6-2 쌀겨층의 구조

내배유에는 다량의 전분이 함유되어있는 외에는 단백질 등 다른 영양 성분의 함량은 적으며 또 세포막이 얇은 세포로 구성되어 있으나, 단지립층(蛋脂粒層)이라 하는 호분층은 배아와 더불어 단백질, 지방질, 비타민류가 풍부한 반면에 1~2층 또는 여러 층으로 형성되어 있어 물의 투과가 억제되므로 밥을 짓는 등 조리(調理)할 때에 쌀알의 호화(糊化)를 방해하고, 식감(食感)을 저하시키게 된다. 따라서 현미의 호화와 소화성(消化性) 및 식감을 향상시키기 위하여 겨층을 제거하는데, 이 과정을 도정(搗精), 정미(精米) 또는 정백(精白)이라 하고 겨층이 제거된 제품을 백미(白米) 또는 정백미(精白米)라 한다. 대부분 정미과정에서는 배아가 제거되나, 배아가 제거되지 않도록 도정한 쌀을 배아미(胚芽米, polished and embryo retaining)라 한다.

2) 도감비율, 정백비율 및 분도

현미는 중량비율로 배유 92%, 배아 2~3% 및 쌀겨 5~6%로 조성되어 있어서 도정을 하면 중량과 부피가 감소하게 되는데, 정미과정에서 감소된 중량의 백분율을 도감비율(搗減比率)이라 하고, 또 현미를 도정하여 생산되는 백미의 중량백분율을 정백비율(精白比率)이라고 한다.

한편 우리 나라에서 많이 사용되고 있는 분도(分搗)의 개념으로는 백미를 10분도미(分搗米)라 하는데, 이것은 현미 100을 도정하여 쌀겨와 배아를 모두(중량으로 8%에 해당) 제거하고 92의 백미를 생산한다는 것이다.

$$\text{도감비율}(\%) = \frac{A - B}{A} \times 100$$

A : 현미 중량
B : 백미 중량

$$\text{정백배율}(\%) = \frac{B}{A} \times 100$$

10 분도: 현미 100에서 92.0%의 백미를 생산 (8.0% 제거)
7 분도: 현미 100에서 94.4%의 백미를 생산 (5.6% 제거)
5 분도: 현미 100에서 96.0%의 백미를 생산 (4.0% 제거)
(※ 1분도는 현미 중량의 0.8% 감소에 해당)

표 6-2 쌀의 정미도와 성분조성

구 분	겨제거율 (%)	정백율 (%)	성분 조성(%)					
			수분	단백질	지질	당질	섬유질	회분
현 미	0	100	15.5	7.4	3.0	71.8	1.0	1.3
5분도미	50	96	15.5	7.1	2.0	73.9	0.6	0.9
7분도미	70	94	15.5	6.9	1.7	74.7	0.4	0.8
정백미	100	92	15.5	6.8	1.3	75.5	0.3	0.6

도정의 정도에 따라 정백비율이 커질수록 쌀알 중의 단백질, 지방, 섬유, 비타민 B_1 등의 함량은 감소하는 반면에 탄수화물의 함유비율은 증가하게 된다. 도정으로 분리되는 쌀겨를 착유(搾油)하면 미강유(米糠油)와 미강 유박(油粕)을 얻을 수 있는데 미강유는 정제하여 식용으로, 미강 유박은 가축의 사료 등으로 사용한다.

왕겨가 제거된 현미에서 쌀겨를 분리하여 정미(精米, polished rice, 또는 백미)로 가공하는 방법에는 정미기를 이용하는 기계식 도정법과 현미를 미강유 속에서 처리(SEM polish)하거나, 알칼리 용액을 이용하는(WURLD polish) 화학식 도정법이 있으나 우리나라에서는 전통적으로 기계식 도정법이 사용되고 있다.

2) 기계식 정미기(精米機)

과거 구시대에는 절구나 디딜방아 등으로 도정을 하였으나, 현재는 주로 원통마찰식, 마찰분풍식, 연삭식 및 컨버스식 정미기 등이 사용되고 있다. 정미기의 원리는 압력에 의한 쌀알과 쌀알간의 마찰이나, 쌀알과 기계 벽면과의 마찰과 찰리(擦離)작용 또는 기계에 의한 쌀알 표면의 절삭(切削) 등으로 겨층을 분리하는 것인데, 분리와 동시에 쌀겨를 송풍으로 제거하는 기능을 가진 기계도 이용되고 있다.

정미공정

원료 벼 → 정선 → 1차 도정 → 2차 도정 → 제강·연마 → 사별 → 혼미 → 계량·포장

정선 ↓ 이물질, 1차 도정 ↓ 왕겨, 제강·연마 ↓ 쌀겨, 사별 ↓ 쇄미, 영양강화 ↑ 혼미

(1) 횡형원통마찰식 정미기

압력계 정미기로서, 추의 저항으로 형성되는 압력 하에서 쌀알이 서로 마찰하거나, 쌀알과 기계금속망 사이의 찰리(擦離)작용으로 쌀겨를 분리한다.

(2) 마찰분풍식 정미기

횡형마찰식 정미기를 변형한 압력계의 일종이며, 회전하는 강철 로울러(roller) 축의 중앙을 빈 공간으로 하고 그 속을 통하여 송풍기로서 강제로 송풍하여 도정 중에 분리되는 쌀겨를 제거하도록 된 구조로서, 도정효율을 향상시킴과 동시에 쌀알의 온도상승에 의한 변화를 방지하는 장점이 있다.

(3) 연삭식 정미기

대표적인 속력계 정미기로서, 고속으로 회전하는 롤(roll)에 의하여 쌀알의 표면을 연삭(硏削) 작용으로 도정함과 동시에 쌀겨를 분리해 내는 정미기이며, 도정력이 크고 쌀알에 대한 압력이 작기 때문에 쇄미(碎米, 싸래기)의 발생이 적어서 정미는 물론, 쌀 이외에 다른 곡류의 도정에도 사용할 수 있다.

(4) 컨버스식 정미기

컨버스(converse)식 정미기는 연삭식과 마찰분풍식을 조합한 정미기로서 최근 대규모의 도정공장에서 사용되고 있다.

3) 쌀 가공품

우리나라에서는 주로 밥을 지어 섭취하는 주식용으로서 정백미를 이용하며, 그 외에 떡류와 주류의 제조 등에도 사용된다.

(1) 강화미(强化米)

정백미에는 비타민 B_1, B_2 등의 함량이 적으므로 이들을 비롯한 영양성분을 강화하기 위한 방법으로 파보일링(parboiling)법과 프리믹스(premix)법 등이 이용된다.

파보일링법은 벼를 물에 담가 수분 40% 정도가 되면 100℃로 30분간 가열한 후에 건조・도정하므로서 배아와 겨에 함유되어있는 비타민 B_1을 배유로 이동시키는 방법이고, 프리믹스법은 비타민 B_1과 B_2 그리고 피로인산 철 등을 용해한 gelatin 또는 casein 용액으로 정백미에 피막을 입히는 영양 강화법이다.

(2) α-화 미(米)

조리된 밥을 80~100℃로 2~3시간 상압 열풍 건조시키거나 감압하에서 급속 탈수시켜 수분 5%정도로 건조된 제품으로서 뜨거운 물을 부으면 바로 섭취할 수 있어 휴대식량으로 이용된다.

(3) 쌀 코오지(米麴, koji)

쌀에 황국균(*Aspergillus oryzae*)을 번식시킨 것을 쌀코오지라 하며, 술(淸酒, 청주)이나 장류(간장, 된장) 등의 제조에 이용한다.

(4) 쌀가루

백미를 볶거나 또는 물에 담가 흡수시킨 다음 제분한 것으로서, 미숫가루・다식・송편을 비롯한 각종 떡류 등의 제조에 이용되며 그 외에 과자・풀 등의 제조원료로도 이용된다.

6-1-2 정맥(精麥)

정맥이란 원래 맥류(麥類-보리, 호밀, 귀리 등)의 외피와 겨층을 제거하는 과정을 말하나, 일반적으로는 단순히 보리의 도정과정이나 또는 도정 처리된 보리를 의미한다. 보리는 유전적 형질차인 이삭의 형태에 따라 2조대맥(二條大麥)과 6조대맥(六條大麥) 등 그 주 용도를 달리하는 2종류가 있으며, 또한 곡립(穀粒)에 부피(稃皮)가 밀착되어있어 쉽게 분리되지 않는 겉보리(껍질보리)와 부피가 쉽게 분리되는 쌀보리로 구분되기도 한다.

1) 보리(大麥)의 구조

기계적 작용으로 겉보리에서 부피와 겨층(과피, 종피 및 호분층)을, 쌀보리에서는 겨층(과피, 종피, 호분층 등)을 분리 제거하는 과정이 정맥공정(精麥工程)이고,

이때 생산되는 제품을 정맥 또는 환맥(丸麥)이라 한다. 이들 부피와 겨층은 겉보리에서는 약 25%, 쌀보리에서는 15%를 차지하고 있어서 겉보리의 도정율의 상한은 75%, 쌀보리는 85% 정도가 되나. 실제 겉보리의 정맥율은 55-60%, 쌀보리는 60-65%정도이다. 그러나 보리는 쌀과 달리 중앙부에 홈(고랑)이 있고, 이 홈에 껍질이 밀착되어 있으므로 겨층을 완전히 제거하기는 불가능하며 약간의 호분층(糊粉層)이 남게 된다.

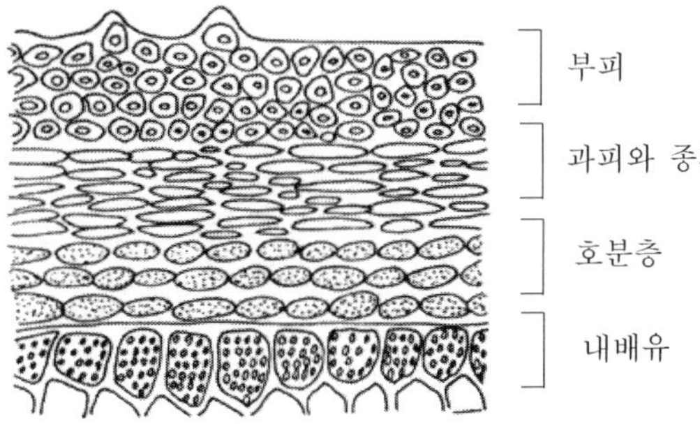

그림 6-3 보리의 표피 조직

2) 정맥 과정

정맥은 정미와 달리 원료 보리에 일정량의 물을 흡수(혼수, 混水)시킨 후에 도정한다. 혼수의 목적은 껍질을 부드럽게 하여 잘 벗겨지고 또 표면이 매끈하게 벗겨져 외관이 아름답게 하기 위한 것인 데, 물을 지나치게 첨가하면 외피 중의 산화효소와 탄닌(tannin)질이 녹아 나와서 배유부로 배어 들어감으로 품질이 떨어지게 된다.

(1) 보리 정맥기

정맥도 정미와 같은 원리로 진행되며, 가공용 기계기구도 기본적으로는 같은 종류인 횡형원통마찰식 및 수형연삭식 정곡기가 사용되나, 근래에 발달된 형식의 기계기구도 사용되고 있다.

(2) 보리의 정맥 공정

보리의 정맥공정은 여러 가지 형식이 있으나, 기본적인 도정과정에서는 원료보리에 물을 흡수시키고, 2차례의 기계처리를 시행한다. 혼수량은 쌀보리는 4%, 겉보리는 5~7% 정도이나, 혼수과정이 없이 그대로 도정하는 경우도 있다.

보리의 정맥 공정

원료 보리 → 선별 · 정선 → 혼수 → 1차 도정 → 혼수 → 2차 도정 → 건조 → 정맥제품

3) 보리 가공품

겉보리를 그대로 볶아서 차(茶) 재료로 이용하거나 또는 싹을 틔운 엿기름(麥芽)을 만들어 이용하기도 하나, 우리나라에서는 도정한 보리를 예로부터 보리쌀이라 하여 밥을 지어 섭취하는 경우가 많았는데, 보리의 조직이 견고하여 소화가 잘되지 않으므로 이를 개선하기 위하여 압맥(押麥, 납작보리)이나 할맥(割麥) 등으로 가공하여 호화와 소화율을 높일 수 있는 제품을 생산·이용하기도 한다.

(1) 압맥(押麥, 납작 보리 또는 눌린 보리)

정맥처리를 한 보리라도 그 조직이 견고하여 호화와 소화가 잘되지 않으므로 이를 개선하기 위하여, 2차도정을 마친 정맥을 압편기의 예열통에 넣고 60~80℃로 가열한 후 포화수증기 등을 이용하여 수분이 25~30% 정도가 되게 하여 조직을 연화시킴과 동시에 로울러(roller)로 눌러서 납작하게 압편(壓扁)하고 공기로 급랭시켜 압맥을 제조한다.

압맥 제조 공정

정맥 → 수분 조절 및 가열 → 압편 → 냉각 → 건조→ 압맥

(2) 할맥(割麥)

일반 정맥과정에서 제거되지 않는 고랑에 잔존하는 겨층을 제거하기 위하여 1차 도정을 마친 보리를 절단한 후, 2차 도정을 한 제품으로서 조리가 쉽고 기호성과 소화성이 향상된다.

할맥 제조 공정

원료 보리 → 선별·정선 → 혼수 → 1차 도정 → 절단 → 혼수 → 2차 도정 → 건조 → 할맥

(3) 엿기름(麥芽)

겉보리를 발아시키면 전분질 가수분해효소인 아밀라아제(amylase)의 활성이 강하게 되므로 예로부터 맥주·식혜·물엿 및 고추장 등의 제조에 널리 이용되어 왔다. 엿기름은 싹이 보리알 길이의 1.2~2배로 긴 것(장맥아)과 2/3~3/4 정도로 짧은 것(단맥아) 등 2종류가 만들어지는데, 장맥아는 단맥아보다 아밀라아제의 활성이 1.5 배나 강하기 때문에 식혜나 물엿제조 등에 사용하고, 단맥아는 맥주의 제조에 사용된다.

(4) 기타

맥주, 위스키 등과 같은 주류를 비롯하여 보리 flake, 빵, 과자, 보리 차, 장류(醬類), 팽화 식품 등 많은 가공품이 만들어져 이용된다.

6-2 제분(製粉)

식품가공에서 제분이라는 용어는 각종의 곡류를 비롯한 고체상(固體狀) 식품을 분쇄하여 분말화(粉末化)하는 것을 말하는데, 일반적으로는 밀을 원료로 하여 밀가루를 만드는 것을 의미하는 경우가 대부분이다.

곡류 중에서 쌀과 보리 등은 도정한 것을 그대로 조리하여 입식(粒食)을 하는 반면에 밀이나 메밀 등은 주로 제분하여 분식(粉食)을 하는데, 이는 다음과 같은 가공성이나 실용성 및 기호성에 있어서 많은 장점을 가지기 때문이다.

① 밀이나 메밀은 구조상 외피 조직이 견고하므로 배유부분을 분쇄하여 분리해 내는 것이 용이하다.
② 도정으로는 제거할 수 없는 밀의 고랑부분도 제분과정에서 제거된다.
③ 모든 고체상 식품은 입자(粒子)의 크기가 작을수록 소화율이 향상된다. 따라서 도정처리가 곤란한 밀 등은 제분함으로서 섭취 시에 소화율을 향상시킬 수가 있다.
④ 특히 밀의 배유부분에 함유되어있는 단백질인 글루텐(gluten)의 특성에 의하여 가공성이 향상된다.

6-2-1 밀의 종류와 구조

밀은 품종별로 구분하기도 하나, 실용적으로 밀을 제분하고 이용하는 데에는 밀알의 조직과 글루텐의 함량에 따라서 경질밀, 연질밀 및 중간질밀 등으로 구분하는 방법이 많이 사용된다.

경질밀의 밀알은 딱딱하고 배유조직이 조밀하며 단면이 유리와 같은 형태를 나타내는 종류로 단백질의 함량이 가장 많은데, 연질밀은 무르고 부스러지기 쉬우므로 분상질밀이라고도 하며 단백질의 함량은 적다. 경질밀과 연질밀의 중간 정도의 조직과 성질을 가진 밀을 중간질밀이라고 하는데, 이것들은 각각 제분후의 특성과 용도가 달라진다.

밀알은 중량비율로서 대략 82.5%의 배유부(胚乳部)와 15%의 기울부 및 2.5%의 배아부(胚芽部)로 조성되어 있다. 밀의 대부분은 제분된 상태, 즉 밀가루로서 여러 가지 종류의 빵과 면 및 과자 등으로 가공되고, 기타 간장・된장・인조육・전분 등의 원료나 가축의 사료로도 이용된다.

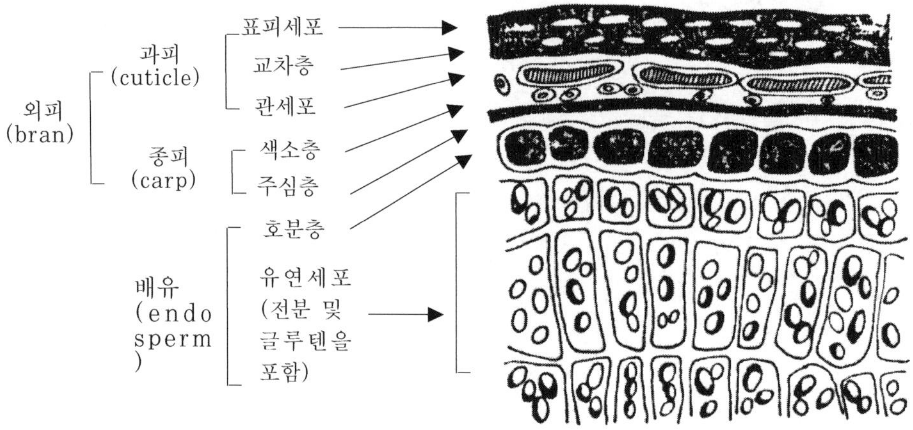

그림 6-4 밀알의 구조

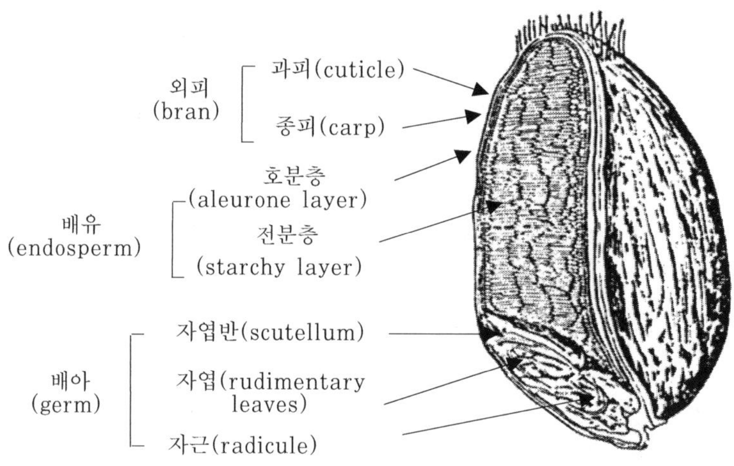

그림 6-5 밀의 단면도

6-2-2 밀의 제분 공정

먼저 원료 밀을 조쇄하여 기울부분과 배아부를 제거하고, 이들을 제외한 배유부분을 곱게 분쇄하는 과정이 제분공정이다.

제분 공정

┌→ 밀기울(기울, 배아)
|
원료밀 → 정선 → 조질 → (조쇄→사별)n → (분쇄→사별)n → 숙성 → 영양강화 → 제품
↑ (조질) 수분
↑ (영양강화) Vit. 무기질, 필수AA

1) 정선(精選, cleaning)

제분 시에는 정곡과정과는 달리 일단 밀을 조쇄(粗碎)한 후 체를 이용하여 각각의 성분별로 분리하는 것이어서 원료밀의 정선과 표면의 청결이 제품의 품질에 매우 중요한 영향을 미치므로, 사별(篩別), 풍선(風選), 진동(振動), 연마(硏磨), 수중연마(水中硏磨), 원심분리(遠心分離) 및 자석분리(磁石分離) 등 여러 가지작용을 이용하여 이물질(異物質)을 철저히 제거해야 하는데, 이 과정을 정선이라 한다.

2) 조질(調質, tempering & conditioning)

정선과정에서 이물질을 모두 제거한 밀에 수분을 흡수시키고 가열처리를 하는 과정을 조질이라 한다.

정선을 마친 원료밀의 외피를 질기게 하고 또 외피와 배유의 분리가 쉽도록, 밀에 수분을 14~17%(연질밀; 14%정도, 경질밀;16~17%) 정도 흡수시키고 일정한 시간 동안(20~30시간) 재우기를 하는데, 이 과정을 템퍼링(tempering)이라 한다.

템퍼링 처리가 끝난 밀은 일단 40~60℃정도로 일정시간 가열한 후 냉각시키는 컨디셔닝(conditioning)과정을 거치는데, 이 과정에서 밀은 조직별로 각각 팽창·수축하므로 외피와 배유의 분리가 쉬워지고, 또 효소의 작용으로 글루텐의 질(質)이 2차 가공에 적합하도록 개선된다. 조질 과정이 끝난 후, 용도에 따라 다른 종류의 밀을 적당한 비율로 배합하는 경우도 있다.

3) 조쇄(粗碎, break roll grinding)

조질 처리를 마친 밀은 조쇄 로울러(break roller-회전속도가 다른 한쌍으로 구성된 표면에 고랑이 있는 로울러)로 거칠게 빻아지고 체(riddle, sifter)에 의하여 외피와 배유로 분리되는데, 체를 통과하는 배유의 일부는 가루이며 대부분은 흰 덩어리 상태인데, 이것들을 미들링(middling)이라 한다.

체위에 남은 외피(over tail)에는 얼마간의 배유가 붙어있으므로 다음 번의 조쇄 로울러에 의하여 빻아지고 다시 체로서 배유가 분리된다. 이러한 과정이 5~6회 반복되면, 배유는 거의 분리되고 밀기울(bran)만 남게된다.

미들링은 다시 순화기(purifier)로서 밀기울조각이 분리되고, 순수한 배유부분만 입도(粒度)별로 구분되어 분쇄과정을 거친다.

4) 분쇄(粉碎, smooth roll grinding)

순화기를 거친 배유분은 활면 로울러(smooth roller-회전속도가 다른 한쌍으로 구성된 표면이 매끈한 로울러)에 의하여 분쇄된다. 로울러로 분쇄된 것은 체로서 입도별로 분리되고 차츰 로울러 간격을 좁게 하여 분쇄·분리되어진다.

대규모 공장에서는 30개소 이상에서 밀가루를 채취하며, 그 사용목적에 맞추어 혼합하여 제품화한다.

밀가루는 제조공정 중에 채취하는 시기와 품질에 따라서 다음과 같이 구분된다.

① Break flour ; 조쇄 공정에서 분리된 밀가루.

② Middling flour; 분쇄공정에서 분리된 것.

③ Patent flour ; 순화기로 정선된 것으로 상급품으로 취급.

- long patent ; 양이 많은 파텐트.
- medium patent ; 양이 중간인 파텐트.
- short patent; 양이 적은 파텐트.

④ Straight flour ; 모든 채취구에서 채취하여 혼합한 것.

⑤ Clear flour ; 외피와 배아가 많은 채취구에서 모은 가루.

⑥ Tail flour; 밀기울에 가까운 밀가루.

⑦ Red dug ; 공정의 마직막에 남은 가루.

5) 숙성(熟成, maturing)

제분 직후의 밀가루는 hot flour 또는 green flour라 하는데 빛깔과 성질이 좋지 못하고 또 생리적으로나 화학적으로 매우 불안정한 상태이어서 그대로는 2차 가공을 할 수 없고, 일정기간 대기(大氣) 중에 방치함으로서 산화작용으로 밀가루의 품질을 개선하는 소위 숙성과정(자연숙성, natural aging-자연상태에서 60~90일 소요)을 거쳐야 한다. 숙성기간 중에 대기 중의 산소에 의하여 색소성분이 산화 분해하여 밀가루의 빛깔이 표백됨과 동시에 단백질 중의 SH기가 S-S형 결합으로 바뀜으로서, 2차 가공 시에 글루텐의 망상조직 형성이 촉진될 수 있도록 품질이 향상된다.

그러나 자연숙성은 오랜 시간이 소요되므로 짧은 시간 안에 숙성효과를 거두기 위하여는 인위적으로 식품첨가물인 밀가루 개량제를 첨가한다. 밀가루 개량제로는 과산화 벤조일, 이산화염소, 아조디카르본아미드(azodicarbonamide), 염소, 브롬산 칼륨, 과황산암모늄, 스테아릴젖산 칼슘, 스테아릴젖산 나트륨 등이 사용되는데 이들은 산화작용으로 표백에 관여하거나, 또는 글루텐의 품질 개선작용에 관여하여, 2차 가공 시에 반죽물의 성질개선, gas 보유력과 점결성 및 탄력성 향상, 발효촉진, 제품의 노화 방지 등의 효과를 가지게 한다.

6) 영양강화(營養强化)

숙성이 끝난 밀가루는 제분 중에 손실된 주요 비타민 B군과 C, lysine을 비롯한 필수 아미노산 및 무기질 등의 영양성분을 0.3~0.5% 정도 첨가한다.

보통 밀의 제분율은 80% 정도이며, 제분 공장의 제분능력은 바렐(barrel)로 표시하는데 1 바렐이란 하루동안에 22㎏들이 포대 4개를 생산하는 능력을 말한다.

6-2-3 밀가루의 품질

밀가루의 품질은 수분, 회분, 단백질, 입도, 빛깔, 중량 등에 따라 결정되어지는 것으로서, 원료 밀의 종류와 제분의 조작 정도에 따라서 품질에 많은 차이가 생기며 또한 용도가 달라지는데, 특히 단백질 중의 글루텐의 함량과 그 질이 가장 중요한 요소이다.

1) 품질과 성상

(1) 밀가루의 품질과 용도

밀가루는 글루텐의 함량에 따라서 강력분(strong flour), 준강력분(semi-strong flour), 중력분(medium flour) 및 박력분(weak flour) 등으로 구분되며, 그 종류에 따라서 성질과 용도가 달라진다.

밀단백질

- 비글루텐 단백(15%)
  - albumins(60%)
  - globulins(40%)
  - peptide
  - amino acids
- 글루텐 단백(85%)
  - gliadin (주상모양, 저분자량 25천~10만) ↓ 신장성 강함, 탄성 낮음, 빵 부피
  - glutenin (선상모양, 고분자량 10만 이상) ↓ 신장성 약함, 탄성 강함, 반죽시간과 형성기간

표 6-3 밀가루의 품질 규격 및 용도

종류	등급	최저한도	최고한도(5)					글루텐 성질	분질	원료밀	용도
		단백질(%)	단백질	수분	회분	입도	사분				
강력분	1	11.0	-	15.0	0.55	5.0	0.03	강하다	거칠다	유리질	식빵, 마카로니 MSG. 인조육
	2	12.0	-	14.5	0.75	5.0	0.03				
	3	13.5	-	14.0	1.40	5.0	0.03				
준 강력분	1	10.0	-	14.5	0.55	5.0	0.03	약간 강하다	약간 거칠다	유리질	중국면. MSG 과자빵. 인조육
	2	11.0	-	14.0	0.75	5.0	0.03				
	3	12.0	-	13.5	1.40	5.0	0.03				
중력분	1	-	-	14.5	0.50	5.0	0.03	연약하다	곱다	중간질	국수. 우동면 크레카. 다목적
	2	-	-	14.0	0.70	5.0	0.03				
	3	-	-	13.5	1.30	5.0	0.03				
박력분	1	-	8.0	14.0	0.50	3.0	0.03	연약하다	곱다	분상질	카스테라. 케잌 비스켈. 튀김옷 풀.
	2	-	9.5	13.5	0.70	3.0	0.03				
	3	-	10.5	13.0	1.30	3.0	0.03				

(2) 입도(粒度, particle size) 및 빛깔(color)

밀가루 입자의 크기는 주로 제분 조건과 밀 배유부의 강도에 따라 달라지는데, 입자크기의 분포가 밀가루의 수분 흡수량과 흡수속도에 영향을 미쳐 결국 반죽형성에 관여하게 된다. 일반적으로 입자가 작고 고울수록 수화량(水和量)과 수화속도가 빨라지며, 흡수율도 증가하여 가공적성을 좋게 한다. 밀가루의 흡수율은 이외에도 단백질의 함량과 손상 전분함량의 영향을 받는다. 보통 72mesh 정도의 고단백 함량 밀가루는 제빵용에 적합하고, 96mesh 정도의 밀가루는 국수제조용으로 적합하다.

밀가루의 빛깔은 원료 밀의 종류, 입자 분포, 제분율, 배유부의 색소, 밀기울의 혼입 등에 따라 결정된다.

(3) 회분(灰分)

밀의 회분은 배유부에는 적고 밀기울부(5.7% 함유)에 많으므로 제분율은 밀가루 중의 회분량을 측정하면 알 수 있다. 밀가루 중의 회분량이 0.55% 이하는 고급품, 0.7% 이하는 보통제품, 그 이상으로 1.5%가 되면 저급품으로 취급된다.

(4) 기타 제품

미국 등 외국에서는 다음과 같은 밀가루 제품이 제조 이용되고있다.

① 전립분(全粒粉, whole wheat flour): 밀기울을 포함한 밀 입자 전체를 제분한 것으로 주로 흑(黑)빵 제조용으로 이용된다.

② Durum 가루(durum flour): Durum 밀을 원료로 제분한 제품으로서 빛깔이 짙고 글루텐의 함유량이 많아 주로 마카로니제조용으로 사용된다.

③ Farina 가루(farina flour): 미들링(middlings)의 가루를 순화기로서 잘 순화시킨 밀기울 부분이 적은 제품으로서 마카로니 또는 면류(麵類)제조에 사용된다.

2) 밀 및 밀가루의 시험

(1) 원료 밀의 시험

제분 전에 원료밀의 상태를 확인하기 위하여는 ① 협잡물 시험, ② 용적중(容積重) 시험, ③ 천립중(千粒重) 시험, ④ 수분 검사, ⑤ 회분 검사, ⑥ 초자율(硝子率) 시험, ⑦ 단백질 검사, ⑧ 산가 및 산도 시험, ⑨ 제분(製粉) 시험 및 ⑩ 효소력(酵素力) 시험 등이 실시된다.

(2) 밀가루의 시험

가) 색도(色度) 검사

색도를 측정하여 밀기울의 혼합 비율을 조사하는 검사방법으로서 페카 시험법(Pekar test) 등이 이용되는데, 유리판 위에 표준 밀가루와 함께 시험할 여러 밀가루를 소량씩 올려놓고 유리판으로 납작하게 누른 후 색도를 비교한 다음, 물속에 잠시 담갔다가 꺼낸 직후의 색도와 건조시킨 후의 색도 등을 비교하는데, 밀기울이 많이 혼입 된 것은 산화효소에 의하여 심하게 착색된다.

이 외에 밀가루의 색소를 용매로 추출하여 측정하거나, 분광광도계를 이용하는 방법도 있다.

나) 입도(粒度) 측정

시험할 밀가루를 체눈의 크기(mesh)가 다른 몇개의 체로 처서 각각의 체위에 남는 양을 전체량에 대한 %로 표시하는 이른바 입도 구성(粒度構成)을 측정한다.

다) 팽윤도(膨潤度) 시험

일정량의 밀가루에서 분리한 글루텐을 작은 덩어리로 만들어 규정된 flask속의 젖산 용액에 담고 일정한 시간 후에 팽창된 부피를 측정한다.

라) 가공적성(加工適性) 시험

일정량의 밀가루를 이용하여 실제로 빵이나 면(麵)을 만들어 그 적성을 시험하는 방법이다.

마) 기기(器機)분석

가공적성시험은 그 결과가 사람의 주관에 의하여 차이가 나기 쉬우므로 다음과 같은 기기로 시험함으로서 객관적인 적성분석을 할 수 있다.

① Amylograph: 밀가루 반죽 중의 α-amylase의 강도를 검사하는 일종의 점도계(粘度計)이다.
② Farinograph: 밀가루를 반죽할 때 발생하는 점탄성((粘彈性)의 강도를 검사하는 기기이다.
③ Extensograph : 밀가루 반죽물의 경도(硬度) 및 신장성(伸張性)과 탄력성(彈力性)을 검사하는 기기이다.

6-3 제면 및 제빵

밀가루를 이용한 2차 가공식품에는 수많은 종류가 있으나, 이들 중에서 면류, 빵류 및 과자류가 가장 많이 이용되는 대표적인 밀가루 가공품이다.

6-3-1 제면(製麵)

면(麵)은 원래 밀가루를 주원료로 하여 만든 국수류를 뜻하는 것이 일반적인데, 메밀가루나 각종 곡분 및 전분 등을 사용하여 만든 제품도 많다. 메밀가루나 전분을 원료로 한 냉면·막국수·당면 등은 면선(麵線)을 만든 직후 곧 호화(糊化)시켜야 안정(安定)하나, 밀가루를 원료로 하는 건조국수·칼국수·우동면·중화면·마카로니(macaroni)류 등은 호화과정이 필요치 않다.

면류는 또한 면선(麵線)을 성형(成型)하는 방법에 따라서도 선절면(線切麵), 압출면(壓出麵) 및 신연면(伸延麵) 등으로 구분되는데, 밀가루로는 모든 방법으로 면을 만들 수가 있으나, 다른 곡분이나 전분으로는 압출 방식에 따라서만 면을 만들 수 있다.

면류의 제조에 쓰이는 밀가루는 대체로 중력분(中力粉)이 적당하나, 중화면이나 마카로니는 강력분(强力粉) 또는 준강력분(準强力粉)이 사용된다.

면류의 제조 시에 소금이 부원료로서 사용되는데, ① 글루텐의 점탄성 증가, ② 건조시에 건조속도의 조절작용에 의한 피막경화현상의 방지, ③ 미생물의 발육억제로 변질방지 및 ④ 단백질분해효소(protease)의 작용 억제 등의 효과를 가진다.

1) 건조국수(乾麵)의 제조

면선을 만든 후 건조시킨 선절면의 일종으로서, 저장성을 가지는 대표적인 국수이다.

건조국수의 제조 공정

밀가루 → 혼합 → 반죽 → 면대 제조 → 절단 → 건조 → 절단·포장 → 건조국수
↑
소금물

(1) 원료 배합

원료 밀가루로는 중력분이 사용되며, 소금은 물에 용해하여 첨가·혼합하는데, 사용되는 소금의 양은 대체로 밀가루중량의 3~4% 정도이나, 제조와 유통시기의 기온에 영향을 받게된다. 즉, 여름철에는 소금의 사용량이 가장 많고, 봄 가을 겨울 순으로 감소한다. 일반적인 배합비율은 밀가루 22㎏(1포대)에 대하여 0.8㎏의 소금을 물 7ℓ에 용해시켜 혼합한다.

(2) 면대의 제조

혼합기에 밀가루와 10~15℃의 소금물을 넣고, 10~15분간 혼합시킨 다음 roller로 구성된 조정기(粗整機)로 면대를 만들고, 압연기(壓延機)로 옮겨 수분분포조정과 글루텐형성의 촉진 및 글루텐의 방향성 형성촉진을 위하여 압연시킨다.

(3) 절단

압연처리로 표면이 매끄럽고 또 적당한 두께가 된 면대는 곧 절단 roller로서 길게 절단하는데, 길이가 약 1.8m 정도가 되도록 자른다. 절단된 면의 형태와 굵기는 절단 roller 의 종류에 따라 달라진다.

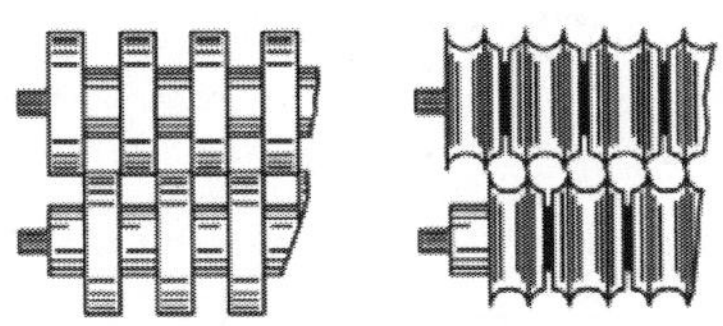

각(角) roller 환(丸)roller

그림 6-6 절단 roller

(4) 건조

절단된 생면(生麵)은 약 35%의 수분을 함유하는데 이것을 일광건조법이나 열풍건조법 등으로 14~15%까지 건조시킨다.

가) 일광건조법(日光乾燥法)

3 단계로 나누어 건조시키는데, 제1단계는 수분이35%인 생면을 25%까지 건조시키는 단계로서 기온 25℃, 습도 70% 정도에서 2시간이내에 마친다. 잠시 차광

(遮光)하여 수분분포를 조정한 다음 제2단계에서는 25%에서 20%까지 건조시키는데, 낙면(落麵)이 생기지 않도록 건조속도를 조절하여야 한다. 제3단계에서는 통풍을 잘 시키면서 15%까지 건조시킨다.

나) 열풍건조법(熱風乾燥法)

제1단계에서는 실온을 40℃로 하고 생면의 수분을 30%까지, 제2단계는 35℃에서 20%까지, 제3단계에서는 30℃에서 15%까지 건조시킨다.

(5) 절단 및 포장

건조된 면은 일정한 길이(과거에는 1자 길이: 30.3㎝로 절단, 현재는 약 20㎝정도로 절단)로 절단하고, 유통 목적에 따라 일정 중량씩 적당한 재료로 포장한다.

2) 우동면의 제조

우동은 일본(日本)의 밀국수인 가락국수를 말하며, 우동면의 기본적인 제조공정은 건조국수(乾麵)와 같으나 주로 겨울철에 많이 이용하는 면류이므로 소금의 사용량이 적고, 면의 폭이 조금 넓으며 또한 건조과정을 거치지 않는 차이점이 있다. 우동면의 면선(麵線) 제조방식에는 손으로 집적 만드는 수타법(手打法)과 기계를 이용하는 방법이 있다. 원료배합은 일반적으로 중력분 1Kg에 대하여 물300~360ℓ, 소금 20~30g의 비율로 혼합하여 면대를 만들고, 이것을 폭이 7.5㎜~1.8㎝ 정도가 되도록 절단한다.

우동면은 생면(生麵)을 건조시키지 않고 제품화하므로 국수에 비하여 저장성은 떨어지는 반면에 조리 섭취할 때에는 건조국수와는 또 다른 식감(食感)을 느낄 수 있다.

3) 중화면(中華麵)의 제조

중화면의 제조 시에는 다른 면류 특히 건조국수와는 달리 강력분 또는 준강력분의 밀가루를 사용하고, 또 견수(梘水: 원래 중국의 견석(梘石)을 원료로 하였으나, 현재는 그 주성분인 탄산나트륨과 탄산칼륨의 혼합물을 사용한다.)를 첨가하며, 원래 손으로서 면선을 만드는 신연면(伸延麵)으로서 약간 노란 색깔(플라보노이드 색소의 알카리성 발색에 의함)을 띠고 점탄성(粘彈性)이 강한 특징을 가진다.

먼저 밀가루 100에 대하여 식염 0~2, 견수 2~3, 물 30~35의 비율로 혼합하여 약간 무른반죽을 하는데, 글루텐의 조직을 충분히 형성시킨 후 손으로 늘리면서 면선을 만들며, 우동면과 같이 건조시키지 않고 조리한다.

근래에는 작업의 편리성을 추구하여 손으로 면선을 만들지 않고 선절면으로 제조하는 경우가 많으며, 또 건조한 제품도 유통되고있다.

4) 마카로니(macaroni)류의 제조

마카로니는 원래 이탈리아(Italy)에서 발전한 밀가루 가공품이었으나, 현재는 미국을 위시하여 전세계적으로 광범위하게 이용되고있으며 그 종류도 다양하다.

마카로니의 제조 공정

원료 → 혼합 → 반죽 → 성형(압출, 절단 또는 타발) → 건조 → 제품

(1) 원료

마카로니의 주원료는 밀가루이며 제품의 종류에 따라서 양파, celery, 마늘, 월계수 잎, 토마토 등의 건조채소분말과 달걀, 콩가루, 우유, 올리브유, 소금 등이 첨가된다.

기다란 형태인 마카로니(macaroni), 스파게티(spaghetti), 버어미셀리(vermicelli) 등은 건조 시에 끊어지기 쉬우므로 이들의 제조에 사용되는 밀가루는 글루텐 함량이 많은 durum의 semolina(밀의 중심부를 조쇄하여 밀기울을 제거한 좋은 제품) 또는 farina 밀가루를 원료로 사용하지만, 경질 밀가루도 사용된다. 누들(noodle)이나 절단제품을 제조하는 경우에는 보통밀가루를 사용하기도 한다.

표 6-4 마카로니의 종류와 형태

명 칭		형 상
긴제품	Macaroni	튜우브 모양
	Spaghetti	튜우브 또는 막대기 모양
	Vermicelli	막대기 모양
	Noodle	리본모양
절단제품	Elbow	초승달 모양
	Shell	조개모양
	Wheel	수레바퀴모양
	Alphabet	글자모양
	Ring	고리모양
	Star	별모양
	number	숫자모양

(2) 혼합 및 반죽

혼합기(mixer)에서 원료 밀가루와 부재료 및 영양강화를 위한 비타민 B_1, B_2와 Ca염 등의 영양소를 혼합하고, 약 31% 정도가 되도록 물을 첨가한 다음 40℃에서 10~20분간 혼합 교반하여 매끈하고 약간 단단한 반죽을 만든다.

반죽물을 400~700㎜Hg의 감압상태에서 100~200㎏/㎝의 압력이 작용하는

고압 반죽기에 넣어 압출(壓出)하면, 기포(氣泡)가 없어지는 동시에 제품의 투명도도 향상된다.

(3) 성형

① 긴 형태의 제품: 고압 반죽기에서 압출되는 반죽은 압출기 끝부분에 작은 구멍이 많은 두꺼운 금속판인 특수한 구조의 다이스(dise)를 통하여 길게 압출되며, 적당한 길이로 잘라진다.

② 절단형태의 제품: 원형인 다이스를 통하여 반죽이 압출되면서 적당한 모양으로 절단하거나, 면대를 만든 후 형틀 roller로 찍어낸다.

(4) 건조

성형된 직후의 제품에는 약 30%의 수분이 함유되어있는데, 이를 12% 정도가 될 때까지 건조시킨다. 먼저 제1 예비건조실에서 표면이 굳어 서로 붙지 않고, 상처가 나지 않도록 건조시키고, 제2 예비건조실에서 습열(濕熱) 공기를 이용하여 1~2시간 건조시키는데, 예비건조에서 수분의 약 40%가 제거된다.

예비건조가 끝난 제품은 온도 30~60℃와 습도 30~90%인 순환공기를 이용하여 피막경화현상이 나타나지 않도록 주의하면서 서서히 건조시키는데, 긴 형태의 제품은 약 30시간, 그리고 절단형태의 제품은 15시간 정도가 소요된다.

건조가 끝난 제품은 적당한 재료로 일정량씩 포장한다.

5) 즉석 면류(卽席麵類, 라면류)의 제조

중화면과 비슷한 원료배합으로 면선을 만들어서 호화(糊化)시킨 후 건조한 제품으로, 조미용 스프(soup)와 같이 끓는 물에 넣어 3~5분간 끓이면 곧 먹을 수 있는, 조리가 매우 간편한 식품으로서 현재 면류 중에서 소비량이 가장 많고, 또한 제품의 종류도 포장방법(포장면, 용기면)이나 면의 처리방법(튀김면, 스넥면, 우동면)등에 따라 다양하다.

라면류의 제조 공정

원료 → 혼합·반죽·압연 → 절단 → 증열 → 성형 ─┬ 튀기기 → 냉각 → 포장
│ soup ┤
└ 건조 → 냉각 → 포장

(1) 원료 및 처리

면의 원료인 밀가루는 준강력분의 1등품을 사용하며, 혼합기에서 밀가루에 견수와 면질개량제(인산염, 또는 구아검 등의 호료)를 용해한 소금물을 가하고 혼합·

반죽・압연하여 면대를 만든 다음 가느다란 면선으로 절단한다.

(2) 증열(蒸熱) 및 성형(成形)

절단한 면선은 95℃의 증기로 2분 정도 증열하여 호화(α-화)시키고, 조직을 유연하게 한다. 증열 처리가 끝난 면은 일정량씩 성형기로서 성형시키고 stainless steel제의 용기에 담는다.

(3) 튀기기(frying) 또는 열풍건조(熱風乾燥)

① 튀기기: Lard와 참기름을 섞어 넣고 150~160℃로 가열한 튀김솥에 성형한 면을 2분 정도 담가 가열 처리하면, 40~50%나 함유되었던 면(麵)의 수분이 5% 정도로 감소하게되며, 증열 과정에서 α-화된 전분이 그대로 고정(固定)된다. 튀기기 과정은 기름을 흡수시키는 것이 목적이 아니라 탈수의 수단이다.

② 열풍건조: 스넥면(snack 면)을 제조할 때에 이용하는 방법으로서 증열・성형이 끝난 면을 건조실에서 95℃의 열풍으로 약 50분간 건조시켜 제품의 수분을 10~11%까지 감소시킨다.

(4) 냉각 및 포장

건조과정이 끝난 면은 냉각실에서 30℃까지 송풍 냉각(送風冷却)시키고, 냉각된 면(麵)에 별도로 조제 포장한 수프(soup)를 첨부하여 필요한 형식으로 포장한다.

6) 당면(唐麵, 凍麵)의 제조

원래의 당면은 녹두 전분을 이용하여 압출면을 만든 후, 호화(糊化)・건조시킨 것으로서 전분으로 만든 대표적인 면제품(麵製品)이었다. 그러나 근래에는 고구마나 감자 전분을 사용하여 당면을 만들고 있다.

밀가루 이외의 곡분(穀粉)이나 전분에는 글루텐이 함유되어있지 않으므로, 원료 전분을 더운물로 반죽하여 일부가 호화된 상태의 반죽물을 만들고, 압출기로 압출시켜서 면가락(麵線)을 만들면서 곧 끓는 물에 넣어 완전히 호화시킨다.

호화과정이 끝난 면(麵)은 곧 동결(凍結)시켰다가 서서히 녹여서 물기를 빼고 통풍(通風)이 잘되는 곳에서 자연건조를 시키거나 열풍건조를 시킨다.

당면 제조 시에 동결을 시키는 이유는 면 가락이 서로 달라붙는 것을 방지하기 위함이다.

6-3-2 제빵(製빵)€

곡류를 섭식(攝食)하는 방법에는 낱알을 익혀서 먹는 입식(粒食)과 제분・반죽하여 적당한 모양으로 성형(成形)하고 익혀서 먹는 분식(粉食)으로 구분되는데, 빵(어원은 포르트갈어인 pão에서 왔다고 함)은 곡분(穀粉)에 소금·설탕·유지·효모(yeast)나 baking powder, 물 또는 우유나 달걀 등을 섞어서 반죽하여 부풀리고 굽거나 쪄서만든 음식물이며, 부풀리지 않고 굽는 빵도 있다.

빵을 익히는 방식은 중국을 비롯한 동양에서는 주로 찌는 방법을 사용했고, 서양에서는 오븐(oven)을 이용하여 굽는 방법을 사용해 왔는데, 현재 일반용어로 빵이라 하면 대부분 구워서 익히는 서양식 빵을 의미한다.

빵의 주원료로서는 대부분 밀가루를 사용하나, 호밀(rye보리)가루를 사용하기도 하고 또 옥수수, 보리, 메밀, 쌀 등의 곡분을 밀가루에 섞기도 한다.

1) 빵의 분류

빵의 종류는 무수히 많으나 일반적으로는 사용하는 곡분의 종류, 제조방식, 팽화(膨化) 방식, 성형 방법, 모양 등에 따라서 구분하는 경우가 많다.

(1) 원료에 따른 분류

① (밀가루)빵: 밀가루를 원료로 한 것.(가장 많이 이용되는 일반적인 것이므로 대부분 밀가루라는 용어를 생략한다.)

② 흑빵: 호밀(rye보리)을 원료로 한 것.

③ 기타 : 밀가루에 호밀, 보리, 옥수수, 메밀, 쌀 등의 곡분을 섞어 만든 빵.

(2) 밀가루빵의 제조방식에 따른 분류(식빵류)

① 미국식 빵: 단백질의 함량이 많고 회분이 적은 경질밀가루를 사용하고 여기에 여러 가지 부원료를 많이 사용하므로 rich bread, 또는 주로 빵의 내부 속살을 먹는 빵이라 하여 속살빵(crumb bread)이라고도 부른다.

② 프랑스식빵: 단백질의 함량이 적은 밀가루를 사용하는데 이것을 소금, 효모와 물만으로 반죽하여 고온에서 구은빵이며, 외관과 씹는 맛 등을 고려하여 표면에 중점을 둠으로 껍질빵(crust bread)이라고도 하며, 바게트(baguette)가 대표적인 제품이다.

(3) 팽화(膨化)방식에 따른 분류

① 발효빵: 효모의 발효에 의하여 생성되는 CO_2를 이용한 것으로, 식빵, roll 빵, 과자빵 등이 있다.

② 무발효빵: 팽창제(baking powder)를 이용한 것으로, biscuit, doughnut 등과 같은 제품이 있다. 우리나라에서는 케이크(cake)류를 빵과 같이 취급하는데, 케이크도 달걀 흰자의 포립(泡立)에 의하거나 팽창제로 팽화된 것이므

로 넓은 의미에서는 무발효빵의 일종으로 분류할 수 있다.

(4) 성형(成形)에 따른 분류

① Pan bread: 식빵, 샌드위치 빵, 펜케잌 등과 같이 빵틀에 반죽을 넣어서 일정한 모양을 가지게 만든 것이다.

② Hearth bread: 프랑스빵인 바게트와 같이 일정한 빵틀을 사용하지 않고 손으로 모양을 만든 것이다.

(5) 모양과 크기에 따른 분류

크기와 모양을 비롯하여 빵의 표면이나 내부에 jelly · cream · 팥소 등 기호성이 있는 다양한 내용물을 덧붙이거나 또는 넣은 것 등에 따라 수 많은 종류로 구분된다.

2) 발효빵의 제조(미국식 식빵)

식빵의 제조에는 주원료로서 밀가루 · 효모 · 소금 · 물 등이 사용되고, 부원료로서 설탕 · 유지 · yeast food 등이 첨가된다.

(1) 발효빵의 제조원료

가) 밀가루

단백질의 함량이 많고 입자가 약간 굵은 강력분이나 준강력분을 사용하나, 목적에 따라서는 이들을 적당히 배합한 것을 사용한다. 밀가루 단백질중의 대부분을 차지하는 글루텐이 반죽에 점탄성을 가지게 함과 동시에 효모의 발효로 생성되는 CO_2를 보전(保全)하는 기능을 가진다.

나)효모(yeast)

제빵용 효모는 *Saccharomyces cerevisiae*가 사용된다. 증식력과 발효력이 강한 효모 균주(菌株)를 선별하여 공업적으로 생산한 압착효모(壓搾酵母, pressed yeast)와 건조효모(乾燥酵母, dry yeast)가 이용되고 있다. 효모는 반죽을 팽창시킴과 동시에 빵에 독특한 향미(香味)를 부여하는 등 중요한 영향을 미치는 인자이다.

압착효모는 70% 정도의 수분을 함유하고 있어 냉장을 필요로 하며 유통기간이 짧은데 비하여, 건조효모는 압착효모를 저온에서 건조시켜 수분을 8~9% 정도인 과립(顆粒)의 형태로 만든 제품으로서 이를 잘 밀봉하여 저온으로 저장하면 6개월 정도는 사용할 수 있다.

빵을 반죽하기 전에 40℃ 정도로 가열한 소량의 설탕물에 효모 제품을 현탁(懸濁)시켜 10분 정도 열처리(heat shock)하면 발효시간이 단축된다. 효모의 사용량은 밀가루의 중량에 대하여 압착효모로서 2~2.5%이며, 건조효모를 사용할 때에는 이것의 1/2 양이면 된다.

다) 소금

소금은 빵의 맛을 조화시키는 동시에 글루텐의 팽윤(膨潤)을 촉진하여 신전성(伸展性)과 점탄성(粘彈性)을 증가시켜주는 중요한 요소인 동시에, 또한 효모의 발효에도 영향을 미치게 되는데, 반죽 시에 소량의 소금을 첨가하면 효모에 대하여 자극제로서 작용하여 발효가 촉진되나, 다량을 사용하면 효모의 생육과 발효 작용이 저해된다. 제빵 시에 소금의 첨가량은 밀가루에 대하여 1.5~2%면 적당하다.

라) 설탕

설탕은 빵에 단맛을 띠게 할뿐만 아니라 효모의 영양원이 되어 발효를 촉진시키며, 빵의 빛깔과 향기를 좋게 한다. 설탕의 사용량은 밀가루 중량의 4% 정도가 적당하다.

마) 유지(油脂)

유지를 첨가하면 빵의 촉감이 부드러워지고, 탄력성이 증가하며, 외관과 풍미가 향상되고 더욱이 노화(老化)를 억제시키는 효과가 있다. Butter, margarine, lard 등 여러 가지 유지가 사용되기도 하나, 쇼트닝(shortening)이라 하는 빵이나 과자에 첨가되어 촉감과 식감을 향상시키는 효과를 가진 가공유지가 상용되고 있으며, 유지의 사용량은 밀가루에 대하여 4% 정도이다.

바) Yeast food

빵 반죽에서 효모의 발육을 촉진하고, 밀가루의 품질을 개선하기 위하여 사용되는 성분으로서, 글루텐의 강도를 높이는 황산암모늄, 인산칼슘, 염화칼슘과 또 글루텐의 질을 좋게 하면서 빵을 잘 부풀게 하는 브롬산칼륨 등의 혼합물로 되어 있다. 제빵 시에 효모 사용량의 5~10%를 첨가한다.

(2) 식빵 제조 공정

식빵제조 시의 반죽법은 원료를 배합하는 방법에 따라서 다음과 같은 3가지 양식으로 구분되는데, 여기서는 직접반죽법에 의한 식빵 제조공정을 살펴본다.

가) 직접반죽법(直捏法, straight and dough method):

배합 원료의 전부를 한번에 혼합하여 반죽을 만든다. 제조기술에 따라서 품질에 다소간의 차이는 있으나 향미가 좋은 제품을 만들 수 있으므로 주로 소규모 공장에서 이용한다.

나) 중종법(中種法, sponge and dough method):

사용할 밀가루의 일부와 이스트 및 이스트후드의 전량을 물로 반죽하여 발효시키고, 효모의 발효가 왕성하게 일어날 때 나머지 원료를 혼합하는 방법이다. 제조시간은 단축되나, 온도와 시간관리를 철저히 해야함으로 중규모이상의 공장에서 이용하는 방법이다.

직접 반죽법에 의한 식빵 제조 공정

〔밀가루〕――(체치기)
〔효모・설탕・물〕
〔설탕・물〕 →혼합・반죽→1차 발효→가스빼기→2차 발효→가스빼기
〔이스트후드・소금・물〕
〔쇼트닝〕
→분할→환짓기→재우기→정형→형입→3차 발효
→표면처리 → 굽기 → 냉각 → 절단 → 포장 → 〔제품〕

다) 액종법(液種法, preferment and dough method):

호모・당・소금・이스트후드를 물과 혼합하고, 완충제를 가하여 pH를 5.2로 조정한다. 이것을 일정시간 배양한 후에 나머지 원료를 가하여 반죽하는 방법인데, 이것을 더욱 발전시킨 연속반죽법이 외국에서 이용된다.

① 혼합 및 반죽

밀가루는 체로 잘 쳐서 이물질을 제거하면서 산소를 포함시킨 다음, 다른 재료와 믹서(mixer)로서 혼합하여 귓볼 정도의 촉감이 되도록 연한 반죽을 만든다. 반죽조작이 불완전하면 점탄성이 약하고, 지나치면 늘어 쳐지게 된다.

② 발효와 가스(gas) 빼기

반죽을 온도 26℃, 습도 75%의 발효실에서 1.5~3시간 발효시키면 2~3배로 부풀게 되는데 이때 가스빼기를 한다. 가스빼기는 일단 부풀어오른 반죽을 눌러서 가스를 빼고 뒤집어 놓는 조작으로서, 이는 반죽의 발효를 균일하게 함과 동시에 글루텐의 조직을 부드럽게 하고, 또 반죽에 산소를 공급하여 효모의 발효를 촉진시킬 목적으로 행한다. 이어서 제2차 발효를 시키게 되는데, 반죽의 상태에 따라서 생략할 수도 있고, 더욱 3차 발효까지 진행시키는 경우도 있다. 제2차 발효는 1차 발효 때에 비하여 반정도의 시간이 소요된다.

③ 분활・성형 및 굽기

마지막 가스빼기를 한 후, 일정한 크기로 절단한 다음, 30℃와 습도 80%의 조건에서 15분 정도 재우기를 한다. 이어서 반죽을 말아 정형하고, 기름을 바른 형틀에 넣어 30℃, 습도 90%의 발효실에서 적당한 크기로 팽창될 때까지 발효시킨다.

발효가 끝난 반죽은 표면처리(포화 설탕액 또는 달걀 노른자의 수용액 등을 바른다.)를 한 후 oven에 넣고 점차로 온도를 높여서 200~260℃에서 30~60분간 굽는다. 굽는 과정에서 반죽은 20~30% 정도 더욱 팽창된다. 굽기가 끝난 빵은 냉각시키고 절단·포장한다.

3) 무발효빵의 제조

무발효빵이란 반죽을 부풀리지 않거나, 또는 부풀린 빵이라 하더라도 효모를 사용하지 않고 팽창제를 사용하거나 달걀의 흰자를 포립(泡立)시켜 만드는 제품을 말한다. 대표적인 것으로는 pound cake·sponge cake·cream puff·doughnut·pie 및 castella 등과 같은 cake류와 biscuit류가 있다.

(1) Sponge cake

달걀 흰자 단백질의 공기 포집성(包集性)과 변성(變成)을 이용하여 만드는 cake로서 맛이 부드럽고 조직감이 좋다.

원료는 밀가루(박력분) 70, 달걀 100, 설탕 70 및 물이나 우유 10 등의 비율로 사용된다. 먼저 달걀을 흰자와 노른자로 분리한 후, 흰자는 mixer 등을 사용하여 잘 포립시키고, 노른자에는 설탕을 섞어 잘 혼합시킨 다음 흰자와 섞는다. 여기에 별도로 체질을 해 놓은 밀가루와 물 또는 우유 등을 첨가하고 균질(均質) 상태로 섞어 형틀에 고르게 부어넣은 후 150~160℃의 oven에서 굽는다. 이것은 cream·과실·초콜릿·견과류 등으로 장식하여 decoration cake를 만들 때도 이용된다.

(2) Pound cake

밀가루(박력분)·설탕·달걀을 각각 1파운드 씩, 그리고 버터 5/9를 사용하여 만든 케이크로서 영국에서 유래한다. 팽창제로서 baking powder를 밀가루 양의 2~3% 첨가한다.

제조방법은 버터에 설탕을 섞어 크림상태로 만든 다음 달걀을 천천히 저어 혼합하여 마요네즈 같은 상태로 만든 후, 여기에 박력분과 베이킹파우더를 체로 쳐서 가볍게 섞어 pound pan에 붓고, oven에서 180℃로 약 40분간 굽는다. Cake의 윗면이 갈색이 되면 고무주걱 등으로 중앙을 길이로 터뜨려 주어 표면이 잘 갈라지도록 한다.

(3) Doughnut

기름에 튀겨서 만드는 것으로, 원료는 밀가루(박력분) 1kg, 우유 150㎖, 설탕 350g, 달걀 5개, 버터 70g, 소금 10g 및 베이킹파우더 25g 등을 사용한다.

녹인 버터에 설탕의 반을 넣어 cream 상태로 섞고, 달걀에 나머지 설탕을 넣어 거품을 일군다음 우유를 섞는다. 밀가루와 소금, 베이킹파우더는 별도로 혼합하여 체로 치고 미리 처리한 재료들과 합쳐 반죽을 만든다. 반죽을 일정한 두께로 고르게 편 다음 도넛형틀로 찍어내어 160~170℃의 기름에 튀긴다. 도넛 표면에 백설탕을 뿌리는 경우에는 도넛이 뜨거울 때 뿌려야 붙는다.

6-4 곡류의 저장(貯藏)

① 곡류는 저장 중에도 호흡이 진행됨으로 성분의 변화와 감소가 일어난다. 성분 감소의 정도는 수분함량이 많고 또 저장온도가 높을수록 커진다. 따라서 곡류는 충분히 건조시켜서 저온으로 저장하는 것이 좋다.

② 쌀은 정미(精米)를 해두면 일반적으로 저장성이 저하하며, 특히 겨층이 부착되어 있는 경우에는 유지의 변패가 일어나 품질이 저하하기 쉽다. 따라서 최근에는 쌀(백미)의 저장성을 향상시키기 위하여 정미 시에 겨층을 충분히 제거하고 연마한 후 CO_2 가스를 충전하여 밀봉해두는 방법이 사용된다. 밀도 또한 제분하면 숙성 후에 별로 오래 저장할 수가 없다. 따라서 곡류는 가급적 정곡(精穀)이나 제분 등의 가공처리를 하지 않고 저장하는 것이 바람직하다.

③ 곡류는 수분함량이 15% 정도이므로 곰팡이를 제외한 미생물에 의한 피해를 받는 경우는 비교적 적다. 곰팡이는 수분이 15% 정도까지는 번식이 가능하며, 쌀에 *Rhizopus*, *Penicillium*, 또는 *Aspergillus* 속 등의 곰팡이가 번식하여 표면이 혼탁해지거나 변색되는 경우가 있다. 특히 *Pen. citreoviride*, *Pen. islandicum*, *Pen. citrinum* 등이 번식한 황변미(黃變米)에는 독성이 있다. 따라서 곰팡이의 번식을 방지하기 위해서는 곡류의 수분을 이보다 더 감소시키거나, 또는 곰팡이가 발육할 수 없는 저온으로 저장하는 것이 좋다.

④ 곡류는 또한 저장 시에 쥐의 피해를 받기고 하는데, 쥐는 한 마리가 하루에 15 g 이상의 곡류를 먹는다고 한다. 쥐의 피해는 창고를 밀폐(密閉)시키면 방지할 수는 있으나 실제적으로 완전한 구조의 창고를 활용하기는 불가능하다.

⑤ 곡류의 저장 중에는 해충(害蟲)에 의한 피해가 또한 문제가 된다. 곡류에 피해를 주는 곤충에는 바구미, 나방류(화랑곡나방, 곡식점부채명나방, 곡식좀나방 등), 바퀴류 및 진드기 등 여러 가지 종류가 있는데, 일부를 제외하고는 15℃이하에서는 거의 번식하지 못하므로 이 보다 저온으로 저장하면 충해를 막을 수 있다.

⑥ 곤충에 의한 피해를 방지하는 방법의 또 하나는 휘발성 약제(방충제)를 사용하는 경우가 있다. 방충제로는 chloropicrin과 methybromide가 사용된다.

창고를 밀폐하고 1㎥당 chloropicrin은 16g, methylbromide는 10g을 기준으로 하여 창고 내에 뿌리고, 가스를 충만시킨 다음 3일정도 방치하면 해충들은 완전히 사멸한다. 그대로 밀폐해 두면 오랫동안 충해를 막을 수는 있으나, 방충제에 의하여 쌀의 품질이 나빠지므로 3일정도 지난 후에 창고를 개방하고 약품을 방산(放散)시켜야 한다.

6-5 전분(澱粉)의 제조와 가공

전분(澱粉, starch)은 여러 가지 식물(植物)의 뿌리, 줄기 또는 종자 등에 전분립(澱粉粒)이라고 하는 작은 입자(粒子)로 함유되어있으며, 화학적인 표현으로는 α-D-glucose로 구성된 저장 다당류의 일종이다. 전분은 냉수에는 녹지 않는 비중이 1.62~1.65인 무미(無味), 무취(無臭)의 흰색 분말(粉末)로서, 식품의 조리·가공재료 및 각종 공업재료로서 널리 이용되고 있다. 우리나라에서는 주로 고구마, 감자 등과 같은 서류를 원료로 하여 전분을 제조하는데, 그 외에도 옥수수·밀·쌀 등도 이용되고 있으며, 또 칡이나 얼레지 등을 원료로 하는 경우도 있고, 동남아시아 등지에서는 cassava의 근경(根莖)을 이용하여 전분을 제조하기도 한다.

표 6-5 여러 가지 전분의 주요 성상

성상 \ 종류	고구마전분	감자전분	옥수수전분	밀 전분	쌀 전분
입상(粒狀)	다면형(多面形), 복립(複粒)	계란형, 단립(單粒)	다면형, 단립	볼록렌즈형, 단립	다면형, 복립
지름(μ)	20~40	5~100	6~21	5~40	2~8
평균지름(μ)	18	50	16	20	4
아밀로오즈(%)	19	25	25	30	19

6-5-1 전분의 제조

전분의 제조 원리는 전분의 물에 대한 불용성과 물보다 무거운 비중을 이용하는 것으로서, 그 제조과정은 우선 원료의 조직을 파괴하여 물 속에서 전분입자를 분리하고, 이어 정제·건조의 공정으로 진행된다. 전분을 분리하기 위하여 원료의 조직을 파괴할 때에는 전분의 성상과 세포조직 내에서의 분포 상황에 따라서 각각 적합한 처리를 해야한다. 즉, 서류(薯類-감자류)는 마쇄(磨碎) 조작만으로도 전분이 쉽게 분리되나, 곡류(穀類-특히 옥수수)는 조직을 부드럽게 하고 또 전분립과 결착되어 있는 단백질 등을 제거함으로서 전분의 분리가 용이하도록 파쇄(破碎)공정 전에 아황산과 같은 약품으로 처리한다.

건조전분의 제조 공정

원료→선별 및 세척→(전처리)→마쇄・파쇄→사별→분리(탱크침전, 테이블침전, 원심분리)┐
↓ (흙 등의협잡물) ↑ (물 또는 전분유) ↓ (전분박) ↓ (토육 또는 이물질)

└→ 생전분 → 정제 → 건조 → 분쇄 → 포장 → 건조전분제품

1) 고구마 전분의 제조

(1) 원료와 처리

① 원료 고구마는 수확한 직후의 갈라진 흠이 없고, 전형적인 모양을 띈 것으로서 전분의 함량이 많고 또 전분입자가 고르며, 폴리페놀(polyphenols)・유리 당・단백질 및 섬유질의 량이 적은 것이 좋다. 고구마의 전분함량은 보통 20~27%정도이다.

② 원료 고구마는 우선 선별하여 상한 부분 등을 제거하고, 세척기에서 물로 충분히 세척하여 흙・모래 등을 비롯한 이물질(異物質)을 제거한 다음, 마쇄 로울러(磨碎, roller)로서 마쇄하여 세포 내의 전분을 노출(露出)시키고, 물로 씻어 이를 분리한다. 마쇄 로울러는 표면에 강판(薑板)과 같은 돌기(突起)를 가진 roller인데, 이 roller는 1,500~2,000 rpm으로 회전하면서 원료 고구마를 마쇄한다. 이때 뒤의 공정에서 취하는 전분유(澱粉乳)를 주입함으로서 돌기가 막히는 것을 방지한다. 마쇄기로는 마쇄 roller 외에도 원판형 마쇄기가 사용되기도 한다.

③ 마쇄물(磨碎物)은 체(篩, sifter- 경사형・수평 진동형・회전 원통형 등)를 사용하여 전분유와 전분박(澱粉粕)으로 분리한다. 체로 분리하는 조작은 한번으로 마치지 않고 반복하는데, 우선 거친 찌꺼기를 분리한 다음 여러 차례 전분유로 헹구어서 미세한 불순물도 제거되도록 한다.

(2) 분리(分離)

전분유에서 전분을 분리하는 방법으로는 탱크 침전법(tank 沈澱法)과 테이블 침전법(tabling) 또는 원심분리법(遠心分離法) 등 3가지 방법과 이들의 조합법 등이 이용된다.

① 탱크 침전법: 체로서 분리된 전분유에 우선 석회수를 첨가하여 pH를 7.5~8로 조정하는데, 이것은 전분유 중의 펙틴(pectin)을 펙틴산 칼슘으로 하여 체로 쉽게 분리되게 하고 또 단백질(등전점 pH 4)이 전분에 혼입되는 것과 폴

리페놀물질과 전분입자의 흡착을 방지함과 동시에 산화효소의 작용을 억제함으로서 품질의 향상을 위한 것이다. 석회수를 첨가한 전분유는 일단 제1 침전조(沈澱槽)에 넣고 8~12시간 동안 정치(靜置)하여 조전분(粗澱粉)을 분리하고, 이것을 다시 물로 씻어 다시 침전조에 넣고 30~50시간 정치하여 생전분(生澱粉)을 분리해 낸다.

② 테이블침전법: 이것은 전분유가 테이블(table)이라고 불리는 수로(水路)와 비슷한 구조물 위로 흐르면서 전분이 분리되는 방법이다. 일정한 속도로 경사면(傾斜面) 위를 전분유가 흐르면, 입자의 크기와 비중에 따라서 입자의 운동속도가 달라지므로, 전분입자와 불순물이 분리된다.

③ 원심분리법: 원심분리기로 전분유를 처리하여 생전분을 분리하는 방법이다.

(3) 건조 및 마무리

정제된 생전분은 적당한 크기의 덩이로 만들어 건조상자에 넣고, 일광건조 또는 열풍건조법으로 건조시킨 다음 분쇄기로 분쇄(120 mesh)하여 제품으로 한다. 전분의 수량(收量)은 원료고구마 중량으로의 18~23% 정도이다.

한편 전분박(澱粉粕)은 그대로 또는 건조시킨 후 가축의 사료나 알코올발효 원료로 사용된다.

2) 감자 전분의 제조

감자 중의 전분함량은 보통 15~18% 정도인데, 전분의 입자가 커서 침전하기 쉬우므로 4~5시간 정도의 정치로도 침전된다. 제품의 수량(收量)은 원료감자 중량의 11~13%정도이다. 감자 전분의 제조공정은 고구마 전분의 경우와 거의 같다. 과거에는 전통적인 방법인 탱크 침전법을 많이 사용하였으나 근래에는 능률이 좋은 기계를 이용하여 제조하고 있는데, 마쇄한 후 진동체 대신에 원심력(遠心力)을 이용한 체를 이용하고, 또 전분의 분리에도 정치침전이나 테이블침전 대신에 원심분리기를 이용하며, 건조과정도 효율이 좋은 열풍건조기를 사용하여 연속적으로 작업이 진행된다.

3) 옥수수 전분의 제조

옥수수 전분은 순도가 높고 색이 희며, 호화(糊化)된 후에는 점도의 변화가 적고 접착력과 침투성이 강한 특징이 있다.

옥수수 전분의 제조방법으로는 주로 순환형 습식밀폐법(bottled up system)이 사용되는데, 이 방법은 외피・배아・전분・단백질 등의 분리 공정이 모두 침지액 중에서 진행되므로 99%이상의 옥수수 성분이 회수되는 효율성이 높은 특징이 있다.

(1) 원료 및 아황산 처리

① 전분제조의 원료인 옥수수로는 마치종(馬齒種, dent corn)이 적합한 데, 우리나라에서는 주로 중국과 미국 등지에서 수입하여 사용하고 있다.

② 원료는 우선 선별・수세한 다음 아황산용액의 처리를 하는데, 이는 전분 제조 공정 중에서 가장 중요한 조작으로서, 원료 옥수수를 48~52℃, 0.2~0.5%의 아황산용액(pH 3~4)에 40~48시간 동안 침지하는 것이다. 이 처리로 옥수수의 조직이 연화되어 파쇄 조작이 용이함과 동시에 전분에 결착(結着)되어 있는 단백질이 제거됨으로서 전분의 분리가 용이하게 된다.

이 공정에서는 원료 성분 중의 6.0~6.5%이 침지액으로 용출되는데, 이 액을 고형분의 양이 약50%가 될 때까지 농축한 것이 corn steep liquor이며, 이것은 미생물의 배지성분으로서 항생물질의 발효생산 등에 이용된다.

(2) 전분의 제조와 부산물 처리

① 아황산 처리를 마친 원료는 파쇄하여 배아(胚芽)를 분리한 후, 파쇄기로 분쇄하고 체를 이용하여 섬유질을 제거한 다음 원심분리기로서 비중차(比重差)가 있는 단백질과 전분을 각각 분리한다. 이때 상징액에 녹아있는 단백질은 씻어내고, 불순물을 여과 제거한 후에 남는 생전분을 건조・분쇄하여 제품화한다.

② 공정 중에서 분리된 배아는 유지(corn oil)의 원료로 이용되며, 외피(外皮)와 섬유부분은 탈지 배아박(脫脂胚芽粕)과 섞어 건조한 후 가축사료(gluten feed)로, 또 글루텐 밀(gluten meal)이라고 불리는 단백질 성분은 가축사료나 양조의 원료로 이용한다.

4) 밀 전분의 제조

밀 전분의 제조 원료로는 경질 또는 준경질 밀을 제분한 밀가루 중에서 주로 3등품이 사용된다.

우선 밀가루를 물로 반죽하고, 반죽조작을 계속하면서 수세(水洗)하여 글루텐과 전분유로 분리한 다음 분리된 전분유를 일반 전분제조방식과 같이 침전, 또는 원심분리하여 전분제품을 제조한다.

밀 전분은 소 입자군(小粒子群, 2~10㎛)과 대 입자군(大粒子群, 15~40㎛)이 주를 이루며, 중간 입자군(中間粒子群)이 적은 특징이 있다. 또한 밀의 호화전분은 온도나 시간의 경과에 관계없이 점도가 일정하게 유지되는 특징이 있어 섬유・제지공업 등에 널리 이용된다.

6-5-2 전분의 2차 가공

전분은 전분당(澱粉糖)·식품가공 및 조리재료·화공품 재료·접착제제조·의약품재료·기타 공업재료 등으로 널리 사용되고 있고 또 현재 그 용도가 증가하고 있는 중요한 1차 가공품이다.

표 6-6 중요한 가공 전분의 종류

처리방법	화학적		물리적	효소적
	분해	유도체		
품명	황색 덱스트린 백색 덱스트린 브리티쉬 검 가용성 전분 산화 전분	가교 전분 에스테르화 전분 (초산 전분, 인산 전분) 에테르화 전분(카르복실 메틸 전분)	α-화 전분 분별 아밀로오즈 습열 처리 전분	α-한계 덱스트린 β-한계 덱스트린 시클로 덱스트린

1) 가공 전분(加工澱粉)

전분이 가지는 고분자의 특성을 이용한 응용분야는 넓으나, 천연의 전분은 냉수에 불용성이며 내약품성(耐藥品性), 내기계성(耐機械性) 및 내수성(耐水性)이 적고, 유화력(乳化力) 또한 약하다는 결점을 가지고 있다. 이러한 결점을 개선하기 위하여 천연전분에 화학적, 물리적 또는 효소적인 처리를 가하여 새로운 기능을 가지게 한 것이 가공 전분이며, 현재 30여종 이상이 생산 이용되고 있는데, 그 중에서 생산량이 많은 것으로는 산처리 전분(가용성 전분)과 α-전분 및 덱스트린 등이다.

(1) 가용성 전분(산처리 전분)

천연전분을 0.5~10% 염산이나 황산 용액에 침지(실온~55℃)하여 전분의 비결정성 부분을 분해한 제품으로 가용성 전분이라고도 한다. 이 제품은 냉수에는 용해되지 않으나, 온수(溫水)에는 용해되어 투명(透明)한 용액상태로 된다.

(2) α-화 전분

천연전분의 호화액을 급속하게 탈수·건조한 분말상태의 제품이며, 냉수 중에도 쉽게 팽윤·용해된다.

(3) 덱스트린(dextrins)

천연전분에 화학적인 처리나 효소 처리를 가하여 일부 가수분해시킨 제품이다.

가) 화학적 처리

전분에 저농도의 산(염산 또는 황산)을 가하고 가열처리를 하면, 처리온도에 따라 제조되는 백색 덱스트린(120℃)및 황색 덱스트린(150~200℃)과, 또 알칼리(암모니아 또는 탄산나트륨)처리를 한 후에 고온으로 가열(220℃)하거나, 또는 고온 처리만으로도 생산되는 브리티시 검(British gum) 등 3종의 제품이 있다.

표 6-7 시클로덱스트린의 일반적인 성상과 구조

구 분	α-시클로덱스트린	β-시클로덱스트린	γ-시클로덱스트린
글루코오스 분자수	6	7	8
분자량	973	1135	1297
내경(Å)	5~6	7~8	9~10
용해도(25℃, g/100㎖ · H2O)	14.5	18.5	23.2

나) 효소처리

전분을 α-amylase 또는 β-amylase로서 분해 처리하여 생성되는 α-한계 덱스트린과 β-한계 덱스트린, 그리고 이외에도 *Bacillus macerans* 등의 미생물이 생산하는 cyclodextrin glucanotransferase의 작용에 의해 얻어지는 cyclodextrin 등의 제품이 있다.

현재 공업적으로 생산되고 있는 cyclodextrin제품에는 포도당이 6개, 7개 및8개로 이루어진 α-, β- 및γ-cyclodextrin 등의 3종류가 있으며, 이들은 모두 환상구조로 형성되어있어서 포집성과 유화성 등 물리적인 특성을 가지며, 여러 가지 종류의 효소나 산 및 알칼리에 대한 내성도 강하고, 또한 쉽게 건조되면서 흡습성이 낮은 특성도 있다.

2) 전분당(澱粉糖)

전분당이란 옥수수나 고구마 등의 전분을 산이나 효소로 가수분해할 때에 생성되는 포도당 또는 맥아당과 dextrin을 비롯한 여러 가지 중간분해물의 혼합물을 지칭하며, 현재 전분당 제품으로는 엿류와 포도당류 및 이성화당 등이 생산되어 제과공업 등에 널리 이용되고 있다.

전분당의 종류

- 전분당
  - 엿
    - 고체엿
    - 물엿
      - 산당화물엿
      - 맥아물엿
      - 고맥아당시럽
    - 분말엿
  - 포도당
    - 결정포도당
      - 특급무수결정포도당
      - 표준무수결정포도당
      - 특급함수결정포도당
      - 표준함수결정포도당
    - 분말포도당
      - 정체포도당
      - 보통포도당
    - 입상포도당
    - 파쇄포도당
    - 액상포도당
  - 이성화당

$$DE = \frac{\text{직접환원당(포도당으로 표시)}}{\text{고형분}} \times 100$$

전분당은 원료 전분의 가수분해 정도에 따라서 감미도·점도·결정성·흡습성 등 여러 가지 성질은 물론, 제품의 종류도 달라진다. 전분의 가수분해 정도는 DE(dextrose equivalent) 단위를 사용하여 표시한다.

(1) 물엿(水飴) 제품의 제조

물엿은 전분을 적당히 가수분해하여 점성과 단맛을 갖도록한 제품으로서 가수분해의 방법에 따라 산당화엿과 맥아엿으로 구분한다.

표 6-8 전분당의 DE와 특성

종류	DE	감미	점도	흡습성	결정성
결정포도당	99 ~100	크다	낮다	낮다	크다
정제포도당	97 ~ 98	↑	|	|	↑
분말포도당	92 ~ 96	|	|	|	|
고형포도당	80 ~ 85	|	|	|	|
액상포도당	55 ~ 80	|	|	|	|
물 엿	35 ~ 50	|	↓	↓	|
분 말 엿	25 ~ 40	작다	높다	높다	작다

가) 산당화엿(酸糖化飴)

산(酸)을 촉매로 이용하여 가수분해시킨 제품이다.

산당화엿의 제조 공정

전분 → 정제 → 전분유 → 당화 → 중화 → 여과 → 농축 → 탈색 → 여과 ┐
정제 ↓ 불순물; 당화 ↑ 산; 중화 ↑ 알칼리; 탈색 ↑ 활성탄

└이온교환 → 마무리 농축 → 산당화엿
이온교환 ↓ 산·염기·염

① 먼저 원료 전분을 수세·사별·여과 및 원심분리 등의 조작으로 정제를 하는데, 만약 불순물이 많은 경우에는 착색이 되어 탈색하기가 어렵게 된다.

② 정제된 전분에 물을 가하여 Bé 20~22°의 전분유를 만들고, 여기에 촉매로서 산을 가하여 가압당화조(converter)에서 2.0~2.5 기압으로 30~45분간 가열·당화시킨다. 이때 사용되는 산은, 원료전분의 무수물에 대하여 염산은 0.3~0.35%, 황산은 0.2~0.3%, 수산은 0.25~0.5% 정도이다. 당화의 종점은 요오드 반응에서 연한 적색이 되거나, 또는 알코올에 의한 침전법을 이용하여 판정한다.

③ 당화가 끝나면 70~80℃에서 pH 4.5~5.0까지 중화시키는데, 염산으로 당화시킨 경우에는 탄산나트륨, 황산 당화의 경우에는 탄산칼슘이나 탄산바륨 그리고 수산 당화 시에는 탄산칼슘을 사용한다.

④ 중화된 당액을 여과하고, 여액은 Bé 24~28°로 될 때까지 농축한다.

⑤ 농축액은 70~80℃에서 활성탄을 사용하여 탈색시킨 후 여과하고, 여액은 다시 30~50℃로 조정하여 이온교환수지층을 통과시켜서 산, 알칼리 및 염을 제거한 다음 마지막으로 진공증발관에서 55~65℃로 농축하여 제품으로 한다. 산당화엿은 환원당(포도당)으로서 35~45%, 덱스트린 35~45%를 함유한다.

나) 맥아(엿기름)엿

우리나라에서는 과거에 쌀을 원료로 하여 맥아의 amylase만으로 당화시켜서 만들었으나, 현재는 전분을 원료로 하고 맥아의 효소 이외에도 미생물의 효소 등을 병용하여 제조하고 있다. 현재 많이 이용되는 제조법에 의하면, 전분의 가수분해는 일반적으로 2단계로 진행되는데, 먼저 액화형 amylase(α-amylase) 로 포도당의 중합도를 적게 하고, 이어서 당화 amylase로서 당화시키는 것이다.

① 우선 약 30% 농도의 전분유에 전분의 0.1~0.5%에 해당하는 세균 amylase 제제를 첨가하고 70~80℃로 가열하여 액화시키거나 또는 35~50%의 전분유에 세균 amylase 제제를 가한 후 고르게 섞고 85~88℃의 물에 분산 주입

하여 액화시키는 방법이 이용된다.

② 액화가 끝나면 일단 85℃ 이상으로 가열하여 효소를 불활성화 시킨 후 여과하고, 당화조(糖化槽)로 옮겨 맥아 분쇄물이나 침출액을 가하여 60~63℃로 3~8시간 동안 당화시킨다. 이때 맥아는 전분량의 약 3%를 사용한다.

③ 당화가 끝나면 찌꺼기를 체로 걸러낸 당화액을 청징조(淸澄槽)로 옮기고 97~98℃로 30분 정도 가열한다. 이때 표면위로 떠오르는 단백질이 주체인 불순물을 건어낸 후 활성탄으로 탈색시키고 여과한 다음, 수분이 14~16%로 될 때까지 농축시켜서 제품으로 한다. 이러한 맥아엿은 맥아당을 50~60%, 덱스트린 20~25%를 함유한다. 우리나라의 식품위생법 상의 규격기준에는 맥아 물엿의 기준이 DE 20 이상, pH 4.5~7.0, 맥아당 25.0 이상으로 되어 있다.

④ High maltose syrup은 전분유를 액화시킨 후에 pulluranase(amylopectin의 α-1,6-glucoside결합을 절단함)로 처리하고, 맥아를 첨가하여 당화한 다음 활성탄・이온교환수지로 정제하고, 수분 16%이하로 농축한 것이다.

⑤ 분말물엿은 DE 값이 낮게까지 효소 당화시킨 물엿을 분무건조나 진공 건조처리하여 제조하는데, 이것은 물엿과 덱스트린의 중간 성질을 가지며, 감미료로서 보다는 청주제조 시의 부원료나 아이스크림의 제조 등에 사용된다.

(2) 포도당 제품의 제조

가) 전분의 가수분해

포도당은 전분을 산이나 효소로서 가수분해하여 제조한다.

① 산으로 가수분해하는 경우에는 산당화엿 제조시의 가수분해와 거의 같은 방법으로 처리하나, 전분의 가수분해를 철저히 진행하여야 함으로 처음의 전분 농도를 낮추고(분말 포도당의 제조 시에는 Bé 약 18°, 결정 포도당에서는 약 11。), 산(酸)은 약 3배를 사용하는데, 수산이라면 0.7~1.5% 정도 사용하면 된다. 또 가수분해의 온도를 높이고, 시간을 연장해야 된다. 그러나 전분을 산으로 가수분해하면, 생성된 당이 더욱 분해되거나, 또는 역합성 반응이 진행되어 gentiobiose와 같은 쓴맛을 띠는 2당류 등이 생성되며, 더욱이 전분 분자가 micelle을 형성하는 등 가수분해 반응에 대하여 저항을 나타내는 부분이 생성되므로 100% 포도당의 생산은 불가능하다. 산당화시에는 DE 93 정도가 한계이다.

② 효소로 당화시킬 때에는 쓴맛성분이 생성되지 않고, 또 순도가 높은 포도당이 생성되므로 이 방법이 최근에는 널리 사용되고있다. 맥아엿 제조시의 전분의 액화와 같이, 전분유를 세균 amylase 제제로 포도당의 평균 중합도가 8~13

정도로 될 때까지 액화시킨 후 끓인다. 원료 전분의 호화온도가 높으면 효소 대신에 산을 첨가하여 액화시킨다.

③ 전분유가 액화되면 주로 *Rhizopus* 속의 곰팡이가 생산하는 당화효소를 이용하여 pH4.4~4.8, 55℃ 로 약 48시간 동안 당화시킨다. 효소 당화로 DE는 96~98까지 높일 수 있다.

나) 포도당 제품

전분을 당화시킨 액은 물엿을 제조할 때와 마찬가지로 중화와 여과를 한 후에 중간 농축·활성탄에 의한 탈색·이온교환수지에 의한 정제 등의 과정으로 처리한 다음, 마무리 농축을 시키고 결정화 공정을 진행한다. 이때 결정을 석출시키는 방법에 따라서 여러 가지 제품이 만들어진다.

① 고형·분말·정제 포도당: 산당화 후 정제하고 Bé 40~44°로 농축한 당액을 35℃로 조정한 다음, 여기에 0.5% 정도의 포도당을 결정모(結晶母)로 첨가·방치하면, 15~20 시간 후에는 전체가 뿌연 유탁(乳濁)질 형태로 변하게 된다. 이것을 상자에 옮겨 방치하면 6~12시간 후에는 전체가 응고하게되는데 이것이 고형(固形)포도당이며, DE는 80~85 정도이다.

고형포도당을 깎아서 분말로 만든 것이 분말(粉末)포도당이며, 효소로 당화시킨 정제액을 사용하여 만든 분말제품을 정제(精製)포도당이라 한다.

② 함수결정포도당·무수결정포도당: 당화액으로부터 포도당 결정을 분리하고 건조시킨 제품이 결정(結晶)포도당이다. 결정을 석출시키는 방법에 따라서 1분자의 결정수를 함유하는 것과 그렇지 않은 것이 생산된다.

정제당화액을 Bé 36~40°로 농축시키고 여기에 결정모를 가하여 40℃ 정도로 2~3일 정도 방치하면 결정이 석출한다. 이것을 원심분리하여 당액을 분리하고, 결정을 60℃ 이하에서 건조시키면 1분자의결정수를 가지는 포도당의 결정이 생산되는데 이것을 함수결정(含水結晶)포도당이라 한다.

또한 함수결정포도당을 용해한 후 알코올에서 재결정시키거나, 효소 당화액을 70℃로, 6~10시간 동안 끓이거나, 또는 분밀한 후 60~65℃로 건조시키면 결정수를 함유하지 않은 것이 만들어지는데, 이것을 무수결정(無水結晶)포도당이라 한다.

(3) 이성화당(異性化糖)의 제조

① 이성화당이란 효소(glucose isomerase)를 이용하여 포도당 용액 중의 포도당 일부를 과당으로 이성화시켜, 포도당과 과당의 혼합물이 되도록 제조한 액상의 감미료를 지칭한다. 이성화당의 감미도(甘味度)는 혼합물 중에 과당이 함유되는 비율에 따라 다르지만, 일반적으로 상쾌하고 시원한 감미를 가지기

때문에 청량음료 등을 비롯한 많은 가공식품에 사용된다.

② 농후한 포도당 용액(40~45%)에 이성화 효소를 작용시키면, 과당 42%, 포도당 50~52%, 올리고당 6~8%의 당액을 얻게 되며, 이것을 이온교환 시스템으로 분획·농축시키면, 과당이 80~95% 정도로 농축된 당액이 생산되는데 이 두 종류의 당액을 적당하게 섞어 과당이 55% 혹은 그 이상 함유되도록 한 것이 이성화당 제품이다.

(4) 과당(果糖) 제품

이성화당 제조시의 이온교환 시스템에 의한 분획·농축공정을 몇 차례 반복하면 거의 순수한 과당을 분리할 수 있다. 과당은 수용액 중에서 α형과 β형이 평형을 유지하지만, 온도가 낮을수록 β형이 많아진다. 과당의 감미도는 α:β=1:3 이기 때문에 저온일수록 감미도가 높다.

(5) 맥아당(麥芽糖) 제품

전분에 pulluranase 및 β-amylase를 작용시켜 당화시킨 후 정제한 당액을 농축시켜 만든 제품으로는 분말(粉末) 맥아당과 결정(結晶) 맥아당이 있다.

6-6 서류(薯類, 감자류)의 저장

서류에는 감자·고구마를 비롯하여 참마·돼지감자·토란 및 곤약감자 등 우리나라에서 생산되는 종류도 많으나, 그 생산량이나 2차 가공품의 제조 등을 고려하면 중요한 종류는 고구마와 감자이다.

1) 고구마의 저장

고구마는 품종에 따라서 다소의 차이는 있으나 저장 중에 쉽게 부패된다. 고구마의 부패에 관여하는 특히 중요한 미생물은 *Rhizopus nigricans*(연부병균)와 *Ceratostomella fimbriata*(흑반병균) 등이다. 연부병균이 고구마에 번식하면 껍질이 흰색으로 변하면서 내부 조직이 붕괴되어 물러지는 연부병이 발생하며 또 흑반병균이 번식하면, 고구마는 점차로 흑청색(黑靑色), 흑갈색(黑褐色)을 띄면서, 특이한 쓴맛과 냄새를 발생한다.

이러한 부패균은 고구마의 표면에 생긴 상처를 통하여 침입하므로, 수확할 때나 유통 중에 상처가 생기지 않도록 특히 주의하여야 하는데, 실제적으로는 완전히 상처가 없을 수는 없으므로, 고구마의 스스로 상처를 치료하는 작용을 이용하여 저장성을 증가시킬 수 있다.

수확한 고구마를 30℃ 정도, 습도90% 이상의 상태로 4~6일간 저장하면 상처 부위에 cork층이 형성되어 상처가 치유되는데, 이런 처리를 curing이라 하며, 저장성이 향상된다. curing 처리를 마친 고구마의 저장적온은 10~15℃이므로 이러한 조건으로 저장하면 장기간 저장이 가능하다.

2) 감자의 저장

감자는 고구마보다도 수분함량은 많으나 저장성은 좋다. 실온으로 방치하면 표면에 주름이 잡히고, 싹이 트지만, 5℃정도의 저온에서는 싹이 나지 않고, 호흡량도 낮아서 신선도가 오래 유지된다. 감자의 저장적온은 1~3℃이다.

제 7 장

두류의 가공

7-1 두류의 특성

두류(豆類, legumes)는 열매를 식용할 목적으로 재배하는 콩과 작물(荳科作物)의 종자로서 콩(大豆), 팥(小豆), 완두(豌豆), 강낭콩, 녹두, 동부, 잠두, 땅콩 등 여러 가지 종류가 재배 생산되고 있으며, 종류에 따라 다소 다르기는 하지만 곡류(穀類)에 비하여 단백질과 vitamin B 복합체의 함량이 많고, saponin, tannin, lecithin 등의 특수성분도 함유한다.

두류는 그 성분에 따라서 단백질과 지방을 주성분으로 하는 종류(콩, 땅콩)와 당질과 단백질을 주성분으로 하는 종류(팥, 녹두, 완두, 강낭콩, 동부, 잠두)로 구분할 수 있는데, 어느 종류나 배유(胚乳)는 거의 없고 자엽(子葉)부위를 식용으로 한다.

표 7-1 두류의 일반성분 조성 (가식부 100g 중)

구분	수분	단백질	지질	탄수화물		무기질				비타민			
				당질	섬유	Ca	P	Fe	Na	A	B_1	B_2	Niacin
	g					mg				μg	mg		
대두	9.2	41.3	17.6	21.6	4.7	250	490	7.6	6	2	0.60	0.17	3.2
땅콩	8.5	23.4	45.5	18.1	2.2	64	372	2.6	2	0	1.09	0.13	17.8
팥	14.5	21.4	0.6	56.6	3.7	124	413	5.2	4	1	0.56	0.13	1.8
강낭콩	10.3	20.2	1.8	60.9	3.2	139	317	6.7	4	2	0.54	0.20	1.8
완두	13.4	21.7	2.3	54.4	6.0	65	360	5.0	6	30	0.72	0.15	2.5
녹두	15.6	21.2	1.0	54.9	3.5	189	471	3.4	5	9	0.03	0.14	2.1
잠두	13.3	26.0	2.0	50.1	5.8	100	440	5.7	1	50	0.50	0.20	2.5

7-1-1 콩(大豆, soybean)의 주요성분과 이용

콩은 종피, 배아, 자엽의 비율이 평균 8 : 2 : 90인데 알이 큰 것일수록 종피와 배아의 비율이 낮아지며, 입질(粒質)이 연하고 배꼽의 색이 엷다. 그런데 종피가 두터우면 가공율(두부, 착유, 콩가루 제조 등)을 저하시키고, 특히 콩가루 제조의 경우에는 품질까지 저하하는 원인이 된다.

따라서 가공 원료로서의 콩은 종피가 얇고 건조가 잘되어서 수분이 14% 이하이며, 미숙한 입자나 협잡물, 연질 입자, 부패한 입자, 흙, 모래 등이 섞이지 않은 것을 선택하여야 한다.

1) 주요 성분

콩의 단백질 함량은 대략 35% 정도로 많은 편인데, 그 대부분(약 90%)이 globulin과 albumin이다. 특히 콩의 globulin을 glycinin이라 하는데 필수아미노산이 골고루 함유되어 있어 영양가가 높다. 또한 콩 단백질의 90% 정도가 물로 추출되어 나오는데 그 중의 80% 이상이 glycinin이다. 콩에 함유되어 있는 이러한 단백질의 특성을 이용한 가공품이 많다.

콩은 20% 정도의 지방을 함유하고 있는데, 이것을 추출・정제한 기름은 담황색(淡黃色)을 띠는 양질의 식용유이다. 콩기름은 요오드가가 130~140인 반건성유이며, 구성 지방산으로는 linoleic acid 50%, oleic acid 35%, linolenic acid 3% 등 거의 대부분이 불포화지방산이고, 그 외에 소량의 palmitic acid, stearic acid가 함유되어 있다. 또한 1.5% 정도의 인산(燐酸)이 함유되어 있는데 그 대부분은 인지질인 lecithin이나 cephalin의 상태로 존재한다.

또 콩에는 특수성분으로서 양은 적지만 saponin 배당체가 존재한다. 또 적혈구 응집성의 유독 단백질인 hemagglutinin과 또 trypsin의 활성을 저해하는 trypsin inhibitor가 존재하므로 생콩의 섭취는 동물의 성장을 저해할 수 있으나, 이들은 100℃에서 10~15분 이상 가열하면 활성을 잃는다.

황색종 콩의 종피에는 flavon배당체가 존재하고, 검정콩에는 anthocyan배당체의 일종인 crythanthemine 이 함유되어 있다. 콩의 풋 냄새는 n-hexanol과 lipoxigenase의 작용으로 생성되는 ethylvinylketone 때문이다.

2) 콩의 이용

중요한 콩 가공품

- 콩 가공품
  - 콩 그대로 이용한 가공품
    - 간장, 된장, 고추장
    - 청국장
    - 두유, 두부류, 유바
    - 떡류, 과자류
    - 밥, 콩국
    - 콩자반 등 찬류, 볶은 콩, 콩가루
    - 콩나물
    - 콩통조림
  - 탈지 대두
    - amino산, amino산 간장
    - 대두단백질-인조육 등
    - 사료, 비료
  - 대두유
    - 식용유
    - margarine, shortening oil 등

우리나라에서는 예로부터 콩을 '밭의 고기(肉類)'로 표현할 정도로 일상 식생활에서 섭취하는 단백질의 많은 부분을 콩으로부터 공급받아 왔으므로 콩의 가공품이 다양하게 발달되고 많이 이용되어 왔으며, 근래에는 가공기법의 발전으로 콩의 용도가 더욱 다양해 졌다.

7-1-2 팥의 주요성분과 이용

팥은 종피의 빛깔이 적갈색인 것이 많으며, 성분 중의 54% 정도가 당질인데, 이 중 35%가 전분이고 그 외에 sucrose, pentosan, galactan, dextrin 등도 함유되어있다. 단백질의 함량은 20% 정도이며, 이 중 약 80%는 globulin이다. 또 팥의 지질함량은 2% 정도로 극히 적으나 이 중 약 25%가 인지질이다. 무기질은 다른 두류와 같이 K와 P가 많으며, 특수성분으로서 0.3% 정도의 saponin이 함유되어 있다.

팥은 밥, 죽, 떡 등의 재료로 식용되기도 하나, 팥 앙금(팥소)을 만들어 빵, 양갱 등의 과자제조에 이용된다.

7-1-3 **땅콩의 주요성분과 이용**

땅콩은 꽃이 핀 후 씨방이 땅속으로 들어가 열매를 맺게되는데, 알이 작은 소립종(小粒種)이 대립종(大粒種)보다 지질의 함량이 많다. 평균적인 성분은 지질이 47%이고, 단백질이 25%인데 단백질 중의 60% 정도가 globulin이며 lysine의 함량이 많다. 지질의 대부분은 중성지질이고 지방산은 oleic acid 60%, linoleic aicd 22%이다.

또 땅콩에 약 18% 정도의 당질이 함유되는데 전분 외에 galactose가 함유되어 있으며, vitamin 중에는 B_1의 함량이 많다. 무기질로는 특히 인산이 많은데 lecithin의 형태로 함유되어 있고, Ca은 인산에 비해 훨씬 적은 양이므로 땅콩은 산성식품에 속한다.

땅콩의 종자는 볶아서 식용하는 외에 peanut butter · peanut cream을 제조하거나 또는 착유하여 식용유로 이용하며, 그 외에 과자 · 비누 · plastic · 수성 paint · 접착제 · 합성섬유 · 가축 사료 등의 제조에도 널리 이용된다.

7-2 **두유 및 두부류의 제조**

두유 및 두부류의 제조공정 일람

원료 콩 → (침수 · 마쇄 · 가열 · 여과) → →

↓응고제
→ → 두유→ 응고
┌ (성형 · 절단 · 침수) - 두부
│ (성형 · 절단 · 동결 · 해동 · 건조) - 얼린두부
└ (성형 · 절단 · 탈수 · 튀김) - 튀긴두부

두유 →
┌ (조유 · 가열살균) - 두유
│ (농축 · 분무건조) - 건조 두유
└ (증발 · 피막분리 · 정형건조) - 유바

7-2-1 **두유(豆乳, soybean milk)**

우리 나라에서 과거에는 물에 불린 콩을 삶아 맷돌에 갈고 고운 체로 거른 것을 콩

국이라 하여 콩국수, 우유 대용음료 등으로 식생활에 친숙하게 이용하여 왔으나, 현재에는 아래와 같은 새로운 가공기법에 의해 품질과 기호성이 우수한 두유제품이 대량으로 생산되어, 유당불내증(lactose intolerance)이나 galactosemia 증의 유아를 비롯하여 우유 알레르기 체질의 경우와 동물성 지방섭취의 제한에 따른 대용 식품 및 경제적인 영양음료식품으로서 널리 이용되고 있다.

두유의 제조공정

원료 콩 → 정선 → 탈피 → (침수) →마쇄→ 가열 → 여과 → 조두유 → 조유 → 살균 →
↑열탕 ↓비지

→ 탈기 → 균질화 → 냉각 → 충전 → 밀봉 포장 → 두유 제품

① 원료 콩의 처리 및 마쇄: 콩 껍질은 두유의 풍미를 저하시키는 성분이 함유되어 있으므로 콩을 정선한 다음 탈피한다. 또 콩의 풋 냄새성분은 n-hexanol 인데, lipoxigenase의 작용으로 유지의 자동산화 결과 생성되는 ethyl-vinylketone은 강한 콩 비린내의 원인이 된다. 이 냄새성분의 생성을 방지하기 위하여 다음과 같은 처리방법이 사용된다.
- 탈피한 콩을 100℃의 뜨거운 물에 침수한 후 마쇄하는 방법.
- 60℃의 NaOH 용액에 2시간 침수한 후에 마쇄하는 방법.
- 탈피한 콩을 직접 100℃의 뜨거운 물과 함께 마쇄하는 방법.
- 기타 탈산소 후 마쇄하는 방법이나 공기차단 마쇄법 등.

② 가열 및 여과: 마쇄가 끝난 다음 단시간에 100℃까지 온도를 높여 3~5분간 가열하고 압착기나 원심여과기로 비지와 조두유로 분리한다.

③ 조유(調乳): 분리가 끝난 조두유에 적당량의 물을 가하여 단백질의 농도를 조정한 후, 기호성의 향상을 위하여 유지, 설탕, 향료 등을 첨가하고 또 영양강화를 위하여 vitamin A, D 및 Ca, methionine 등을 첨가한다.

④ 살균, 탈기 및 균질화(均質化): 조유가 끝난 두유는 UHT법(135~150℃로 5~10초)으로 살균하고, 진공 처리한 다음 균질화하여 식감을 좋게한다.

⑤ 충전 및 포장: 균질화가 끝난 두유는 무균 상태로 냉각을 시키고 용기에 충전·밀봉 포장한 후 검사를 거쳐 제품화 한다.

7-2-2 **건조두유(乾燥豆乳,** soybean milk powder)

건조두유제품은 탈지대두(脫脂大豆)를 원료로 하며, 물을 이용하여 단백질을 용출·건조한 것이다.

건조두유의 제조공정

탈지대두 → 가수(加水) → 추출 → 여과 → 두유 → 농축 → 건조 → 건조두유
↑물 ↓비지

탈지대두에 약 10배의 물을 가하고 실온(室溫)보다 약간 높은 온도에서 단백질을 추출한다. 추출과정이 끝나면 여과하여 비지부분을 제거하고, 두유는 고형분이 약 15% 정도가 되도록 감압 농축한 다음, 함유수분이 2~3%가 되도록 분무건조하여 분말두유를 제조한다.

7-2-3 두부(豆腐, soybean curd)

콩 단백질의 주성분인 glycinin은 묽은 염류용액에 용해되는 globulin류이며, 콩 성분 중에는 인산칼륨과 같은 염류가 공존하므로 대두를 마쇄·가열하면 두유 중으로 용해된다. 이 두유를 가열하면서 응고제($MgCl_2$, $CaSO_4$, 젖산 Ca, $Ca(OH)_2$, $Al_2(SO_4)_3$, $CaCl_2$, glucono-δ-lactone 등)를 첨가하면 용해되었던 glycinin이 응고하게 되는데, 이 응고물을 적당히 정형 가공한 것이 두부제품이다.

1) 두부(보통 두부)

우리나라에서 생산·유통되고 있는 두부제품에는 보통두부, 가공두부(동결건조두부, 유바, 튀긴두부 등), 전(全)두부, 연두부, 순두부, 경두부 등이 있다.

① 원료 콩의 처리 및 마쇄: 두부 제조용의 원료 콩은 단백질의 함량이 많고 입도가 균일한 황색·백색의 굵은 콩을 사용한다. 원료 콩은 정선·수세한 후 계절(수온)에 따라 봄, 가을에는 8~9시간, 여름 5~6시간, 겨울에는 15시간 정도 침수하여 콩의 수분함량이 59~62% 정도가 되도록 한다.(원료 콩의 약 2.5배 정도 부풀린다.) 탈지대두를 원료로 사용하는 경우에는 침수하지 않아도 된다. 침수가 끝난 콩은 소량의 물(약 2배)을 첨가하고 단백질의 용출(溶出)이 쉽도록 마쇄기로 마쇄한다.

두부의 일반제조 공정

원료 콩 → 정선 → 침수 → 마쇄 → 가열 → 여과 → 두유 → 응고 → 성형 → 절단 →
↑물 ↓비지 ↑응고제

↑응고제 제거
→ 침수 → (포장) → 보통 두부

② 가열, 여과 및 응고: 마쇄한 것에 약 2~3배의 물을 첨가하여 농도를 조절한

후(전체 가수량은 원료 콩의 약 10배), 단백질과 지질이 충분히 용출되고 또 단백질을 변성시키는 동시에 살균처리를 위하여 100℃로 3~5분간 가열한다. 가열할 때에 거품이 많이 일어나면 소포제를 사용하여 처리한다. 가열조작이 끝난 후 냉각되기 전에 압착기나 압여기(壓濾機, filter press) 또는 원심여과기를 사용하여 비지와 두유로 분리시킨다. 생산되는 두유의 량은 중량으로서 원료 콩의 약 9~10배 정도가 되는데 단백질의 농도가 짙거나 엷으면 딱딱한 두부가 만들어진다.

표 7-2 각종 응고제의 특성

응고제의 종류	용해성	두유의 온도	장 점	단 점
황산칼슘 ($CaSO_4 \cdot 2H_2O$)	난용성	80~85℃	· 반응이 완만하여 사용 편리 · 수율이 높음 · 제품의 빛깔이 좋다	· 제품의 표면이 거칠음 · 황산칼슘의 잔류량이 많아서 회분초과의 우려 · 풍미가 떨어짐
염화마그네슘 ($MgCl_2 \cdot 6H_2O$)	수용성	75~80℃	· 제품의 풍미가 좋음 · 응고시간이 빠르고 압착시에 탈수가 잘됨	· 두유에 순간적으로 반응함으로 고도의 사용기술 필요함
글루코노델타락톤 ($C_6H_{10}O_6$)	수용성	85~90℃	· 표면이 매끈하고 수율이 좋음 · 조직이 부드러움 · 사용이 간편함	· 제품의 풍미가 떨어짐
염화칼슘($CaCl_2$)	수용성	75~80℃	· 탈수성이 좋으므로 튀김두부용으로 적합함	· 제품의 풍미가 떨어짐

분리된 두유는 이어서 응고를 시키게 되는데, 이 응고과정은 두부의 종류나 맛, 수율(收率)등을 결정하는 중요한 공정으로서 응고제의 종류, 두유의 온도, 두유의 농도, 응고제의 첨가량에 따라 두부의 상태가 달라진다.

일단 두유를 70~80℃정도로 가열하고 적당량의 응고제를 첨가하여 약15분간 응고시킨다. 응고제의 첨가량은 원료 콩 20ℓ에 대하여 $MgCl_2$, $CaCl_2$은 10~15%의 수용액으로서 2ℓ정도, 또 $CaSO_4$은 270~300g을 물 2ℓ에 용해하여 첨가한다. Glucono-δ-lactone은 두유의 0.3% 정도를 물에 용해하여 첨가한다.

③ 성형, 침수 및 절단: 응고가 된 것을 보자기를 깐 두부상자에 옮겨서 눌러두면 15~20분 후에는 완전히 응고·성형(成形)된다. 성형이 된 두부는 상자에서 꺼내어 적당한 크기로 자르고 냉수에 3시간 정도 담가서 냉각함과 동시에 응고제 성분을 제거한다. 이때 응고제로서 $CaSO_4$를 사용한 경우에는 침수과정을 생략할 수도 있다.

④ 제품 및 부산물: 두부는 조직이 치밀하고 연한 것이 좋다. 원료 콩 1.8ℓ에서

375g의 두부를 보통 20개 정도 생산할 수 있다. 부산물로는 여과과정에서의 비지와 응고 시에 분리되는 윗물이 있는데, 이중 비지는 식용으로 하거나 가축의 사료로 사용하고, 윗물은 과거에는 세탁용으로 사용하기도 했으며, 가축의 사료용으로 이용한다.

2) 전두부(全豆腐)

가수량을 적게(원료 콩에 대하여 5~5.5배)하여 두유의 농도가 짙게(고형분 10~12%, 단백질 5~6%정도 되도록)하고, 보통 두부보다 가열시간을 짧게 처리한 후에 70℃ 정도의 온도를 유지한 두유와 물에 용해시킨 응고제(두유 1kg당 5~6g 정도)를 전두부용 두부상자에 한꺼번에 넣고 1~2회 저어준 다음 30분~1시간 동안 방치하면 응고된다. 응고된 두부는 두부상자에서 꺼내어 적당한 크기로 절단하고 물에 침수 처리한 후 제품으로 한다.

전두부는 두유 전체가 응고함으로 두유의 영양소 전부를 그대로 보유하고 있고 외관(外觀)이 매끈한 특징이 있다.

3) 자루두부(袋豆腐)

자루두부는 농도가 짙은 두유를 만들어 냉각시킨 것을 합성수지제 주머니에 응고제와 함께 집어넣어 가열 응고시킨 제품이다. 전두부의 경우와 같은 방법으로 농도가 짙은 두유를 만들어 가열한 후, 일단 20~30℃까지 냉각시킨 다음 응고제(두유 1kg당 $CaSO_4$ 4g을 20~25㎖의 물에 용해하여 사용)와 함께 합성수지제(polyethylene 또는 PVDC계 film)의 주머니에 주입하고 묶어 밀봉한다. 두유와 응고제를 미리 섞어두면 조금씩 응고가 되어 자루에 충전(充塡)하기 어렵게 된다. 이런 경우에는 두유에 미리 중합인산염(예: 피로인산나트륨 41, 폴리인산나트륨 29, 메타인산나륨 29, 탄산나트륨 1을 혼합한 것)을 혼합하면 약 30분 정도는 응고가 지연되므로 작업상 편리하다.

응고제로서 glucono-δ-lactone을 사용하는 경우에는 두유를 실온까지 냉각시키고 이 응고제를 섞어 주머니에 넣어 밀봉하고 가열하면 균일한 gel이 된다.

밀봉한 주머니를 90℃로 가열한 수조(水槽)에 담그고 40분 정도 가열응고 시킨 후 냉각하고 제품으로 한다.

자루두부의 제조공정

원료 콩 → (침수·마쇄·가열) → 여과 → 두유 → 냉각 → 주머니충전 → 가열응고→냉각
↓비지 ↑응고제 |
자루두부↲

7-2-4 두부 가공품

1) 튀긴 두부(油腐, 油湯)

튀긴 두부는 두부를 얇게 썬 다음 수분을 약간 제거한 후, 기름에 튀겨낸 것으로서 원(생)두부보다 약간 부피가 커지고 저장성이 생긴다.

튀긴 두부의 제조공정

생두부 → 절단 → 압착탈수 → 1차 튀김→ 2차 튀김 → 냉각 → 튀긴 두부

(1) 생두부의 제조

튀김용 생두부는 보통두부보다 수분함량이 적어야 하는데, 원료 콩을 마쇄한 후 가열시간을 짧게 처리한 다음 70℃까지 급냉·여과하여 비지를 분리하고, 다시 두유를 50℃정도로 냉각시킨 후 응고제를 첨가하고 강하게 교반(攪拌)하여 응고입자가 작은 두부로 만든다.

(2) 절단, 탈수 및 튀김

만들어진 생두부를 5~6×12~13㎝ 크기로 얇게 썰어 '대나무 발' 사이에 끼우고 그 위에 누름돌을 얹어 수분이 70~80%가 되도록 탈수시킨다. 이때 수분의 량이 너무 적으면 제품이 지나치게 단단해 지고, 수분의 량이 많으면 튀길 때에 기름이 튀고 또 속살이 거친 제품이 된다. 탈수한 두부는 땅콩기름이나 유채유를 사용하여 2단계로 튀김처리를 한다. 1차로 110~120℃로 가열하는 기름에 두부를 넣어 충분히 부풀리고, 다시 2차로 180~200℃로 가열하는 기름에 넣어 팽창과 동시에 경화시켜, 윤이 나는 갈색(褐色)의 제품을 만든다.

2) 동결건조두부(凍結乾燥豆腐, 凍豆腐)

동결건조두부는 보통두부보다 함수량이 적고 단단하게 만든 생두부를 넓적하게 자른 다음 동결 건조시켜서 풍미와 저장성을 좋게 한 해면상(海綿狀)조직을 가지는 두부가공품인데, 영양적으로 단백질과 지방질이 풍부하며 또한 취급이 용이하나, 수분의 함량이 적고(10%정도) 다공질(多孔質)이므로 저장시에는 지질의 산패방지(酸敗防止)에 유의하여야 한다.

동결건조두부의 제조공정

생두부 → 절단 → 동결 → 냉장 → 해동 → 탈수 → 건조 → 정형 ┐

↳팽연처리 → 포장 → 동결건조두부

(1) 생두부의 제조

보통두부의 제조와 같은 방법으로 원료 콩을 정선 · 수세 · 침수 · 마쇄하나 가수량(加水量)은 많아서 원료콩의 약 15배 정도로 한다. 마쇄가 끝난 다음 가열처리를 하고 비지와 두유를 분리하는데 이때 두유의 고형물은 3~4%, 단백질은 2% 이하가 된다. 두유를 60~75℃로 가열하고 $CaCl_2$ 응고제액(보통 Be′ 19°정도의 용액으로 첨가하며, 두유에 대한 농도는 약 0.1%로 한다)을 가하고 강하게 교반하면서 응고시킨 다음, 윗물을 제거한다. 응고물은 교반기로 옮겨서 균질물이 되도록 강하게 교반하고 보자기를 편 응고상자에 넣어 압착 · 성형한다. 성형이 끝난 두부는 냉수에 하룻밤정도 침수하여 응고제를 제거하고 일정한 크기(약 7×7×17cm 정도)로 절단한다.

(2) 동결 및 냉장

절단한 생두부는 우선 -15℃ 정도로 급속동결시켜 표면에 미세한 얼음결정을 만들며, 이어서 -5℃ 의 냉동실로 옮겨 동결을 계속시키는데 총 동결시간은 3시간 정도로 한다. 먼저 급속동결하는 것은 표면을 매끈하게 만들기 위한 것이고, 이어서 저온동결하는 것은 내부를 다공질로 하여 숙성의 효과를 높이기 위한 것이다. 동결로 인해 단백질이 변성하여 불용성의 해면조직상태로 되고, 탄력성(彈力性)과 탈수성(脫水性)을 가지게 되므로 건조가 용이해 진다. 동결이 끝난 두부는 나무상자에 불규칙하게 쌓아서 -5~-1℃의 냉장고로 옮겨 20일정도 냉장한다. 이 기간 동안에 얼음 결정이 충분히 성장하여 두부는 해면상의 골격구조로 형성되고 건조할 때에 수축(收縮)되거나 각질화(角質化)되는 것을 예방할 수 있다.

(3) 해동 및 건조

냉장이 끝난 두부는 20℃의 물 속에 1~2시간 침지하거나 또는 shower식으로 물을 뿌려 해동하고, 압착 또는 원심분리로 탈수한다. 탈수된 두부는 건조기에 넣어 처음에는 100℃로 건조하고 점차로 온도를 30~50℃로 낮추면서 대략 10시간에 걸쳐 건조시킨다.

(4) 팽연(膨軟)처리 및 포장

건조된 것은 우선 제품으로 사용할 수는 있으나, 그대로는 조리할 때에 $NaHCO_3$ 등을 사용하지 않으면 충분히 부풀지 않으므로, 건조 · 정형한 두부는 밀폐실에서 NH_3 gas를 흡수시킨 다음 gas의 방출을 방지하고 방습 등을 위하여 기밀성(氣密性) 포장재료로 포장하여 제품으로 한다.

3) 유바(湯葉)

유바의 제조공정

두유→ 가열 → 피막(생유바)분리 → 건조 → 건조유바

60×60×10㎝ 정도의 넓고 얕은 4각형 냄비에 두유(소량의 식용황색색소를 섞는 경우도 있다)를 넣고 끓지 않을 정도의 약한 불로 가열한다. 수분이 증발함에 따라서 두유의 표면에 얇은 피막(皮膜)이 생겨 덮이는데, 계속 가열하여 피막의 두께가 적당해 지면 건져내어 서서히 건조시킨다. 나머지의 두유는 더욱 가열을 계속하여 피막을 만들어 낸다. 건조하기 전의 유바를 생유바라 하며, 건조된 것은 다시 젖은 면포(綿布) 사이에 끼우거나 수증기를 쪼여 부드럽게 한 후에 정형(整形)하고 제품으로 한다.

7-3 두채(豆菜) 식품의 제조

오랜 옛날부터 우리 나라에서는 콩을 싹틔워 기르는 콩나물과 녹두를 이용한 숙주나물 등을 중요한 두채 식품으로 이용해 왔다. 두채식품의 원료 콩에는 vitamin C가 함유되어 있지 않으나, 콩나물과 숙주나물에는 vitamin C가 생성되는 특징이 있다.

7-3-1 콩나물의 재배

콩나물 제조에 사용되는 원료 콩은 알맹이가 작은 품종이다. 원료 콩을 정선・수세하고 18~24시간 침수하여 충분히 흡수시킨 다음에 배수가 가능한 통에 담고 직사광선이 비치지 않는 습한 곳에서 약 6시간 간격으로 살수(撒水)하면서 기른다. 약 3~4일 후에는 유근(幼根)의 길이가 대략 10cm, 1주일 후에는 16cm 정도로 성장하는데 이것을 조리에 사용한다.

중량으로 원료 콩의 약 3배 정도의 콩나물이 생산되는데, 머리에 상한 곳이 없으며, 유근의 빛깔이 희고 광택이 있으며, 연하고 악취가 없는 것이 좋다.

7-3-2 숙주나물의 재배

숙주나물의 원료로는 녹두가 사용되는데, 원료 녹두를 정선・수세하고 25℃ 정도

의 온수를 사용하여 침수시킨다. 녹두의 발아적온는 24~30℃ 이므로 25℃ 정도의 실온을 유지하는 것이 좋다. 약 18시간 후에는 거의 모두 발아하므로 이것을 배수가 되는 통에 옮기고 6시간 간격으로 미온탕(25℃ 정도)을 살수하며 기른다. 약 5일 정도 기르면 유근의 길이가 6~7cm로 길어지는데 이때에 조리에 사용한다. 녹두 1.8ℓ에서 숙주나물 약 10kg이 생산되는데, 제품은 유근의 길이가 6~7cm로 유백색(乳白色)을 띠고, 자엽이 황색(黃色) 띠며 잎이 나오지 않은 것이 좋다.

7-4 기타 두류의 가공품

7-4-1 콩 단백질 가공품

1) 콩단백 curd

콩단백(大豆蛋白) curd의 원료로는 탈지대두분말(130mesh 정도)이 사용되는데, 탈지대두에 8~10배의 물을 가한 후 100℃로 약 10분간 가열하면 콩 단백질은 용출되고 섬유질 등 불용성 물질은 침전된다. 여기에 직접 $CaCl_2$을 첨가하여 응고시키고 윗물을 제거한 다음 물로 여러 번 세척한 후 원심분리하면 80% 정도의 수분을 함유한 콩 단백 curd가 되는데, 이것은 콩 비린내가 없고, 풍미가 담백하므로 조미, 착향, 착색 등이 용이하다.

콩 단백 curd의 제조 공정

탈지대두분 → 가수 → 가열추출 → 응고 → 수세 → 탈수 → grinding → 콩 단백 curd
↑ 물 ↑응고제

콩단백 curd는 어육sausage 등 수산연 제품의 제조시에 어육에 혼합하여 사용된다.

2) 분리대두단백(分離大豆蛋白)

분리대두단백의 원료로는 탈지대두가 사용되는데, 추출tank에서 원료에 물이나 alkali 용액을 가하고 잘 교반하여 콩 단백질을 용해·추출하고, 여과 또는 원심분리로 불용성 물질을 제거한 다음 추출액에 염산을 가하여 pH를 4.3으로 조절하면 콩 단백질이 침전·분리된다. 이것을 탈수·건조하여 제품으로 한다.

분리대두단백은 과거에는 sausage의 지방질분리방지제, 설탕 syrup의 기포제로서 과자제조 원료 등으로 사용되었으나 근래에는 인조육의 주원료로 대량 사용되고 있다.

분리 콩 단백 제조 공정

탈지대두→ 추출→ 여과 → 원심분리→ 추출액→ 침전→ 분리→ 탈수→ 건조→ 분리콩단백
↑ ↓ ↓ ↑ ↓
물 또는 alkali액, 불용성물질 미세분 염산 윗물

3) 인조육(人造肉)

탈지대두분과 농축대두단백을 원료로 사용하는 extrusion법과 분리대두단백을 사용하는 spinning법이 있는데, spinning법에 의한 인조육 제조과정은 분리대두단백을 섬유상(纖維狀)으로 하고 향신료·색소·결착제 및 지방질을 조합하여 만들며, 이것을 이용하여 육류를 사용하지 않은 ham, sausage, hamberger ham 등 다양한 인조육 제품이 대량으로 생산·유통되고 있다.

대두단백섬유 및 인조육의 제조공정

분리대두단백 → alkali용액에 용해 → 식초산용액 중에 방사 → 대두단백섬유 →첨가제첨가(조미료,색소 착향료)┐
└→ 근섬유상으로 결속 → binder첨가 → 성형·가열 → 인조육

(1) 대두단백섬유의 제조

분리대두단백을 pH 9~13.5의 알칼리용액에 단백질의 농도가 10~30%가 되도록 용해하여 방사액(紡絲液)을 만들고, 이것을 작은 구멍을 통하여 식염을 함유한 식초산용액(pH 2.5) 중으로 압출(壓出)·응고시켜서 대두단백섬유를 만든다.

(2) 인조육의 제조

대두단백섬유를 조미료·색소·착향료 등을 용해한 용액 중에 통과시킨다음 근섬유속(筋纖維束) 모양으로 다발을 지은 후, 여기에 달걀 난백(卵白) 등의 binder를 첨가하고 적당한 모양으로 성형·응고시켜 건조하거나 또는 냉장하여 제품으로 한다.

7-4-2 Peanut의 가공

1) Peanut butter의 제조

Peanut butter는 땅콩 종자를 볶은 후 속껍질을 제거한 다음 마쇄하고 소금 등

을 첨가하여 조미한 제품으로 butter의 대용으로 사용하거나 제과(製菓) 및 조리용으로 널리 이용되고 있다.

우선 땅콩을 정선하고, 160℃로 40~60분 정도 볶은 후 실온까지 냉각한 다음 거칠게 조쇄(粗碎)하고 속껍질을 제거한다. 속껍질을 제거한 땅콩은 1~2%의 소금을 첨가한 다음 다시 마쇄기로 충분히 마쇄한다.

Peanut butter는 유통과정에서 온도가 높아지면 기름이 분리하므로 이를 방지하기 위하여 경화유를 소량 첨가하여 제품으로 한다.

2) Peanut cream의 제조

Peanut butter 1Kg에 대하여 백설탕 500g, 물엿 600g, 소금 10g, 물 900㎖를 혼합하고 70~80℃로 가열하면서 곱게 마쇄하여 peanut cream을 제조한다.

7-4-3 팥소(팥앙금, 小豆餡)의 제조

팥소의 제조과정은 우선 팥을 정선·수세하고 12시간 정도 침수(浸水) 흡수시킨 후 거의 같은 량의 물을 첨가하고 가열하여 약 10분 정도 비등(沸騰)시킨 다음 윗물을 따라낸다. 다시 한번 더 물을 가하여 비등시키고 윗물을 따라내는데 이것은 tannin질이나 gum질 등 이른바 떫은맛 성분을 제거하기 위함이다. 또다시 물을 첨가하고 가열하는데, 비등하면 냉수(冷水)를 첨가하여 한번 온도를 낮추었다가 다시 가열한다. 팥이 손가락으로 문질러 부서질 정도로 삶아지면, 냉수 중에서 부서뜨린 다음에 체(篩)로 걸러서 껍질(種皮)을 제거하고 물을 갈아가면서 2~3회 침전 분리한 후 압착하거나 원심분리기로 탈수시킨다.

이렇게 만든 것이 생팥소이며 이것은 수분함량이 60~65%나 되어 부패하기 쉬우므로 수분량을 5~6%까지 건조시키고 분쇄하면 저장성이 있는 건조팥소가 만들어지는데, 빛깔이 곱고 입자가 미세(微細)하며 이취(異臭)가 없는 것이 좋다.

팥소는 양갱을 비롯하여 여러 종류의 일본식 과자류의 제조에 이용되고 있다. 팥빵용의 팥소는 보통 생팥소 100에 대하여 설탕 70~100, 소금 0.4~0.7의 비율로 섞어 만든다.

제 8 장

과실의 가공과 저장

8-1 과실의 특성

견과류(堅果類)를 제외한 대부분의 과실은 비타민 및 무기질이 풍부하며 포도당, 과당, 설탕 등의 당과 구연산(citric acid), 사과산(malic acid), 주석산(tartaric acid) 등의 유기산, 그리고 여러 가지 방향성분을 함유하고 있고, 다양하고 아름다운 빛깔로 인하여 상쾌한 맛과 향 및 외관 등이 잘 조화되어 있는 기호성이 높은 식품이다. 그러나 수분함량이 많고 조직이 유약(柔弱)할 뿐 아니라 미생물 등 여러 가지 요인의 작용으로 저장 및 유통 중에 변질되기 쉬우므로 원래의 영양 가치를 보존하면서 장기간 이용하려면 적절한 가공과 저장 방법이 필요하다.

과실류의 대표적인 가공품으로는 건조 과실, 당장 제품, 과실 주스류, 과실 통조림 및 우림감 등이 있다.

표 8-1 주요 과실의 일반성분 조성 (100g 중)

종 류	열 량 (kcal)	수 분 (%)	단백질 (g)	지 질 (g)	당 질 (g)	섬 유 (g)	회 분 (g)	비 타 민				
								A (IU)	B1 (mg)	B2 (mg)	C (mg)	나아신 (mg)
사 과	52	86.8	0.3	0.5	11.5	0.6	0.3	10	0.02	0.04	6	0.2
배	51	85.8	0.5	0.2	11.7	0.8	0.4	0	0.04	0.03	2	0.3
복숭아	35	90.4	0.9	0.2	7.3	2.0	0.2	0	0.03	0.04	-	0.2
포 도	68	86.4	1.0	0.8	14.1	0.4	0.3	0	0.04	0.02	5	0.3
감	60	82.6	0.6	0.1	14.1	0.5	1.3	450	0.03	0.03	28	0.4
귤	48	87.4	1.0	0.5	9.8	0.3	0.4	2000	0.1	0.03	40	0.6
자 두	61	84.7	0.5	0.9	12.6	1.1	0.2	0	0.02	0.03	5	0.8

8-2 건조 과실

건조 과실은 과실 중의 수분을 제거함으로서 저장성과 유통성을 향상시키고 원래의 생과실(生果實)과는 전혀 다른 풍미를 가지게 한 가공품이다.

건조 과실은 다른 가공품에 비하여 다음과 같은 장점이 있다.

① 가공비용이 절약된다.

② 저장성이 크다.

③ 부피와 무게가 감소하여 운반과 취급이 편리하다.

④ 원료 과실과는 전혀 다른 기호성을 가지는 제품으로 가공된다.

예로부터 우리나라에서는 대추와 같은 과실은 수확한 후 건조시킨 상태로 식용 또는 약재용으로 이용하여 왔으며, 곶감이나 건조 밤(황률)과 더불어 대표적인 건조 과실이었다. 그러나, 외국에서는 일찍부터 건조 과실의 이용도가 높아 포도·자두·무화과·황도·대추·바나나·파인애플·나무딸기 등 여러 가지 과실이 건조 가공되어 그대로 식용하거나 또는 제과용 재료로 이용되어 왔다.

8-2-1 건조 과정

1) 원료 처리

과실을 건조하기 전에 건조 효율을 높이고 건조중 품질의 변화를 억제하기 위해서 전처리 과정을 거친다.

① 껍질 벗기기: 사과와 감과 같은 과실은 건조하기 전에 껍질을 벗겨서 건조 효

율을 높인다.

② 절단 및 씨빼기: 사과, 파인애플, 바나나, 살구 등과 같은 과실은 적당한 크기와 모양으로 절단하고, 씨를 제거한다.

③ 알칼리 처리: 포도는 껍질을 제거하지 않고 건조시키는데, 건조를 방해하는 껍질 표면의 왁스(wax) 성분을 제거하기 위하여 끓는 0.5% 수산화나트륨(NaOH) 용액에 5~10초간 담갔다가 꺼내고 세척한다.

④ 유황 훈증: 사과를 비롯한 대부분의 과실은 폴리페놀 산화효소(polyphenol oxidase)의 활성이 높아 그대로 건조를 진행하면 갈변되므로 건조 전에 유황 훈증을 하여 이 효소를 파괴한다. 유황 훈증을 하면 갈변이 방지될 뿐만 아니라, 세균의 발육이 억제되어 보존성이 향상되고, 과실 세포의 원형질 분리와 삼투작용을 일으켜 건조가 촉진되며, 제품의 빛깔이 좋아지고, 또 충해가 방지되는 효과를 가진다. 유황 훈증은 밀폐된 훈증실에서 원료의 0.3~0.4%량의 유황(과실 100kg에 대하여 유황 300~400g)을 태우면서 약 1시간 정도 처리한다. 유황 훈증이 어려운 경우에는 원료를 0.3~0.6%의 아황산나트륨(Na_2SO_3) 용액에 침지시킨다.

2) 건조 방법

과실의 건조방법으로는 일광건조와 열풍건조법이 많이 쓰이나, 풍미의 보존 등을 위해서 진공건조 또는 동결건조방법을 사용하기도 한다.

상압건조 시에는 특히 피막경화현상(case hardening)이 발생하여 제품의 품질이 나빠지는 경우가 많은데, 건조 진행과정에서 이러한 위험이 있는 경우에는 퇴적(curing)하여 건조 속도를 조절하여야 한다.

3) 포장

건조 과정이 끝난 과실은 흡습과 품질의 변화를 방지하고 취급과 유통을 편리하게 하기 위해서 플라스틱 필름(plastic film) 등 적당한 포장재료로 포장을 한다. 포장하기 전에 유황훈증을 하거나 70℃정도로 수분간 가열하여 충란(蟲卵)을 사멸시키는 것이 좋다.

8-2-2 곶감

1) 원료 처리

육질이 단단하며 껍질이 얇고 등황색으로 착색이 잘된 덜 익은 떫은감을 원료로 사용하며, 우선 껍질은 얇게 벗긴다. 이때 철로 만든 칼이나 기구를 사용하는 경우에는 감의 탄닌(tannin)과 작용하여 탄닌철이 형성되어 흑변(黑變)되므로 철제품이 아닌 스테인리스 스틸제의 칼이나 기구를 사용해야 한다. 껍질을 벗긴 후에 대부분은 그대로 건조를 시키나, 유황 훈증을 실시하고 건조시키면 품질이 좋아진다.

2) 건조

우리 나라에서는 대부분 일광건조법을 이용하는데, 껍질을 제거한 감을 실로 묶거나 꽂이 등으로 꿰어 햇볕이 잘 쪼이고 통풍이 잘되는 곳에서 말린다. 4~5일 건조시켜 표면이 황갈색으로 굳어지기 시작하면 문질러서 곶감 모양이 나게 손질한다(이때 핀셋 등을 사용하여 씨를 제거하면 좋다). 이후 4~5일 간격으로 2~3회 손질작업을 해주면서 건조시켜, 3~4주 정도 경과하여 손가락으로 눌렀을 때 과육이 제 모양으로 다시 올라오게 되면 거두어들인다. 이때 건조가 너무 지나치면 과육이 단단해지고, 또 건조가 덜되면 곰팡이가 생길 우려가 있으므로 유의하여야 한다. 인공건조시에는 건조실에서 30~38℃로 4~5시간 건조시킨 다음 씨를 빼고 손질을 하고 다시 27~28℃로 건조시켜 제품으로 한다.

3) 가루내기

건조가 끝난 감은 다시 모양이 나도록 손질을 한 후에 가루내기를 한다. 미리 준비한 통속에 깨끗한 짚을 깔고 감을 올려놓고 그 위에 짚을 깔고 감을 놓는 방법으로 층층이 쌓아 1~2일 덮어두면 표피에 흰 가루가 생기는데, 이때 꺼내어 다시 햇볕에 하루정도 건조시키고 완성한다. 곶감의 표면에 흰 가루가 고르게 나오고, 과육은 젤리(jelly)와 같이 반투명한 것이 좋은 제품이다.

곶감의 제조 공정

원료 감 → 박피 → 유황훈증 → 건조 → 손질 → 건조 → 손질 → 가루내기 → 곶감

8-2-3 건포도

원료 포도는 씨가 없는 품종을 택하며 나무에서 당도가 25%정도 되게 과숙(過熟)시켜 수확한다. 건조 방법으로는 나무에서 그대로 햇볕에 건조시키는 덩굴건조 방법도 사용되었으나, 현재에는 대부분 수확한 다음 일광건조나 열풍건조를 시킨다.

수확한 포도는 건조효율을 높이기 위해 가열한 0.5% 정도의 탄산나트륨(Na_2CO_3) 또는 수산화나트륨(NaOH) 용액에 5분 정도 침지한 후 수세하고 건조시키며, 수분이 15% 정도까지 건조되면 꼭지를 분리하고 완성하는데, 이때 올리

브유나 식용유에 침지하면 광택이 좋아진다.

8-2-4 건조 사과

원료 사과를 물에 씻어 껍질을 벗기고 심을 제거한 다음 적당한 모양과 크기(두께 약 1cm)로 절단한다. 절단된 사과는 곧 건조 효율과 품질의 유지를 위하여 1/1000에 해당하는 유황으로 20~30분간 유황훈증을 한 다음에 습도 20~30%, 온도 60~70℃의 건조실에서 수분이 20% 정도가 될 때까지 7~10시간 동안 건조시킨다.

8-3 잼, 젤리, 마멀레이드

과실이나 과채류에 설탕 등 당을 첨가하여 가공하는 잼(Jam)류는 기호성이 높고 용도가 넓은 대표적인 당장식품(糖藏食品)이며 재료나 가공방법에 따라 여러 가지 종류로 나뉜다.

① 젤리(jelly): 과즙에 당을 첨가하여 농축, 응고시킨 투명한 제품.
② 잼(jam): 과실의 과육을 당류 등과 함께 농축시킨 제품으로 과실의 형태가 남지 않는 경우가 많다.
③ 프리저브 스타일(preserved style): 과육 전체 또는 과육편을 원료로 하여 그 원형을 유지시킨 잼이다.
④ 마멀레이드(marmalade): 젤리(jelly) 중에 과실의 작은 조각이나 과피가 혼입되어 있는 것으로서 오렌지나 감귤류를 원료로 하는 제품이 많다.

8-3-1 젤리(Jelly)화

1) 젤리화의 원리

과실이나 채소류와 같은 식물성 식품에 많이 함유되어있는 펙틴질은 산(酸)과 당(糖) 등의 성분과 더불어 각각 일정한 농도로 되었을 때 겔(gel)을 형성하게 된다. 원래 펙틴을 물에 용해시키면 점도가 큰 음(-)전하의 콜로이드 용액을 형성하는데, 여기에 설탕을 첨가하면 설탕이 용해되면서 펙틴 콜로이드가 탈수된다. 따라서 펙틴과 물의 평형이 깨져 펙틴은 수화된 상태로 침전되면서 망상구조를 형성하게 되는데, 이때 산의 수소이온(H^+)은 펙틴의 음(-)전하를 감소시킴으로서 펙틴의 침전을 촉진시키며, 또한 펙틴 분자간에 수소결합을 촉진시켜 더욱 안정된 겔(gel)을 형성토록 한다.

2) 젤리화의 3 요소

(1) 펙틴질(pectic substances)

펙틴질은 과실이나 채소와 같은 식물의 세포벽과 세포벽 사이의 중층에 존재하며, 이들을 서로 결착시킴으로서 조직의 고유한 모양과 단단함을 유지토록 하는 중요한 인자이다.

설익은 과실에는 섬유소(cellulose)와 결합한 물에 녹지 않는 프로토펙틴(protopectin)이 많이 함유되어 있으나, 과실이 익어감에 따라 펙티나아제(pectinase)가 작용하여 수용성의 펙틴(pectin, pectinic acid)이 되며, 더욱 과숙하게 되면 펙트산(pectic acid)으로 된다. 이러한 변화는 가열하여도 일어나며, 특히 산(酸)이 공존하면 더욱 잘 일어난다.

겔(gel) 형성에는 프로토펙틴과 펙틴은 유용하나, 펙트산은 응고성이 없어서 겔 형성에 작용하지 않는다. 따라서 과숙한 과실은 겔 형성에 적당하지 않으며, 또한 잼류 제조 시에 과도한 가열처리 역시 바람직하지 않다.

펙트산은 여러 개의 갈락투론산(galacturonic acid)이 α-1,4 결합한 폴리가락투론산(polygalacturonic acid)의 구조로 되어 있으며, 젤리화에 관여하는 펙틴은 펙트산의 카르복실기(carboxyl radical)가 부분적으로 메틸 에스테르(methyl ester)화된 구조이다.

펙틴은 메틸화된 정도에 따라 고 메톡실 펙틴(high methoxyl pectin-메톡실기 7% 이상), 저 메톡실 펙틴(low methoxyl pectin-메톡실기 7% 이하)으로 구분되는데, 고 메톡실 펙틴은 당과 산을 가하면 젤리화가 잘 되나, 저 메톡실 펙틴은 Ca^{2+} 이온을 가하여야 젤리가 형성된다. 즉, 고 메톡실 펙틴은 수소결합으로 젤리화가 되고 저 메톡실 펙틴은 이온결합으로 젤리화가 된다.

과실류 펙틴의 메톡실 함량은 대개 8~14%의 범위에 있으므로, 일반적으로 펙틴이라고 하면 고 메톡실 펙틴을 의미하며, 따라서 과실 잼류의 응고는 주로 고 메톡실 펙틴이 관여한다.

산과 당 성분이 적당히 들어 있으면 고 메톡실 펙틴은 대체로 0.2%에서 정도에서 응고가 시작되며 1.0~1.5%이면 젤리화에 충분하다.

(2) 산(acids)

젤리화에 효과적인 산은 사과산, 젖산, 구연산, 주석산 등이다. 따라서 과실 중에 산의 농도가 부족할 때에는 이와 같은 유기산을 더 넣어 일정한 농도가 되도록

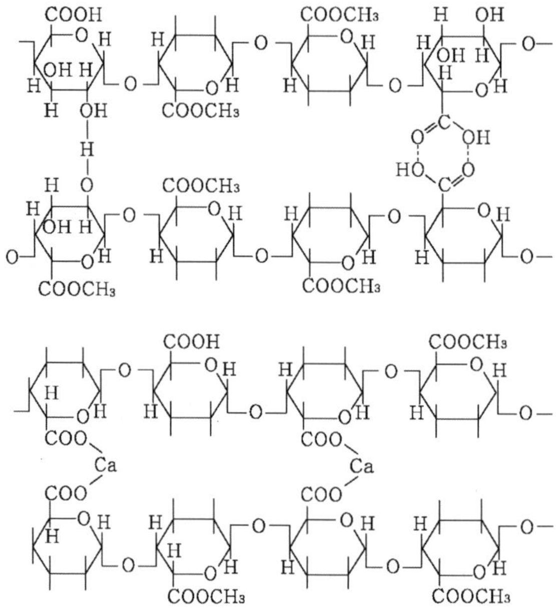

고메톡실 펙틴 겔

저메톡실 펙틴 겔

그림 8-1 펙틴 겔의 생성구조

록 조정하는데, 산이 다른 성분에 비하여 너무 많을 때에는 수분이 분리되는 경우도 있다.

젤리화에 필요한 산의 총량은 0.3% 정도이고 pH는 3.46 내외 정도가 알맞다.

(3) 당(sugars)

젤리화에 유용한 당은 설탕·포도당·과당 및 맥아당 등이나, 이 중 설탕이 가장 많이 사용된다.

젤리화에는 60~65% 정도의 당 농도가 적당하다.

(4) 젤리화를 위한 펙틴·산 및 당의 비율

과실은 종류나 품종, 또 숙도 등에 따라 펙틴과 산의 함량에 차이가 있게 되는데, 만약 원료의 성분이 젤리화에 적합하지 않다면 미리 적당한 방법으로 조절하여야 한다. 젤리화에 필요한 펙틴·산 및 당의 양은 상대적인 작용을 나타내는 것으로서, 일반적으로 펙틴의 함량이 많거나 또는 산의 함량이 많을 때는 당이 적더라도 젤리화는 잘 일어난다. 펙틴과 산의 함량에 따라 과실을 분류하면 다음과 같다.

표 8-2 과실의 펙틴 및 산 함량

함 유 상 태	과 일
펙틴과 산이 많은 것	사과, 포도, 밀감 등
펙틴이 많고 산이 적은 것	복숭아, 앵두 등
펙틴이 적고 산이 많은 것	살구 딸기 등
펙틴과 산이 적당한 것	성숙한 사과, 유럽종 포도, 비파 등
펙틴과 산이 적은 것	과숙한 과실 등

원료 중의 펙틴 함량은 알코올 시험(alcohol test)법에 의해 쉽게 측정할 수 있다. 시험관에 95% 알코올을 취하고 여기에 동량의 과즙을 섞은 후 잘 흔들어두면 펙틴의 함량에 따라 응고하는 모양이 달리 나타나는데, 이 모양에 따라 펙틴의 양을 알 수 있고 또한 가당량(加糖量)을 추정할 수 있다.

표 8-3 펙틴의 판별과 가당량

알코올에 의한 변화	펙틴함량	가당량
젤리 모양으로 응고하거나 큰 덩어리가 생길 때	많다	과즙의 1/2~2/3
여러 개의 젤리상 덩어리가 생길 때	적당하다	과즙과 동량
작은 덩어리가 생기거나 전혀 덩어리가 생기지 않을 때	적다	농축하거나 펙틴 첨가

(5) 농축과 젤리 완성점의 결정

설탕은 가열중에 몇 번으로 나누어 교반·용해시키면서 첨가한다. 가열하는 동안에는 눌어붙지 않도록 밑바닥을 서서히 저어주며, 또 단백질 등이 응고하여 거품과 같이 액면에 떠오르면 제거한다.

과실은 유기산의 함량이 많으므로 농축에 사용하는 용기로 스테인리스 스틸제의 솥 등을 사용하는 것이 좋고, 가급적 강한 불로 단시간(20~30분 이내)에 처리해야 좋은 제품을 얻을 수 있다. 젤리의 완성점(jelly point) 결정은 제품의 품질에 중요한 영향을 미치므로 정확히 판정하여야 한다.

① 컵법(cup test): 찬물이 담긴 컵에 농축액을 떨어뜨려 밑바닥까지 그대로 떨어지면 완성점에 이른 것이고 도중에 흩트려지면 아직 완성이 덜 된 것이다.

② 스푼법(spoon test): 농축액을 주걱으로 흘려 내려서 시럽(syrup)과 같이 떨어지면 불충분한 것이고, 꿀과 같이 일부가 떨어지고 일부가 붙어 오르면 완성된 것이다.

③ 온도에 의한 방법: 농축액에 온도계를 넣어 온도가 104~105℃가 되면 완성

점에 이른 것이다.

④ 당 농도에 의한 방법: 굴절당도계로 측정하여 당 농도가 60~65% 되면 완성된 것으로 판정한다.

8-3-2 잼의 제조

1) 딸기 잼(Strawberry jam)

신선한 원료 딸기를 물로 씻고 꼭지를 따낸 다음 물기를 뺀다. 물로 씻은 후 방치 시간이 길어지면 과즙이 분리되어 수율과 색깔이 나쁘게 된다.

물기를 뺀 딸기를 용기에 넣고 가열하면서 중량으로 딸기의 70~80%에 해당하는 설탕을 2~3회에 걸쳐 완전히 녹이면서 넣어준다. 용기에 눌어붙지 않도록 밑바닥을 저어주면서 가열하며, 거품이 떠오르면 제거한다. 완성점에 이르면 가열을 멈추고 거품을 제거한 후 곧 미리 준비한 용기에 담고 거꾸로 세워서 냉각시킨다.

2) 사과 잼(Apple jam)

원료 사과는 잘 숙성된 것으로서 산이 많고 가열하여도 빛깔이 변하지 않는 홍옥, 국광 등과 같은 품종을 선택한다. 원료 사과를 물로 씻고 껍질과 씨를 제거하고 잘게 썬 다음, 갈변을 방지하기 위하여 2% 소금물에 잠시 담갔다가 꺼낸다. 과육 중량의 반정도 되는 물을 가한 뒤 연해질 때까지 끓이고 여과하여 펄프를 만든다. 여기에 70~80%의 설탕을 가해 용해시키면서 완성점까지 농축시킨다. 완성된 제품은 딸기잼의 경우와 같이 용기에 담아 처리한다

8-3-3 오렌지 마멀레이드(Orange marmalade)

마멀레이드란 과실 젤리에 과육이나 과피 조각이 섞여있는 제품으로서 주로 오렌지나 감귤류를 원료로 하는 경우가 많다. 오렌지 마멀레이드에는 단맛이 강한 종류(sweet marmalade)와 쓴맛이 강한 종류(bitter marmalade)가 있으나, 일반적으로 단맛이 강한 제품이 많이 유통되고 있다.

1) 원료와 처리

완숙된 과실을 원료로 사용하면 연한 제품이 되고, 약간 미숙한 과실을 사용하면 단단한 제품이 된다.

① 과피의 처리: 단맛이 강한 마멀레이드를 제조하려면 원료 오렌지의 껍질을 십자형으로 끊어 4쪽으로 만들어 벗긴 다음 몇 장씩 포개어 칼이나 마멀레이드 슬라이서(marmalade slicer)를 이용하여 길이 3㎝, 폭 1㎜ 정도의 너비로 가늘게 자른다. 껍질의 쓴맛을 제거하고 조직을 연화하기 위해 끓는 물에서 15~30분간 끓이고 건져내어 냉수에 1~2시간 침지하는데, 쓴맛이 제거되면 압착하여 물기를 제거한다.

② 과육의 착즙: 과피를 제거한 과육을 파쇄·압착하여 과즙을 분리해 낸다.

2) 농축

과피의 첨가량은 과즙의 30~40% 정도가 적당하며, 과즙과 과피를 잘 혼합한 다음 총 중량의 80~100%에 해당되는 설탕을 몇 차례에 나누어 첨가·용해시키고, 눌지 않도록 저어주며 또 떠오르는 거품을 제거하면서 완성점이 될 때까지 가열 농축시킨다.

3) 제품

완성점까지 농축되면 딸기잼과 같은 방법으로 용기에 담아 처리한다. 제품은 젤리화가 잘되고 얇은 과피 조각이 투명하고 고르게 부유하며, 엷은 오렌지 빛깔을 띠는 것이 좋다.

8-3-4 과실젤리(Fruit jelly)

과실 젤리는 과즙에 설탕을 넣고 농축하여 응고시킨 투명한 제품으로서 고유한 빛깔을 띠며, 원료 과실의 특유한 향기를 가진다.

원료 과실을 물로 잘 씻은 다음 사과·복숭아·감귤 등은 5~10mm 두께로 자르고, 딸기·포도 등은 꼭지를 따고 부순 다음 농축 용기에 옮기며, 포도는 0.5배, 사과는 1~1.5배, 감귤은 2~3배의 물을 넣고 각각 10~20분 정도 가열한다. 딸기는 물을 넣지 않고 그대로 5분 정도 가열한다.

가열이 끝난 원료는 압착기로 압착하여 과즙을 분리하며, 분리된 과즙은 여과기 또는 원심분리기를 이용하여 불순물을 제거하고 과즙을 투명하게 한 다음, 과즙의 펙틴과 산의 함량을 조절한 후 70~80%의 설탕을 몇 차례로 나누어 첨가하여 완성점이 될 때까지 농축시킨다. 완성된 제품은 딸기쨈에서와 같은 요령으로 용기에 넣어 포장한다.

8-4 과실 음료(Fruit juice)

우리나라 식품위생관계 법령에 의하면 과실 음료는 과실류를 주원료로 하여 가공한 것으로 직접 또는 희석 음용하는 농축과실즙, 과실주스, 과실음료, 과실분, 과육음료 등과 채소즙과 섞은 제품류로 구분되어 있으나, 실제로는 더욱 다양한 제품의 형태로 유통되고 있는 현실이다.

① 과실주스: 단일 또는 2종 이상의 과실을 압착, 분쇄, 착즙 등 물리적으로 가공하여 얻은 과실즙(농축과실즙 또는 과실분을 환원한 과실즙 포함) 또는 이에 식품 또는 식품첨가물을 가한 것(과실즙 95% 이상)을 말한다.

② 농축과실즙: 과즙을 원래 용량의 50% 이하로 농축 것.

③ 과실분: 과즙을 분말화한 것.

④ 과실음료: 농축과실즙(또는 과실분), 과실주스 등을 원료로 하여 가공한 것(과실즙 10% 이상).

⑤ 과육음료(nectar): 과실 퓌레 20% 이상이고 과즙, 당액, 산 등을 첨가한 음료.

8-4-1 과실주스의 제조

1) 원료와 처리

과실주스의 원료는 완숙과로서 신선하고 향기가 강한 것이 좋으므로 미숙하거나 부패한 것을 철저히 선별하여 분리·제거한다. 선별이 끝난 원료 과실은 물로 세척하여 표피에 부착되어있는 흙이나 농약과 같은 이물질을 제거하여야 한다. 이때 0.1%의 염산용액에 잠시 침지한 후 세척하거나 중성세제 등을 이용하면 효과가 크다.

2) 파쇄 및 착즙

세척이 끝난 후에는 과육음료를 제외하고는 과실의 종류에 따라서 적당한 기구를 사용하여 파쇄·착즙을 한다. 이때 사과나 배와 같은 과실은 그대로 파쇄하지만 오렌지와 파인애플 등은 껍질을 제거하고 파쇄하고, 포도와 딸기 등은 파쇄한 후 65℃로 10~30분간 가열처리를 한 다음에 착즙한다. 파쇄·착즙에 사용되는 기계, 기구류는 과실중의 산(酸)에 의해서 변화를 받지 않도록 과즙과 접촉하는 부분이 스테인리스 스틸이나 또는 다른 합금류로 만들어진 것이 좋다.

3) 진공 처리

과즙은 산화에 의하여 빛깔이나 영양소 등이 변화하는 것을 방지하기 위하여 산소를 제거하여야 한다. 이를 위하여 일반적으로 진공실에서 과즙을 안개모양으로 분무하거나 또는 탈기용 기계(deaerator)를 이용한다.

4) 여과 및 청징(淸澄)

과즙은 단백질이나 미세한 과육 조각, 펙틴질, 검(gum)질을 비롯한 점질물 등이 함유되어 있어 혼탁한 경우가 많다. 과실주스 가운데 오렌지주스나 파인주스와 같은 제품은 혼탁주스이어야 하나, 그 이외의 제품은 투명해야 되므로 혼탁의 원인이 되는 물질을 제거하는 청징 과정을 거쳐야 한다. 청징 방법에는 과즙을 75℃ 정도로 가열하여 단백질과 왁스 등을 응고시키고 45℃로 냉각한 다음에 여과하거나, 펙틴분해효소를 이용하여 과즙 중의 펙틴을 분해시키고 여과한다. 여과 방법으로는 여과보조제(규조토, 산성백토 등)를 사용하여 여과하거나 또는 난백을 이용하여 흡착시키고 여과하는 등 여러 가지 방법이 이용되고 있다.

한편 포도주스 제품은 유통 중에 주석(酒石)이 석출하여 품질이 저하되는 경우가 많은데 이를 방지하기 위해서 제조과정에서 다음과 같은 방법으로 미리 주석을 제거한다.

① 자연침전법: 포도주스를 살균한 후 제품을 0~3℃에서 3개월 동안 저장하여 주석을 석출시켜 제거한다.

② 이산화탄소법: 살균하지 않은 포도주스에 이산화탄소를 불어넣어 주석을 석출시켜 제거한다.

③ 동결법: -20℃로 2~4일 정치시키고, 다시 7℃로 2~4일 정치시켜 주석을 석출시켜 제거한다.

5) 살균과 포장

과실주스의 부패와 발효를 방지하고 품질을 유지하기 위해서 가열살균법이 사용된다. 가열살균법으로는 60℃에서 10~20분, 70℃에서 2~5분간 가열하거나 또는 UHT법이 이용된다. 살균이 끝난 주스는 미리 살균 처리한 병이나 캔(can)과 같은 용기에 무균적으로 주입하는데, 청징과정을 마친 주스를 용기에 주입한 다음에 80℃에서 10~20분간 가열살균처리를 하는 경우도 있다.

8-4-2 농축과실 주스의 제조

농축과실 주스는 천연과실 주스를 50% 이상 농축시킨 것으로서 수송·저장 등 취급이 간편하고, 당을 비롯한 각종 성분농도의 증가로 저장성이 향상된 제품이다.

농축 방법으로는 진공농축법과 동결농축법이 사용되고 있다.

① 진공농축법: 진공도 740 mmHg, 온도 30~40℃의 진공농축기에서 과실주스를 엷은 막이나 안개의 형태로 분무하여 농축한다. 농축과정에서 향기성분이 휘발되기 쉬우므로 향기성분은 따로 회수장치를 통하여 회수한 다음 농축이 끝난 후에 과실주스에 다시 첨가한다.

② 동결농축법: 완속동결법을 이용하여 주스 중의 수분을 얼음으로 동결시켜 분리하는 방법으로서, 진공농축법에 비하여 휘발성 성분의 손실이 적고 또한 가열처리 시에 발생하는 영양성분의 변화도 예방할 수 있다.

8-4-3 과육음료(Nectar)의 제조

복숭아, 살구, 배와 바나나 등과 같이 펄프질과 과즙이 잘 분리되지 않는 과실을 사용하여 제조하는 제품으로, 일반 과실주스의 제조와 같은 방법으로 원료 과실의 껍질과 씨를 제거하고 파쇄한 것을 여과하지 않고, 펄프질이 많은 퓨레(puree) 모양의 과즙으로 만들고, 여기에 당액을 첨가한다. 한편 과육이 함유된 음료로서 스쿼시(squash)가 있는데 이것은 오렌지나 감귤류의 과육을 부수어 당액을 첨가한 과즙 속에 알알이 흩어지게 만든 제품이다.

8-5 과실 통조림

8-5-1 일반 제조법

과실 통조림은 일반적으로 다음과 같은 공정에 의하여 제조된다.

```
일시저장・추숙                                              주입액 조정
   ↓                                                           ↓
원료 → 선별 → 세척 → 블렌칭 → 절단・제핵・박피 → 선별조정 → 충전 → 당액주입 → 탈기 →

  → 밀봉 → 살균 → 냉각 → 검사 → 제품
```

1) 원료

우수한 제품을 생산하기 위해서는 품종의 선택, 숙도 등 원료의 품질관리가 중요하다. 일반적으로 통조림 제조용으로는 성숙기보다 약간 일찍 수확한 과실을 원료로 사용하는데, 숙도를 균일하게 조정할 목적으로 일시 저장하거나 추숙을 행하는

경우도 있다.

2) 세척

원료에 부착되어있는 흙이나 농약류 등을 제거함과 동시에 부착되어있는 부패미생물을 감소시키기 위해서 물로 세척을 한다. 이때 중성세제나 희석한 산 용액을 병용한다.

3) 선별

세척이 끝난 원료는 이물질이나 미숙과, 부패한 부분의 제거와 동시에 형상과 크기 및 숙도 별로 분류하는 선별을 실시한다.

4) 열처리

선별을 마친 원료과실은 열탕에서 2~5분간 가열처리를 하는데 이의 효과는 다음과 같다.

① 산화효소를 불활성화시켜 산화를 방지한다.
② 빛깔이 좋고, 탄력성을 띠며 충전이 용이하다.
③ 조직내의 산소를 제거하여 산화의 원인을 적게 한다.

5) 씨 빼기와 껍질 벗기기

과실을 절단하여 제핵기 또는 제심기를 이용하여 씨를 제거하고 껍질을 벗긴다. 껍질을 벗기는 방법은 직접 손이나 기계를 이용한 박피법, 수증기나 열탕을 이용한 박피법, 화학약품을 처리하는 박피법 등 다양한 방법이 이용된다.

① 증기 박피법: 육질이 부드럽고 알맞게 익은 백도와 같은 복숭아의 박피에 이용되는 방법으로 90~100℃의 증기에 3~4분간 작용시킨 다음 찬물에 넣고 껍질을 벗긴다.
② 알칼리 박피법: 육질의 탄력성이 커서 증기 박피법으로는 껍질이 잘 벗겨지지 않는 과실은 알칼리용액에 담가 껍질을 제거한다. 원료를 30~60분간 1~2%의 끓는 수산화나트륨 용액에 넣어 저어주면서 껍질을 벗기고, 꺼낸 다음 찬물에서 나머지 껍질을 벗기면서 충분히 수세한다.
③ 산, 알칼리 병용 박피법: 감귤의 속껍질을 제거하는 방법이다. 겉껍질을 제거한 원료를 20~30℃의 1~3% 염산 용액에 30~150분간 침지하여 과육이 약간 노출될 때까지 속껍질 표면을 용해, 연화시킨다. 염산으로 처리한 감귤은 물로 잘 씻은 다음 끓는 1~2% 수산화나트륨 용액에 침지하여 속껍질이 완전히 벗겨져 겉의 흰 줄기가 남아 있을 정도가 되도록 처리한다. 속껍질의 제거

가 끝나면 흐르는 물에 담가 남아있는 속껍질과 수산화나트륨을 완전히 제거한다. 이때 감귤류 통조림 혼탁의 원인이 되는 헤스페리딘(hesperidine)도 제거된다.

6) 충전 및 당액 주입

모든 처리가 끝난 원료는 정형하고 충전기를 이용하여 준비되어있는 용기에 충전시킨다. 규정량이 충전되면 40~48%의 당액을 첨가하는데 백도 통조림과 같이 산도가 낮은 경우에는 0.2% 구연산 용액을 당액과 같이 주입시킨다. 당액을 주입하는 것은 제품의 맛과 향기를 좋게 하고, 살균 시에 열전도율을 높이는 동시에 내용물의 변화나 용기의 부식을 방지하기 위함이다.

한편 감귤 통조림의 경우 헤스페리딘이 석출되어 혼탁(백탁)이 발생하는 것을 방지하기 위해 헤스페리딘 분해효소(hesperidinase)를 넣거나, 또는 CMC (carboxymethyl cellulose) 용액을 첨가하기도 한다.

7) 밀봉, 살균 및 냉각

충전과 당액 주입을 마치면 진공 권체기로서 탈기·밀봉하고, 가열 살균한 다음 즉시 냉각한다. 살균 조건의 결정은 내용물의 pH, 내용물의 밀도 및 열전도, 용기의 크기 등 여러 가지 조건에 영향을 받는데, 일반적으로 감귤류 통조림은 85℃로 12분, 복숭아 통조림은 95℃에서 20~30 분간 가열 살균한다. 살균이 끝나면 냉수중에 넣어 38℃ 부근까지 급랭시킨다.

8) 검사

살균과 냉각이 끝난 통조림은 외관검사, 타관검사, 가온검사, 진공검사 및 개관검사 등 각종 검사를 거쳐서 탈기나 밀봉 또는 살균이 불완전한 것이나 기타 변질 유무를 확인하고 안전한 것을 제품으로 한다.

8-6 우림감(침시)

감의 떫은맛은 수용성 탄닌(tannin: 감의 탄닌은 leucodelphinidin 배당체로 추정되며, diospyrin이라 한다)이 함유되어 있기 때문인데, 이 수용성 탄닌이 불용성으로 변화하면 떫은맛을 느낄 수 없게 되는데, 떫은맛을 제거한 감을 우림감이라 한다. 감의 떫은맛을 제거하는 방법(탈삽법)으로는 온탕법, 알코올법, 탄산가스법 및 아세틸렌가스법 등이 자주 이용되고 있다.

탈삽 처리를 하면 세포의 생활능력이 정지되고 분자간 호흡이 일어나 에틸알코올(ethylalcolol)이 생성된다. 에틸알코올은 감에 함유되어있는 알코올 탈수소효소(alcohol dehydrogenase)에 의해서 수소가 분리되면서 아세트알데히드(acet-aldehyde)로 전환되는데, 이것이 수용성 탄닌과 결합하여 불용성으로 변화시키므로 떫은맛을 느낄 수 없게 된다.

탈삽법 중에서 온탕법은 효소작용을 촉진시키는 방법이고, 알코올법은 아세트알데히드로의 전환을 촉진시키며, 또한 탄산가스법과 아세틸렌법은 에틸알코올의 생성을 촉진시키는 방법이다.

1) 온탕법

가장 손쉬운 방법으로서, 붉은 빛깔을 띠면서 약간 단단한 감을 선택하여 40℃의 온탕에 15~20 시간 정도 담가 탈삽시키는 것이다. 이 방법으로는 탈삽 시간은 단축시킬 수 있으나, 과실이 연화하여 외관과 저장성이 떨어지는 결점이 있어서 주로 가정에서 소비하는 것에만 사용한다.

2) 알코올법

가장 많이 이용되는 탈삽 방법으로서 밀폐 용기의 밑에 솜을 깔고 그 위에 감을 쌓아 넣은 후, 감 1kg 당 40% 에틸알코올 300~400㎖ 정도를, 또는 소주를 사용할 경우 700㎖ 정도를 안개모양으로 뿌린 후 밀폐한다. 탈삽되는 기간은 품종 등에 따라 다르나 대체로 20℃에서 5~7일 정도 소요된다. 이 방법은 CO_2 법에 비해서 풍미는 우수하나 과육이 연화되기 쉽고 저장성이 떨어진다.

3) 탄산가스(CO_2)법

CO_2 또는 dry ice로 감의 호흡을 중단시키고 에틸알코올의 생산을 증가시켜 탈삽하는 방법으로서, 제품의 풍미는 알코올법 보다는 떨어지지만 과실의 손상이 없고 연화가 일어나지 않으며 저장기간이 길다. 탈삽기간은 탄산가스의 압력, 온도, 감의 품종 등에 따라 다르나, 20℃전후에서 가압 시에는 24~36시간, 상압에서는 5~6일이 소요된다.

4) 아세틸렌(acetylene)가스법

밀폐된 곳에서 CaC_2를 물과 반응시켜 발생하는 아세틸렌가스를 이용하여 원료감을 탈삽시키는 방법인데, 이 경우에는 감이 연화하여 연시(홍시)가 된다.

8-7 과실의 저장

수확한 과실을 별도의 가공 과정을 거치지 않고, 일정한 기간동안 품질과 풍미 및 영양성 등이 저하되지 않고 신선한 상태로 유지시키기 위하여 여러 가지의 저장법이 이용되고 있다.

과실류는 수확한 후에도 생명현상이 유지되므로 저장하는 동안 호흡작용에 의하여 유기물이 분해되어 CO_2가 발생하고, 품온이 상승하며 수분이 증발하는 등 여러 가지 변화가 발생하므로 품질이 떨어지게 된다. 즉 온도의 상승으로 인해 더욱 화학반응이 촉진되고 수분의 감소로 중량의 변화가 일어난다.

이러한 호흡작용을 조절하기 위하여 저장실의 이산화탄소와 산소농도를 조절하면서 온도를 낮추어 주는 CA저장법을 이용하면 과실은 오랫동안 신선도를 유지할 수 있다. 과실을 저장실에 넣게 되면 실내의 산소량은 감소하고 이산화탄소의 생성량은 증가하는데, 저장의 효율성을 기하기 위해서 저장실의 조건으로는 대체로 이산화탄소 2~5%, 산소 2~3%, 온도는 0~4℃ 정도로 유지하는 것이 좋다. 과실의 또 다른 저장방법으로 냉장이나 냉동 등 저온저장법과 피막제로 표면을 코팅하는 방법이 있다. 냉장 조건은 과실의 종류에 따라 다소 차이는 있지만, 일반적으로 동결하지 않을 정도의 저온, 즉 0℃ 정도가 대부분이나 감귤류는 1℃ 정도가 좋다.

과실 중에서 온주 밀감이나 딸기, 복숭아, 파인애플, 서양 배, 감 및 사과 등은 저온 적응성이 있으므로 냉동저장법을 이용할 수 있다. 그러나 냉동방법은 연화 현상을 일으키며 수분의 얼음 결정으로 육질을 손상시킬 수도 있으므로 특별한 주의가 요구된다. 최근에는 이러한 손상을 감소시키기 위해서 일반 급속동결보다도 더욱 급속으로 동결하는 방법이 이용되고있다.

과실류의 저온저장 조건과 특성, 상품성 유지기간은 표 8-4에 나타내었다.

표 8-4 과실의 저장 조건과 특성

과 실 류	저장 온도 (℃)	상대 습도 (%)	저장 가능 기간(주)
살 구	-0.6~0	90	1~2
무화과	7~13	85~90	4
딸 기	-0.6~0	90~95	5~7
오렌지	0~1	85~90	8~12
감	1	90	3~4
자 몽	10	85~90	4~8
파인애플	10~13	85~90	3~4
바나나	13	85~90	-
포 도	-0.5~0	85~90	3~8
메 론	0~4	85~90	5~15
복숭아	-0.6~0	90	2~4
사 과	-1.1~0	90	-
레 몬	10~14	85~90	1~14

제 9 장

채소의 가공과 저장

9-1 채소의 특성

채소류는 식용부위와 모양에 따라서 엽채류(葉菜類), 근채류(根菜類), 과채류(果菜類), 경채류(莖菜類) 및 화채류(花菜類) 등으로 분류된다. 채소류는 단백질과 지방의 함량이 적은 반면 각종 비타민류와 알칼리성 무기질이 많이 함유되어 있어서 저열량 식품인 동시에 생리 조절식품으로도 중요하다. 또한 신선한 방향성분과 독특한 정미성분, 유기산, 유리 당을 함유하고 있으며 고유한 색깔과 형태를 가짐으로서 식욕의 증진과 소화를 촉진시키는 영양적인 기능도 갖춘 식품이기도 하다.

그러나 채소류에는 수분과 저분자 유리성분의 함량이 많고 조직이 유약하여 각종 미생물이 발육하기 쉽다. 또한 수확된 후에도 생명현상이 유지되고 있어 호흡활동이 계속 진행되며, 산화효소를 비롯한 많은 종류의 효소를 함유하고 있어 장기간의 저장이 어렵다. 따라서 과거로부터 수확 시기별로 이용이 가능한 채소류의 종류가 제한되었다. 그러나 현재에는 영농기술의 발달과 식품 저장기술이 향상되어 계절을 초월하여 다양한 채소류를 이용할 수 있게 되었으나, 그래도 아직까지는 대부분의 중요한 채소류는 수확시기가 계절의 영향을 받고 있으므로 여러 가지 가공수단을 이용하여 저장성과 기호성이 높은 제품의 생산에 노력하고 있다.

현재 채소류의 중요한 가공품으로서는 건조채소류, 침채류, 채소통조림, 채소음료, 및 토마토 소스류 등 여러 가지 종류가 생산·이용되고 있다.

표 9-1 주요 채소의 일반성분 조성 (100g 중)

종 류	열 량 (kcal)	수 분 (%)	단백질 (g)	지 질 (g)	당 질 (g)	섬 유 (g)	회 분 (g)	비 타 민				
								A (IU)	B1 (mg)	B2 (mg)	C (mg)	니아신 (mg)
토마토	22	92.0	2.0	0.3	1.6	1.8	0.9	6.0	0.15	0.12	30	-
무	31	90.3	2.0	0.1	5.6	0.9	1.6	0	0.01	0.03	44	3.9
배 추	18	94.9	1.3	0.2	2.7	0.7	0.5	255	0.06	0.09	28	0.4
오 이	19	95.5	0.9	0.2	3.4	0.5	0.5	56	0.06	0.05	30	0.8
죽 순	25	90.8	3.6	0.5	1.6	2.3	1.2	50	0.15	0.08	10	0.8

9-2 건조 채소

채소류는 다량의 수분(90% 이상)을 함유하고 있어서 저장성이 떨어지나, 건조를 시키면 수분활성도(water activity, Aw)가 감소하므로 저장성이 향상됨과 동시에 취급이 용이해 지고, 또 새로운 조리법으로의 조리가 가능하게 되어 다양하게 이용할 수 있게 된다.

과거로부터 많이 이용되어 온 건조 채소로는 시래기류·호박고지·무말랭이·고추·고사리를 비롯한 나물류·표고버섯·절간 고구마 등 여러 가지 종류가 있다.

9-2-1 건조 채소의 일반 제법

1) 원료와 처리

부패 또는 무르지 않은 신선한 원료를 선별하고, 물로 세척하여 부착되어 있는 흙이나 농약류, 기생충란 등과 같은 이물질을 제거한 후에 호박·무 또는 고구마와 같이 표면적이 작은 원료는 적당한 크기와 형태로 절단하여 건조 효율을 높인다. 이때 산화효소 등에 의하여 변질되기 쉬운 원료는 처리과정에서 가급적 조직손상이 일어나지 않도록 주의하여 취급한다.

2) 열탕 처리(Blanching)

열탕 처리하는 시간은 일정하지 않으나 대체로 근채류는 끓는 물에 3~5분, 엽채류는 1~3분간 담갔다가 꺼내어 냉각시킨다. 열탕 처리에 의해 조직이 연화되고 세포가 사멸하여 수분의 이동과 증발속도가 향상되는 동시에 각종 효소 등이 파괴되어 성분의 변화가 억제된다. 한편 고추는 열탕 처리를 하지 않는다.

3) 건조

건조 방법으로는 천일건조와 열풍건조 방법이 많이 이용되고 있으나, 천일건조는 기상조건에 영향을 많이 받으므로 품질관리에 어려운 점이 있어서 엄격한 품질관리가 필요한 경우에는 열풍건조법이 이용되고있다.

열풍건조를 할 때에는 특히 피막경화현상(case hardening)에 주의하여야 한다. 건조 초기에는 70℃, 중기에는 80℃, 후기에는 50~60℃로 조절하여 건조하되 필요한 경우에는 발한(curing)과정을 둔다. 한편 인스턴트 면류의 수프재료 등으로 사용되는 건조 채소는 복원성과 빛깔 및 풍미가 좋아야 되므로 진공건조나 동결건조법을 이용한다. 건조가 끝난 제품은 흡습이나 변질을 방지하고, 또 충해를 받지 않도록 적당한 포장재료로 포장하거나 용기에 담아 저장한다.

9-3 침채류의 제조

침채류란 채소류에 소금이나 장류(간장, 된장, 고추장 등)·젓갈·식초·주박(酒粕, 청주 술지게미) 등을 첨가하여 만드는 조미와 저장을 겸한 일종의 염장식품을 말한다.

9-3-1 침채(沈菜)의 일반 사항

1) 원리

채소에 소금을 작용시키면 삼투압에 의하여 세포내에서 수분이 탈수되고, 원형질분리가 일어나서 세포가 사멸하게된다. 살아있는 세포의 원형질막은 조미성분을 투과시키지 않으나, 세포가 사멸하면 원형질막의 기능이 상실되므로 조미성분은 세포의 내외로 자유롭게 이동할 수 있게 된다. 조미성분이 세포내로 침투하는 속도는 침지액 중의 조미성분의 농도가 높고, 온도가 높을수록 빨라진다.

단기간에 숙성되는 침채물에 있어서는 주로 세포내액과 침지액과의 교류가 진행되지만, 장기간에 걸쳐 숙성되는 침채물은 이들 이외에도 미생물 등에 의한 젖산발효나, 알코올발효가 진행되어 복잡한 향미를 생성하게 되는데, 김치나 단무지와 같은 식품이 그 대표적인 예이다.

2) 침채의 종류

침채의 종류는 대단히 많아서 제조방법, 사용되는 조미료의 종류, 제품의 맛, 숙성 중 발효작용의 유무 등에 따라서 수백 종에 이르나, 모든 제품에는 소금이 사용된다는 공통점을 가지는데, 이는 염분이 침채의 품질 안정성에 중요한 역할을 하는 증거이다.

3) 소금 농도와 미생물

침채 중의 소금 농도와 미생물 발육과의 관계는 다음과 같다.

① 3~5%인 경우: 부패균을 비롯한 여러 가지 미생물이 번식하고, 채소는 연화하며, 변색되면서 부패한다.

② 5~8%인 경우: 효모나 일반세균이 번식하나, 젖산균이 처음부터 번식하면 다른 잡균의 번식을 어느 정도 억제한다. 일반적으로 저장성은 적어서 장기간 경과하면 부패한다.

③ 8~10%인 경우: 젖산균의 활동이 왕성하여 다른 부패균의 번식이 억제된다.

④ 15% 정도인 경우: 부패균뿐만 아니라 젖산균의 발육도 억제된다. 산막 효모나 특수한 세균만이 발육할 수 있다. 장기간의 저장에 적합하다.

⑤ 20% 정도인 경우: 산막 효모도 발육하기 어렵고, 유해 미생물은 거의 발육하지 못 한다. 장기간의 저장에 가장 안전하다.

9-3-2 대표적인 침채류

1) 김치

김치는 여러 가지 미생물, 특히 젖산균의 작용에 의하여 숙성되는 저장성과 기호성이 대단히 높은 우리 나라가 세계에 자랑할 수 있는 대표적인 침채 식품으로서, 배추와 같은 채소가 생산되지 않는 계절이나 지역에서도 이용이 되면서, 비타민 B, C 및 알칼리성 무기질 등 중요한 영양소를 공급함과 동시에 숙성과정 중에서 생성되는 독특한 풍미가 식욕을 높여 주는 훌륭한 발효식품이다. 근래에는 세계적으로 건강을 위한 일종의 기능성 식품으로서 각광받고 있다.

우리나라는 국제적으로 김치의 분쟁을 사전에 방지하기 위하여 김치의 국제규격을 국제식품규격위원회(CODEX)에 제출하였는데, 그 주요 내용은 김치의 산도는 1.0 이하, 배추 등 고형물이 80% 이상, 소금의 농도는 1.5~4.0%, 중금속은 ㎏당

10.0㎎을 초과하지 않도록 하였다.

김치는 크게 보통김치와 김장김치로 나눌 수 있다. 보통김치는 오래 저장하지 않고 비교적 손쉽게 담가 먹는 것으로 나박김치·오이소박이·열무김치·갓김치·파김치·양배추김치·굴깍두기 등이고, 김장김치는 겨울철의 채소공급원을 준비하는 것으로서 오랫동안 저장해 두고 먹는 김치로 통배추김치·보쌈김치·동치미·고들빼기김치·섞박지 등이 있다. 또한 김치는 지방·풍습·기호·계절에 따라 재료와 양념(부재료), 담그는 방법 등이 각각 다르고 맛도 차이가 있다.

(1) 김치 담금의 기본

가) 배추 절이기

김치의 담금에 앞서 배추를 적당한 크기로 자른 다음 곧 소금에 절인다. 이는 수분을 적당하게 방출시켜 담금 작업 시에 조직의 손상을 방지하고, 또 저장 중에 배추가 물러지지 않게 함과 동시에 세포를 사멸시켜 조미성분 등의 조직 내 침투를 용이하게 한다.

이때 사용되는 소금은 천일염이 좋다. 이는 소금에 함유되어있는 Mg염이나 Ca염이 배추의 펙틴과 결합하여 조직을 단단하게 하여 김치의 씹는 맛을 좋게 한다. 소금으로 절이는 방법으로는 산염법이나 염수법이 사용된다. 산염법은 배추의 약 10~15%에 해당하는 천일염을 잎 사이에 적당히 뿌리고 약 6~10시간 정도 젖혀 포개어 쌓아 두는 방법이고, 염수법은 약 30% 정도 농도의 소금물에 배추를 적셔 그릇에 담고 위에도 소금을 조금씩 뿌리며 포개어 약 10~20시간 정도 쌓아두는 방법인데 가끔 아래위의 것을 바꾸어 놓아 고르게 절여지도록 한다.

김치의 소금 농도는 3%정도가 적당하다. 소금의 농도가 이보다 낮으면 빛깔은 고우나 쉽게 쉬어 물러지고, 농도가 높으면 빛깔이 좋지 못하고 또 숙성이 잘되지 않아서 풍미가 나쁘다.

나) 젓갈의 사용

김치에 상긋한 감칠맛을 띠게 하기 위하여 넣는 젓갈은 조기젓(황세기젓)·새우젓·멸치젓·까나리젓 등이 보편적으로 많이 사용된다. 추운 지역에서는 깨끗하게 잘 삭은 젓갈의 날젓국을 그대로 사용할 수 있으나, 따뜻한 지역에서는 반드시 달여 밭쳐 사용하여야 한다.

다) 숙성 중의 변화와 저장

숙성은 고온에서는 단시간에, 또 저온에서는 장시간이 소요되는데 0~4℃ 정도에서 수주간 숙성시키는 것이 가장 풍미가 우수하다. 숙성과정에는 여러 가지 미생물이 관여하여 발효를 진행시키는데, 숙성 중 미생물상과 성분의 변화는 다음과 같다.

① 김치의 숙성에 관여하는 미생물은 *Lactobacillus plantarum, L. brevis, Pediococcus cerevisiae, Leuconostoc mesenteroides* 등과 같은 대부분 젖산균으로서 발효기간이 길어질수록 균수가 증가한다.
② 비타민 C는 숙성 초기에 약간 증가하였다가 약 2주가 지난 이후부터 감소하여 산패시에는 약 30% 정도만이 잔존한다.
③ 비타민 B_1, B_2, B_{12} 등은 김치를 담근 후 약 3주째에 가장 많이 증가하며, 나이아신(niacin)은 약 2주 경에 가장 많다.
④ 일반적으로 김치의 맛이 가장 좋을 때의 산도는 0.6~0.8%이고, pH는 4.0 정도이며, 대체로 담근 후 3주째로 알려져 있다.
⑤ 김치의 연부현상은 채소류의 세포간에 존재하는 펙틴질이 펙틴분해효소에 의하여 분해되기 때문에 일어나는데, 이 분해효소는 호기성 세균 및 산막효모류에 의해서 생산된다고 알려져 있다.

(2) 통배추 김치의 제조

가) 배추의 처리

① 배추를 다듬어 길이로 크기에 따라 반쪽 또는 여러 쪽으로 자른 다음 소금으로 6~20시간 절인다.
② 배춧잎을 쉽게 벌릴 수 있을 정도로 절여지면 깨끗이 씻어 물기를 뺀다.

나) 속 만들기

① 무는 채로 썰고, 일부는 큼직하게 썰어서 김치독에 담을 때 김치 포기 사이사이에 끼운다.
② 파와 갓, 미나리는 손질한 다음 5~6㎝ 정도 길이로 굵직하게 썬다.
③ 마늘, 생강과 새우젓은 각각 따로 곱게 다지고, 배는 굵직하게 채로 썬다.
④ 생굴은 깨끗하게 씻어 물기를 빼고, 또 생명태를 넣을 때에는 적당한 크기로 저민다.
⑤ 무채에 먼저 고춧가루를 섞고 버무려 빨갛게 물이 들면 마늘과 생강을 넣어 버무리고, 여기에다 파・미나리・갓・실고추・새우젓・소금을 넣고 함께 버무리면서 젓국을 섞어 속이 촉촉하게 되도록 한다.

다) 배추속 넣기

① 절여진 배추를 적당한 크기로 쪼개고, 준비한 속과 생굴・생명태・배 등을 켜켜에 얄팍하게 또 뿌리 쪽까지 고루 가도록 넣는다.
② 속을 한폭씩 넣는 대로 잎을 줄기쪽으로 접어 감싼다.

라) 독(통)에 담기와 저장

① 독안에 한 포기씩 젖혀놓으면서 포개어 담고 중간 중간에 무 조각을 끼운다.
② 독에 80% 정도 되도록 담은 다음 우거지로 덮고 소금을 뿌린 후 덮개로 덮는다.
③ 김치독은 0~4℃가 유지되며, 온도의 변화가 적도록 저장한다.

2) 단무지의 제조

단무지는 원래 무를 이용한 일본의 대표적인 발효성 침채 식품이었으나 현재에는 우리나라에서도 김치에 버금갈 정도로 많이 생산 이용되고 있다. 주원료는 무·쌀겨·소금이며, 부원료로 인공감미료와 색소가 사용된다. 단무지의 숙성 중에는 주로 혐기성미생물의 작용으로 탄수화물이 발효되어 젖산과 낙산(butyric acid) 및 알코올 등이 생성되고, 쌀겨 중의 단백질이 아미노산으로 분해되며, 또 무의 메틸 메르캅탄(methyl mercaptan)이 발효로 생성되는 아세트알데히드(acetaldehyde)와 결합함으로써 독특한 풍미를 형성하게 된다.

한편 국내에서 판매되는 단무지는 대부분 비발효식 제품으로서 소금에 절인 무에 초산과 감미료, 방부제 또는 색소 등을 첨가하여 제조한다.

(1) 원료

① 무는 가늘고 긴모양을 가지는 품종(연마, 궁중 등)을 선택한다.
② 쌀겨는 발효되어 단무지에 특유한 풍미를 주는 중요 재료이므로 가급적 신선하고 전분질이 많이 들어있는 고운 것을 사용한다. 쌀겨의 배아는 제거한다.
③ 소금은 단무지의 조직을 단단하게 할 수 있는 Mg염, Ca염이 들어있는 천일염을 사용한다.
④ 감미료로서 과거에는 설탕·감초·감껍질 등이 사용되었으나, 현재에는 인공감미료가 주로 사용된다. 또 기호성을 높이기 위하여 타트라진(tartrazine-식용색소 황색 제4호)과 같은 착색료를 사용하기도 한다.

(2) 일반 제법

단무지의 일반 제조공정

무 → 건조 → 담금 → 숙성 → 단무지
↑
(쌀겨·소금·감미료·색소)

표 9-2 단무지의 식용 시기에 따른 무 건조일수 및 원료 배합

식용 시기	무 건조 일수	원료 배합 비율(kg)		
		건조 무	소 금	쌀 겨
12 ~ 1 월	5 ~ 7 일	75	3.0	3.2

식용 시기	무 건조 일수	원료 배합 비율(kg)		
		건조 무	소 금	쌀 겨
2 ~ 3 월	7 ~10 일	75	3.7	3.0
3 ~ 4 월	10일 정도	75	4.9	2.8
4 ~ 6 월	10~12 일	75	6.4	2.2
7 월 이후	15일 이내	75	9.0	1.5

① 무의 건조: 무를 건조시키는 정도는 식용 시기에 따라 조절되는데, 오래 저장할 것일 수록 더 많이 건조시킨다. (건조기간은 7~15일정도, 함유수분 75~50%)

② 원료 배합: 표 9-2와 같이 식용 시기에 따라 원료 배합율이 조정된다.

③ 담금: 발효통의 밑바닥에 소금을 뿌린 다음 그 위에 부원료(쌀겨, 소금, 감미료, 색소의 혼합물)를 깔고, 건조한 무를 사이가 뜨지 않도록 한줄로 총총히 담고 그 위에 부원료를 덮고 또 무를 담고, 이렇게 용기보다 10~15㎝정도 높이까지 층층이 쌓은 후, 그 위에 소금을 뿌리고 덮개 판을 덮고 돌 등으로 눌러 놓는다.

④ 숙성: 온도의 변화가 적은 서늘한 장소에 저장하는데 7~10일이 지나 무가 밑으로 가라앉으며 액즙이 나오면, 돌을 들어내고 조미액이 무 조직 내부로 흡수되게 하고 다시 눌러 둔다. 1~2개월이 지나면 단무지 고유한 풍미가 형성되면서 제품이 완성된다.

9-3-3 피클(Pickles)

피클은 채소나 과실에 각종 향신료를 첨가하여 만드는 장기간 보존할 수 있는 서양식 소금(식초)절임 장아찌이다. 주재료로는 오이 · 작은 양파 · 토마토 · 피망 · 양배추 · 칼리플라워 · 당근 · 비츠(beets) · 버섯 · 버찌 · 올리브 등이 많이 사용된다. 절이는 방법도 대단히 다양하나, 대체로 설탕 · 소금 · 식초를 섞은 조미식초액에 절이는 방법과 향신료를 섞은 소금물에 절여서 발효시키는 방법이 있다. 향신료는 재료에 따라 다르나, 주로 월계수 잎 · 시나몬(계피) · 너트멕(nutmeg) · 딜(dill) · 파슬리 · 세이지(sage) · 마늘 · 붉은 고추 · 후춧가루 등이 사용된다.

1) 오이 피클(Cucumber pickle)

(1) 스위트 피클(Sweet pickle); 비 발효성 피클

정선・세척한 오이를 소금으로 문질러 닦아 통에 넣은 후, 식초・설탕・소금・월계수 잎 등을 섞어 끓인 조미식초액을 붓고 돌로 눌러 놓았다가 3~7 일 후에 맛이 들면 먹을 수 있다.

(2) 딜 피클(Dill pickle): 발효성 피클

통속에 정선・세척한 오이를 넣고, 그 위에 딜・마늘・붉은 고추・후춧가루를 뿌린 다음 끓인 소금물을 붓고 돌로 눌러 놓는다. 발효가 되면 그 액을 여과시키고, 걸러진 맑은 액을 오이 위에 다시 부어 절인다.

2) 토마토 피클(Tomato pickle)

원료 토마토와 양파(토마토의 1/2량을 사용)를 반으로 잘라 용기에 넣고, 소금을 뿌려 하루 동안 돌로 눌러서 절인다. 절여진 재료는 액을 분리하고 별도로 조제한 조미액에 넣어 숙성시킨다. 조미액은 물로 적당히 희석한 식초액에 헝겊 주머니에 싼 카레 분말(curry powder)을 넣고 끓여 향신 성분을 추출한 후, 설탕을 첨가하여 용해시키고 냉각시켜 사용한다.

9-4 채소 통조림의 제조

양송이, 죽순, 아스파라거스 및 완두콩 통조림 등 채소류 통조림은 저장성이 떨어지는 채소의 장기 저장을 목적으로 처리하는 가공방법의 일종으로서 제품의 대부분은 조리용 재료로 이용되는 경우가 많다. 채소의 종류와 사용 목적에 따라서 원료처리 방법에는 다소 차이가 있으나 전체적인 제조과정은 과실 통조림과 동일하다. 다만 충전 시에 주입하는 주입액이 청수(淸水)이거나 소금물인 점과, 또 채소류 통조림의 pH가 4.5~6.5 정도로 높은 편이어서 과실 통조림에 비하여 살균 시에 가열처리가 강화되어야 하는 점 등에 차이가 있다.

9-4-1 양송이 통조림

양송이 통조림의 제조 공정

원료→자루절단→절단→선별 → 세척 → 열탕처리 → 냉각 → 선별 → 충전 → 밀봉 → 살균
(충전 ↑ 조미액)
→ 냉각 → 검사 → 제품

1) 원료 및 처리

통조림 제조용 원료 양송이는 우산이 피기 12시간 전후의 것이 좋은데, 직경이 20~40㎜ 되는 것을 기준으로 한다. 칼 등을 사용하여 원료 버섯의 자루 또는 각포를 제거하고 제품의 스타일(button 또는 whole 형)에 따라 절단한 다음에 크기, 모양, 손상 정도 등에 따라 선별 분리한다.

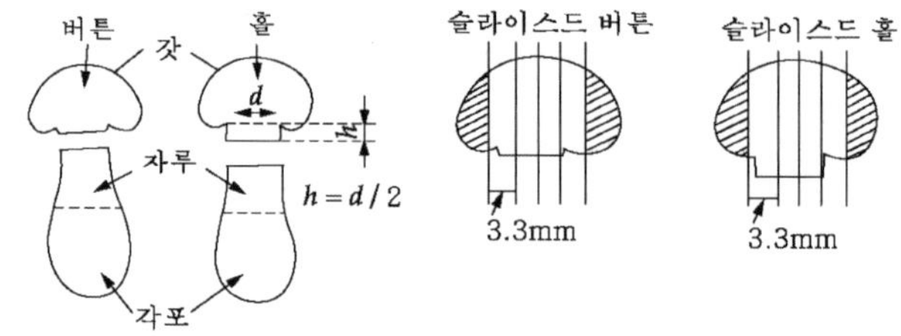

그림 9-1 양송이 제품의 형태

선별된 원료는 물에 담가 흙과 같은 이물질을 제거한다. 만일 오염 정도가 심하면 0.3%의 구연산용액에 3~4분 정도 침지하였다가 수세한다.

표 9-3 양송이 통조림 제품의 스타일 종류

종 류	내 용
버튼형 (button)	우산의 바로 밑을 자른 것
호울형 (whole)	우산 아래 자루를 직경의 1/2 길이로 붙여서 절단한 것
슬라이스된 버튼형 (sliced button)	버튼형을 약 3.3mm의 두께로 절단한 것(피스는 제외)
슬라이스된 호울형 (sliced whole)	호울형을 약 3.3mm의 두께로 절단한 것(피스는 제외)
피스 & 스템형 (piece and stem)	피스와 자루를 합친 것(피스 40% 이상)

세척이 끝나면 변색의 원인이 되는 효소의 파괴와 제조과정 중의 수축을 방지하기 위하여 100℃로 4~8분 또는 80~85℃에서 8~15분간 열탕처리를 한 후 급랭(急冷)한다.

2) 선별 및 충전

처리가 끝난 재료를 규격에 따라 선별한 다음 정량을 용기에 담고, 2~3%의 더운 소금물로 채운다.

3) 밀봉, 살균 및 냉각

진공권체기로 탈기와 밀봉을 한 다음, 121℃로 18~30분간 가열살균하고 살균이 끝나면 38℃ 이하로 급랭한다. 제조 과정이 마무리되면 검사를 거쳐 이상 유무를 확인한 다음 제품으로 한다.

9-4-2 죽순 통조림

죽순 통조림의 제조 공정

원료→ 껍질 벗기기 → 열탕처리 → 냉각 및 침지 → 정형 → 선별 → 충전 → 밀봉 → 살균 → → 냉각 → 제품
(충전 ↑ 열탕)

1) 원료 및 처리

원료 죽순은 수확기의 초기 나 중기의 것으로서 육질이 두텁고 연하며 부드러운 방추형으로 된, 크기가 20~25㎝ 이하인 것이 좋다.

껍질을 벗기는 방법에는 생것 그대로를 벗기는 방법과 열탕처리를 하고 벗기는 방법 등이 있다. 생것 그대로 벗기는 방법은 먼저 칼로서 끝의 껍질부분을 5~6㎝ 정도 잘라내고, 몸체의 끝에서부터 밑 부분까지 경사지게 칼집을 낸 다음 겉껍질을 벗기고, 원료의 크기 및 경도에 따라서 30~60분 열탕처리를 한 후 냉각시킨다. 다른 방법은 원료의 크기에 따라 40~90분간 열탕처리를 한 직후 곧 냉수에 담그고 껍질을 벗기는 방법인데, 이렇게 하면 죽순도 변색하지 않아서 흰색이 유지되고 또 조작도 비교적 간편하다.

2) 침지 및 정형

껍질을 벗기고 열처리가 끝난 원료는 3~4회 물을 갈아주면서 약 24시간 동안 침수시켜 통조림의 백탁 및 변패의 주원인이 되는 수산(oxalic acid)과 티로신(tyrosine)을 제거한 후, 속껍질을 제거하고 딱딱한 부위나 손상된 부분을 제거하는 정형을 실시한다.

3) 충전, 살균 및 냉각

크기와 품질에 따라서 선별한 후 정량을 통조림 용기에 충전하고, 주입액을 첨가한다. 주입액으로 청수(淸水)를 사용하기도 하나, 2% 소금물과 0.1% 구연산 용액을 사용하면, 보통 물을 주입하는 경우보다 살균효과도 크고 저장성도 증가한다.

액의 주입이 끝난 것은 진공권체기로 탈기, 밀봉한 다음 100℃로 70분, 또는 110℃에서 30분간 가열살균하고 급랭한다.

9-4-3 아스파라거스 통조림

아스파라거스 통조림의 제품은 화이트(white)와 그린(green)의 두 종류가 있는데 주로 화이트가 생산되며 제조공정은 같다.

아스파라거스 통조림 제조 공정

원료→수세→선별 → 절단 → 열처리 → 냉각 → 선별 → 충전 → 밀봉 → 살균 → 냉각→제품
↑
소금물

1) 원료와 처리

채취한 직후의 신선한 원료를 선택하여 흙을 비롯한 이물질을 제거하고, 부러진 것이나 변형된 것 등과 같은 불량품을 골라내는 동시에 굵기와 윗 부분의 착색정도에 따라서 선별해낸다. 선별된 재료를 통조림 용기의 높이 보다 약간 짧게 절단한 다음 위의 이삭부분을 남긴 채 끓는 물에 세워서 2～3분간 담갔다가 그 후 전체를 잠기게 하여 1분 정도 더 가열처리를 하고 곧 냉각시킨다.

2) 선별 및 충전

처리가 끝난 원료를 다시 선별하여 불량품을 제거하고, 끝이 위쪽으로 가도록 세워서 통조림 용기에 규정된 개수만큼 담는다.(가열살균 시에 고형량이 줄어들므로 규정량보다 5～10%정도 더 담는다) 여기에 90℃로 가열한 2～3%의 소금물을 가득 부어 채운다.

3) 밀봉, 살균 및 냉각

진공권체기로서 탈기와 밀봉을 한 다음 4호관의 경우 110～115℃에서 25～30분간 가열살균하고 급랭시킨다.

9-4-4 그린피스(green peas) 통조림

통조림 제조용 완두콩은 둥글고 알이 작은 품종(Alaska 등)을 선택한다. 미숙한 것을 사용하면 제품의 빛깔이 엷고 풍미가 떨어지게 되며 또 과숙된 것은 조직

이 단단하고 풍미와 빛깔이 나쁘므로 완숙되어 녹색이 짙은 것을 원료로 사용하는 것이 좋다.

그린피스 통조림의 제조 공정

원료→깍지제거 → 선립→ 열처리 및 착색 → 냉각 및 침지 → 선별 → 충전 → 밀봉 → 살균→
↑
소금물
→ 냉각 → 제품

1) 원료와 처리

완숙된 원료를 선택하여 우선 깍지를 제거하고 선립기(選粒機, separator)로 입자의 크기별로 분류하거나, 소금물을 이용하여 비중에 따라 분류하는 방법이 사용된다.

분류된 원료는 표면의 왁스와 조직내의 산소를 제거하고, 빛깔을 고정하기 위하여 90~100℃로 가열한 황산구리용액(물 1ℓ에 황산구리 10g을 용해한 용액)에서 8~15분간 열처리한다.

열처리가 끝난 원료는 곧 냉수에 넣어 냉각시키고, 물을 갈아주면서 8~15시간 동안 침지하여 과잉의 구리염과 액즙의 혼탁원인물질을 제거한다.

2) 선별 및 충전

처리가 끝난 원료를 선별하여 물러진 것이나 부서진 것 등 불량한 것을 제거한 다음 통조림 용기에 정량을 담고, 2~2.5%의 소금물로 가득 채운다.

3) 밀봉, 살균 및 냉각

충전이 끝나면 곧 진공권체기로 탈기와 밀봉을 하여 110℃에서 약 40분간 가열살균하고 즉시 냉각시킨다.

제품 중에는 슈가 피스(sugar peas)라는 것이 있는데, 이것은 착색처리를 하지 않은 것으로서, 다른 조작은 그린피스와 같으나 설탕 10%와 소금 2%를 용해한 주입액을 사용한 제품이다.

9-5 토마토(Tomato) 가공품

토마토는 비타민 A, B_1, B_2, C 및 유기산, 무기질 등을 많이 함유하고 있어 영양적인 가치가 높을 뿐만 아니라, 빛깔이 곱고 또한 특유한 향미를 가지고 있어서 생과(生果)로도 많이 이용되고 있다. 그러나 토마토는 호흡량 상승(climacteric rise) 현상이 강한 과채이어서 변질하기 쉬우므로 여러 가지 방법으로 가공하여 이용하는 경우가 많다. 토마토의 중요한 가공품으로는 토마토 솔리드 팩·주스·퓨레·페이스트·케첩 및 피클 등이 있다.

토마토에는 홍색색소인 리코펜(lycopene)과 황색색소인 카로틴(carotene)이 함유되어 있는데, 이 중 리코펜을 많이 함유하는 품종이 가공원료에 적합하나, 이 색소는 여러 가지 원인에 의하여 변색되기 쉬우므로 토마토의 가공처리 시에는 다음 사항을 참고하여 충분히 주의를 해야한다.

① 리코펜은 Fe, Cu 등의 금속과 반응하여 갈변하므로 용기와 기구는 스테인리스 스틸제나 다른 합금류 제품을 사용할 것.
② 토마토는 고온으로 장시간 공기 중에서 가열하면 변색되므로 가급적 감압하에서 단시간에 농축시킬 것.
③ 미숙과나 녹색부가 섞이면 갈변의 원인이 되므로 사전에 제거할 것.

9-5-1 토마토 솔리드 팩(Tomato solid pack)

토마토의 껍질과 꼭지를 제거하고, 소량의 소금과 함께 통조림 하거나 토마토 퓌레를 함께 넣어 통조림으로 가공한 제품이다.

토마토 솔리드 팩의 제조 공정

원료 → 선별 → 꼭지제거 → 수세 → 열처리 → 냉각 및 박피 → 제심 → 충전 → 밀봉 → 살균
↑
소금물
→ 냉각 → 제품

중간 정도의 크기로 꼭지부분까지 잘 익은 과실을 원료로 선별하여 꼭지를 제거하고, 물로 씻어 흙과 같은 이물질을 제거한 후 90℃ 정도의 더운물에 약 30초 동안 담갔다가 냉수로 옮기고 물속에서 껍질을 벗긴다.

껍질을 벗긴 원료는 통조림 용기에 정량을 넣는데, 모양과 색깔이 모두 좋은 1등급의 토마토를 담는 것(solid pack)과 약간 손상이 간 2등급의 토마토에 토마토 퓌레를 섞어 넣은 것(standard pack) 등 2가지 종류의 제품이 만들어진다.

토마토를 넣은 용기에 조미액으로 0.5% 정도의 소금물을 주입한다. 또 완숙된 토마토는 열처리 등으로 연화되기 쉬우므로 연화를 방지하기 위하여 소량의 염화칼슘($CaCl_2$) 등의 칼슘염을 첨가하는데, 칼슘은 펙틴과 반응하여 과육 속에서 겔(gel)을 형성하고 가열처리 시에 세포조직을 보호해주므로 토마토의 조직을 단단

하게 한다. 충전이 끝나면 진공권체기로 탈기·밀봉을 하고 100℃, 30분간 살균처리하고 급랭시킨다.

9-5-2 토마토 퓨레(Tomato puree)

토마토의 꼭지를 제거하고 마쇄한 다음 과피와 종자를 제거한 것을 토마토 펄프(tomato pulp)라 하는데, 마쇄하기 전에 가열처리를 하면 산화효소와 펙틴분해효소가 파괴되고 과실의 펙틴과 검(gum)질이 용출되어 점조성이 큰 양질의 펄프가 된다. 토마토 퓨레는 펄프를 정제하고 부피가 약 1/2로 되도록 농축시킨 제품으로 토마토소스(tomato sauce)라고도 한다.

토마토 퓨레 제조 공정

원료 → 수세 → 열처리 → 마쇄 → 여과 → 농축 → 미쇄 균질 → 충전 → 밀봉 → 살균 → 냉각 → 제품

원료 토마토를 마쇄하여 만든 펄프를 2중솥이나 가열탱크(tank), 또는 진공증발관 등을 사용하여 부피가 약 1/2로 될 때까지 농축한다. 농축된 것은 tomato finisher를 이용하여 균질화하고, 통조림 용기나 병에 충전한 다음 탈기·밀봉하여 100℃로 40~60분간 가열살균한다.

토마토 퓨레는 토마토 케첩(tomato catchup) 등의 가공원료로 사용되는데, 진홍색을 띠고 특유한 향미를 가지며, 과육과 과즙이 분리되지 않고 여액의 비중이 1.04인 것이 좋다.

9-5-3 토마토 페이스트(Tomato paste)

토마토 퓨레를 더욱 농축시켜서 전체 고형분의 함량을 25% 이상이 되도록 한 것을 토마토 페이스트라 하며, 더욱 더 농축시켜서 고형분의 함량이 33% 이상으로 만든 것이 농축 토마토 페이스트(concentrated tomato paste)이다.

9-5-4 토마토 케첩(Tomato catchup)

토마토 케첩은 토마토 퓨레에 향신료와 조미료를 가하고, 전 고형물이 25~30% 전후가 되고 또 비중은 1.12~1.13이 되도록 농축한 제품으로서 독특한 풍미가 있어 조미료로서의 용도가 매우 넓다.

토마토 케첩의 제조에 첨가되는 향신료로는 양파·마늘·계피·고추·메이스(mace)·파프리카(paprika)·정향·올스파이스(allspice)·후추·생강 등이, 또 조미료로는 소금·설탕·식초 등이 사용되고 있다.

9-5-5 칠리 소스(Chili sauce)

토마토의 껍질을 벗겨 잘게 썬 것과 토마토 퓨레를 적당히 혼합하고 케첩 모양으로 조미한 것을 칠리 소스라 하는데, 케첩보다 향신료의 맛이 더욱 강하다.

또 토마토의 종자, 과육, 양파 등을 잘게 썰어 혼합한 제품도 있다.

9-6 채소류의 저장

채소류는 수확한 후에도 생명현상이 유지되고 있어서 호흡활동이 계속 진행되며, 수분함량과 저분자의 유리 성분이 많고, 활성이 강한 산화효소를 비롯한 여러 가지 효소가 많으며 또한 조직이 유약하므로 자연상태에서는 장기간의 저장이 불가능하다. 따라서 수확한 채소의 저장기간을 연장하기 위해서는 ① 호흡의 억제, ② 효소의 활성화 및 작용의 억제, ③ 건조 억제, ④ 미생물의 발육 억제 등이 필요하다. 현재 채소류를 저장하는 방법으로는 CA저장법과 피막제 처리법, 저온저장법 등이 이용되고 있다.

9-6-1 채소류의 CA저장

CA저장(controlled atmosphere storage)이란 식품물 등의 호흡활동을 억제하여 저장성을 향상시키는 방법으로서, 저장실내의 산소 농도를 1~5%, 이산화탄소 농도를 2~10% 정도로 조정하여 식품을 저장하는 방법인데, 이때 저장실의 온도를 0~8℃, 습도를 80~95%로 조절·유지하면 더욱 저장효과를 높일 수 있다. 과거에는 대형의 시설을 이용하여 CA저장을 하였으므로 실용성이 떨어지는 경우가 많았지만, 근래에는 적당한 포장재료를 이용하여 소포장단위로 내부 공기의 조성을 조정하여 유통시키는 방법도 이용되고 있다. 대체로 호흡량 상승현상을 가지는 과실과 채소류는 CA 저장의 효과가 크다.

또 식품첨가물로 지정되어 있는 초산비닐수지(polyvinyl acetate)와 모르포린 지방산 에스테르(morpholine fatty acid ester)등과 같은 피막제를 과실이나 채소의 표면에 도포하면 이들의 호흡이 억제되므로 신선도가 오래 유지된다.

9-6-2 저온 저장

채소류나 과실의 호흡량은 특히 온도에 민감한데, 대체로 저장 온도가 10℃ 상승하면 호흡량은 약 2.4배가 증가한다. 따라서 저온으로 채소류나 과실을 저장하는 방법이 많이 이용되고 있다.

1) 움 저장

과거 인공적인 저온 기술과 기구가 발달되지 않았던 때부터 이용되어온 방법으로서, 원래 비교적 저온에서 온도의 변화가 적은 상태로 식품을 저장하거나 또는 발효 숙성을 조절하던 방법이다. 현재에도 무와 같은 채소의 저장에 이용되고 있다.

2) 냉장

냉장은 채소류의 종류에 따라서 차이가 있으나 동결하지 않을 정도의 저온, 즉 0℃ 가까운 온도로 저장하는 방법이다.

표 9-4 채소의 저온저장 조건

채 소	빙결점(氷結點)	저온 저장 조건		
		온 도 (℃)	습 도 (%)	저 장 기 간
아스파라거스(Asparagus)	-0.9	0	90~95	3~4주일
양배추(Cabbage)	-1.0	0	90~95	3~4주일
당근(Carrot)	-1.8	0	90~95	10~14주일
셀러리(Celery)	-0.6	-0.6~0	90~95	2~4개월
오이(Cucumber)	-0.8	7~10	90~95	10~14일
가지(Eggplant)	-0.9	7~10	85~90	10일
파(Welsh onion)	-0.9	0	90~95	1~3개월
양송이(Mushroom)	-1.1	0~1.7	85~90	3~5일
양파(Onion)	-1.1	0	70~75	6~8개월
완두콩(Green peas)	-1.1	0	85~90	1~2주일
감자(Potato)	-1.2	3~10	85~90	6~8개월
호박(Pumpkin)	-0.9	0~4	85~90	10~14일
시금치(Spinach)	-0.4	0	90~95	10~14일
고구마(Sweet potato)	-1.5	13~16	90~95	4~6개월
토마토(미숙)(Tomato)	-0.9	13~21	90~95	2~5주일
토마토(완숙)(〃)	-0.9	13~21	85~90	7일

채소류 중에서 고구마, 생강, 토란, 호박 등은 최저 9℃ 이상, 13~15℃ 정도가

저장 적온이므로 절대 냉장조건으로 저장해서는 안 되며, 또한 바나나와 같은 과실도 냉장을 해서는 안 되는데, 이들을 냉장하는 경우에는 쉽게 변패하게 된다. 이러한 현상은 원산지가 열대 또는 아열대지역인 작물에서 공통적으로 나타나며, 이렇게 10℃ 이하에서 쉽게 냉해를 받는 현상을 저온장해(chilling injury)라 한다.

3) 냉동

채소류 중에는 시금치・양배추・배추・당근・우엉・파・꽃양배추(cauliflower), 완두콩, 강낭콩 등은 특히 동결에 대한 적응성이 크므로, 적당한 처리 후에 냉동저장을 하면 장기간의 저장이 가능하다.

채소류를 냉동할 때에는 저장 중에 이미(異味), 이취(異臭), 변색(變色) 등의 발생 원인이 되는 효소를 불활성화 시키기 위하여, 전처리로서 가열처리를 행한다. 효소 이외의 화학적 작용에 의한 빛깔이나 풍미의 변화는 산소를 제거하지 않는 한 거의 불가능하지만, 채소를 농도가 낮은 소금물에 침지한 채로 동결시키거나 가열처리 후 포장을 잘하여 동결시키면 어느 정도의 변화는 방지할 수 있다.

예를 들면, 시금치를 냉동할 때에는 우선 뿌리를 절단하고 누런 잎이나 벌레 먹은 잎 등을 제거한 다음 물에 씻고, 끓는 물에서 1~2분간 열처리한 후 냉수 중에 넣어 급랭시킨다. 냉각된 시금치의 물기를 제거하고 폴리에틸렌 필름(polyethylene film)으로 포장한 다음 급속동결시키고 -18℃이하로 저장하는데, 포장만 완전하다면 6개월에서 2년 동안은 변질되지 않고 또한 비타민류도 상당히 장기간 보존할 수 있다.

제 4 편

축산식품가공

제10장 식육 및 식육가공
제11장 우유 및 유가공품
제12장 계란가공

제 10 장

식육 및 식육가공

10-1 식육자원

축산물 가공처리법에 의하면 "식육(食肉)이라 함은 식용을 목적으로 하는 가축의 지육·정육·내장, 기타 부분을 말한다"고 하였다. 식용을 목적으로 하는 가축은 소, 말, 양, 돼지(사육하는 멧돼지를 포함한다), 닭, 오리, 기타 식용을 목적으로 하는 동물로서 대통령령이 정하는 동물을 포함하고, 대통령령이 정하는 동물이란 사슴, 토끼, 칠면조, 거위, 메추리 그리고, 꿩을 말하며 이 이외의 야생동물의 가식부는 식육으로 취급되지 않는다.

표 10-1 주요 식육자원수 단위: 천두(수)

가축종류	1994	1995	1996	1997	1998	1999
한육우	2,393	2,594	2,844	2,735	2,383	1,952
젖 소	552	553	551	544	539	535
돼 지	5,955	6,461	6,516	7,096	7,544	7,864
닭	80,569	85,800	82,830	88,251	85,847	94,587

가축은 사육 목적에 따라 유용종(乳用種), 육용종(肉用種), 난용종(卵用種), 모용(毛用), 모피용(毛皮用), 역용(役用) 등 사육되는 목적이 각기 다르나 최종산물로서는 고기를 생산하게 되므로 모두 식육자원이라 할 수 있다. 한편, 이용면이나 소비량으로 볼 때 우리나라의 주요한 식육자원은 소, 돼지, 닭이라 할 수 있다.

식육의 품질은 가축의 품종, 성별, 나이, 영양상태 등에 따라 차이가 있으므로 양질의 고기를 얻기 위해서는 육축의 선정이 중요하다.

10-1-1 소(cattle)

세계적으로 식육자원의 기반이 되는 가축으로서 유용종, 육용종, 역용종이 있다. 우리나라는 한우가 대부분을 차지하나 젖소(乳牛)와 육우(肉牛)도 이용된다. 한우는 본래 농사용 또는 역용으로 사육되어 왔으나, 농기계의 발달로 최근에는 식육자원으로 중시되고 있다. 평균 생체중은 430kg, 지육율은 53%, 정육율은 38%이다. 산육량 증대와 육질 향상을 위해 비육과 품종개량에 힘쓰고 있다.

젖소의 경우에는 노폐우, 불임우, 산유능력이 낮아 경제성이 없는 소, 숫송아지 등이 식육자원이 된다. 육우는 산육성이 높고 육질도 좋게 개량된 것이다.

이용목적에 따라 스테이크나 로스트와 같은 두꺼운 고기로 조리하는 경우에는 2~3세의 어린소의 고기가 좋고, 불고기나 볶는 경우에는 얇은 고기를 사용하므로 6~7세의 장년우가 좋지만, 그 이상 나이가 든 소의 고기는 질기므로 통조림용으로 적합하다.

10-1-2 돼지(swine)

돼지는 육용전문 가축이다. 식육의 공급원으로서 번식성과 육성율이 높기 때문에 우리나라의 가장 큰 식육자원이며 식육가공의 원료육으로 중요시되고 있다. 돼지는 생산되는 고기의 특성과 주된 용도에 따라 몸집이 월등히 크며 지방이 많은 지방형(lard type: Poland China, Durock Jersey), 체형이 균형이 잡히고 착육이 잘 되어 살코기가 풍부한 생육용형(pork type: Hampshire, Berkshire), 그리고 다른 형의 돼지보다 허리가 길고 육량이 많으며 지방이 적은 가공용형(bacon type: Landrace)으로 구분하기도 한다.

생후 6~7개월이며 생체중이 90kg 내외의 것은 특히 육질이 양호하기 때문에 규격돈이라 부르며 수출용 돼지가 여기에 해당된다.

10-1-3 닭(chicken)

닭은 소, 돼지와 아울러 우리나라의 중요한 식육자원으로 육용종과 난용종이 있다. 우리나라에서 생체중 1.5Kg 내외의 닭을 broiler라고 하는데 고기가 연하고 맛이 있으며 값도 싼 편이기 때문에 모든 사람들이 즐겨 먹는 고기이다. broiler는 생체중 1.5kg일 때 지육율이 62.8%이고 정육율은 37.8%이다.

10-1-4 기타

오리(duck)도 난용종과 육용종이 있으며, 용출된 지방이 상온에서 액상인 것은 그 지방이 불포화도가 높다는 것을 의미하고 아울러 콜레스테롤이 다른 육고기에 비해 적으므로 예로부터 오리고기는 성인병 예방에 좋은 고기로 알려지고 있다.

양고기는 산양(염소)고기와 면양고기로 구분할 수 있는데, 우리나라에서는 특히 검은 염소의 고기는 약효가 있다고 하여 보신용으로 많이 이용하고 있다. 면양고기 중 1년 미만의 어린고기(자양육, 仔羊肉)를 lamb이라 하고 1년 이상의 어른고기(성면양육, 成緬羊肉)를 mutton이라 하는데, lamb은 육질이 섬세하므로 구미(歐美)에서는 고급요리에 이용되고 있다.

10-2 식육의 생산

식용 또는 도체를 이용할 목적으로 가축을 도살하는 장소를 도축장이라 하며, 도축장은 원료육의 생산공장이므로 능률적으로 작업을 할 수 있어야 하며 위생적이어야 한다.

가축의 도살은 허가를 받은 작업장에서 행하여야 한다. 다만 다음의 경우에는 시. 도지사에게 신고만으로 도살할 수 있으며 식용으로 사용하거나 판매를 할 수 있다.

① 부상, 난산, 산욕마비, 급성고창증 등으로 인하여 가축을 즉시 도살하여야 할 불가피한 사유가 있는 경우

② 학술 연구용으로 사용하기 위하여 도살·처리하는 경우

한편, 도서·벽지 등 도축장의 이용이 심히 곤란한 곳으로서 시·도지사가 정하여 고시한 지역(축산물가공처리법시행규칙 제4조)에서는 소·말을 제외한 가축을 자가소비에 사용하기 위하여 도축장 이외에서 도살을 할 수 있다(이상 축산물가공처리법 제7조).

도축업의 영업자는 작업장에서 도살·처리하는 가축에 대하여 임명·위촉된 검사원의 검사를 받아야 한다. 다만, 오리 등 대통령령이 정하는 가축의 경우에는 지정된 자체검사원의 검사로서 갈음할 수 있다.

10-2-1 도살 전처리

1) 휴식·안정

도축장에 반입된 도축은 불안하거나 수송에 의해 피로한 상태이므로, 도살 전에 계류장에서 12~24시간 동안 휴식을 취하게 하여 안정을 시킨다.

2) 급수·절식

도축은 휴식하는 동안에 사료를 주지 않고 절식을 시키면서 물은 자유롭게 먹게 한다. 절식과 급수에 의한 감량은 배설감량 정도이지만 방혈을 보다 완전하게 하고 내장을 비워서 작업을 용이하게 한다.

3) 생체검사

도축검사는 생체검사와 도체검사로 구분하는데, 생체검사는 도살 전에 도축의 건강상태와 질병 유무를 검사하고 도축신청서의 기재사항을 확인하는 것이다. 질병이 있거나 임신한 도축은 도살할 수 없다.

4) 수세

도축의 몸에 묻어 있는 먼지와 오물 등을 씻음으로서 도살·해체시에 오염되는 것을 방지하고, 더울 때는 몸을 식혀주는 효과가 있다.

10-2-2 가축의 도살·처리

축산물가공처리법(시행규칙 제2조)에서의 가축의 도살·처리 기준을 요약하면 다음과 같다.

1) 소·말·양·돼지 등 포유류(토끼를 제외한다)

(1) 도살방법

① 가축은 도살 전에 가축의 몸의 표면에 묻어 있는 오물을 제거한 후 깨끗하게

물로 씻어야 한다.

② 도살은 타격법 · 전살법 · 총격법 · 자격법 또는 CO_2 가스법을 이용하여야 한다.

③ 방혈은 뒷다리를 매달아서 목동맥을 절단하여 실시하며 식도 및 기관이 손상되지 않도록 한다.

(2) 처리방법: 부위별 절단은 다음 방법에 의한다.

① 가축의 껍질과 털은 해당 가축의 특성에 맞게 위생적으로 벗기거나 뽑아야 한다. 다만, 돼지의 경우에는 뜨거운 물에 담근 후 털을 뽑는 방식(이하 "탕박"이라 한다)을 권장한다.

② 머리는 뒷머리뼈와 제1목뼈 사이를 절단하되, 림프절은 머리에 부착시킨다.

③ 앞다리: 앞발목뼈와 앞발허리뼈 사이를 절단한다. 다만, 탕박을 하는 돼지의 경우에는 절단하지 아니할 수 있다.

④ 뒷다리: 뒷발목뼈와 뒷발허리뼈 사이를 절단한다. 다만, 탕박을 하는 돼지의 경우에는 절단하지 아니할 수 있다.

⑤ 장기적출: 항문 및 그 주위부분을 제거한 후 배쪽의 정중선을 따라 절개하고 흉강장기 · 복강장기를 끄집어낸다.

⑥ 도체: 다음 방법에 의하여 2등분 또는 4등분으로 절단하여야 한다.

㉠ 도체를 2등분으로 절단할 경우에는 엉덩이사이뼈 · 허리뼈 · 등뼈 및 목뼈를 좌우 평등하게 절단하여야 한다. 이 경우 소의 도체는 제1허리뼈와 최후등뼈 사이가 일부 절단되도록 하여야 한다.

㉡ 도체를 4등분으로 절단할 경우에는 제1허리뼈와 최후등뼈(제13등뼈) 사이를 절단하여야 한다.

10-2-2 수출용 가축의 도살·처리 기준

수출을 목적으로 도살 · 처리하는 가축에 대하여는 도살방법 ①~③의 규정에 도 불구하고 수입자가 요구하는 가축의 도살 · 처리 기준에 의할 수 있다.

10-2-3 식육제품의 기준과 규격

다음은 식품의 기준 및 규격에서 식육제품에 해당되는 것이다.

① 식육: 식용을 목적으로 생산한 짐승의 지육, 정육, 내장 및 기타 부분을 말한다.

② 지육: 머리, 꼬리, 다리 및 내장 등을 제거한 도체(carcass)를 말한다.

③ 정육: 지육으로부터 뼈를 분리한 고기를 말한다.

④ 내장: 식용을 목적으로 처리된 간, 폐, 심장, 위장, 췌장, 비장, 콩팥 및 창자 등을 말한다.
⑤ 기타 부분: 식용을 목적으로 도살된 짐승으로부터 채취·생산된 짐승의 머리, 꼬리, 다리, 뼈, 껍질, 혈액 등 식용이 가능한 부위를 말한다.
⑥ 멸균 식육제품: 가열처리 등의 방법으로 제조·가공 기준에 적합하게 살균하여 상업성 멸균처리된 제품을 말한다.

10-3 식육의 성상

일반적으로 육축의 지육에서 제골(除骨)한 체조직을 식육이라 하고, 이 중에는 근육조직을 중심으로 지방조직, 결합조직 외에 보통의 조리 수단으로는 제거되지 않는 지방, 신경, 혈관, 림프관, 인대, 막, 연골 등이 포함되어 있다.

근육에는 생체 내에서의 기능과 형태가 다른 3종류가 있다. 광학현미경 하에서 주기적인 명암의 무늬를 나타내는 횡문근(橫紋筋, cross-striated muscle)이 있는데, 횡문근에는 뼈에 부착되어 있고 의지에 따라 그 운동을 조절할 수 있기 때문에 수의근(隨意筋, voluntary muscle)이라고도 하는 골격근과 심장을 형성하고 자동적으로 박동을 계속하는 심근이 있다. 한편, 생체 내에는 평활근이라 부르는 근육이 있는데, 주로 혈관, 식도, 위, 장, 방광, 자궁 등 내장에 존재하고 자율신경의 지배를 받아서 의지에 따라 움직이지 않으므로 불수의근(不隨意筋, involutary muscle)이라고도 한다. 식육은 3종류의 근육 중 골격근을 주체로 하는 식품이며, 심근과 평활근은 부산물로 이용하고 있다.

10-3-1 골격근(骨格筋, skeretal muscle)

골격근은 다수의 근섬유(근세포)와 그 사이에 존재하는 비교적 소량의 결합조직, 혈관, 신경 및 지방조직에 의해 구성된다. 각 근섬유는 근내막이라 부르는 결합조직에 둘러 싸여 있고, 거기에는 모세혈관과 신경이 분포한다. 50~150개의 근섬유가 모여서 1차근속(一次筋束, primary muscle bundle)을 만들고, 이것이 수십 개 모여서 2차근속(二次筋束장, secondary muscle bundle)이 되는데, 이들 근속은 근주막(筋周膜축, perimysium)이라는 결합조직에 싸여있다.

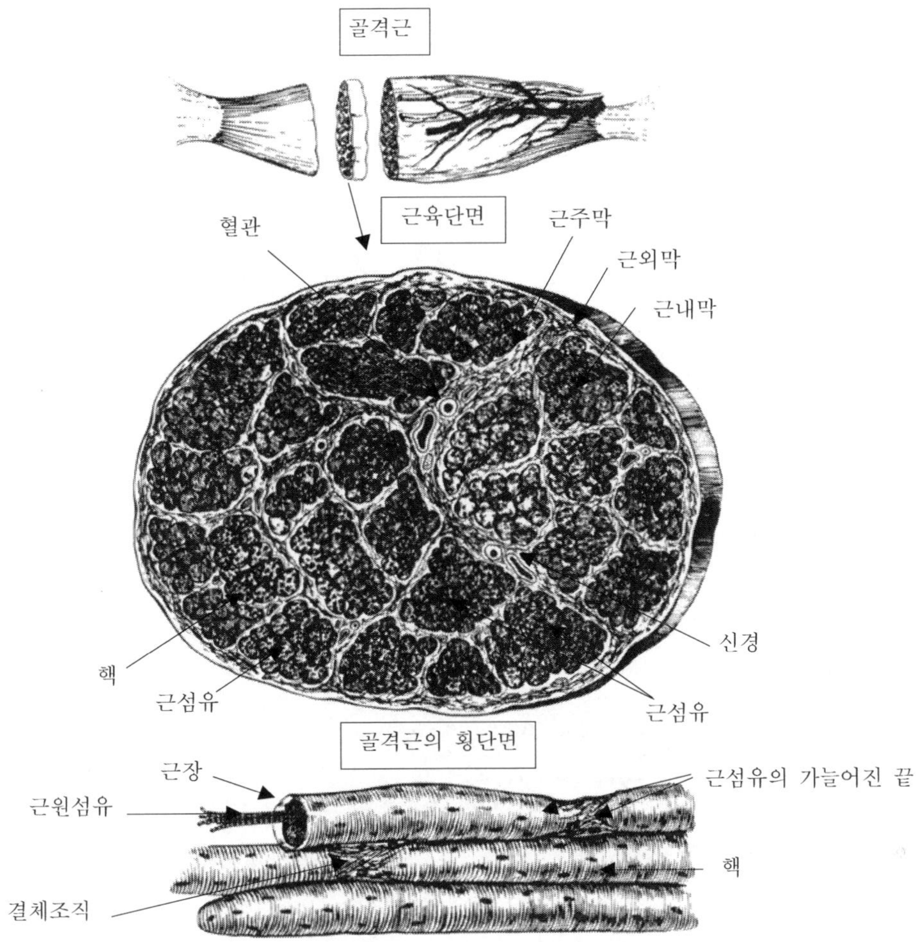

그림 10-1 골격근의 횡단면

근섬유 속의 집합체가 근육이며, 그 외층을 둘러 싸고 있는 결합조직을 근상막(筋上膜, epimysium)이라 부른다. 근상막은 근육간의 격벽(隔壁)이나 근막이 되고, 근조직의 양단에서는 모든 결합조직이 모여서 건(腱, tendon)이 되어 골막(骨膜)에 연결되어 있다.

1) 근섬유(筋纖維, muscle fiber)

골격근은 폭 0.01~0.1 mm, 길이 수cm~십수cm의 세장(細長)하고 거대한 근세포로 되어있다. 이들은 발생 단계에서 다수의 세포가 장축(長軸)방향으로 융합(融合)하여 만들어진 것으로서, 세포핵이 수백 개도 존재하는 다핵세포이며 세장(細長)한 실모양이므로 근섬유라 불리운다.

근섬유는 근내막(筋內膜, endomysium)에 싸여 있으며, 그 안에 근원섬유와 근장을 비롯한 핵(核), 미토콘드리아(mitochondria), 근소포체(筋小胞體, sar coplasmic reticulum)등이 들어 있다.

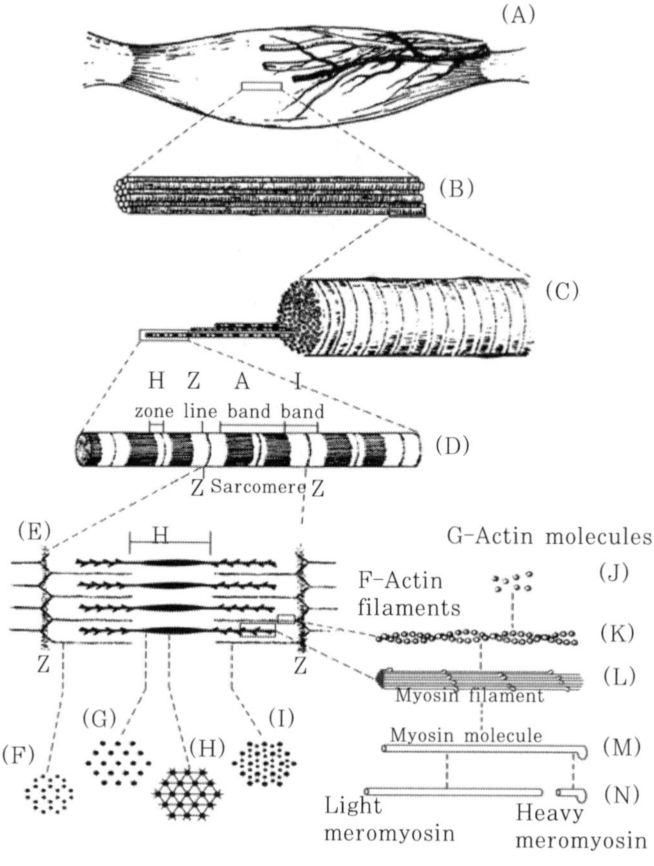

A: 골격근　　B: 근속(근섬유의 다발)
C: 근섬유(근원섬유가 모여서 이루어져 있다)
D: 근원섬유(근절과 근절의 여러 帶, 선을 볼 수 있다)
E: 근절(근원섬유 내의 초원섬유의 위치를 나타내고 있다)
F~I: 근절내의 여러 위치에 있어서의 횡단면(초원섬유의 배열을 나타낸다)
J, G: 액틴분자, K, F: 액틴필라멘트(G: 액틴의 중합에 의하여 된다)
L: 마이오신 필라멘트(마이오신 분자의 머리와 필라멘트의 관계를 보여준다)
M: 마이오신 분자(머리 부분과 꼬리부분으로 되어 있다)
N: 마이오신 분자의 HMM과 LMM(마이오신 분자의 단백질 분해효소 trypsin에 의하여 나워진다

그림 10-2 근섬유의 구조

2) 근원섬유(筋原纖維, myofibril)

근원섬유는 직경 0.5～2.0㎛의 가늘고 긴 원통형의 섬유로 근섬유의 장축(長軸)에 평행하여 나란히 배열되어 있다. 각 근원섬유에는 암대(暗帶)인 A-band와 명대(明帶)인 I-band가 규칙적인 주기를 가지고 있어서 횡문을 나타내고 있으며, I-band의 중앙에는 Z-line이 있는데 Z-line과 Z-line 사이를 근절(sarcolemma)이라 하며 근육의 수축과 이완이 일어나는 기본적인 단위이다.

암대를 구성하는 A-band는 굵은섬유로 이루어져 있고 대부분 미오신으로 되어 있으므로 myosin filament라고도 하며, I-band는 가는섬유로 이루어져 있고 대부분 액틴으로 되어 있으므로 actin filament라고도 한다.

3) 근장(筋漿, sarcoplasm)

근섬유의 세포액을 근장(근형질)이라 한다. 근장은 근원섬유 사이를 채우고 있는 교질액(膠質液)으로 여러 종류의 단백질과 글리코겐, 지질 등 근육운동의 에너지원과 해당계효소들이 들어 있다.

10-3-2 결합조직

결합조직은 체내의 여러 조직을 연결하고 유지하는 조직이다. 결합조직은 골격의 구성분, 기관, 혈관, 림프관의 외곽구조, 그리고 건, 근육, 신경섬유, 근섬유 등의 주위구조로서 몸 전체에 광범위하게 분포되어 있다.

10-3-3 지방조직

지방조직은 지방세포가 결합조직에 의해 연결되어 주로 피하, 기관의 주위, 복강 등에 다량으로 존재하면서 체온을 유지하고 영양물질로서의 축적과 기관의 보호작용을 한다. 지방이 근육조직 내에 침착이 되면 육질을 향상시킨다.

10-4 식육의 일반조성

식육의 화학적 조성은 동물의 종류, 나이, 채취부위 및 영양상태 등에 따라 달라진다. 보통 수분함량과 지방함량은 상호 반비례관계를 나타내는 경향이 있으며, 지방함량이 많은 육은 그 만큼 수분량이 적어지고, 그래서 상대적으로 조단백질함량도 저하한다. 그러나, 육의 부위와 가축의 종류에 관계없이 소위 적색육을 절취하여 일반조성을 분석하면 조단백질의 함량이 약 20%, 조지방과 수분함량의 합계가 약 80%를 나타낸다.

수분은 영양성분은 아니지만 보수성(保水性, water holding capacity, WHC)에 따라 육의 풍미와 육질에 밀접한 관계가 있으므로 중요한 성분이라 할 수 있다.

표 10-2 각종 육축의 일반조성(가식부 100g당)

종류	수분(g)	단백질(g)	지질(g)	Ca(mg)	P(mg)	$VitB_1$(mg)	$VitB_2$(mg)
쇠고기(한우)등심	63.8	21.0	14.1	11	165	0.07	0.19
쇠고기(한우)양지	68.0	21.6	9.2	8	187	0.08	0.18
돼지고기, 등심	61.6	21.1	16.1	7	187	0.56	0.16
돼지고기, 삼겹살	53.3	17.2	28.4	8	132	0.68	0.30
닭고기	70.1	18.5	10.4	11	169	0.10	0.15
오리고기	55.3	16.0	27.6	15	180	0.21	0.31

10-4-1 단백질

근육단백질은 조직내에서의 기능, 존재위치 및 각종 염용액에 대한 용해도의 차이에 따라서 근원섬유단백질, 근장(근형질)단백질, 그리고 육기질단백질로 구분한다. 각각의 함량비는 전근육단백질량에 대하여 근원섬유 단백질이 약 56%, 근장단백질이 약 33%, 그리고 육기질단백질이 약 11%의 비율로 들어있다.

1) 근원섬유 단백질

생체의 구조형성에 관여하는 단백질을 구조단백질이라 하며, 근원섬유의 미세구조를 형성하는 근원섬유단백질은 모두 구조단백질이라 할 수 있다. 근원섬유단백질은 고이온 강도에서 추출되는 염용성 단백질로서 보유하는 특수한 기능에 따라 수축단백질과 조절단백질로 구분하고 있다.

근원섬유 단백질량의 약 80%를 차지하고 양적으로 가장 많은 미오신(약 60%)과 액틴(약 20%)은 근육의 수축에 직접 관여하므로 수축단백질이라 부른다. 또, 근육의 수축・이완과 같은 근수축 운동의 조절에 관여하는 조절단백질에는 Ca^{+2}에 의한 근육수축의 조절에 관계하는 tropomyosin 및 troponin과 같은 주요 조절단백질과 근원섬유의 규칙적구조를 주로 조절하는 역할을 하는 미량조절 단백질이 있다. 후자에는 가는 섬유의 구조조절을 행하는 actinin군 및 굵은 섬유에 관계하는 M-, C-, F- 및 I-protein이 알려져 있다.

이들 단백질들은 근육의 수축운동에 관여할 뿐만 아니라 육가공에서 기능상으로 제품의 결착성을 지배하므로, 이들의 생화학적 변화는 육질을 좌우하고 육제품의 품질에 영향을 준다.

2) 근장 단백질

근장단백질은 근섬유의 근장 중에 존재하는 myogen, globulin X, myoalbumin 및 myoglobin(육색소) 등 물 또는 저이온 강도의 염용액에서 추출되는 수용성 단백질이 약 85%, 그리고 근소포체, 핵, 미토콘드리아 등의 세포내 소기관의 단백질들이 약 15% 함유되어 있다. 수용성 단백질의 대부분은 혐기적 해당계에 관여하는 효소군이며 육가공상의 결착성과는 관련이 없다.

3) 육기질 단백질

육 중에 결합조직을 구성하는 단백질은 콜라겐(collagen), 레티큘린(reticulin) 및 엘라스틴(elastin)이지만, 90% 이상은 콜라겐이다. 레티큘린은 아미노산 조성이 콜라겐과 비슷하지만 콜라겐과는 다른 당단백질이 결합한 것으로 생각되고 있다. 엘라스틴은 건(腱)과 인대에 함유된 탄성이 높은 섬유이지만, 골격근에서는 결합조직섬유 중 약 3% 정도 밖에 들어있지 않으므로 식육의 성질에 미치는 영향은 적은 것으로 알려졌다.

콜라겐은 분자간 가교결합의 정도에 따라서 중성염가용성, 산가용성 및 불용성 collagen이라 불리우는 용해도가 다른 획분(劃分)으로 분별된다. 일반적으로 동물이 성장함에 따라 불용성 콜라겐 획분량이 증가되고, 따라서 식육의 경도(硬度)도 증대된다.

10-4-3 지질

지방은 동물의 종류와 부위, 그리고 영양상태 등에 따라 그 함량 변동이 가장 심한 성분으로, 피하와 근육간에 존재하고 에너지원으로 이용할 수 있는 축적지방과 장기(臟器) 등의 조직에 들어있는 조직지방으로 나눌 수 있다.

대부분이 중성지질로 구성된 축적지방은 가축의 비육도에 따라 근주막 등에 침착되어 근간지방(筋間脂肪, intermuscular fat)을 형성하여 육질을 향상시킨다.

10-4-4 당질

근육 중에 가장 많이 함유되어 있는 당질은 포도당의 중합체인 글리코겐이며, 전분과 유사한 구조를 가지므로 육의 전분이라 불리운다.

표10-3 각 동물지방의 지방산조성(%)

지방산		동물별 주요 지방산 조성			
		소	양	돼지	닭
포화 지방산	Lauric acid	0.1	0.1	미량	-
	Myristic acid	4.5	3.2	0.1	0.1
	Palmitic acid	27.4	28.0	30.1	25.6
	Stearic acid	21.1	24.8	16.2	7.0
	Arachidic acid	0.6	1.6	미량	-
불포화 지방산	Palmitoleic acid	2.0	1.9	2.7	7.0
	Oleic acid	41.6	34.2	40.9	20.4
	Linoleic acid	1.8	4.0	7.1	21.3
	Linolenic acid	0.5	0.6	0.3	-
	Arachidonic acid	0.4	0.8	1.7	0.6

표 10-4 각종동물육 지방의 융점과 옥소가

종류	융점(℃)	옥소가
소	40~50	32~47
돼지	33~46	46~66
면양	44~55	31~46
닭	30~32	58~80

글리코겐은 근육 중에 약 1%전후 함유되어 있는데 마(馬)근육에 특히 그 함량이 높다. 이 글리코겐 함량은 사후 근육에서 일어나는 생화학적 변화와 밀접한 연관이 있는데, 경직이 해제된 근육에서는 대부분의 글리코겐이 유산으로 바뀌게 된다.

10-4-5 가용성 비단백태질소화합물(엑기스분)

육을 물에서 가열·조리하면 용출되는 성분을 광의의 엑기스분이라 하고, 여기에서 단백질, 지질, 무기질, 비타민을 제외한 유기화합물을 협의의 엑기스분이라 한다. 비단백태질소화합물은 약간의 유기산과 당질 등과 같은 획분에 존재하며 그

60% 전후를 차지하는 성분이다. 주요 성분으로는 nucleotide, guanidine, 아미노산 및 펩타이드 등이며 이것들은 정미성분으로 알려져 있다.

10-4-6 무기질

식육 중의 무기물 함량은 동물의 종류에 관계없이 약 1% 정도이다. 육 중에는 K, P, S가 특히 많고 Ca 등이 특히 적게 들어 있는 전형적인 산성식품이다.

10-4-7 비타민

식육은 비타민 A 및 C에 대해서는 빈약한 급원이다. 한편, nicotinic acid, pantothenic acid량은 상당히 많고, 비타민 B_1 및 B_2도 많이 들어 있다. 비타민 B_1 함량은 육의 부위에 따라서는 큰 차이가 없지만, 돈육 중에는 다른 가축에 비해 수배나 많이 함유되어 있는 것이 특징이다. 간에는 비타민 B군 이외에 비타민 A와 C도 풍부하게 함유되어 뛰어난 비타민 급원이라 할 수 있다.

10-5 근육의 사후변화와 육의 품질

동물의 근육은 사후 시간이 경과함에 따라 물리적 또는 화학적 성질이 크게 변화한다. 이러한 근육의 사후변화(死後變化)는 육질에 큰 영향을 주게 된다. 그러므로, 사후 근육 내에서 일어나는 물리 화학적인 변화를 안다는 것은 고기의 이용면에서 중요한 일이라고 할 수 있다.

10-5-1 사후강직

도살직후의 고기는 부드럽고 탄력성이 크며 보수력이 높지만 일정시간이 지나면 고기는 굳어지고 장력(張力, tension)이 발생하여 보수력이 크게 저하한다. 이러한 현상을 사후강직(死後强直, rigor mortis)이라 한다.

사후강직은 근육 내의 에너지 대사와 밀접한 연관이 있는데, 동물은 사후 호흡이 정지됨에 따라 TCA cycle에 의한 ATP의 주공급원이 막히게 된다. 그러나 creatin phosphate로 부터의 ATP재생과 혐기성대사에 의한 글리코겐으로부터 ATP가 생성되므로 어느 시기까지는 고농도의 ATP 수준을 유지할 수 있게 되어 근육은 이완된 상태를 유지할 수 있게 된다. 이 단계를 강직전(强直前, pre-rigor)이라는데, 이 때는 근육이 유연하고 신전성(伸展性)이 높은 상태를 유지하게 된다.

사후 시간이 경과함에 따라 ATP는 일방적으로 myosin-ATPase에 의하여 분해되기 시작하고, 글리코겐의 분해로 생성된 젖산에 의해 pH는 내려가게 된다. ATP의 농도가 어느 한계 이하로 내려가면, actin filament와 myosin filament는 서서히 결합하여 actomyosin이 되면서 사후강직이 시작된다.

ATP의 농도가 더욱 낮아지고 pH가 최종 pH에 도달하게 되면 액틴과 미오신간의 불가역적 상호결합은 더욱 많아져서, 근육은 강력한 장력을 발생시키며 최대강직기(最大强直期)에 이른다.

사후강직이 시작되는 시기와 최대강직의 시기는 동물의 종류, 나이, 영양상태, 도살시의 흥분상태, 온도 등에 따라 달라진다. 예를 들면 온도가 높으면 사후강직은 빠르고 온도가 낮으면 사후강직도 늦어진다.

일반적으로 물고기는 1~4시간, 닭고기는 6~12시간, 쇠고기는 24~48시간, 돼지고기는 70시간 뒤에 최대강직에 이르는 것으로 알려지고 있다.

경직 중에 있는 고기는 가열하여도 부드럽지 못하고, 가공시에도 육단백질의 수화력이 감소하여 결착성이 나빠지므로 좋은 제품을 얻을 수 없다.

10-5-2 강직 해제와 숙성

경직기를 지난 근육은 다시 연해지고 아미노태 질소가 증가하므로 풍미가 좋아진다. 그러므로 식육을 이용할 경우에는 먼저 근육의 경직 상태를 해제시킬 필요가 있으며, 이것을 육의 숙성(熟成)이라 한다. 숙성은 근육 자체가 가지고 있는 효소에 의해 단백질을 분해시켜 근육을 부드럽게 하는 것이므로 자기소화(自己消化: autolysis)라고도 부른다.

그러나, 고기는 각종 영양소가 풍부하므로 경직이 해제될 무렵부터는 미생물의 증식이 활발해져 결국 부패초기에 이르게 된다. 따라서, 숙성을 시킬 때에는 저온에서 서서히 시키는 것이 안전하며, 숙성기간은 쇠고기인 경우 0℃에서는 10일간, 8~10℃에서는 4일간이 적당하다.

10-6 육가공의 원리

육가공(肉加工)이라 함은 원료육을 용도에 맞게 절단하여 분쇄, 염지, 훈연 및 가열 등의 과정을 거쳐 육제품을 만드는 과정을 말한다. 품질이 일정하고 기호성이 좋은 제품을 만들려면 원료육의 특성과 각 공정의 목적 및 효과를 잘 알아야 한다.

10-6-1 염지(鹽漬, curing)

염지는 원료육과 소금, 기타 첨가물을 혼합하여 제품에 염미를 주고 방부성을 부여하고, 육중에 첨가된 발색제에 의해 발현된 색소를 고정시키며 염용성단백질을 용출시켜 보수성과 결착성을 증대시킬 뿐만 아니라 고기를 숙성시켜 독특한 풍미를 갖도록 한다.

1) 염지 재료

① 소금: 염지에 필수적인 재료로서 맛과 방부성을 주고 염용성단백질을 용출시켜 결착성을 갖게 한다.

② 아질산염 및 질산염: 발색제로 사용되며 근육 중의 육색소를 안정시킬 뿐만 아니라 미생물의 성장억제작용과 제품의 풍미를 향상시킨다. NO_2-기는 근육 중의 2급 아민과 반응하여 nitrosamine이라는 발암성물질을 만들므로 그 사용이 규제되었으나, 이러한 발색제가 발색효과 외에 풍미를 향상시키고 세균의 발육억제작용이 있는 것으로 밝혀짐으로서 사용이 허용되었으며 그 사용량은 NO_2-기로서 70㎎/㎏이하로 규제하고 있다.

③ 설탕: 제품의 풍미를 개선한다.

④ 기타: 그 밖에 지방이나 색소의 산화를 방지하기 위한 산화방지제와 세균의 발육을 억제할 수 있는 보존제 등이 사용된다.

2) 염지방법

(1) 완만염지법

예로부터 행해지고 있는 방법은 자연염지법 또는 완만염지법이라 불리우는 건염법과 습염법이 있다.

건염법은 육 무게의 2% 이상의 식염과 200ppm 이상의 $NaNO_2$를 함유한 염지제를 육에 뿌려 문지르거나 혼합하여 2~5℃의 냉장고에서 숙성시키는 방법이며, 습염법은 식염 15%, $NaNO_2$ 200ppm을 최저농도로 하는 염지액에 육을 담궈서 2~5℃에서 숙성시키는 방법이다.

(2) 신속염지법

완만염지에 대해서 신속염지법이 있으며, 그 대표적인 것이 염지액 주입법

(pickle pumping)으로 혈관주입법과 근육주입법이 있다. 최근에는 수십개에서 200여 개의 바늘이 달린 다침형(多針型, multi-needle type)의 주사기(injector)를 사용하여 육 중량의 8~12%의 염지액을 주입한 후 massager나 tumbler에 걸고 나서 염수에 담그는 방법이 햄과 베이컨의 일반적인 염지법이 되고 있다. massager나 tumbler를 적당히 이용하면 육이 연해지고 보수력이 향상되지만, 지나치면 육이 굳어지고 보수력은 저하한다.

이러한 염지법이 종래의 염지법과의 차이는, ① 염지제가 육 전체에 균일하게 들어갈 수 있고, ② 염지기간이 단축되며, 그리고 ③ 발색제로 질산염을 사용하지 않고 아질산염을 사용한다는 것이다. 종래에는 발색제로 질산염을 많이 사용하였으나 이 경우 질산환원성 세균이 필요한데 이들 세균들이 염지액의 부패에 관여한다는 것을 알게 되었고, 그래서 아질산염을 사용하는 것이 위생적이라 할 수 있다.

소시지도 예전에는 미리 염지한 육을 chopper에서 만육을 한 후 silent cutter에서 유화를 했지만, 지금은 유화 공정시 chopping육에 직접 염지제를 넣는 cutter curing(또는 emulsion curing)이 주류를 이루고 있다. 이것도 질산염을 사용하지 않고 햄과 같이 아질산염만을 사용하는 것이 된다.

10-6-2 만육(chopping 또는 grinding)

만육은 만육기(chopper)를 사용하여 육 중에 들어 있는 연골이나 결체조직 등을 파쇄하고 고기를 갈아서 다음 공정을 용이하게 하는 작업을 말한다. 원료육의 용도와 제품의 종류에 따라서 최종 plate의 구경(口徑)을 선택해야 하는데, 최초 plate의 구경이 너무 작거나, 마모되어 무딘 칼날을 사용하여 무리하게 갈면 원료육의 온도를 상승시켜 유화력이 감소된다. 또한, 원료육에 결체조직의 함량이 많을 경우에는 칼날에 결체조직이 엉겨서 고기가 갈리지 않으므로 결체조직을 충분히 제거하고 작업을 하는 것이 좋다.

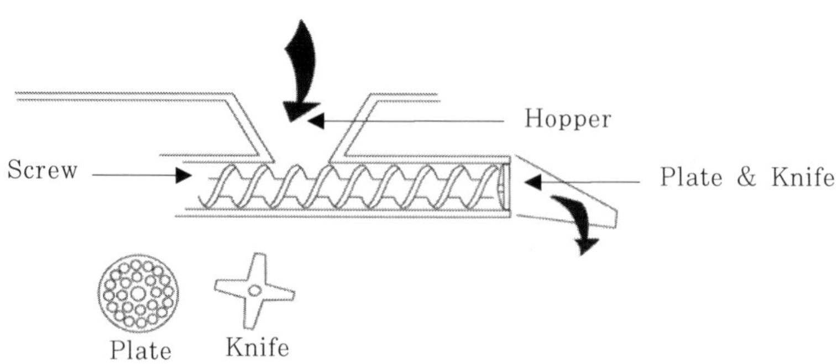

그림 10-3 chopper

10-6-3 유화

1) 유화(cutting & mixing)의 목적

소시지육(sausage meat, meat emulsion)을 만드는 공정으로 silent cutter를 사용한다. 주원료인 적육(赤肉)과 지방, 그리고 부원료인 향신료와 조미료를 균일하게 세절·혼화하고, 한편으로는 전체의 결착력과 유화력을 가능한 강하게 하는 것이 이 공정의 목적이다.

2) 세절방법

육의 결착력을 높이고 지방과 물과의 유화력을 강하게 하기 위하여 육만을 충분히 냉각하거나 약하게 동결한 상태에서 빙수를 가하지 않고 세절(cutting)을 하고, 그 후에 지방과 얼음을 가해서 세절을 한다. 육온(肉溫)의 상승은 단백질, 지방, 물 등 3가지의 유화를 방해하여 제품의 수분리와 지방분리의 원인이 되므로 일반적으로 육온은 12℃이하(최대 15℃)여야 한다.

세절 중 육온을 상승시키는 것은 지방, 전분, 다른 단백질재료 등이고, 내리는 것은 빙수, 동결육 등이다. 따라서 세절에 들어 가는 순서는 적육→빙수→향신료·조미료→전분→지방 순으로 한다.

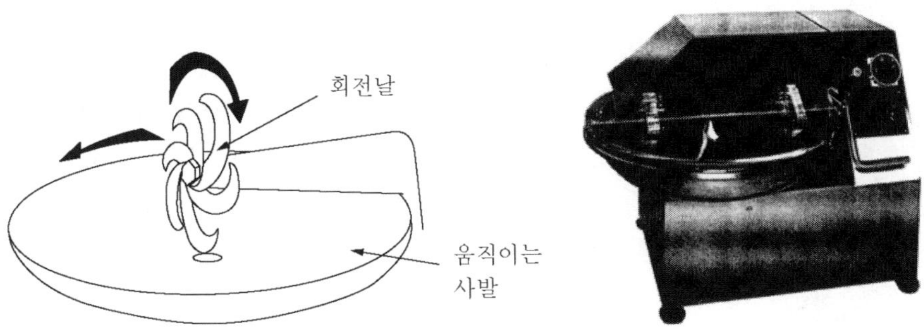

그림 10-4 silent cutter

10-6-4 훈연

1) 훈연의 목적

염지한 육괴(肉塊)나 세절육(細切肉)을 케이싱(casing)에 넣고 훈연하는 공정으로, 육색의 고정발색, 육질의 안정, 훈연에 의한 색택과 풍미 부여 등에 의해 최종제품의 기호성 향상, 제품 표면의 pH 저하(초산을 주성분으로 하는 유기산) 및 Aw의 저하(건조), 살균, 정균효과가 있는 물질의 부착(alcohol류, aldehyde류, keton류, phenol류), 산화방지 효과가 있는 물질(주로 phenol류)의 부착에 의한 안전성 및 보존성의 향상을 둘 수 있다.

2) 훈연재료

훈연재료는 수지(樹脂)가 적은 경목(硬木)이 좋고, 나라와 지방에 따라서 입수하기 쉬운 수종을 사용하는 것이 일반적이다. 연한 침엽수는 그을음이 많고 불쾌한 풍미를 만들므로 사용하지 않는다. 톱밥의 경우에는 저장중에 발효할 수 있으므로 수분을 25% 이하로 유지하는 것이 좋다.

3) 훈연방법

훈연재를 태우는 온도는 훈연에 의한 색택과 풍미에 영향을 주므로 일정해야 한다. 연기 중에 3, 4 benzpyrene이 문제가 되는데, 목재의 연소온도가 420℃ 이하에서는 3, 4 benzpyrene이 생기지 않는 것으로 알려졌으며, 대부분의 연기발생기(smoke generator)는 300~380℃의 범위에서 임의로 조정할 수 있게 되어 있다. 이렇게 만들어진 연기는 훈연실로 이동하는 도중에 온도와 습도를 조정하게 된다.

훈연방법은 보통 훈연온도에 의해 구분하는데, 열훈법(hot smoking)은 60~90℃, 온훈법(warm smoking)은 40~45℃ 그리고, 냉훈법(cold smoking)은 16~18℃(최대 22℃)이다. 여기서 22~39℃를 피하는 것은 병원균이나 부패균의 번식에 적당한 온도대이기 때문이다.

열훈법에서 시간을 길게하면 지방이 용출하여 투명하게 되거나 단백질의 열변성으로 육질이 변화하므로 특히 비가열제품과 건조제품에서는 열훈법을 사용하지 않는다.

가열제품에서는 가열공정이 있으므로 훈연방법은 제한을 받지 않지만, 가열 후에 훈연을 할 것인지 훈연 후에 가열을 할 것인지는 선택을 해야 한다. 훈연 후에 가열을 하는 경우에는 표면에 부착한 훈연물질이 일부 유실되어 보존성이 떨어지므로, 고급품에서는 훈연→가열→훈연의 방법도 행해지며, 이 경우 두번째 훈연은 시간이 짧아도 된다.

10-6-5 가열(cooking)

1) 가열의 목적

육가공에서 가열의 목적은 병원균을 사멸시켜 안전성을 높이는 것과 변패균을 살균하여 보존성을 높이는 것 및 가식성을 부여하는 동시에 독특한 기호성(육색, 풍미)를 주는데 있다.

육제품의 가열조건은 그 중심부의 온도를 63℃에서 30분 가열하는 방법 또는 이것과 동등 이상의 효력을 갖는 방법으로 살균하여야 한다. 이 가열조건은 대장균군을 음성으로 하는 것과 관련이 있다.

2) 가열의 방법

일반적으로 햄, 베이컨, 소시지는 제품을 물속에 넣고 가열하는 탕자(湯煮)법이나 증기로 찌는 증자(蒸煮)법을 사용한다.

10-6-6 케이싱(casing)

케이싱은 내용물을 충전할 때 파손이 안 되어야 하며, 충전시의 압력과 결찰 및 linking 압력에 견딜 수 있어야 한다.

케이싱은 돼지와 양의 소화관이나 장관(腸管)으로 만든 천연케이싱(natural casing)과 셀룰로즈, 재생 콜라겐, plastic film 등으로 만든 인조케이싱(manufactured casing)이 있다.

천연케이싱은 통기성이 있어 훈연이 가능하고 신축성이 있으며 소화가 가능하므로 그대로 먹을 수 있으나 저장성이 약하기 때문에 이것으로 만든 제품은 진공포장을 하여야 한다.

10-7 식육가공품

식품의약품안전청이 고시(1999. 2. 5. 개정)한 식품의 기준 및 규격에 의하면 식육가공품이라 함은 식육(소, 돼지, 양, 염소, 토끼, 닭, 칠면조, 오리, 꿩, 메추리 등 식생활 관습상 통상적으로 사용되는 고기와 식용 가능한 장기류 및 부산물)을 주원료로 하여 제조 가공한 햄, 소시지, 베이컨, 기타 이와 유사한 것이라고 정의하고 있다.

10-7-1 본인햄(regular ham)

본인햄의 일반적인 제조 공정

원료육 → 절단 → 혈교 → 염지 → 수침 → 건조·훈연 → 냉각 → 제품

1) 절단(cutting)

원료육은 햄부위를 사용하고 절단방법에 따라 long cut와 short cut가 있다.

2) 혈교(血絞: pressing out the blood by dry salting)

변패의 원인이 되는 잔존 혈액을 제거하기 위하여 혈교를 한다. 원료육의 2~3%에 해당하는 소금과 0.12~0.2%의 질산염 및 0.01%의 아질산염을 섞은 혼합염을 원료육 표면에 잘 비벼준 후 밑부분에 구멍이 뚫린 염지통에 넣고 2~4℃에서 1~2일간 경사진 곳에 두어 혈액 등이 배출되도록 한다.

3) 염지(curing)

혈교를 끝낸 고기 덩어리는 피클액의 10~20%를 피클주입기로 주입하여 염지통에 차례차례 쌓고 뚜껑을 덮은 다음에 무거운 돌을 올려놓아서 육 전체가 염지액 중에 잠기도록 한다.

염지액의 양은 육량의 약 50% 정도, 염지기간은 3~5℃에서 Kg당 5일간 기준으로 하며, 고기덩어리가 클 때에는 20일 넘는 경우도 있다. 염지 기간 중에는 3~5일 마다 상하를 바꿔주어 염지가 균일하게 되도록 한다.

4) 수침(soaking)

표면의 소금기를 씻어내고, 원료육 내외의 염농도를 균일하게 하기 위하여 육 1Kg당 20분의 비율로 10℃ 정도의 유수 중에 담갔다가 꺼내어 물기를 뺀다.

수침이 끝나면 고기 표면에 묻어 있는 오물이나 응고물을 긁어내고 형태를 다듬는다.

5) 건조 및 훈연

수침이 끝나면 다리 쪽 끝 부분에 끈을 만든 후 서로 닿지 않도록 훈연실에 매단다. 처음에는 30℃에서 24시간 정도 건조를 시킨 후 50~60℃에서 1~2일간 훈연을 실시한다. 표면이 담황갈색이며 방향이 있는 것이 좋고, 암갈색은 훈연 과잉이며 침엽수재료는 풍미를 나쁘게 하므로 사용하지 않는다.

6) 냉각 및 포장

훈연이 끝나면 훈연실에서 꺼내어 방냉을 시킨 후 PVDC대(袋)에 넣어 진공포장을 한다.

10-7-2 본레스햄(boneless ham)

본레스햄의 일반적인 제조 공정

원료육 → 혈교 → 염지 → 수침 → 골발 · 정형 → 묶기 → 건조 · 훈연 → 가열 → 냉각 → 제품

1) 원료육

원료육은 본인 햄에 준하나 일반적으로 long cut한 것을 사용한다.

2) 혈교, 염지 및 수침

본인 햄과 같이 한다.

3) 골발 및 정형

염지 및 수침이 끝나면 먼저 골반골을 떼어내고 슬개골을 제거한 다음 대퇴골을 도려내고 정형을 한다. 염지기간의 단축 등을 이유로 염지전에 골발을 하는 경우도 있다.

4) 묶기(rolling)

햄의 모양을 만들고 뼈를 빼고 난 공간을 결착시키기 위하여 햄틀에 넣어 압축을 하거나 면포로 싸서 끈으로 양끝을 묶은 다음 원통형이 되도록 나선형으로 감는데 끈이 느슨하면 결착력이 나빠진다.

5) 건조 · 훈연

본레스 햄은 본인 햄과는 달리 저장성이 없으므로 훈연시간을 짧게 한다. 40~50℃에서 5~6시간 건조한 후, 50~60에서 5~10시간 훈연을 한다. 훈연 중에 끈이 느슨해지면 풀어서 다시 묶어 준다.

6) 가열

훈연이 끝나면 제품의 중심 온도가 65℃에서 30분 이상 지속될 수 있도록 70~75℃의 물속에서 가열한다. 제품의 두께와 물의 온도에 따라 다르지만 지름 15cm

정도의 것은 70℃에서 4~5시간 가열한다.

7) 냉각 및 포장

가열처리가 끝난 제품은 냉각시킨 후 PVCD대에 넣어 진공포장을 한다.

10-7-3 프레스햄

햄과 소시지의 중간적인 특성을 갖는 육제품으로서 적당한 크기로 토막낸 원료육과 조미료 및 향신료 등을 혼합하여 케이싱에 압력을 가하여 충전한 다음 가열에 의해 단백질을 응고시켜 굳힌 식품이다.

프레스햄의 일반적인 제조 공정

[원료육] → 염지 → 혼합 → 충전 → 건조·훈연 → 가열 → 냉각 → 포장 → [제품]

1) 원료육

원료육은 햄과 베이컨의 잔육이나 그 밖에 다른 식육의 결체조직을 제거하여 적당한 크기(3~5㎤)로 토막낸 육괴(肉塊)를 사용한다. 원료처리시 고기의 온도가 15℃ 이상이 되면 육단백질이 변성되어 결착력이 나빠지므로, 처리실의 온도는 10℃ 이하로 유지되어야 한다.

2) 염지

염지는 건염법을 이용하며 2~3℃애서 3~4일간 저장한다. 염지중 표면이 공기와 접촉하면 발색이 좋지 않으므로 공기와 접촉이 되지 않도록 P.E film으로 밀착시켜 싸준다.

3) 혼합

염지가 끝나면 원료육을 육혼합기(meat mixer)에 넣고 육괴의 결착력을 좋게 하기 위하여 적육을 silent cutter에서 갈아서 만든 결착육과 조미료, 혼합 향신료 및 증량제 등을 첨가하여 충분히 혼합한다. 혼합시에 시간이 너무 짧으면 결착력이 나빠지고, 너무 길면 육괴가 망그러지므로 5~10분 정도가 적당하다.

4) 충전

혼합이 끝나면 충전기를 이용하여 틀(retainer)이나 케이싱에 충전을 한다. 이

때 케이싱 내에 공기가 들어가게 되면, 제품 내에 기포가 생기거나 가열시 공기 팽창에 의해 케이싱이 파열될 우려가 있다. 사용되는 케이싱은 훈연 여부에 따라 통기성 또는 비통기성 케이싱을 사용한다.

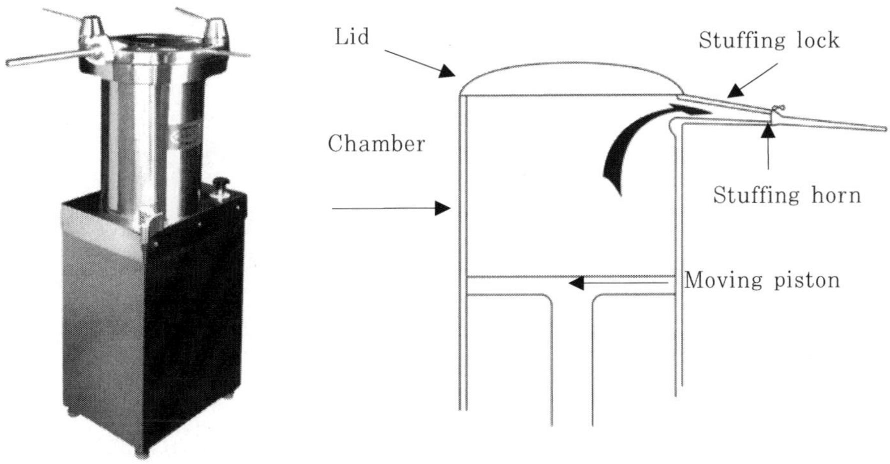

그림 10-5 충전기(stuufer)

5) 훈연

프레스햄의 훈연은 일반적으로 열훈연법을 많이 이용하고 있는데, 50℃ 정도에서 1~2시간 건조를 시킨 후 50~60℃에서 2~4시간 훈연을 실시한다. 처음부터 너무 높은 온도에서 훈연을 시키면 표면부가 응고하여 연기 성분이 잘 침투하지 못하므로 초기에는 낮은 온도에서부터 훈연을 하여야 한다.

6) 가열

육단백질을 응고시켜 제품의 결착성을 안정시키고 살균에 의해 보존성을 갖도록 하기 위하여, 70~75℃의 물 속에서 제품의 두께에 따라 2~3시간 동안 가열한다.

7) 냉각 및 포장

가열이 끝나면 비통기성 케이싱을 사용한 경우에는 방냉을 시켜서 포장을 하여도 되지만 통기성 케이싱을 사용한 경우에는 유수 중에는 급냉시켜서 지방이나 젤라틴을 응고시켜 액의 유출을 방지하여야 한다. 통기성 케이싱에 넣은 제품은 저장성이 없으므로 냉각 후 바로 진공포장을 하여야 한다.

10-7-4 베이컨

베이컨의 일반적인 제조 공정

원료육 → 혈교 → 염지 → 수침 → 건조 · 훈연 → 동결 → 절단 → 포장 → 제품

1) 원료육

원료육은 돈지육의 중추에서 흉추를 따라서 요추에 이르기까지 장방향으로 절단하여, 등심부분을 뺀 삼겹살이라 부르는 부분만을 사용한다.

베이컨의 원료육은 육질이 좋고 육과 지방의 비율이 적당한 것을 선택하여야 하고, 발골시에는 육이 손상되지 않도록 신중하게 하여야 하며 뒷쪽이 약간 넓은 장방형으로 절단하여야 한다.

2) 염지 및 수침

일반적으로 건염법을 사용하지만 최근에는 다침형(multi-needle type)의 주사기를 사용하여 염지액을 주입한 후 염지액에 담구는 방법을 이용한다. 염지가 끝나면 유수 중에서 담구어 염농도를 균일하게 한다.

3) 건조 및 훈연

어깨쪽 부분에 bacon pin을 꿰어 훈연실에 매달아 30℃에서 12~24시간 건조를 하고, 20~30℃에서 2~3일간 훈연을 한다.

4) 절단 및 포장

훈연이 끝내면 훈연실에서 꺼내어 방냉을 시키고, 절단(slice)하기 쉽도록 급속동결을 한 후 일정한 두께로 절단하여 진공포장을 한다.

10-7-5 소시지

소시지는 원료육을 세절하여 돼지의 배지방, 조미료 및 향신료 등을 혼합한 후 케이싱에 넣어 가열하나 훈연 또는 발효시킨 제품으로, 국가와 지방에 따라 원료육의 종류 및 비율, 케이싱, 조미료, 향신료, 제조방법 등이 다양하기 때문에 그 종류가 수 없이 많다. 일반적으로 수분이 많은 domestic sausage와 수분이 적은 dry sausage로 분류하고 있다.

소시지의 원료로는 돈육이 주로 사용되고 있지만, 그 밖에 제품의 종류에 따라 다른 축육의 고기나 가식 내장육, 그리고 어육 등도 주원료 또는 부원료로서 사용된다.

소시지의 종류는 다양하지만 그 제조원리는 비슷하기 때문에 그 제조방법도 비슷하다고 할 수 있다.

1) 도메스틱 소시지(domestic sausage)

도메스틱 소시지는 제조방법에 따라 분류할 수 있다. 훈열과 가열을 하여 제조하는 것을 smoked cooked sausage라 하는데, 가장 일반적인 소시지이다. smoked cooked sausage의 일반 제조법은 다음과 같다.

도메스틱 소시지의 일반적인 제조 공정

원료육 → 염지 → 만육 → 혼합 · 유화 → 충전 → 건조 · 훈연 → 가열 → 냉각 → 포장 → 제품

(1) 원료육

햄이나 베이컨 제조 시에 나오는 잔육과 그 밖에 다른 축육의 고기와 가식 내장육 등을 주로 사용한다. 전처리시에는 과다한 지방과 결체조직을 제거한 후 chopper에서 만육하기 쉽도록 적당한 크기로 토막을 낸다. 돈배지방(豚背脂肪)도 분리하여 결체조직을 제거한 후 적당한 크기로 토막을 낸다.

(2) 염지

원료육은 소금, 발색제 등, 그리고 지방은 소금만을 넣고 육혼합기에서 혼합한 후 프레스 햄과 같은 방법으로 염지를 한다.

(3) 만육

유화공정을 원활히 하기 위하여 만육기에서 원료육과 지방을 각각 따로 만육한다. 만육시에는 목표로 하는 제품과 원료육의 종류에 따라 plate의 구경을 달리한다.

(4) 혼합 및 유화

만육한 원료육은 원료의 10～20%에 해당하는 빙수와 같이 silent cutter에 넣고 갈면, 염용성 단백질이 추출되어 결착성이 큰 반죽이 된다. 여기에 적당량의 조미료, 향신료, 및 증량제를 넣고 내용물이 충분히 혼합이 될때까지 갈고 나서, 지방을 넣고 잠시동안 갈면 반죽은 유화상태가 된다. 빙수를 넣는 이유는 칼날과의 마찰에 의해 원료육이 온도가 상승하는 것을 방지하기 위해서이다.

(5) 충전

유화된 반죽은 충전기에 옮겨 케이싱에 충전된다. 케이싱은 소시지의 종류와 훈연 여부에 따라 다르지만, 훈연을 하지 않을 경우에는 PVDC와 같은 비통기성 casing을 사용하고, 훈연을 할 경우에는 동물의 창자로 만든 천연 케이싱을 사용한다. 이 때도 프레스 햄에서와 마찬가지로 케이싱 내에 공기가 들어가지 않도록 주의하여야 한다.

(6) 훈연

훈연방법은 프레스 햄(press ham)과 같지만, 소시지의 종류나 크기에 따라 훈연시간을 단축하거나 연장하여야 한다.

(7) 가열

훈연이 끝나면 70~75℃의 물에 넣어 제품의 두께에 따라 1~3시간 동안 가열한다.

(8) 냉각 및 포장

가열이 끝나면 유수 중에서 급냉을 시킨 후 프레스 햄과 같은 과정을 거쳐 포장을 한다.

2) 드라이 소시지(dry sausage)

드라이 소시지의 일반적인 제조 공정

[원료육] → 만육 → 염지 → 충전 → 건조·훈연 → 포장 → [제품]

(1) 원료육

원료육은 비교적 색이 짙고 지방이 적은 우육과 돈육을 염지하여 사용한다. 지방은 돈 배지방을 염지하여 3mm 크기로 하여 사용하면 된다.

(2) 만육

육의 만육에는 로커(rocker)가 사용하는데, 로커가 없으면 중간 정도의 구경을 가진 plate를 끼운 만육기를 사용하면 된다.

(3) 혼합

만육한 육은 육혼합기에 넣어 조미료, 향신료 및 지방과 혼합한다. 드라이 소시지는 silent cutter를 사용하지 않는다.

(4) 충전

드라이 소시지는 건조가 생명이므로 천연 케이싱과 같은 통기성 케이싱을 사용하여야 한다. 그리고 건조에 의해 제품이 현저하게 수축・변형되기 쉬우므로 케이싱은 매우 커야 하고 구부러지지 않은 것이 좋다. 충전 방법은 도메스틱 소시지에 준한다.

(5) 건조 및 훈연

충전된 소시지는 15℃ 정도의 건조시에 매달아서 건조를 시킨다. 훈연을 할 경우에는 2~3일 후 표면이 건조되면 15~20℃에서 1~2일간 훈연을 하고 10℃ 이내의 건조실에서 다시 건조를 한다. 건조의 정도는 제품의 종류는 따라 다르지만, 중량이 50% 정도 줄어들면 적당하다.

10-8 식육가공품의 기준과 규격

10-8-1 식육가공품의 식품유형

1) 햄류

돼지고기를 부위에 따라 분류하여 정형 염지한 후 훈연하거나 열처리한 것으로서 수분 72% 이하, 조지방 10% 이하의 것을 말하며 원료육의 부위에 따라 다음과 같이 분류한다.

① 본인햄: 볼기부위를 뼈가 있는 채로 가공한 것을 말한다(껍질이 있는 것도 포함)

② 본레스햄: 볼기부위의 뼈를 제거하고 가공한 것을 말한다(껍질이 있는 것도 포함)

③ 로인햄: 등심부위를 가공한 것을 말한다.

④ 숄더햄: 어깨부위를 가공한 것을 말한다.

⑤ 안심햄: 안심부위를 가공한 것을 말한다.

⑥ 피크닉햄: 어깨 등심(목심) 부위를 가공한 것을 말한다.

⑦ 프레스햄: 식육의 육괴(돼지고기는 전체 함유량의 70% 이상이어야 하며 장기류 및 부산물을 사용하여서는 아니된다)를 염지한 것이나 이에 결착제, 조미료, 향신료 등을 첨가한 후 훈연하거나 열 처리한 것으로 수분 75% 이하, 조지방 20% 이하의 것을 말한다.

⑧ 혼합 프레스햄: 식육의 육괴(장기류를 사용하여서는 아니된다) 또는 이에 어

육의 육괴(어육은 전체 육함량의 10% 미만이어야 한다)를 혼합하여 염지한 것이나 이에 결착제(전체 육함량 중 10% 미만의 알류를 혼합한 것도 포함), 조미료, 향신료 등을 첨가한 후 훈연하거나 열처리한 것으로 수분 75% 이하, 조지방 30% 이하의 것을 말한다.

2) 베이컨류

돼지의 복부육 또는 특정부위육을 정형한 것을 염지한 후 훈연하거나 열처리한 것으로 수분 60% 이하, 조지방 45% 이하의 것을 말하며 원료육의 부위에 따라 다음과 같이 분류한다.

① 베이컨류: 복부육(삼겹살)을 가공한 것을 말한다.

② 로인 베이컨: 등심육 또는 복부육이 붙어 있는 등심육을 가공한 것을 말한다.

③ 숄더베이컨: 어깨부위육을 가공한 것을 말한다.

3) 소시지

축산물가공처리법에서 정한 소시지의 종류는 다음과 같다.

① 소시지: 식육(육함량 중 10% 미만의 알류를 혼합한 것도 포함)에 조미료 및 향신료 등을 첨가한 후 케이싱에 충전하여 냉동, 냉장한 것 또는 훈연하거나 열처리한 것으로 수분 70% 이하, 조지방 35% 이하의 것을 말한다.

② 혼합 소시지: 식육(육함량 중 20% 미만의 어육 또는 알류를 혼합한 것도 포함)을 염지 또는 염지하지 않고 분쇄하거나 잘게 갈아 낸 것에 조미료 및 향신료 등을 첨가한 후 케이싱에 충전하여 냉동, 냉장한 것 또는 훈연하거나 열처리한 것으로 수분 70% 이하, 조지방 35% 이하의 것을 말한다.

③ 건조 소시지, 건조 혼합 소시지: 소시지 및 혼합 소시지와 동일하나 이를 별도로 건조하거나 또는 숙성·건조시킨 것으로 수분 35% 이하로 건조시킨 것을 말한다.

④ 반건조 소시지, 반건조 혼합 소시지: 소시지 및 혼합 소시지와 동일하나 이를 별도로 건조하거나 또는 숙성·건조시킨 것으로 수분 55% 이하로 건조시킨 것을 말한다.

⑤ 가열 냉동 소시지: 소시지 및 혼합 소시지 중 가열제품을 제품 제조 시 장기보존할 목적으로 급속냉동처리한 것을 말한다.

10-8-2 규격

(1) 성상: 고유의 색택을 가지고 이미·이취가 없어야 한다.

(2) 아질산이온(g/Kg): 0.07 이하(단, 포장육은 제외)

(3) 타르색소: 검출되어서는 아니된다(다만, 소시지류는 제외한다)

(4) 대장균군: 음성이어야 한다(베이컨 및 비가열제품은 제외한다)

(5) 휘발성 염기질소(mg%): 20 이하(원료육 및 포장육에 한한다)

(6) 보존료(g/Kg): 다음에서 정하는 이외의 보존료가 검출되면 아니된다.

소르빈산, 소르빈산칼륨 : 2.0 이하(소르빈산을 기준으로 하며, 포장육, 양념육, 분쇄가공품, 갈비가공품은 검출되어서는 아니된다)

(7) 세균수: 음성이어야 한다(단, 멸균식품제품에 한한다)

(8) 대장균 O157 : H7 : 음성이어야 한다(원료용 분쇄육에 한한다)

10-9 식육가공품의 표시기준

(1) 식품의 유형에 따라 햄류, 프레스햄, 혼합프레스햄, 소시지, 혼합소시지, 건조소시지, 건조혼합소시지, 반건조소시지, 반건조혼합소시지, 베이컨류, 건조저장육, 양념육(육지물), 분쇄가공품, 갈비가공품, 포장육, 진공포장냉장육, 냉동육, 튀김육제품, 기타 식육가공품으로 구분 표시하여야 한다. 이 경우 프레스햄, 혼합프레스햄은 소시지로 표시할 수 있다.

(2) 비가열식육제품은 "비가열제품"으로 표시하여야 한다.

(3) 특정부위를 사용하는 제품은 식육의 원료육 명칭 뒤에 괄호로 그 부위명을 표시하여야 한다.

(4) 햄 이외의 식육제품은 햄의 명칭(본인햄, 본레스햄) 또는 이와 혼동하기 쉬운 유사한 용어를 표시하여서는 아니 된다.

(5) 원료육을 2가지 이상 사용하는 때에는 원료육 일부의 명칭을 제품명으로 사용하여서는 아니 된다. 다만, 원료육의 함량을 제품명과 동일한 위치에 표시하는 경우에는 그러하지 아니할 수 있다.

(6) 원재료의 전부가 식육인 것으로 오인되게 하는 표시를 하여서는 아니 된다. 다만, 식육의 함량을 제품명과 동일한 위치에 표시하는 경우에는 그러하지 아니할 수 있다.

제 11 장

우유 및 유가공품

유가공품이라 함은 원유 또는 유가공품을 주원료로 하여 제조 · 가공한 우유류, 저지방우유류, 유당분해우유, 가공유류, 산양유, 발효유류, 버터유류, 농축유류, 유크림류, 버터류, 자연치즈, 가공치즈, 분유류, 유청류, 유당, 유단백가수분해식품 등의 제품을 말한다.

11-1 우유

젖은 포유동물의 첫 영양공급원으로서 그 성분의 대부분이 유선에서 합성되어 유두를 거쳐 분비되는 자연식품이다. 또한 단일식품으로서는 여러 가지 영양분이 골고루 들어있는 거의 완전에 가까운 식품으로 오래 전부터 인류의 식량으로 이용되어 왔다.

11-1-1 우유의 식품적 가치

식품의 가치는 많은 영양소가 얼마나 골고루 들어 있는가하는 영양적 가치 외에 기호성, 저장성, 이용성, 편이성 등을 얼마나 충족시켜 주느냐에 따라 그 가치가 높다고 할 수 있다. 우유는 단일 식품으로서 사람이 필요로 하는 영양소를 양과 질적인 면에서 많은 부분을 충족시켜 주므로 그 영양적 가치를 충분히 인정받고 있다.

뿐만 아니라 우유는 ① 먹기 편하고 버리는 부분이 없으며, ② 주성분을 분리시켜 다른 제품을 만들기 쉽고, ③ 소화가 빠르고 쉬우므로 모든 연령층에 적합한 영양식품이며, ④ 제품의 포장이 용이하여 소비를 촉진할 수 있고, ⑤ 원료에서 소비까지 위생적으로 처리·가공·유통되는 식품이며, ⑥ 가공법이 다양하므로 다양한 제품을 만들 수 있어 기호에 따라 제품을 선택할 수 있는 식품으로서의 많은 장점을 갖고 있다.

표 11-1 우유 1Kg의 영양권장량 충족율

영양소종류	평균1일영양권장량 (체중70Kg,신장172Cm)	우유1Kg중의영양소	요구충족율(%)
열량(Kcal)	2700	610	22.6
Protein(g)	56	32.9	58.8
Vit A (I.U)	5000	1260	25.2
Vit D (I.U)	400	22.1	5.5
Vit E (I.U)	15	9.4	62.7
Vit C (mg)	45	20	44.4
Niacin(mg)	18	0.84	4.7
Ca(mg)	800	1190	148.8
P(mg)	800	930	116.3
Fe(mg)	130	43	33.1

11-1-2 우유의 성상

우유는 유백색의 불투명한 액체이나 때로는 담황색을 나타낼 때도 있으며, 특유한 풍미를 갖고 있다.

우유는 수분, 단백질, 지질, 탄수화물, 무기질 및 비타민과 기타 여러 종류의 미량성분으로 구성되어 있다. 이들 성분은 우유 중에서 일부는 물에 용해되어 있고(단백질의 일부분, 유당, 무기질의 대부분, 가스체), 일부는 현탁질로서 colloid상태로 분산되어 있으며(단백질의 대부분, 무기질의 일부), 또 일부는 유탁질로서 존재(지질, 지용성비타민)하고 있다.

우유는 이용과정에서 또는 성분내용에 따라 그 명칭을 달리 부르고 있다. 목장에서 착유되어 살균되지 않은 우유를 생유, 살균 처리된 우유를 살균유라고 한다. 또한 모든 조성성분이 다 들어있는 우유를 전유 또는 전지유, 그리고 우유에서 크림을 분리하여 유지방이 거의 들어 있지 않은 우유를 탈지유라 한다.

크림은 버터의 제조 원료가 되며, 부산물로 유장(乳漿)이라 불리는 버터밀크(butter milk)가 나온다. 전유 또는 탈지유에 산 또는 렌닌(rennin)과 같은 응유효소를 작용시키면 응고물이 생기는데 이것이 치즈의 원료가 되는 커드(curd)이며, 이때 부산물로서 유청(乳淸)이라 불리는 훼이(whey)가 생긴다.

1) 우유의 평균조성

젖의 조성과 그 동물의 발육속도와는 밀접한 관계가 있고, 발육이 빠를수록 전고형분의 비율이 높은데, 특히 단백질과 무기질 함량이 많은 것을 볼 수 있다.

표 11-2 각종 동물 유즙의 일반조성(%)

동물명	수분	전고형분(TS)	지방	무지고형분(SNF)			생시체중이 2배로 되는 일수
				단백질	유 당	무기질	
사 람	87.43	12.57	3.70	1.63	6.98	0.21	180
소(홀스타인)	87.62	12.38	3.52	3.30	4.70	0.86	50
산 양	87.81	12.19	3.72	3.30	4.25	0.80	22
돼 지	79.96	20.04	7.71	5.91	4.79	0.86	14
개	84.55	15.45	10.20	3.15	11.30	0.80	9
토 끼	68.50	31.50	13.60	12.95	2.40	2.55	6

우유의 조성은 품종, 개체, 비유기, 계절, 사료, 연령, 영양상태 및 질병유무에 따라 차이가 있지만, 우리나라에서 많이 사육되고 있는 홀스타인(holstein)종인 경우 평균적으로 약 87%의 수분과 약 13%의 고형분으로 되어 있고, 전고형분 중에는 유당 함량(4.7%)이 제일 많으며, 다음으로 지방(3.5%), 단백질(3.3%), 무기질(0.8%) 순으로 들어있다.

(1) 우유의 조성분 변화에 영향을 주는 요인

우유의 조성분은 젖소의 품종, 비유기, 사료 및 계절에 따라 달라진다. 젖소의 품종에 따라 조성이 다르고, 그에 따라 우유의 색깔도 다르다. Jersey종과 Guernsey종은 유지방 함량이 많기 때문에 황색을 띠며, 유량이 많은 Holstein종은 유지방 함량이 적은 대신 수분이 많아 거의 백색에 가깝다.

비유기에 따라서도 조성분의 차이가 있는데, 특히 분만 후 5~7일간 분비되는 초유는 albumin과 면역 globulin과 같은 유청 단백질과 무기질, 그리고 비타민A 등이 많이 들어 있어 농도가 짙고 황색을 띤다.

표 11-3 젖소의 품종별 유즙의 일반조성(평균) 단위 : %

품 종 별	수분	전고형분 (TS)	지방	무지고형분(SNF)		
				단백질	유 당	무기질
Holstein	87.62	12.38	3.52	3.30	4.70	0.86
Ayrshire	87.42	12.58	3.85	3.32	4.70	0.71
Brown Swiss	87.29	12.71	3.95	3.43	5.00	0.73
Guernsey	85.94	14.06	4.70	3.75	4.86	0.75
Jersey	85.60	14.40	5.05	3.75	4.84	0.76

표 11-4 초유의 조성분의 변화(평균) 단위 : %

분만 후 기간	전고형분	단백질		지방	유 당	무기질 (Chloride)
		Casein	Globulins			
분만 직후	26.74	5.00	11.07	6.55	2.90	1.22 (0.152)
6시간 후	22.18	3.50	6.60	7.82	3.29	0.97 (0.150)
12시간 후	14.84	3.12	2.86	4.10	3.88	0.88 (0.148)
24시간 후	12.83	2.61	1.91	3.64	3.82	0.85 (0.120)
3일 후	12.64	2.77	1.10	3.52	4.41	0.84 (0.120)
5일 후	12.91	2.74	1.00	3.55	4.79	0.83 (0.130)
10일 후	12.61	2.62	0.68	3.57	4.92	0.82 (0.128)

유량과 우유의 조성은 4~21℃ 범위에서는 거의 변화가 없지만, 21℃ 이상에서는 유량의 감소가 현저하기 때문에 여름철에는 유량과 지방함량이 낮은 편이다.

질과 양적으로 적당한 수준의 사료를 급여할 경우에는 유량과 유조성은 거의 영향이 없지만, 사료의 급여가 부족한 경우에는 유량이 현저하게 감소되며, 지방율과 무지고형분 함량도 감소한다. 특히 적당한 양의 사료가 공급되었을지라도 적정 비율 이하의 조사료가 공급되었을 경우에는 지방율이 저하된다.

11-1-3 우유의 일반성분

1) 우유의 단백질

우유의 단백질은 여러 종류의 단백질로 구성되어 있으며, 탈지유를 20℃에서 pH 4.6으로 조정했을 때 침전하는 부분을 casein이라 하고, 상징액(上澄液)에 남아 있는 단백질을 유청단백질이라고 한다.

(1) 카제인(Casein)

우유의 주요 단백질(전 N중 casein N가 78.5%)로서 Ca과 결합된 카제인칼슘으로 들어 있는데, Ca은 인산칼슘이므로 인단백질의 하나이다.

카제인이 pH 4.6에서 침전하는 것은 카제인의 등전점이 pH 4.6~4.7이기 때문이다. 우유를 산성으로 하면 카제인 복합물이 Ca과 일부의 P은 가용성이 되어 유청으로 유리되고, 카제인은 염을 함유하지 않은 순수한 상태로 응고물이 되어 침전한다. 상온에서는 산응고가 pH 5.0 이하에서 일어나지만, 고온에서는 카제인이 불안정하므로 더 높은 pH에서도 응고한다.

카제인은 α_s-,κ-(이상 α-casein), β-, γ-casein 및 기타 미량 casein으로 구성되어 colloid 상태로 분산되어 있는데, 이 colloid를 casein micelle이라고 한다.

αs-casein은 총우유단백질의 45~55%이며 pH 7.0(4℃)의 CaCl2 용액에서 침전되지만 κ-casein(총 우유단백질의 8~15%)은 용해 상태로 존재한다. 따라서 κ-casein이 αs-casein의 침전을 방지하므로 α-casein을 안정화시키는 작용을 한다.

κ-casein은 169개의 아미노산으로 구성되어 있으며, rennin에 의해서 105번째의 phenylalanine과 106번째의 methionine 사이에서 가수분해된다. 그 결과 para-κ-casein(1~105번)과 macropeptide(106~169번)로 분리되고 κ-casein에 의한 casein micelle의 안정화 작용이 파괴되어 casein micelle은 서로 엉겨서 침전하게 된다.

이와 같이 렌닌에 의해 가수분해된 카제인은 paracasein이며, 이것은 Ca- ion의 존재하에서 불용성인 Ca-paracasein의 커드를 형성한다. 치즈 제조시 Ca-ion이 없거나 부족하면 렌닌에 의해 κ-casein이 분해되어도 커드는 생성되지 않는다. 이 때 응고 침전된 카제인은 Ca-casein complex로 우유 속의 카제인과 비슷하다.

(2) 유청단백질

유청단백질에는 유당을 합성하는데 관여하는 효소의 일부분으로 알려진 α-lactalbumin, 혈액으로부터 이행된 혈청albumin(blood serum albumin), 초유에 특히 많이 함유되어 있는 면역globulin(immunoglobulin) 및 β-lactoglobulin이 있다.

β-lactoglobulin은 85~90℃에서 가열하면 κ-casein과 복합체를 형성하여 치즈 제조시 렌넷에 의한 응고시간이 길어지므로, 치즈 원료유는 너무 높은 온도에서 살균해서는 안된다. 한편 β-lactoglobulin은 cystein을 함유하고 있으며 장시간 가열시에 유리 sulfurhydryl기는 가열취의 원인이 된다.

2) 우유의 지질

우유의 지질은 주로 지방산의 glyceide인 유지방(95~96%), 인지질, sterol과 미량의 지용성비타민 및 유리지방산이 함유되어 있으며, 이들 성분은 거의 지방구에 존재한다.

지방구는 크기가 직경이 0.1~10μ이고, 숫자는 2~4×109개이며, 지방함량이 높은 품종일수록 지방구의 크기가 크다. 또, 지방율이 높을수록 무지고형분 함량도 많고 결국 전고형분량이 많아지므로 지방율은 유가(乳價)를 결정하는데 중요한 성분이 된다.

표 11-5 각종 동물 유지방의 주요 지방산 조성(%)

지방산의 종류		C 수	성 질	유지방의 종류		
				모유	우유	산양유
포화 지방산	Butyric acid	4 : 0	휘발성	0.4	3.57	3.0
	Caproic acid	6 : 0	휘발성	0.1	2.22	2.5
	Caprylic acid	8 : 0	휘발성	0.3	1.06	2.8
	Capric acid	10 : 0	난휘발성	1.7	1.88	10.0
	Lauric acid	12 : 0	난휘발성	5.8	2.96	6.0
	Myristic acid	14 : 0	난휘발성	8.6	11.20	12.3
	Palmitic acid	16 : 0	불휘발성	22.6	25.24	27.9
	Stearic acid	18 : 0	불휘발성	7.7	11.90	6.0
불포화 지방산	Oleic acid	4 : 1		36.4	30.0	21.1
	Linoleic acid	4 : 2		8.3	2.8	3.6
	Linolenic acid	4 : 3		-	0.5	-

유지방은 60~70%의 포화지방산과 25~35%의 불포화지방산으로 구성되어 있는데, 특히 분자량이 적은 휘발성의 저급지방산을 많이 함유하고 있어서 이들이 우유 및 유제품의 풍미와 관계가 있다.

지방산 조성은 계절 및 사료의 종류에 따라 큰 영향을 받으며, 특히 여름철에 청초를 많이 섭취할 때에는 butyric acid등 휘발성 저급지방산과 고급 불포화지방산인 oleic acid 등이 증가하고 고급 포화지방산은 감소한다. 일반적으로 여름에는 불포화지방산이 많고, 겨울에는 포화지방산이 증가하므로, 유지방의 융점(보통 28~38℃)이 여름철에는 낮고 겨울철에는 높게 된다.

3) 우유의 탄수화물

우유 중의 탄수화물은 대부분이 유당이며, 포유동물의 유즙에만 존재하는 당으로서 1분자씩의 D-glucose와 D-galactose로 구성된 2당류이다. 또, 유당은 유산균에 의한 발효로 유산을 생성한다.

유당의 결정화는 가당연유 및 아이스크림의 품질에 영향을 준다. 유당은 용해도가 낮으므로 3 : 1로 농축된 연유는 상온에서 포화상태에 가까워지고, 여기에 설탕을 첨가하면 유당은 과포화상태가 되어 결정화하기 쉽게 된다. 이 때 불용성 유당의 숫자가 적으면 유당의 결정은 커져 모래알상이 되기 쉽다.

4) 우유의 무기질

우유에는 약 0.7%의 무기질이 들어 있는데 주로 ion 상태와 염류로 들어 있으며, 주요성분은 K, Na, Mg, Ca, P, Cl, S 및 구연산염과 탄산염 등이다.

5) 우유의 비타민

우유에는 현재까지 알려진 비타민의 대부분이 들어 있다.

(1) 지용성 비타민

우유에는 비타민 A가 많으며, 초유에는 평상시의 우유보다 10~30배의 비타민 A가 들어 있다. 비타민 D는 D_2(ergocarciferol)와 D_3(cholecarciferol) 등이 있는데, D_2는 사료로부터 섭취되어 분비되는 것이고, D_3는 유우(乳牛)의 일광욕에 의하여 형성되거나 우유의 자외선조사에 의하여 형성되므로 겨울철보다 여름철 우유에 함량이 많다. 비타민 E는 모유의 10~20%에 불과하지만 초유에는 상유의 2.5~7배가 들어 있다.

(2) 수용성 비타민

우유 중의 수용성 비타민은 비타민 B군 및 비타민 C로 대별할 수 있다. 비타민 B_2(riboflavin)는 반추위 내에서 위내 미생물에 의해 합성되고, niacin은 모유의 약 반 정도이며 니코틴산 아마이드 형태로 존재한다.

비타민 C는 가열과 방사선조사에 의하여 파괴되기 쉽기 때문에 살균유인 경우에는 그 함량이 많이 감소되어 있다.

11-1-4 유산균

유산균은 우유 중의 유당을 분해하여 유산을 생성하는 세균으로 발효 유제품의 starter로 이용되는 낙농유용균(酪農有用菌)이다.

유산균에는 유당을 분해하여 유산만을 생성하는 homo유산발효균(homofermentative lactic bacteria)과 유산 이외에 소량의 유기산이나 CO_2, 알콜 등을 생성시키는 hetero유산발효균(heterofermentative lactic bacteria)이 있다.

1) 호모 유산발효균

(1) *Lactobacillus*속

① *L.bulgaricus*: 고온(37℃)에서 생육하고 산생성 능력이 매우 크며(2%), yoghurt와 swiss cheese의 스타터(starter)로 이용된다.

② *L. acidophilus*: 호산성균으로서 장내에 기생하여 정장작용을 하기 때문에 acidophilus milk나 젖산음료의 스타터로 이용된다.

③ *L. casei*: 최적온도가 30%이며 치즈의 숙성에 이용된다.

(2) *Streptococcus*속

① *Str. thermophilus*: 50℃에서 잘 생육하고 yoghurt와 swiss cheese의 스타터로 이용된다.

② *Str. lactis*: 최적온도는 30℃이지만 40℃에서도 생육하며, 각종 치즈와 발효 버터 및 요구르트의 스타터로 이용된다.

③ *Str. cremoris*: 최적온도는 20℃이며, 특히 방향성 균주가 많아 치즈와 발효 버터의 스타터로 많이 이용된다.

2) Hetero 유산발효균

(1) *Leuconostoc*속

탄수화물로부터 유산 이외에 CO_2, ethanol, 초산 등을 생산하는 구균이다.

① *Leuc. dextranicum*: 가공유의 설탕으로부터 dextran을 생산하고 pentose는 발효하지 않는다.

② *Leuc. citrovorum*: glucose나 citric acid로부터 diacetyl 등 방향성 물질을 생성하며, Str. cremoris와 공생력이 강하므로 치즈와 발효 버터 제조시 혼합하여 사용한다.

11-1-5 우유 중의 효소

우유에 존재하는 효소는 유선세포와 백혈구가 우유 분비 때 파괴되어 우유에 함유된 것과, 유선에서 분비된 것, 또는 우유 중에 존재하는 미생물에 의해 생산되는 것 등 현재 20여 종이 알려지고 있다. 우유 중의 효소는 그 함량이 미량이지만 우유 및 유제품의 향취 및 품질을 변화시키거나 또는 phosphatase와 같이 저온살균 여부의 지표로 이용되고 있다.

한편, 우유 또는 유제품 제조시 이용되는 효소들도 많이 있는데, 이들 중 치즈 제조시 사용되는 렌닌을 비롯한 응유효소와 저유당우유 제조시 유당을 분해시키는 락타제(lactase), 지방을 가수분해하는 리파제(lipase) 등이 있다.

11-1-6 우유의 물리적 성질

우유의 물리적 성질은 유가공 기계의 설계, 우유성분의 검사, 우유 및 유제품의 변화 측정 등에 중요하게 이용되고 있다.

1) 비중(比重, specific gravity: S.G)

홀스타인종의 우유의 비중은 15℃에서 1.027~1.035(평균 1.032)이다. 탈지유는 전유의 성분 중 비중이 낮은 지방(비중 0.9355~0.9448)을 제거한 것이므로 전유의 비중보다 높은 1.0320~1.0365이다.

우유의 비중은 15℃에서의 비중을 말하므로 15℃에서 측정하거나, 그렇지 않을 경우에는 15℃의 비중으로 보정(補正)하여 표시한다. 우유 성분 중 무지고형분 함량의 변화는 적기 때문에 우유의 비중은 지방 함량에 따라 크게 영향을 받는다.

2) 산도(酸度, acidity) 및 pH

착유 직후의 신선한 우유의 산도는 젖산으로 환산하여 0.15~0.18%(평균 0.16%)인데 이와 같은 신선유의 산도는 우유 중의 인산염과 단백질 등 산성물질의 함량에 따라 달라진다. 따라서 무지고형분 함량이 높은 저지종과 건지종의 우유는 홀스타인종의 우유보다 산도가 높다.

적정산도(滴定酸度, titratable acidity)란 우유 중 젖산농도의 적정한 수치를 말하며, 착유 직후 신선유의 산도를 자연산도(自然酸度, natural acidity)라 하고, 그 후 젖산의 생성에 의해 높아진 산도를 발생산도(發生酸度, developed acidity)라 한다. 그리고 이 두 가지를 합한 것을 전산도(全酸度, total acidity)라 하고, 전산도를 적정하여 적정산도로 나타낸다.

우유의 신선도가 떨어짐에 따라 산도가 높아지기 때문에 산도는 신선유의 판별에 이용되며, 산도가 높아짐에 따라 카제인의 열에 대한 안정성이 떨어지므로 산도가 0.25~0.30 정도이면 85℃에서 카제인이 응고하게 된다.

신선유의 pH는 6.5~6.6이며 이 때의 적정산도는 0.16%이다. 우유의 신선도가 떨어질수록 산도는 높아지고 pH는 낮아진다.

3) 빙점(氷點, freezing point)과 비점(沸點, boiling point)

우유의 빙점은 주로 염류 및 유당이 관계하며(진용액의 mol농도), 단백질과 지방은 관련이 없다. 따라서 우유의 빙점은 물보다 낮은 -0.50~-0.61℃(평균 -0.55℃)의 범위이다.

우유의 비점은 1기압하에서 100.55℃이며, 용해되어 있는 용질의 양에 따라 좌우되므로 우유가 농축될 수록 용질의 농도가 높아져서 비점이 높아진다.

11-1-7 가열에 의한 변화

우유 및 유제품의 가공에 있어서 열처리는 제품의 품질향상, 안정화, 저장성의 향상, 농축 등을 위해 필수적인 공정이다.

액상유를 40℃ 이상으로 가열하면 공기와 액체사이의 계면에 수분이 증발하여 단백질의 불가역적인 침전에 의한 엷은 피막이 형성되는데, 이것을 Ramsden현상이라고 한다. 피막의 성분은 70%이상이 지방이고, 20~25%는 단백질이지만 대부분이 유청 단백질(whey protein)이다. 우유를 교반하면서 가열하거나 물을 가해 희석시키면 방지할 수 있다.

11-1-8 동결에 의한 변화

우유를 동결하였다가 해동을 하면 모상의 침전이 생기는데, 이와 같은 모상의 침전은 casein 용액을 염석하였을 때 생기는 침전물과 같은 Ca-caseinate 이다. 우유를 동결시키면 빙결시 지방구가 기계적인 압박에 의해 서로 뭉쳐져서 덩어리를 형성하여 부상하는데, 균질을 하거나 급속동결을 하면 유화상태의 불안정을 방지할 수 있다.

11-1-9 우유를 응고시키는 요인

1) 산에 의한 응고

우유에 산을 첨가하거나 또는 젖산 발효에 의하여 산이 생성되면 카제인 미셀(micelle)로부터 결합염류가 유리되고, 수화성 또는 친수성의 감소로 카제인이 응집을 일으키는 현상이다.

2) 알코올에 의한 응고

알코올에 탈수작용에 의해 카제인 미셀이 수화성과 하전을 상실함에 따라 불안정화된 미셀이 Ca^{2+}, Mg^{2+}의 존재하에 응집을 일으킨다. 고산도유, 초유, 비유말기유 및 유방염유 등은 70%의 ethylalcohol을 같은 양으로 혼합하면 응고한다.

3) 가열에 의한 응고

열불안정성 단백질은 가열에 의해 응집현상을 일으켜 응고・침전하며, 카제인은 염류의 과다 또는 산의 증가로 안정성이 저하하여 응고한다.

4) 염류에 의한 응고

염류에 의한 염석으로 알려져 있고, 전하의 중화와 탈수에 의한 불가역적인 침전을 말한다.

5) 효소에 의한 응고

렌넷에 의해 κ-casein이 분해되면 미셀에 대한 보호작용이 없어져서 카제인은 Ca과 결합하여 침전한다.

11-2 시유(市乳, market milk)

우유를 직접 음용에 제공할 목적으로 살균 처리한 것을 시유 또는 음용유라 한다.

11-2-1 시유의 처리공정

시유의 일반적인 처리 공정

원유 → 집유 → 수유검사 → 여과·청정 → 저유 → 균질 → 살균 → 냉각 → 충전·포장 → 냉장 → 제품

1) 집유

생산자가 저유조에 우유를 넣어 4℃로 냉각시켜 놓으면, 유조차(milk tank car)가 와서 시험용시료를 채집하여 풍미를 검사하고 나서 펌프로 우유를 탱크(tank)에 옮겨서 수송하는 방법이다.

2) 수유검사

우유의 신선도와 유제품 원료로서의 적부를 판정하고 유가결정을 위한 이화학적 성상, 조성분 및 이물질을 검사한다.

초유, 젖에 영향이 있는 약제를 투여 또는 주사한 소에서 착유한 우유, 법정전염병에 감염된 젖소에서 착유된 우유 및 관능적으로 이상유라 생각되는 우유는 시유로 처리할 수 없다.

3) 여과 또는 청정화(filteration or clarification)

여과 또는 청정은 우유 중에 혼입된 먼지나 그 밖의 이물질을 제거하는 조작으로 여과기나 원심청정기(centrifugal clarifer)로 한다.

4) 저유

판형(plate)식 열교환기에 의해 4℃로 냉각시켜 가공처리할 때까지 저유조(milk storage tank)에 일단 저장하며, 크림층 방지를 위해 교반기로 교반을 하여 준다.

이 때 시유 규격에 맞도록 우유의 조성을 표준화(標準化, standardization)시키는데, 우리나라에서는 지방함량을 기준으로 성분을 조정하고 있으며, 그 계산에는 피어슨씨법(Pearson's square method)을 많이 이용한다.

5) 균질

크림의 분리를 방지하고 소화흡수가 잘 되도록 커드를 부드럽게하기 위하여, 우유 중의 지방구에 물리적인 충격을 가하여 지방구의 크기를 작게 분쇄하는 공정이

다. 방법은 60℃ 정도로 가열한 후 1/100 ㎜ 정도의 작은 구멍으로 압출시켜 지방구를 작게 분쇄한다.

6) 살균 · 냉각

시유의 처리공정에서 가장 중요한 공정으로, 우유의 영양학적 또는 화학적 변화를 최소로 하면서 병원성균과 부패균을 사멸시켜 위생적으로 안전하게 하고 효소를 불활성화시켜 저장성을 높이기 위하여 살균을 한다.

살균방법은 이중솥을 사용하여 62~65℃에서 30분간 가열하는 저온유지법(L.T.L.T법, Low Temperature Long Time method 또는 holding method), 관형(tublar heat exchanger)또는 판형 열교환기(plate heat exchanger)를 이용한 연속살균법으로 70~75℃에서 15초간 가열하는 처리하는 고온순간살균법(H.T.S.T법, High Temperature Short Time method 또는 flash method)과 135~150℃에서 0.5~2초간 가열하는 초고온살균법(U.H.T법, Ultra High Temperature method)이 있다. U.H.T법에 의한 살균 후 멸균한 용기에 무균적으로 충전한 것을 멸균무균충전유(U.H.T sterilized & aseptically filled milk)라 하며 상온에서 30일간 보관이 가능하다. 고온순간살균법에서의 냉각은 역시 판형 열교환기에 의해 4℃까지 냉각시킨다.

7) 충전 및 포장

냉각시킨 우유는 적당한 용기에 위생적으로 충전하고 냉장을 한다. 충전과 포장방법은 유리용기, 종이상자 또는 비닐팩(tetrapack) 등 용기의 재질과 형태에 따라 달라진다.

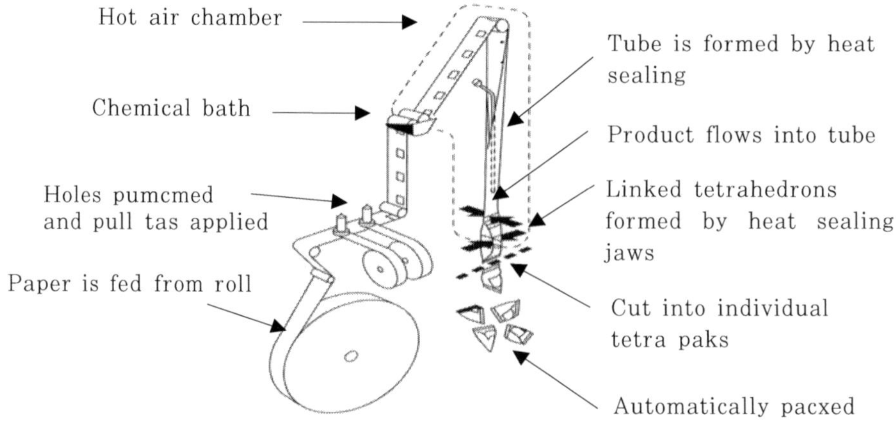

그림 11-1 Tetra pak 제조공정도

11-2-2 우유의 기준과 규격

1) 우유류

(1) 정의

우유류라 함은 원유 또는 원유에 비타민이나 무기질을 강화하여 살균 또는 멸균처리한 것이거나 살균 후 유산균을 무균적으로 첨가한 것 또는 유가공품으로 원유성분과 유사하게 환원한 것을 살균 또는 멸균처리한 것을 말한다.

(2) 식품유형

① 우유: 원유를 살균 또는 멸균처리한 것을 말한다.
② 강화우유: 우유에 비타민 또는 무기질을 강화한 것을 말한다.
③ 환원유: 유가공품으로 원유성분과 유사하게 환원하여 살균 또는 멸균처리한 것을 말한다.
④ 유고형분: 전지분유와 성분규격이 같은 것을 말한다.
⑤ 유산균첨가우유: 우유에 유산균을 첨가한 것을 말한다.

(3) 규격

① 성상: 유백색~황색의 액체로서 이미 · 이취가 없어야 한다.
② 비중(15℃): 1.028~1.034
③ 산도(%): 0.18 이하(젖산으로서)
④ 무지유 고형분(%): 8.0 이상
⑤ 조지방(%): 3.0 이상
⑥ 세균수: 1ml당 20,000 이하(멸균제품의 경우 55℃에서 1주 또는 37℃에서 2주 보관후 표준평판배양법에 의할 때 음성이어야 한다. 단, 유산균첨가제품의 경우 유산균수를 제외한다)
⑦ 대장균군: 1ml당 2 이하(멸균제품의 경우 음성이어야 한다)
⑧ 포스파타제: 음성이어야 한다(저온살균제품에 한한다).
⑨ 유산균수: 1ml당 1,000,000 이상(단, 유산균 첨가제품에 한한다)

2) 저지방 우유류

(1) 정의

저지방 우유류라 함은 원유의 유지방분을 부분 제거한 것, 이에 비타민이나 무기질을 강화한 것이거나 살균 후 유산균을 무균적으로 첨가한 것 또는 유가공품을 저지방상태로 환원하여 각각 살균 또는 멸균 처리한 것을 말한다.

3) 유당 분해우유

(1) 정의

유당 분해우유라 함은 원유, 우유 또는 저지방우유를 유당분해효소로 처리하여 유당을 분해한 후 살균 또는 멸균처리한 것을 말한다.

4) 가공유류

(1) 정의

가공유류라 함은 원유 또는 유가공품을 주원료로 하여 이에 다른 식품 또는 식품첨가물 등을 가한 후 살균 또는 멸균처리한 것을 말한다.

11-2-3 유가공품의 표시기준

1) 우유류

① 식품의 유형에 따라 우유, 강화우유, 환원유, 유산균첨가우유로 구분 표시하여야 한다.

② 강화우유는 강화한 성분명 및 함량을 표시하여야 하고, 유산균첨가 제품의 경우 특정균의 함유사실을 표시하고자 할 때에는 그 균의 함유균수를 표시하여야 한다. 단, 1리터(ℓ)당 비타민 A는 2,000IU, 비타민 D는 400IU이상인 때에만 강화우유로 표시할 수 있다.

③ 가열처리방법 등에 따라 "살균제품" 또는 "멸균제품"으로 구분 표시하여야 하고, 살균온도 또는 멸균온도 및 시간을 표시하여야 하며, 저온장시간살균 또는 고온단시간 살균을 표시하고자 할 때에는 "파스퇴라이제이션"으로 표시할 수 있다.

11-3 농축유(濃縮乳, evaporated milk)

농축유는 우유에 약 16%의 설탕을 가하여 2.5~3 : 1로 농축한 가당연유(加糖煉乳, sweetened codensed milk)와 설탕을 가하지 않고 우유를 그대로 2~2.5

: 1로 농축한 농축유 또는(무당연유)로 구분할 수 있다.

11-3-1 가당연유의 제조방법

가당연유의 일반적인 제조 공정

원료유 → 검사 → 표준화 → 가당 → 예비가열 → 농축 → 냉각 → 충전 → 제품

(1) 원료유

신선하고 내열성이 있는 원료를 선택하기 위하여 원료유검사를 한 다음 성분규격에 맞도록 표준화한다.

(2) 가당

연유에 단맛을 주고 농후한 당용액에 의하여 세균의 번식을 억제시켜 제품의 보존성을 높이기 위하여 원료유에 대하여 보통 16~18%의 설탕을 가하고 있다.

가당연유가 보존성을 가지려면 설탕율(설탕농축도)이 62.5~64.5%가 되어야 한다. 설탕 농축도는 연유 중의 수분 함량에 대한 설텅량 %를 말한다.

(3) 예비가열

연유의 보존성을 높이고, 위생상 안전하며, 당을 완전히 용해시킴과 동시에 진공농축을 용이하게 하기 위하여 예비가열을 한다. 가열방법은 여러 방법을 사용하나 초고온살균법은 110~150℃에서 2초간 가열하는 것이다.

(4) 진공농축

농축시 가열온도가 높을수록 단백질이 변성되기 쉽고 풍미와 색택이 나빠지므로, 압력을 내려 가능한 낮은 온도에서 농축을 시킨다. 635~660mmHg의 진공도에서는 51~56℃로 가열하면 10~20분으로 농축이 가능하다.

(5) 냉각

농축이 끝나면 진공솥으로 옮겨 교반하면서 냉각시키게 되는데 이때 용해도가 낮은 유당은 과포화용액이 되어 결정으로 석출하게 된다. 결정의 크기가 크면 혀에 닿는 촉감이 나쁘므로 품질이 떨어진다. 유당의 결정이 혀에 감지되는 한계는 직경 10㎛이므로 그 이하에서는 촉감을 느낄 수 없고, 12~15㎛에서는 가루와 같이 느끼며, 15~30㎛에서는 모래알과 같은 촉감을 느끼게 된다. 이와 같은 상태를 모래알상이라고 한다. 그러므로 냉각시에는 가능한 빨리 결정촉진 온도인 28~30℃까

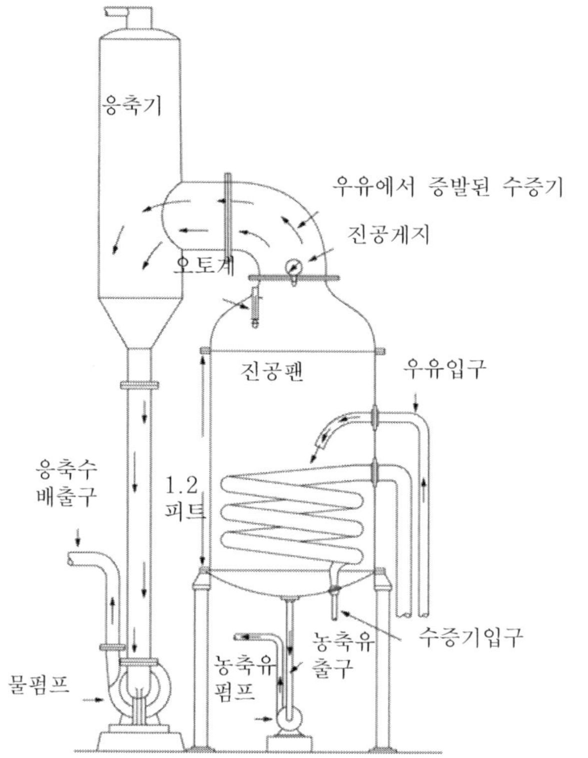

그림 11-2 vacuum pan을 이용한 농축유 제조공정도

지 온도를 내려 유당의 결정이 미세하게 석출되도록 노력하여야 한다. 이때 0.05~0.1%의 정제 멸균한 유당결정핵을 소량의 연유에 섞어 연유를 교반하면서 조금씩 넣어주면 더욱 미세한 결정을 얻을 수 있다. 이와같은 방법을 유당접종(lactose seeding)이라 한다.

(6) 충전 및 봉관

냉각이 끝난 연유는 잠시 방치하여 냉각 중 교반에 의해 생긴 기포를 없앤 다음 미리 멸균시킨 can에 충전하고 봉관을 한다.

11-3-2 농축유(무당연유)

농축유의 일반적인 제조 공정

원료유 → 검사 → 표준화 → 안정제첨가 → 예비가열 → 농축 → 균질 → 냉각 → pilot test → 충전 → 멸균 → 냉각 → 진탕 → 제품

(1) 원료유

농축유는 제조공정 중에 100℃ 이상의 고온에서 처리를 하게 되므로 원료유는 특히 신선하고 내열성이 있어야 한다. 원료유에 대한 검사는 알콜테스트와 산도측정 등 신선도를 측정하는 검사 외에 소량의 시료를 멸균온도까지 가열하여 응고여부를 검사하는 pilot test와 같은 실용적인 검사방법도 있다.

(2) 표준화와 안정제 첨가

원료유는 조성분을 표준규격에 맞게 함량비를 조정하여 표준화한다. 그리고 열안정성과 저장 중 안정성을 위하여 안정제를 첨가하는데, 일반적으로 유리Ca-ion이 많으면 인산이나 구연산이 적어 염류평형이 되지 않아서 열안정성이 낮아지므로, 제2인산 소다, 구연산소다와 같은 안정제를 원료유 100Kg 당 1~20g을 첨가한다.

(3) 예비가열

열에 불안정한 카제인과 유청단백질을 미리 응고시키고, Ca의 일부를 불용화시켜 고압 멸균시의 열안정성을 높이며, 제품에 적당한 점도를 유지할 수 있도록 하기 위하여 93~98℃에서 5~15분, 또는 101~165℃에서 25초간 가열한다.

(4) 농축

가당연유와 같은 방법으로 진공농축을 한다.

(5) 균질

가당연유는 당액의 점성 때문에 지방이 부상하지만, 농축유의 경우에는 지방분리를 방지하기 위해 균질을 하여야 한다.

(6) 냉각

균질 후 10℃ 이하로 냉각한다.

(7) pilot test

멸균시 예기치 않는 실패를 미연에 방지하기 위하여 충전 전에 pilot test를 행한다. 농축유의 일부를 충전용 can에 넣고, 안정제의 농도를 다르게 하여 실제와 같은 살균조건에서 가열한다. 그 결과에 의해서 안정제의 첨가량, 멸균온도, 시간을 결정한다.

(8) 충전

10~15℃로 가온하여 직접 충전한다.

(9) 멸균 및 냉각

보존성을 부여하기 위하여 충전 후 115℃ 이상에서 15분간 가열하여 멸균을 한다.

(10) 진 탕

멸균시 고온에 의해 생길 수 있는 응고물을 없애고, 균일한 크림과 같은 조직을 갖게하기 위하여 진탕기로 30~60초간 진탕을 한다.

11-3-3 농축유류의 기준과 규격

1) 정의

농축유류라 함은 원유 또는 저지방우유를 그대로 농축한 것이거나 당류(설탕, 포도당, 과당)를 가하여 농축한 것을 말한다.

2) 식품유형

① 농축우유: 원유를 그대로 농축한 것을 말한다.
② 탈지농축우유: 원유의 유지방분을 0.5% 이하로 조정하여 농축한 것을 말한다.
③ 가당연유: 원유에 설탕을 가하여 농축한 것을 말한다.
④ 가당탈지연유: 원유의 유지방분을 0.5% 이하로 조정한 후 당류를 가하여 농축한 것을 말한다.

3) 규격(가당연유)

① 성상: 유백색~황색의 균질한 감미가 있는 액체로서 이미 · 이취가 없어야 한다.
② 수분(%): 27.0 이하
③ 유고형분(%): 29.0 이상
④ 조지방(%): 8.0 이상
⑤ 당분(유당 포함 %): 58.0 이하
⑥ 세균수: 1g당 20,000 이하
⑦ 대장균군: 음성이어야 한다.

11-3-4 농축유류의 표시기준

가) 식품의 유형에 따라 농축우유, 탈지농축우유, 가당연유, 가당탈지연유로 구

분 표시하여야 한다.

나) 가열처리 방법 등에 "살균제품" 또는 "멸균제품"으로 구분 표시하여야 하고, 살균온도 또는 멸균온도 및 시간을 표시하여야 한다.

다) 멸균된 농축우유 또는 탈지농축우유는 각각 "무가당연유" 또는 "무가당탈지연유"로 표시할 수 있다.

라) 가당제품은 사용한 당류의 종류 및 함량을 표시하여야 한다.

마) 특정성분을 제품명으로 사용하여서는 아니된다.

11-4 분유

분유는 건조유제품으로 가볍고 용적이 작아서 다루기가 좋고 보존성이 커서 저장과 수송에 편리한 유제품으로, 전지분유와 탈지분유, 조제분유가 많이 생산되고 있다.

11-4-1 분유의 제조 방법

분유의 일반적인 제조 공정

원료유 →검사→ 표준화→ 예비가열→ 농축→ 건조→ 충전·봉관→ 제품

1) 원료유

원료유의 품질은 제품의 풍미, 용해성, 보존성에 큰 영향을 미치므로, 양질의 전지분유를 제조하기 위해서는 신선하고 양질의 원료유를 선택해야 한다. 원료유의 검사는 다른 유제품과 같지만 특히 원료유의 산도, 지방산화취와 지방분해취의 발생 여부를 검사한다.

2) 표준화

제품의 조성을 일정하게 하고, 또 필요한 성분규격에 맞추기 위하여 원료유의 지방을 표준화한다. 전지분유의 표준화는 3원자동원심기(tripurpose centrifuge)를 사용하여 지방을 조정한다. 3원원심기에는 청정기, 분리기, 표준화기의 3가지 기능을 가지고 있다. 표준화와 청정화된 원료유는 냉각기에서 3~4℃로 냉각하여 저유조로 보낸다.

3) 예비가열

유해균의 사멸과 함께 지방분해효소 등을 불활성화시키기 위하여 75~90℃에서 15~30초간 가열하거나 110~150℃에서 0.5~2.0초간 가열한다.

4) 농축

분유입자의 밀도가 높을수록 분유의 용해도가 높아지므로 건조 전에 반드시 농축을 하여 분유입자의 밀도를 높여주어야 한다. 예비가열 후 여과기를 통과시킨 다음 진공솥에서 약 4 : 1로 농축시켜 고형분 함량을 40~48 %정도 되게 한다.

5) 건조

건조방법에는 여러 가지가 있으나 현재는 대부분이 분무건조기에 의한 분무건조법을 이용하고 있다. 이 건조방법은 공기정화기를 통하여 정화된 공기를 140~180℃로 가열하여 건조실로 보내고, 이 열풍속으로 농축유를 분무시켜 건조한다. 분무된 액적은 표면적이 증가하므로 건조속도가 빨라지며, 액적의 크기가 균일할 때 전체적인 건조 효율이 높아지게 된다.

6) 충전 및 봉관

건조실에서 반출된 분말입자는 25℃ 내외로 냉각시키고 20~30mesh의 진동체로 쳐서 크기를 균일하게 한 후 깡통에 충전하고 진공권체기로 봉관한다. 최근에는 지방의 산화를 방지하고 우유의 풍미를 오래 보존하고, 비타민 A 등의 파괴를 방지하기 위하여 질소가스를 충전한 후 봉관하는 방법이 많이 이용되고 있다.

11-4-2 분유류의 기준과 규격

1) 정의

분유라 함은 원유 또는 탈지우유를 그대로 또는 이에 식품 또는 식품첨가물 등을 가하여 제조·가공한 분말상의 것을 말한다.

2) 식품유형

① 전지분유: 원유에서 수분을 제거하여 분말화한 것을 말한다.
② 탈지분유: 탈지유에서 수분을 제거하여 분말화한 것을 말한다.
③ 가당분유: 원유에 당류(설탕, 과당, 포도당)를 가하여 분말화한 것을 말한다.
④ 혼합분유: 원유, 전지분유, 탈지유 또는 탈지분유에 곡분, 곡류가공품, 코코

아 가공품, 유청, 유청분말 등의 식품 또는 식품첨가물을 가하여 제조·가공한 분말상을 말한다.

3) 규격

① 성상: 담황색의 고운 분말로서 이미·이취가 없어야 한다.
② 수분(%): 5.0 이하
③ 유고형분(%): 95.0 이상
④ 조지방(%): 25.0 이상
⑤ 세균수: 1g당 20,000 이하
⑥ 대장균군: 음성이어야 한다

11-4-3 분유류의 표시기준

가) 식품의 유형에 따라 전지분유, 탈지분유, 가당분유, 혼합분유로 구분 표시하여야 한다.

나) 가당분유는 첨가된 당류의 종류 및 함량을 표시하여야 한다.

다) 혼합분유는 조제분유로 오인되게 하는 표시를 하여서는 아니된다.

11-5 크림

크림은 우유를 오랫동안 방치하거나 원심분리할 때 지방이 많은 부분으로, 식품의 성분규격상으로는 유지방이 18% 이상인 것을 말한다. 버터, 아이스크림, 제과 및 요리용으로 널리 사용되고 있다.

11-5-1 크림의 종류

1) 라이트 크림(light cream)

지방 함량이 10~30%로 비교적 적은 크림을 말하고, 주로 커피의 풍미를 온화하게 하고 색깔을 엷게 하기 위하여 커피에 첨가되므로 커피크림 또는 테이블 크림이라고도 한다.

커피에 크림을 넣었을 때 작은 깃털 모양의 응고물이 생기는 것을 우모현상(羽毛現狀, feathering)이라 하는데, 이런 현상은 크림의 산도가 높거나, 크림이 진하고 커피물의 경도가 높아서 염류의 평형이 깨졌을 때 나타난다. 이런 경우에는 미리 인산염과 같은 완충제를 첨가하면 억제할 수 있다. 또, 물이 뜨거울 때 이런 현상이 쉽게 일어나므로, 물의 온도가 너무 높지 않은 80℃ 정도에서 크림을 넣는 것이 좋다.

2) 포말 크림(whipping cream)

유지방이 30~36%인 연한 포말크림과 유지방이 36% 이상의 진한 포말크림이 있으며, 케익의 장식용이나 과일과 함께 디저트로 이용된다.

3) 플라스틱 크림(plastic craem)

크림을 재차 원심분리하여 유지방이 79~81% 정도로 함유된 크림은 실온에서도 고화상태이므로, 이것을 플라스틱 크림이라고도 한다. 주로 아이스크림의 원료나 연속버터 제조시에 원료로 이용된다.

11-5-2 크림의 제조 방법

크림의 일반적인 제조 공정

원료유 → 분리 → 살균 → 냉각 → 제품

1) 분리

예전에는 우유를 오랫동안 정치시켜 비중이 가벼운 지방이 상층부로 부상하여 형성된 크림을 사용하였으나, 이러한 방법은 시간이 오래 걸리고 분리된 크림의 질이 좋지 않기 때문에 산업적으로 이용하기 어렵다. 최근에는 유지방과 무지고형분의 중력차를 이용한 원심분리법에 의해 크림을 생산하고 있다.

원심분리기에 의한 크림의 분리는 원통형식과 원추판식이 있으나 보통은 원추판식이 많이 사용된다.

원추판식 원심분리기에는 수십장의 원추판이 일정한 간격으로 겹쳐져 있으며, 보울을 6,000~7,000 r.p.m 정도로 회전시키면서 우유를 주입시키면, 우유는 원추판 사이로 흘러가면서 지방구와 무지고형분간의 중력차가 5~10만배로 확대되므로 크림과 탈지유로 분리되어 각각 별도의 출구로 나오게 된다. 이때 분리되는 크림의 양과 유지방의 함량은 우유의 유입량, 원추판의 직경, 보울의 회전속도, 우유의 지방 함량에 따라 차이가 있다.

2) 살균과 냉각

보통은 시유와 같은 방법으로 살균하지만, 버터의 원료로서 크림을 살균할 경우에는 버터 저장시 지방분해를 방지하기 위해 가수분해효소를 파괴하고, 유산균의 성장저해물질을 파괴하기 위하여 보다 높은 온도인 75~80℃에서 5~10분간(LTLT법), 또는 90~98℃에서 15초간(HTST법) 살균하고 4~22℃ 범위로 냉각한다.

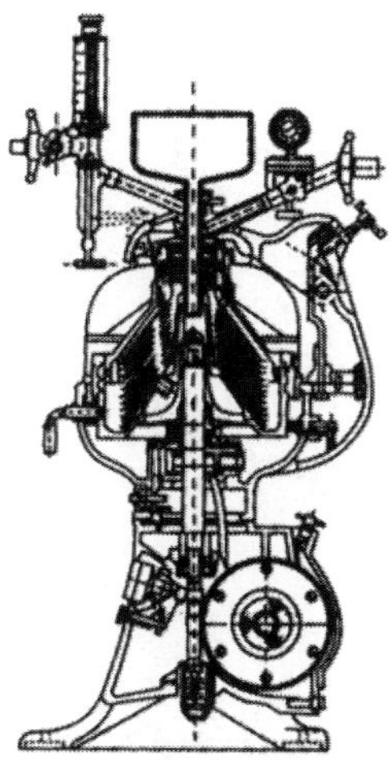

그림 11-3 밀폐형 크림분리기의 내부구조

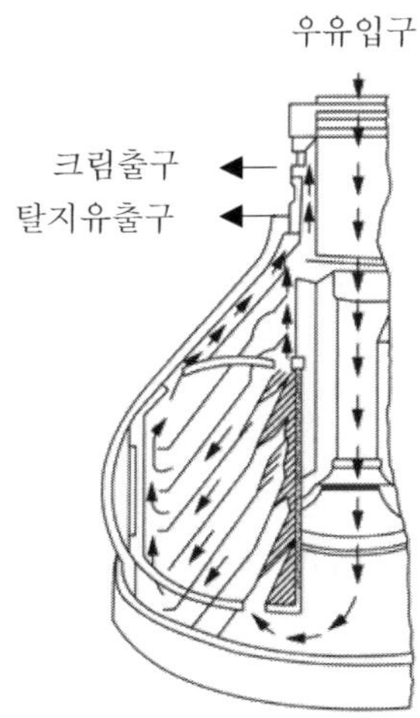

그림 11-4 회전볼내에서의 크림분리 상황도

11-5-3 유크림류의 기준과 규격

1) 정의

유크림유라 함은 원유 또는 우유에서 분리한 유지방분 또는 이에 식품이나 첨가물 등을 가한 것을 각각 살균 또는 멸균처리한 것이거나 분말화한 것을 말한다.

2) 식품유형

① 유크림: 원유 또는 우유에서 분리한 유지방분을 말한다.
② 가공유크림: 유크림에 식품 또는 식품첨가물 등을 가하여 가공한 것을 말한다.
③ 분말유크림: 유크림에 식품 또는 식품첨가물 등을 가하여 분말화 한 것을 말한다.

3) 규격(유크림)

① 성상: 유백색~황색의 균질한 유동성 액체 또는 반고형체로서 이미 · 이취가 없어야 한다.
② 산도(%): 0.20 이하(젖산으로서)
③ 조지방(%): 30.0 이상
④ 세균수: 1g당 20,000 이하
⑤ 대장균군: 1g당 2 이하

11-5-4 유크림류의 표시기준

가) 식품의 유형에 따라 유크림, 가공유크림, 분말유크림으로 구분 표시하여야 한다.
나) 조지방 함량을 표시하여야 한다.
다) 가열처리방법 등에 따라 "살균제품" 또는 "멸균제품"으로 구분 표시하여야 한다.

11-6 버터

크림을 교동하면 지방구막이 파괴되면서 지방이 모여 버터입자가 형성된다. 이것을 한데 모아 반죽하고 물을 분산시켜서 유화상태로 만든 것이 버터(butter)이다. 버터의 종류는 식염을 1~2% 가한 가염버터와 가하지 않은 무염버터가 있고, 원료 크림에 유산균을 넣어서 발효시킨 발효버터와 유산발효를 하지 않는 감성버터가 있다.

11-6-1 버터의 제조 방법

버터의 일반적인 제조 공정

크림 → 중화 → 살균 · 냉각 → (발효) → 숙성 → 교동 → 버터밀크배출 → 수세 →
가염 → 연압 → 포장 → 제품

1) 크림의 처리

(1) 중화

가열시 카제인의 응고로 인한 지방의 손실을 방지하고 응고물이 버터 조직에 들어가서 제품의 품질과 보존성을 저하시키는 것을 방지하기 위하여 중화를 한다. 방법은 크림의 산도가 0.3% 이상일 때 알카리[Na_2CO_3, $Ca(OH)_2$, Ca CO_3, $NaHCO_3$]로 중화시켜 산도를 0.2% 이하로 내린 후 살균한다.

(2) 살균 · 냉각

크림의 살균과 같은 방법으로 한다.

(3) 발효

발효버터 제조시, 유산균에 의해 산을 생성시켜 크림의 점도를 감소시키므로서 교동작업을 할 때 지방의 지방의 분리를 용이하게 하고, 유해균의 번식을 억제하며 특유한 풍미를 준다. 스타터의 종류로는 S. lactis, S. cremoris, Leuc. citrovorus 등이 있으며, Leuc. citrovorus를 사용하였을 경우에는 diacethyl을 많이 생산하여 버터의 풍미를 높여준다.

(4) 숙성

유지방의 지방산 조성은 계절에 따라 다르기 때문에 버터의 경도가 달라지는데, 유지방의 결정화를 조절하여 버터의 경도와 전연성을 항상 같게 하기 위하여 숙성을 한다. 숙성의 효과로는 액상 지방이 고화되므로 교동시간이 일정하게 되며, 버터밀크 중의 지방 함량을 줄여주고 연압작업을 용이하게 한다.

2) 교동(churning)

크림을 천(churn)에 넣고 교반하면서 물리적 충격을 가하면 지방구막이 파괴되고, 지방구는 서로 융합하여 버터입자가 된다. 겨울철에 생산된 우유는 카로틴색소가 부족하기 때문에 착색을 하기 위하여 크림에 색소를 넣고 교동을 한다.

3) 버터 밀크의 배출

교동이 끝나면 잠시 정지하였다가 버터 밀크를 배출한다.

4) 수세

잔존하는 버터 밀크를 제거하고 수분 조절을 쉽게 하기 위하여 버터 밀크보다 2~3℃ 가량 낮은 깨끗한 물로 수세를 2~3회 반복하여 실시한다.

5) 가염

가염버터는 풍미와 저장성을 좋게하기 위하여 식염을 1~2.5% 첨가한다.

6) 연압(練壓, working)

버터 입자를 모아 방망이로 밀어서 버터조직을 균일하게 하는 공정을 연압이라 한다. 이 과정을 통하여 수중유탁액(O/W) 상태에서 유중수탁액(W/O) 상태로 상전환(相轉換)이 이루어진다.

7) 포장

버터의 종류와 용도에 따라 적당한 용기에 충전하여 포장한다. 소형 포장인 경우에는 은박지나 유산지로 싸서 종이상자에 넣어 저장한다.

8) 제품

버터의 생산량은 제조 중에 수분, 소금, 미량의 커드가 포함되어 있기 때문에 원료료 사용된 크림 중의 지방량보다 생산량이 많게 된다. 이것을 증량률(over-run : O.R)이라 한다.

$$\text{증량율}(\%) = \frac{\text{버터생산량}(Kg) - \text{크림중지방량}(Kg)}{\text{크림중지방량}(Kg)} \times 100$$

* 크림 중 지방량(Kg) = 크림 량(Kg) × 크림 중의 지방율(%)

11-6-2 버터류의 기준과 규격

1) 정의

버터류라 함은 원유에서 유지방분을 분리한 것이나 발효시킨 것을 그대로 또는 이에 식품이나 식품첨가물 등을 가하여 각각 교반, 연압한 것을 말한다.

2) 식품유형

① 버터: 원유의 유지방분을 분리하여 교반, 연압한 것을 말한다.
② 가공 버터: 원유의 유지방분을 분리하여 이에 식품이나 식품첨가물을 가한후 교반, 연압한 것을 말한다.

3) 규격

① 성상: 고유의 색택과 향미를 가지고 이미 · 이취가 없어야 한다.
② 수분(%): 18.0 이하
③ 조지방(%): 80.0 이상
④ 산가: 2.8 이하

⑤ 지방의 낙산가: 20.0±2
⑥ 타르색소: 검출되어서는 아니된다.
⑦ 대장균군: 음성이어야 한다.
⑧ 산화방지제(g/kg): 다음에서 정하는 이외의 산화방지제가 검출되면 아니된다.
㉠ 부틸히드록시아니졸, 디부틸히드록시톨루엔, 터셔리부틸히드로퀴논: 0.2 이하(병용할 때에는 사용량의 합계가 0.2 이하)
㉡ 몰식자산프로필: 0.1 이하
⑨ 보존료(g/kg): 다음에서 정하는 이외의 보존료가 검출되면 아니된다.
데히드로 초산, 데히드로 초산나트륨 : 0.5 이하(데히드로 초산으로서)

11-6-3 버터류의 표시기준

가) 식품의 유형에 따라 버터, 가공버터로 구분 표시하여야 한다.

나) 식염의 첨가여부에 따라 "식염" 또는 "무가염"으로 표시할 수 있고, 발효 공정을 거친 제품은 발효를 표시할 수 있다.

다) 가염제품은 식염의 함량을 표시하여야 한다.

11-7 치즈

치즈(cheese)란 우유에 렌넷 또는 응유효소를 작용시키고 카제인과 지방을 응고시켜 얻은 커드를 덩어리로 만든 다음 세균이나 곰팡이 등으로 숙성시켜 만든 식품이다.

11-7-1 치즈의 종류

치즈의 분류는 수분함량에 따른 굳기와 숙성 방법에 따라 분류한다.

(1) 특별경질치즈(very hard cheese)

수분이 25~30%이기 때문에 매우 딱딱하여 분말치즈로 많이 이용되고, 세균으로 약 1년간 숙성시켜 만든다. pameasan cheese와 romano cheese가 여기에 속한다.

(2) 경질치즈(hard cheese)

수분이 30~40%인 치즈이며 세균으로 최소한 5~6개월간 숙성시켜 만든다. cheddar cheese와 gouda cheese는 가스 구멍이 없으나 emmenthal cheese는 가스 구멍이 있는 것이 특징이다.

(3) 반경질치즈(semihard cheese)

수분이 38~45%인 치즈이며 세균으로 숙성시킨 brick cheese와 limburger cheese, 곰팡이로 숙성시킨 roquofort cheese와 blue cheese가 있다.

(4) 연질치즈(soft cheese)

수분이 40~60%인 치즈로 곰팡이로 숙성시킨 camembert cheese와 숙성시키지 않은 cottage cheese가 있다.

(5) 특수치즈

여러 가지 종류가 있으나 두 가지 이상의 자연치즈를 혼합하여 만든 가공 치즈가 대표적이다.

11-7-2 치즈의 일반적인 제조 방법

치즈의 제조방법은 종류에 따라 차이가 있지만 일반적인 제조방법은 다음과 같다.

치즈의 일반적인 제조 공정

원료유 → 검사 → 표준화 → 살균·제균 → 발효 → rennet첨가 → curd절단 → 가온 → whey배출 → 압착 → 가염 → 숙성 → 제품

1) 원료유

치즈 제조에 사용되는 원료유는 이화학적으로나 미생물학적으로 치즈의 품질과 밀접한 관계가 있으므로 신선하고 양질의 우유가 필요하다. 치즈의 품질에 영향을 주는 요인으로는 원료유의 조성 중 지방·단백질 등이며, 항생물질이 우유에 존재할 때는 치즈 제조에 중대한 영향을 미친다. 그러므로 치즈용 원료유는 양질의 치즈를 생산하기 위하여 유질검사와 발효시험을 하게 되며, 아울러 발효와 숙성에 장애가 되는 항생물질 검출실험을 한다.

2) 살균 및 제균

치즈 원료유는 72~75℃에서 15초간 살균한다. 또, 이 살균조건에서 사멸하지

않은 내열성균·포자형성균은 실용화된 원심제균법(bactofuge process)에 의해 제거한다.

3) 발효

우유를 응고시키기 전에 렌넷에 의한 응고작용에 적당한 산도를 갖게 하기 위하여 스타터를 넣고 산도가 0.18~0.22%가 될 때까지 발효를 시킨다.

살균유는 우유 중의 가용성 Ca의 일부가 불용성이 되어 렌넷에 의한 응고를 지연시키므로, 이것을 보완하기 위하여 0.01%의 $CaCl_2$를 첨가한다. 또, 겨울철에 생산된 우유인 경우에는 버터 제조시와 마찬가지로 색소를 넣어주어야 한다.

4) 렌넷의 첨가

우유가 소정의 산도에 달하면 렌넷의 역가(力價)에 따라 적당한 양을 약 2%의 식염수에 용해시켜 우유를 저으면서 균일하게 첨가한다. 렌넷을 첨가하면 우유는 응고하게 되는데 적당한 굳기가 되면 커드를 절단한다.

5) 커드의 절단

커드의 표면적을 넓게 하여 훼이의 배출을 용이하게 하고, 가열시 균일하게 열을 받도록 하기 위하여 curd knife로 연질치즈는 크게, 경질치즈는 작게 절단한다.

6) 커드의 가온

절단을 하면 아래 쪽에는 커드 조각이 위에는 훼이가 있게 된다. 이때 그대로 방치하면 조각들이 응집을 하게 되므로 교반을 하면서 서서히 가열을 한다. 가열을 하면 훼이의 배출이 빨라지고 커드 조각의 표면에 부드러운 막을 형성하여 지방의 손실을 방지하며 탄력성이 있는 조직이 된다.

가열은 2~5분에 1℃씩 상승하는 속도로 경질치즈는 38℃, 연질치즈는 31℃까지 가열한다.

7) 훼이의 배출

훼이의 산도가 0.15%정도로 되고 커드의 크기가 반 정도로 수축되어 탄력성이 있으면, 배트(vat) 양쪽으로 커드 조각을 갈라 쌓은 후에 여과포를 대고 훼이를 배출시킨다.

cheddar cheese인 경우에는 훼이를 배출시킨 후 수분함량을 조절하여 단단한 조직을 갖도록 하기 위해서 배트의 온도를 30~32℃로 유지하면서 매 15분마다 뒤집어 놓기·세워 놓기·올려놓기를 반복한다.

8) 틀에 넣기 및 압착(hooping & pressing)

훼이의 배출이 끝나면 치즈틀에 담기 쉽도록 적당한 크기로 분쇄하여 틀에 넣는데, 이때 틀 안쪽에 살균된 천을 깐 다음 커드를 넣고 압착을 한다.

9) 가염

치즈의 풍미를 좋게 하고 과도한 발효를 억제하며 잡균에 의한 이상발효를 억제하기 위하여 가염을 한다. 가염방법으로는 1~2%의 식염을 압착을 하기 전에 섞는 건염법과 18~24%의 식염수에 48~72시간 동안 담그는 습염법이 있다.

10) 숙성

숙성을 시킬 때는 먼저 나무선반에서 표면을 건조시킨 후 실내 온도 10~20℃, 습도가 80~95%인 숙성실에서 매일 반전시키면서 수주 또는 수개월간 숙성시킨다. 숙성 1~2주 후에는 수분 증발에 의한 감량과 곰팡이의 발생을 방지하기 위하여 왁스 또는 파라핀으로 코팅을 시킨다.

11-7-3 자연치즈의 기준과 규격

1) 정의

자연치즈라 함은 원유 또는 유가공품에 유산균, 단백질 응유효소, 유기산 등을 가하여 응고시킨 후 유청을 제거하여 제조한 것을 말한다.

2) 규격

① 성상: 고유의 색택과 향미를 가지고 이미 · 이취가 없어야 한다.
② 대장균군: 음성(단, 생치즈는 1g당 2 이하이어야 한다)
③ 클로스트리디움균: 음성(경성 및 반경성 치즈에 한한다)
④ 유고형분 및 조지방(경성치즈, 고지방)
　㉠ 유고형분(%): 62.0 이상
　㉡ 유지방(%): 31.0 이상
⑤ 보존료(g/kg) 다음에서 정하는 이외의 보존료가 검출되어서는 아니된다.
　㉠ 데히드로초산, 데히드로초산나트륨 0.5 이하(데히드로초산으로서)
　㉡ 소르빈산, 소르빈산칼륨: 3.0 이하 (소르빈산으로서)
　　(병용할 때에는 소르빈산 및 프로피온산의 사용량의 합계가 3.0 이하)
　㉢ 프로피온산칼슘, 프로피온산나트륨: 3.0 이하(프로피온산으로서)

(병용할 때에는 프로피온산 및 소르빈산의 사용량의 합계가 3.0 이하)

11-7-4 자연치즈의 표시기준

가) 식품의 유형에 따라 고지방경성치즈, 중지방반경성치즈, 저지방생치즈 등으로 구분 표시하여야 한다.

나) 특정성분명을 제품명으로 사용하여서는 아니된다.

11-7-5 가공치즈(process cheese, or pasteurized cheese)의 제조 방법

2종류 이상의 치즈를 분쇄·혼합하고, 유화제 등을 넣고 가열하면서 융해하고 살균하여 성형한 것으로, 원료로는 주로 cheddar cheese가 많이 사용되며 gouda cheese와 emmenthal cheese등도 사용된다.

1) 원료용 cheese의 전처리

장기간에 걸쳐서 품질이 일정한 제품을 만들기 위해서는 가능한 lot(제조번호)가 다른 여러 종류의 원료를 사용하는 것이 좋다. 원료 치즈는 표면에 피막을 제거한 후에 사용한다.

2) 절단과 분쇄

배합을 끝낸 원료 치즈는 절단기 등으로 적당한 크기로 절단한다. 쵸퍼로 분쇄하고 롤러로 마쇄한다.

3) 유화

가공 치즈의 제조 공정에서 가장 중요한 공정으로 살균역할도 하게 된다. 원료 치즈와 수분조절을 위한 수분 그리고, 유화제를 1~3%정도 첨가하고 기타 첨가물을 넣은 다음 저속으로 교반하면서 유화솥(steam-jacket kettle)에서 증기를 넣어 가열한다.

4) 충전·포장

유화를 끝낸 치즈는 온도가 내려가서 유동성을 잃기 전에 충전·포장한다.

11-7-6 가공치즈의 기준과 규격

1) 정의

가공치즈라 함은 자연치즈를 주원료로 하여 이에 다른 식품 또는 식품첨가물 등을 가한후 유화시켜 제조한 것이거나 자연치즈에 속하지 아니하는 치즈를 말한다.

2) 식품유형

총 유고형분 중 자연치즈에서 유래한 유고형분이 50% 이상

3) 규격

① 성상: 고유의 색택과 향미를 가지고 이미 · 이취가 없어야 한다.
② 대장균군 : 음성이어야 한다.
③ 유고형분 및 조지방(경성가공치즈)
 ㉠ 유고형분(%): 50.0 이상
 ㉡ 조지방(%): 25.0 이상
④ 보존료(g/kg): 자연치즈와 동일

11-7-7 가공치즈의 표시기준

식품의 유형에 따라 경성가공치즈, 반경성가공치즈, 혼합가공치즈, 연성가공치즈로 구분 표시하여야 한다.

11-8 아이스크림

아이스크림은 유제품에 설탕 및 안정제 등을 적당히 혼합시켜 만든 믹스를 동결시켜 만든 빙과류의 일종이다.

11-8-1 제조 원료

1) 유제품

아이스크림은 조성분 중 풍미와 안정된 조직을 갖도록 하는 유지방과 SNF공급

원으로 유제품으로 사용되고 있다. 크림과 무염버터 등은 유지방 공급원으로, 전지분유와 탈지분유 등은 SNF 공급원으로 이용되고 있다.

2) 안정제

제품의 적당한 굳기와 보형성을 위하여 젤라틴과 알간산나트륨 등이 사용되고 있다.

3) 감미료

주로 설탕이 사용되며, 감미를 주는 외에 제품의 조직을 좋게 한다.

4) 향료

아이스크림용 향료로서 가장 많이 이용되는 것은 바닐라향이며, 그 밖에 딸기향과 쵸콜릿향 등이 많이 사용되고 있다.

11-8-2 아이스크림의 제조 방법

아이스크림의 일반적인 제조 공정

원료검사 → 원료배합 → 원료용해·혼합 → 믹스균질 → 살균 → 숙성 → 향료첨가 → 동결 → 충전·포장 → 경화 → 제품

1) 원료검사

양질의 아이스크림은 양질의 원료에서 시작된다. 검사를 엄격히하여 규격에 맞는 것인가를 조사한다.

표 11-6 유지방함량에 따른 믹스의 표준조성범위(%)

유지방함량	무지고형분	당	안정제	전고형분
8	11~12	13~14	0.3~0.5	32.5~34.5
10	10~11	14~15	0.3~0.5	34.5~36.5
12	9~10	14~15	0.3~0.5	35.0~37.5
14	8~10	14~15	0.3~0.5	36.5~39.5

2) 원료의 배합

원료의 배합비율에 따라 같은 원료를 사용하여도 성상이 다른 아이스크림이 만

들어진다. 아이스크림을 제조하기 위해서는 먼저 믹스의 조성을 정한 다음, 이 조성에 맞도록 각 원료의 양을 계산하여야 한다.

3) 원료의 용해·혼합(믹스의 조제)

배합표에 따라 평량한 원료 중에서 물·우유·탈지유 등 고형분이 적은 원료, 다음으로 크림, 그리고 마지막에 분유·설탕과 같은 분체원료를 넣고 가열하면서 완전히 녹인다. 안정제는 미리 녹여두었다가 여과하여 넣어야 한다.

4) 막스의 균질

지방 분리를 방지하고 균일한 유화상태를 만들기 위해 균질을 한다. 균질을 하면 믹스의 기포성이 좋아지고 증용률을 증가시켜 조직을 부드럽게 한다.

5) 살균

믹스 중에 존재할 수 있는 유해균과 부패균을 사멸하기 위하여 68℃에서 30분간 가열하거나 이와 동등한 효과를 낼 수 있는 방법으로 가열하여 살균을 한다.

6) 숙성(aging)

믹스를 0~5℃의 저온에서 3~24시간 숙성시키면, 지방이 고화, 안정제의 gel화, 믹스의 점성증가 등에 의해 믹스를 안정시키고, 부드러운 조직과 적당한 보형성·기포성을 유지하는 효과가 있다.

7) 향료첨가

향료는 휘발성이기 때문에 동결 직전에 넣는다.

8) 믹스의 동결(freezing)

믹스를 적당량의 공기를 혼입시켜 강하게 교반하면서 동결기(-18~-23℃)로 급속히 동결하면, 믹스 중에 미세한 공기방울과 얼음 입자, 지방 등이 균일하게 분산되어 반유동체의 소프트 아이스크림(soft icecream)이 된다.

동결시 교반에 의해 공기가 혼입되어 용량이 증가하는 정도를 증용률로서 표시하며, 증용률이 너무 크면 다공성 조직이 되고, 너무 낮으면 딱딱한 조직이 되므로 80~100%가 적당하다.

9) 충전·포장

동결기를 나온 반동결 아이스크림은 충전기에서 용기(cup, cone, plastic 용기 등)에 충전한다. 용기의 종류에 따라 충전→경화→포장, 또는 충전→포장→경화의 2가지 방법이 있다.

10) 경화

동결된 반유동체의 소프트 아이스크림은 종이상자나 콘 등에 넣어 포장한 후 25~30℃의 경화실에서 보다 많은 수분을 동결시켜 굳고 안정된 조직인 하드 아이스크림(hard icecream)으로 만든다.

11) 저장

저장온도는 -20~-30℃가 적당하다.

11-8-3 아이스크림류의 기준과 규격

1) 정의

아이스크림류라 함은 원유, 유가공품을 주원료로 하여 이에 다른 식품 또는 식품첨가물 등을 가한 후 냉동, 경화한 것을 말한다.

2) 식품유형

① 유지방분: 우유로 부터 얻은 지방분을 말한다.
② 무지유고형분: 탈지분유와 성분규격이 같은 것을 말한다.
③ 유고형분: 유지방분과 무지유고형분을 합한 것을 말한다.
④ 유산균함유제품: 유산균 또는 유산균발효유를 함유한 제품으로 표시한 아이스크림류를 말한다.
⑤ 유산균: 유산간균, 유산구균, 비피더스균을 포함한다.

3) 규격(아이스크림, 저지방아이스크림)

① 성상: 고유의 향미를 가지고 이미 · 이취가 없어야 한다.
② 조지방(%): 6.0 이상(단, 저지방아이스크림의 경우 2.0 이하)
③ 세균수: 검체를 녹인 액체 1㎖당 100,000 이하(단, 유산균 함유제품, 발효유함유제품의 경우 유산균수는 제외한다)
④ 대장균군: 1㎖당 10 이하
⑤ 유산균수: 표시량 이상(단, 유산균 함유제품에 한한다)

11-8-4 아이스크림류의 표시기준

1) 아이스크림류

① 식품의 유형에 따라 아이스크림. 아이스밀크, 샤베트, 저지방아이스크림, 비유지방아이스크림으로 구분 표시하여야 하고, 유산균 함유제품과 발효유제품은 이를 구분하여 추가 표시하여야 하며, 발효유함유제품의 경우 유산균 함유 사실을 표시하고자 할 때에는 그 균의 종류와 함유균수를 표시하여야 한다.
② 아이스크림, 아이스밀크는 유지방분의 함량을 표시하여야 하고, 저지방 아이스크림은 지방분의 함량을 표시하여야 하며, 유산균함유제품의 경우 특정균의 함유사실을 표시하고자 할 때에는 그 균의 함유균수를 표시하여야 한다.
③ 아이스크림의 실중량은 부피로 표시할 수 있다.

11-9 발효유

발효유는 포유동물의 젖에 유산균을 배양, 발효시켜 제조되는 액상 또는 반 겔상의 유산 음료이다. 발효유는 유산만을 발효시킨 유산 발효유와 유산 발효는 물론 알코올 발효까지 시킨 알코올 발효유로 크게 나눌 수 있다.

요쿠르트는 가장 오래 된 발효유의 하나로서 세계 여러 나라에서 여러 가지 이름으로 불리워지고 있으며, 그에 따라 제조방법도 각기 다르지만 일반적인 제조방법은 다음과 같다.

발효유의 일반적인 제조 공정

[원료] → 혼합 → 균질 → 살균 → 냉각 → starter첨가 → 충전 → 발효 → 냉장 → [제품]

11-9-1 요쿠르트

1) 원료와 재료

(1) 원료유

원료유로는 주로 탈지유가 사용되고 있으며, 때로는 제품의 SNF함량을 높이고 조직을 향상시키기 위하여 탈지분유를 넣어 유고형분을 높인다.

(2) 안정제

훼이가 분리되는 것을 방지하고, 커드의 굳기를 높이기 위하여 0.2% 내외의 한천이나 젤라틴을 사용한다.

(3) 감미료 및 향료

감미와 풍미를 높히기 위하여 10% 내외의 설탕, 과즙, 잼, 그리고 여러 가지 인공향료를 사용한다.

2) 제조 방법

(1) 원료의 혼합 및 살균

탈지유 또는 물을 가열하여 50~60℃가 되었을 때는 탈지분유와 설탕 등을 용해하고 여과한 다음 85℃에서 30분간 살균한 후 바로 냉각을 한다. 냉각 온도는 스타터의 종류에 따라 발효 적온으로 한다.

(2) 스타터 넣기

이미 만들어진 벌크 스타터를 원료량의 2~3% 가량을 잘 분쇄하여 넣고 혼합한다. 스타터를 넣고 혼합한 것을 용기에 넣고 마개를 닫은 다음 발효실에서 산도가 0.8~1.0%(pH 4.5정도)가 될 때까지 발효를 시키고 5℃ 이하로 냉각을 시킨다.

11-9-2 발효유류의 기준과 규격

1) 정의

발효유류라 함은 원유 또는 유가공품을 유산균, 효모로 발효시킨 것을 말한다.

2) 식품유형

① 발효유, 농후발효유, 크림발효유, 농후크림발효유: 원유 또는 유가공품을 발효시킨 것을 말한다.
② 발효버터유: 버터유 또는 탈지유를 발효시킨 것을 말한다.
③ 냉동발효유 : 발효유류를 냉동한 것을 말한다.

3) 규격(발효유)

① 성상: 고유의 색택과 향미를 가진 액상으로서 이미·이취가 없어야 한다.
② 무지고형분(%): 3.0 이상
③ 유산균수 또는 효모수: 1ml당 10,000,000 이상

④ 대장균군: 음성이어야 한다.

11-9-3 발효유류의 표시기준

① 식품의 유형에 따라 발효유, 농휴발효유, 크림발효유, 농후크림발효유, 발효버터유로 구분 표시하여야 한다.
② 냉동발효유류는 냉동발효유, 냉동발효유, 냉동크림발효유, 냉동농후크림발효유, 냉동 발효버터유로 구분 표시하여야 한다.

제 12 장

계란가공

계란은 우수한 동물성 식품으로 조리용으로 널리 사용될 뿐만 아니라 기포성, 유화성 및 보수성 등의 물리적 성질이 우수하므로 제과, 제빵 그리고 육제품 등 식품가공에도 널리 이용되고 있다.

계란은 예로부터 신선한 상태로 조리용으로 사용되어 왔기 때문에 가공보다는 저장이 더 중요시되고 있다. 주요한 계란제품으로는 1차 제품으로 액란, 동결란, 건조란 등이 있고, 2차 제품으로 마요네즈 등이 있다.

12-1 계란의 구조

계란의 구조는 그림 13-1에서 보는 바와 같이 난각, 난각막, 난백, 그리고 난황으로 이루어져 있다.

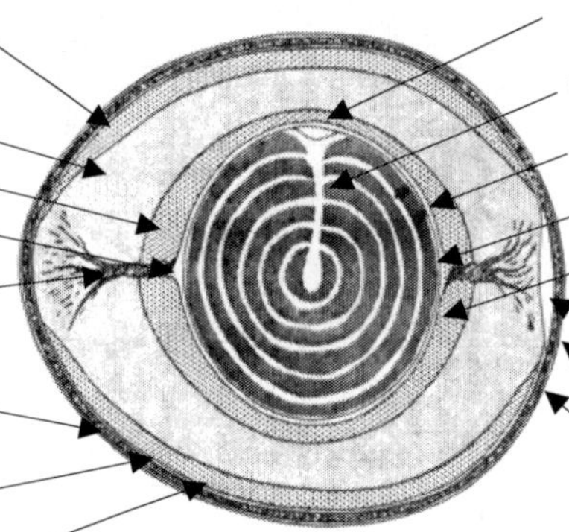

그림 12-1 계란의 구조

12-1-1 난 각

난각은 난각막과 밀착되어 있는데, 그 두께가 250~400㎛이고 1cm²당 100~300개의 세공이 있는 다공질상으로 되어 있다. 산란 직후의 난각표면에는 수란관에서 분비된 점액이 건조된 극히 얇은 큐티클(cuticle)이 있으며 저장이나 마찰에 의해 쉽게 없어진다.

12-1-2 난각막

난각막은 내외 2층으로 되어 있으나, 둔단부에서는 산란 직후 외기에 의해 냉각이 되면 내난각막의 수축에 의해 내외 난각막이 서로 떨어져서 공간이 만들어지는데, 이것을 기실(기실: air cell)이라 하며 저장기간이 길어질수록 그 크기는 커진다.

내외 난각막들은 켈라틴과 같은 단백섬유로 되어 있으며, 그 두께는 각각 20㎛와 50㎛로 내난각막이 외난각막보다 더 섬세한 섬유로 되어 있다.

12-1-3 난 백

난백은 농도와 점조성이 강약에 따라 외수양난백, 농후난백, 내수양난백과 칼라자로 이루어져 있다.

농후난백은 점조한 ovomucin으로 되어 있는 망상섬유와 ovalbumin으로 되어 있는 겔(gel)상이지만, 시간이 지남에 따라 점점 점성이 없어지면서 수양화(水樣化)가 되어 수양난백이 증가하게 된다. 농후단백에는 수양난백보다 ovomucinol 4

배 이상 많이 들어 있는데, 난백의 수양화는 ovomucin의 gel상 부분이 변성에 의해 sol상으로 바뀌기 때문이다.

난백의 비중은 1.039～1.052로 난황의 비중보다 높고, 빙결점은 -0.42～-0.46℃이다. 난황의 위치를 고정시켜 주는 칼라자는 난황의 표면을 둘러싸고 있는 막상부와 나선상의 색상부로 되어 있다.

난백은 공기와 접촉하면 굳어지는 성질이 있어서 기포성이 크므로 제과, 제빵시 기포제로 이용된다.

12-1-4 난 황

난황은 무색 투명한 난황막에 싸여 구형에 가까운 모양으로 알의 중앙부에 위치한다. 난황의 비중은 1.0288～1.0299인데 비하여 배반의 비중은 1.0266～1.0277이기 때문에 유정란에서는 항상 배반이 난황의 윗쪽에 떠 있게 된다. 난황의 빙결점은 -0.56 ～ -0.6℃이다.

12-2 계란의 화학적 조성

계란의 화학적 조성은 품종, 연령, 개체, 영양상태 및 저장기간에 따라 다르다.

표 12-1 계란의 일반조성

부위별	중량비 %	성분함량(%)				
		수분	단백질	당질	지질	무기질
난각	8～11	1.0	2.0	-	-	97.0
난각막		20.0	80.0		-	-
난백	56～59	88.5	9.7	1.0	-	0.8
난황	30～33	49.2	15.8	1.8	32.2	1.0

12-2-1 난각 및 난각막

난각의 조성은 탄산칼슘($CaCO_3$: 96.4%), 탄산마그네슘($MgCO_3$: 1.5%) 및 인산칼슘{$Ca_3(PO_4)_2$: 0.18%}과 같은 칼슘염으로 된 무기질과 약간의 유기질 및 수분으로 되어 있다. 난각막 및 큐티클(cuticle)을 포함하여 분석하면 유기질이 4.5~5%이고 수분은 1.5% 정도이다. 백색란에는 백색색소, 황색란에는 담갈색 색소가 많이 들어있다.

12-2-2 난 백

난백의 총고형분 함량은 12~13%이며, 고형분의 90% 이상이 단백질이다. 난백을 구성하는 단백질의 종류는 많으나 그 중 주요한 단백질은 다음과 같다.

난백의 주 단백질(54%)로서 열응고성(64~67℃)이 있는 ovalbumin, 당단백의 하나인 conalbumin(12~13%), trypsin작용을 저지하는 항트립신(antitrypsin)작용이 있는 ovomucoid(11%), 세균의 세포막 중의 다당류를 분해하여 파괴하는 것과 같은 용균작용이 있는 lysozyme(3.3~3.5%), 농후단백과 칼라자에 많이 들어 있는 ovomucin(1.5~2.9%) 그리고, 미생물의 단백질 분해작용을 저해하는 ovoinhibitor (0.1~1.5%)가 있다.

난백 중의 지질의 함량은 0.05%로 극소량이고, 당질은 반정도가 단백질과 결합한 상태로 존재하며 나머지는 대부분이 포도당으로 들어있다.

난백중에는 유황, 인과 많은 종류의 무기성분이 미량성분으로 들어있는데, 유황은 영양적가치 외에 계란의 조리 및 가공시 외관과 풍미에 영향을 준다. 난백 중의 황화수소는 삶은 계란의 난백과 난황 경계에서의 변색의 원인이 되며 삶은 달걀의 냄새를 내는 주성분이다.

12-2-3 난황과 난황막

난황막은 collagen, elastin 및 keratin과 같은 단백질로 되어 있고, 난황은 지질이 32%, 단백질 16%, 무기질 2%, 그리고 탄수화물 1% 등 고형분이 약 50%로 높은 편이다.

단백질은 지질과 결합된 지질단백질(lipoprtein)이다. 난황 고형물의 60%이상을 차지하는 지질은 대부분의 단백질과 결합되어 있는데, 약 30%는 인지질이며 3%는 불검화물, 그리고 기타는 glyceride이다.

주요 인지질로는 lecithin(58%)이고, 불검화물의 약 90%는 cholesterol이다. 지질의 지방산 중에서 가장 많은 것은 oleinic acid이고 다음으로 palmitic acid, linoleic acid 순이며, 지방산조성은 사료에 따라 변한다.

난황의 무기질은 인단백질 및 인지질의 함량이 많기 때문에 인의 함유량이 높은 편이며, 유황은 함황단백질로서 존재한다. 난황 색의 진하냐 묽으냐 하는 것은 상품가치를 좌우하는데, 이 색갈은 carotenoid에 의한 것으로서 전부 사료에서 유래된다. carotenoid는 난황 중의 약 3mg%이고, 그 조성은 lutein이 약 70%, zeaxanthin이 15~30%, 그리고 cryptoxanthin, carotene이 소량 들어 있다.

12-3 계란의 품질

신선란에는 난각의 표면에 큐티클이라 불리우는 얇은 층이 있으며, 난각의 내측에는 2겹의 난각막이 있어서 외부에서 난각을 통하여 미생물이 침입하는 것을 방지하고 있다. 또 난백에는 lysozyme이라는 항균성을 갖는 단백질이 있으므로, 난의 표면을 청결히 하면 0℃에서 4개월 간 저장하여도 풍미가 변하지 않는다.

난의 표면에 물이 닿으면 cuticle층이 벗겨져서, 난각 표면에 있는 다수의 기공을 통하여 미생물이 침입하게 된다. 한편 난백은 농후난백이 수양화하면 액상화하고, 난황이 난각에 직접 접하게 되면 난은 부패하기 쉽다.

난백의 액상화는 난을 평판상에서 분활하여 난백의 높이를 난백의 평균직경으로 나눈 수(난백계수라 한다)를 측정하므로 알 수 있다. 난의 신선도가 저하되면, 난백의 액상화가 일어나서 난백계수는 작아진다.

난의 선도는 이와 같이 난백계수를 통하여 알 수 있지만, 비중과 투시에 의해서도 어느 정도 알 수 있다. 오래된 난은 기공을 통하여 수분이 증발하고, 따라서 기실이 커지면 비중이 감소한다.

12-4 계란의 저장

계란을 저장한다는 것은 난의 내용물을 가능한 신선하게 유지함과 동시에 난각에 있는 기공을 통하여 미생물이 침입하는 것을 방지하는 것이다. 난의 신선도를 유지하기 위해 냉장을 하면 6개월 이상 저장할 수 있지만, 냉장 중에도 난은 계속해서 호흡하므로 탄산가스가 배출되어 난의 pH는 올라가게 된다. 난을 일정량의 탄산가스 중에 저장하면(가스저장) 이런 변화들을 지연시킬 수 있으므로 냉장법과 가스저장법을 병용하면 난의 품질을 훨씬 더 오래 유지할 수 있다.

기공을 통하여 세균이 침입하는 것을 방지하는 방법으로는 난각 표면을 밀봉시키는 방법이 있다. 난각 표면에 기름, 파라핀, 물유리 및 방부제를 혼합한 에멀젼(emulsion)을 도포하여 피막을 만들면, 기공이 막히게 되어 내부에서 탄산가스나 수분이 발산되는 것을 방지할 수 있으므로 오랫동안 저장할 수 있게 된다. 이러한 난각 표면처리방법과 냉장법을 병용하면 난의 저장기간은 훨씬 길어진다.

12-5 난제품

12-5-1 건조란

건조란에서는 전란분, 난황분 및 난백분이 있는데 전난분은 신선란 또는 냉동란을 분무건조하거나 피막건조한 것이다. 전란분은 물을 가해 용해시켰을 때 풍미와 용해도, 그리고 영양가치가 신선란과 같아야 한다. 전란분의 포립성은 신선란을 원료로 한 것보다 냉동상태에서 분무건조한 것이 좋다고 한다.

난분은 저장 중에 갈변할 우려가 있으므로, 갈변의 원인의 되는 성분인 난백 중의 당(주로 포도당)을 제거하여야 한다. 유산균과 같은 미생물에 의한 발효와 glucose oxidase와 같은 효소에 의해 당을 제거할 수 있다.

12-5-2 피단(皮蛋 : pidan)

난 중에 알카리를 침투시켜 내용물을 응고·숙성시킨 것으로서, 중국에서 주로 만들어지던 제품이지만 최근에는 세계적으로 널리 알려지게 되었다. 본래는 오리알을 원료로 한 것이지만, 계란을 사용하여도 무방하다.

피단을 만들 때에는 탄산소다, 초목회, 소금, 생석회 및 물을 적당한 비율로 혼합하여 반죽한 것을, 난각 표면에 1cm두께로 일정하게 도포한 후 항아리에 넣고 냉소에서 3~4개월 방치하여 만든다. 그러면 도포한 알카리가 난 속으로 침투하여 난백을 응고시키고 투명한 적갈색을 띠게 한다.

그리고, 난황은 가장자리 부분이 응고하게 되고 외부는 흑녹색, 내부는 황갈색을 띠게 되며, 암모니아와 유화수소 등의 휘발성 물질이 생성되어 독특한 풍미를 갖는 제품이 된다.

계란의 난백은 오리알의 경우와는 달리 젤라틴화하여 단단해지므로, 오리알과 같은 방법으로 처리한 후 한번 더 삶아 주면 오리알과 같은 상태가 된다.

12-5-3 마요네즈(mayonnaise)

사라다유와 같은 고급 식용유와 난황, 식초 등을 유화시켜 만든 제품이다. 기름은 마요네즈의 주성분으로 그 품질이 특히 중요하므로, 정제한 올리브유, 면실유 및 대두유 등이 사용된다.

제법은 먼저 신선한 난황과 조미료·향신료 등을 혼합기에 넣고 고속으로 충분히 교반하여 균일하게 한 다음 기름을 소량씩 가한다. 기름을 가하는 방법은 유화와 관계가 있으므로, 처음에는 소량씩 넣다가 유화의 정도를 보면서 점점 양을 늘려 나간다. 어느 정도 유화를 시킨 후 식초를 조금씩 넣으면서 교반을 계속하여 유화를 완료한다.

12-6 알 가공품의 기준과 규격

1) 정의

알 가공품이라 함은 알이나 알의 내용물에 식품 또는 식품첨가물 등을 가한 것이거나 분리, 건조, 냉동, 가열, 발효·숙성 등의 방법으로 가공한 것을 말한다.

2) 식품유형

① 전란액: 알의 전 내용물이거나 식염 및 당류 등을 가한 것 또는 이를 냉동한 것을 말한다.
② 난황액 알의 노른자이거나 이에 식염 및 당류 등을 가한 것 또는 이를 냉동한 것을 말한다.
③ 난백액: 알의 흰자위에 식염 및 당류 등을 가한 것 또는 이를 냉동한 것을 말한다.
④ 전란분: 알의 전 내용물을 분말로 한 것을 말한다.
⑤ 난황분: 알의 노른자를 분말로 한 것을 말한다.
⑥ 난백분: 알의 흰자를 분말로 한 것을 말한다.
⑦ 가열성형제품: 알의 응고온도 이상으로 가열, 살균 등의 열처리공정을 거쳐 성형시킨것을 말한다.
⑧ 피단: 알껍질 외부로부터 조미·향신료 등을 알 내용물에 침투시켜 특유의 맛과 단단한 조직을 갖도록 숙성한 것을 말한다.
⑨ 기타 알가공품: 알을 주원료로 하여 가공한 것으로서 위 ①~⑧ 이외의 것을 말한다.

3) 규격

① 성상: 고유의 색택과 향미를 가지고 이미·이취가 없어야 한다.

② 수분(%): 10.0 이하(분말제품에 한한다)
③ 세균수: 1g당 10,000 이하(살균제품에 한한다)
④ 대장균군: 1g당 10 이하(살균제품에 한하며, 피단의 경우에는 음성이어야 한다)
⑤ 살모넬라균: 음성이어야 한다(살균제품 및 피단에 한한다).

12-7 알 가공품의 표시방법

① 식품의 유형에 따라 전란액, 난황액, 전란분, 난백액, 난황분, 난백분, 가열성형제품, 피단, 기타 알가공품으로 구분 표시하여야 한다.
② 살균여부에 따라 "살균제품" 또는 "비살균제품"으로 구분 표시하여야 한다.

제 5 편

수산식품가공

제 13 장

수산식품가공

수산식품은 일반적으로 생선식품(生鮮食品)으로 이용할 뿐 아니라, 부패하기 쉬운 특성 때문에 가공하여 저장성과 수송성을 높여 소비자의 기호와 수요를 충족시키고 있다.

수산식품의 가공기술은 천일 건조와 같은 원시적인 방법에서부터 진공동결건조와 같은 최신의 방법까지 그 제조방법이 무척 다양하므로, 원료의 특성과 제품의 종류 및 품질을 고려하여 그 제조방법을 선택하여야 한다.

최근에는 바다의 오염문제가 자주 거론되고 있으므로, 사전에 원료에 대한 검사를 더욱 철저히 하여 소비자들이 안심하고 식품을 먹을 수 있도록 하여야 할 것이다.

13-1 수산연제품

수산연제품은 어체에서 정육만을 취하여, 이것을 수세하고 이취를 제거한 후 세절하여 조미료, 전분, 향신료 등을 첨가하여 반죽을 만들어 성형, 가열한 제품이다.

제조원리는 어육 단백질이 갖는 독특한 성질을 이용한 것으로서, 원료어를 처리하여 얻은 고기풀을 직화 또는 수증기 등으로 가열하여 탄력성이 있는 젤리상의 제품을 만든다.

어육에 식염을 첨가하여 갈면 점조성이 나타나는데, 이와 같은 점조성이 있는 상태를 탄력이 강하다고 말하며, 연제품의 원료어로는 탄력이 강한 어종이 사용된다. 현재 널리 사용되고 있는 어종으로는 조기류, 갯장어, 갈치, 전갱이, 상어류, 대구 등이다.

최근에는 단일 어종을 사용하기보다는 여러 종류의 어종으로 채육, 수세, 만육 및 고기갈이 공정을 거쳐 고기풀을 만든 다음, 동결시켜 저장하였다가 필요할 때 해동하여 원료로 사용하고 있다.

부원료로 사용되는 식염은 조미료와 방부제로서의 효과와 더불어 연제품의 탄력 형성에 중요한 역할을 한다. 또한 전분은 탄력보강제로 10% 내외가 사용되고, 조미료로는 설탕, 미림(味琳), MSG 등이 사용되고 있다.

13-1-1 연제품의 일반적인 제조공정

연제품의 일반적인 제조 공정

원료 → 채육 → 수세 → 탈수 → 만육 → 고기갈이·혼합 → 성형 → 가열 → 냉각 → 제품

1) 채육

두부와 내장 등을 제거한 어체를 잘 씻은 후 롤식 또는 스탬프식 어육채취기에서 원료인 육, 그리고 뼈·껍질 등을 분별하여 수집한다.

2) 수세

육중에 혼입된 혈액, 지방 및 수용성 단백질 등을 제거하여 제품의 색을 희게 하고, 염용성 단백질의 비율을 높여 탄력을 강하게 하며, 보존성을 높이기 위하여 육의 5~10배양의 물을 가하여 교반한 후 윗물을 버리고 다시 같은 양의 물을 가한 후 교반하는 조작을 3~4회 반복한다.

탄력이 약한 어종이나 선도가 저하된 어종은 수세 회수를 증가시켜 7~8회 정도 반복하면 탄력을 높일 수 있으며, 특별히 색이 희고 탄력이 강한 어묵을 만들 경우에도 수세 회수를 증가시키면 된다. 수세를 마치면 원심 탈수기에 넣어 탈수를 시키는데, 탈수와 동시에 탈취 효과도 얻을 수 있다.

3) 만육(chopping)

육만기(chopper)를 사용하여 육 속에 들어 있는 결체조직과 작은 뼈 등을 만육

한다. 처음부터 구경이 작은 plate를 사용하거나 무딘 칼날을 사용하여 고기를 갈면 마찰에 의한 발열로 육단백질을 변성시켜 탄력이 나쁜 제품이 된다.

4) 고기갈이

연제품 제조시에 가장 중요한 공정으로 뇌궤기(stone grinder) 또는 silent cutter에 어육을 2~3%의 소금과 같이 넣어 갈면 염용성인 미오신구 단백질이 용출하여 sol상의 고기풀이 되며, 여기에 전분과 기타 부원료를 넣어 혼합한다.

5) 성형

고기갈이가 끝나면 엉겨앉음(setting)이 일어나기 전에 고기풀의 점착성을 이용하여 신속하게 성형기로 적당한 모양으로 성형을 한다. 이 때 제품에 공기가 들어가서 기포가 생기면 가열시 팽창하여 파열되므로 제품의 품질이 나쁘게 된다.

엉겨앉음이 일어난 고기풀은 유동성이 없으므로 성형하기 어렵고, 한 번 엉겨앉음이 된 고기풀은 다시 고기갈이를 하여도 점조성이 있는 고기풀이 되지 않는다.

6) 가열

탄력이 있는 gel을 형성시키고 고기풀에 있는 세균을 사멸시켜 보존성을 높이기 위해서는 중심온도가 75℃ 이상이 되도록 가열을 한다. 성형 후 엉겨앉음을 시킨 다음에 가열을 하면 탄력이 강한 제품을 얻을 수 있다.

대부분의 어육은 고온에서 가열함으로서 gel을 형성한다. 하지만 일부 어종에서는 저온에서 강한 gel을 형성하는 경우도 있으므로, 이럴 경우에는 저온에서 가열을 하여 일단 gel을 형성시킨 후 2차로 고온에서 가열하여 살균을 하도록 한다.

7) 냉각 및 저장

가열이 끝난 제품은 가능한 빨리 냉각을 하여 품질을 유지시켜야 한다. 일반 연제품은 냉풍을 이용하지만, 포장 제품은 유수 중에서 상온이하로 급냉을 시킨다. 냉각이 끝난 제품은 물기를 딱아낸 후 동결되지 않는 온도인 2~3℃에서 저장한다.

13-1-2 연제품의 종류

1) 판붙이 어묵

고기풀을 뇌체기(stone grinder)에 넣고 원료 10kg당 식염 200~300g을 넣고 간 다음, 전분 500~1500g, 설탕 45~145g, 미림 100ml, 난백 21개분을 넣고

다시 간다. 이것을 나무판에 반원통상으로 붙여 증기로 찐다. 이 때에는 일반적으로 2단가열법을 사용하는데, 비교적 저온에서 가열하는 1단가열에서는 치밀한 gel 구조가 형성되고, 2단가열에서는 그 구조를 안정시킨다. 증기로 찐 후 색택을 좋게 하기 위하여 냉수에 담구어 냉각하고 10분 정도 지나면 꺼내어 제품으로 한다.

2) 부들어묵

꼬챙이에 고기풀을 원통상으로 말아 붙여 배소시킨 것을 부들어묵이라 한다. 제법은 판붙이어묵과 비슷하지만 약간 거친 편이며, 고기풀 4kg에 전분 400g, 식염 80g, 미림 30ml, 설탕 10g을 가하여 반죽한 다음, 정형기에서 정형한 후 배소로에서 구워 완성시킨다. 최근에는 정형기와 소로(燒爐)를 조합시킨 연속식 부들어묵 제조장치가 개발되어 이용되고 있다.

3) 튀김어묵

어육 고기풀을 기름에 튀긴 것으로, 급속한 가열로 탄력이 강하고, 기름에 튀김으로서 맛이 좋다. 상어류와 정어리 등의 고기풀에 당근, 양파, 우엉을 세절한 것 등을 가하여 혼합한 반죽을 성형하여 기름에 튀긴다. 기름에 튀길 때에는 제품의 중심 온도가 크게 차이가 나지 않도록 주의하여야 하기 때문에 2단가열법을 사용하는 것이 좋다. 1단가열 온도는 120~140℃에서 하고, 2단가열은 180℃ 전후에서 처리한다.

4) 어육소시지

어육이나 고래고기 등을 원료로 축육 소시지에 준하여 제조한다. 어육소시지는 축육 소시지에 비하여 원료육의 가격이 싸고, 대량 생산이 가능하므로 제품의 가격이 저렴하다. 또, 케이싱으로는 PVDC 같이 기밀을 유지할 수 있는 합성수지를 사용하고, 높은 온도에서 장시간 살균하므로 저장성의 아주 좋은 제품이다.

원료로서는 선도가 좋은 어체를 사용하는 것이 제일 중요한데 대개는 다랑어, 넙치, 가자미 및 고래고기를 그대로 사용하거나, 냉동 고기풀을 만들었다가 필요시 해동하여 사용한다.

원료 조성의 예를 들면, 다랑어육(냉동) 50%, 경육(냉동) 33%, 돈지 10%, 기타(조미료, 향신료 증량제 등) 7% 등의 비율로 배합한다.

원료인 냉동 다랑어는 해동한 후 껍질과 혈합육을 제거하고 약 6cm 각(角)의 정방형으로 절단한다. 경육은 동결된 상태에서 적당한 크기로 자른 후 자동절단기(slicer)에서 약 1cm두께로 절단하고, 유수 중에는 탈혈(脫血)한 후 저온실에서 식염, 질산염, 아질산염 등으로 염지하여 육색을 고정시킨다. 이때 경육을 탈혈시키는 이유는 탈혈을 시키지 않으면 고정된 육색이 너무 짙어지기 때문이다.

그 다음 다랑어와 경육의 비율을 3 : 2로 취하여 만육기에서 만육한 다음 silent cutter에서 조미료, 향신료, 착색료 및 돈지방을 넣고 갈아서 반죽을 만든다. 대부분의 경우에는 제품의 색, 결착성, 그리고 보수성을 좋게 하기 위하여 전분과 인산염이 첨가된다.

반죽은 충전기에서 PVCD 케이싱에 충전되고, 양끝은 자동결찰기에 의해 알루미늄 고리로 단단하게 결속이 된다.

이것을 수세한 후 연속식 살균기로 90℃에서 50분 살균을 하고, 바로 유수 중에서 급속냉각을 한다. 냉각이 되면 내용물의 수축으로 케이싱에 주름이 생기므로, 다시 90℃의 열탕 중에 1분간 담구어 주름을 편 후 냉각을 시키고 냉풍으로 건조를 시킨 후 포장을 한다.

13-1-3 어육가공품의 기준과 규격

1) 정의

어육가공품이라 함은 어육을 주원료로 하여 제조·가공한 어묵, 어육햄, 어육소시지, 어육반제품, 어육살, 연육 등을 말한다.

2) 식품유형

① 어묵: 어묵은 어육의 염용성 단백질을 용출시킨 고기풀에 식품 등의 부원료를 가하여(어육함량 50% 이상) 찌거나, 삶거나, 굽거나, 식용유에 튀긴 것 또는 이를 건조한 것을 말한다.

② 어육햄: 어육 및 식육의 육괴를 염지하여 훈연하거나 열처리한 것(어육 및 식육함량 50% 이상, 단 어육의 함량이 식육의 함량보다 많아야 한다)을 말한다.

③ 어육소시지: 어육 및 식육에 지방이나 향신료 등을 넣어 케이싱에 충전한 후 열처리한 것(어육 및 식육함량 50% 이상, 단 어육의 함량이 식육의 함량보다 많아야 한다)을 말한다.

④ 어육반제품: 어육의 염용성 단백질을 용출시킨 고기풀에 부원료를 혼합한 것(어육함량 50% 이상)으로서 열처리하지 아니한 것을 말한다.

⑤ 어육살: 생선을 채육, 가공한 어육살로서 부형제와 보존료(소르빈산 및 소르빈산칼륨 제외) 등 식품첨가물을 일절 첨가하지 아니한 것을 말한다.

⑥ 연육: 생선을 채육하여 수세, 탈수하고 이에 염·당류·인산염 등을 첨가하여 갈아서 냉장 또는 냉동한 것(어육함량 90% 이상)을 말한다.

⑦ 기타 어육가공품 : 식품유형 (1)~(6)에 정하여지지 아니한 어육가공품(고형분 중 어육 함량 50% 이상)을 말한다.

3) 규격

① 성상: 고유의 색택을 가지고 이미 · 이취가 없어야 한다.
② 수분(%): 10 이하(건조어묵에 한한다)
③ 아질산이온(g/kg): 0.05 이하(어육햄류 및 어육소시지류에 한한다)
④ 타르색소: 검출되어서는 아니된다(어육 소시지류는 제외한다).
⑤ 대장균군: 음성(비가열제품 제외).
⑥ 세균수: 음성이어야 한다(멸균제품에 한한다).
⑦ 보존료(g/kg): 다음에서 정하는 보존료는 아래 기준에 적합하여야 한다.
소르빈산, 소르빈산칼륨: 2.0 이하(소르빈산으로서)

13-1-4 어육가공품의 표시기준

① 식품의 유형에 따라 어묵, 혼합어묵, 어육소시지, 혼합어육소시지, 어육햄, 혼합어육햄, 어육반제품, 냉동어묵, 어육살, 연육, 기타 어육가공품으로 구분 표시하여야 한다.
② 유탕처리한 제품은 "유탕처리제품"으로 표시하여야 한다.
③ 가열처리방법등에 따라 "살균제품", "멸균제품" 또는 "비가열제품"으로 구분 표시하여야 한다.

13-2 수산건제품

어개류와 해조류를 자연건조법과 인공건조법에 의해 수분을 제거하여, 미생물이 번식하기 어려운 상태로 만들어 저장성을 갖도록 한 것을 수산건제품이라 한다.

어개류와 해조류는 수분의 함량이 70~80%로 미생물이 발육하기 좋은 상태에 있다. 이것을 건조하여 수분량을 약 40% 이하로 만들면 세균의 발육이 정지되고, 약 13% 이하로 만들면 곰팡이류의 번식도 억제된다. 또한 단순히 탈수만 하지 않고 염지를 하였다가 건조를 하면 미생물의 발육을 한층 더 억제할 수 있다.

수산건제품의 수분함량은 보통 10~14%범위이며, 저장방법이 좋으면 장기간 동안 저장이 가능하다. 그러나 조미건제품과 같이 제품의 맛을 고려하여 수분 함량을 50% 정도로 하는 것도 있는데, 이들 저장에는 냉장고를 이용하여야 한다.

건조법은 태양열과 바람에 의한 천일건조법(자연 건조법)과 실내 또는 그늘에서 말리는 음건법, 열풍을 불어넣는 열풍건조법, 그리고 진공건조법 및 동결 건조법 등이 있다.

13-2-1 소건품(素乾品, 날 마른치)

어개류와 해조류를 원형 그대로 건조한 것으로 마른 오징어, 마른 명태, 마른 복어, 마른 미역, 마른 김 등이 있다. 소건품은 극히 신선한 원료를 선택하여 염수 및 담수로 씻어 염분을 제거한 다음 건조를 시킨다. 원료의 처리 방법이 단순하여 수작업이 많지만, 일시에 많은 양을 처리할 수 있는 장점이 있다.

소건품의 일반적인 제조 공정

원료 → 전처리 → 세정 → 건조 → 제품

1) 마른 오징어

신선한 살오징어의 경우 몸통 부분은 중앙선을 따라 귀의 끝까지 가르고, 두부는 안구 사이를 갈라 먹물 주머니가 터지지 않도록 조심하면서 안구와 내장을 제거한다. 연골과 부리는 그대로 둔 상태에서 해수(海水)로 씻은 다음 다시 청수(淸水)로 잘 씻어 건조를 한다.

2~3일 정도 햇볕에 말려서 수분이 어느 정도 제거되면, 건조장에서 거두어 통 속에 넣고 무거운 것으로 눌러 주름을 펴고 잔존 수분을 균일하게 분산시킨 후, 다음 날 꺼내어 정형한 다음 다시 햇볕에 말려서 완성한다. 완성된 제품은 수분함량이 20% 내외이며, 표면에는 백분이 생기는데, 이 백분의 주체는 타우린(taurin)이다.

오징어육은 수용성 단백질이 많아서 비를 맞으면 단백질이 용출하여 육이 엷어지고, 또 세균이 번식하게 되면 표피에 있는 색소가 용출하여 적갈색으로 착색된다.

2) 마른 미역

식용 해조류 중 가장 생산량이 많은 것으로, 대부분이 양식미역이다. 건조법에 따라 탈염미역과 염장미역이 있다. 탈염미역에는 목회(木灰)를 사용하여 탈염시킨 회건(灰乾) 미역, 그리고 끓는물 속에 넣어 탈염한 미역과 담수로 탈염한 미역이 있다. 염장미역은 미역을 채취한 그대로 또는 대강 물로 씻어 건조를 한 것이다.

13-2-2 염건품(鹽乾品, 간 마른치)

어개류를 염지하여 액즙을 제거한 후 건조를 한 것이다. 제품은 소금을 포함하고 있어 세균의 번식이 억제되므로 저장성이 높은 제품이 된다. 그러나 완제품의 건조 정도는 소건품보다 좋지 않다.

염건품의 일반적인 제조 공정

원료 →전처리→ 세정→ 염지→ 건조→ 제품

1) 굴비

굴비는 우리 나라 서해안에서 많이 어획되는 참조기를 아무런 전처리 없이 원형 그대로를 바로 염지한 후 건조한 것이다. 염지시 용염량은 원료의 17~25% 정도이며, 식염을 어체에 고루 뿌린 후 적당한 용기에 재워 4~7일간 방치한 다음 꺼내어 건조하는데, 완성된 제품의 수분 함량은 약 10% 정도이다.

13-2-3 자건품(煮乾品, 찐 마른치)

어개류를 삶은 다음 건조한 것이다. 자숙에 의해 어체의 비린내를 제거할 뿐만 아니라, 세균의 살균과 자기소화 효소를 파괴시켜 건조 중에 일어날 수 있는 부패를 막고 아울러 수분과 지방을 일부 제거하여 건조를 쉽게 한다.

자건품의 일반적인 제조 공정

원료→수세→ 가열→ 건조→ 제품

1) 마른 멸치

자건품의 대표적인 제품은 마른 멸치이다. 제조 공정은 먼저 신선도가 좋은 멸치를 수세한 다음 끓는 염수(5~10%)에 넣고 염수가 다시 끓어오르고 멸치가 떠오를 때까지 삶는다. 끓는 물의 표면에 떠오른 기름을 제거하고 멸치를 건져 올려 햇볕에 말린다. 이 때 하루에 한 번씩 뒤집어 주면 건조가 빠른데, 일기가 순조로울 경우 2~3일이면 제품이 된다. 멸치를 염수에 삶는 이유는 색택을 좋게 하기 위해서이며 담수에 삶게 되면 광택이 나지 않는다.

13-2-4 동건품(凍乾品, 언 마른치)

선별과 전처리를 거친 원료를 동결과 융해를 반복하면서 수분을 제거하여 건조를 한 제품이다. 동결에 의해 어체의 조직이 파괴되고 융해시 다량의 액즙이 유출되어 건조가 빠르지만 가용성 성분의 손실이 큰 것이 결점이다.

동건품의 일반적인 제조 공정

원료 →전처리 → 동결 · 융해→ 건조 → 제품

1) 마른 명태

동건품의 대표적인 것은 마른 명태로서, 선도가 좋은 어체의 복부를 항문까지 절개하여 내장을 제거하고 잘 씻은 다음 흐르는 물에 2~3일 담궈서 피빼기와 물을 충분히 흡수시켜 동결이 잘 되도록 한다. 물에 담궜던 어체는 20마리씩 꿰어 건조대(덕)에 걸어 밤사이에 충분히 얼린다. 얼었던 어체는 낮 동안에 녹아서 일부는 유출되거나 증발되고, 밤이 되면 다시 어는 상태가 반복되면서 탈수된다.

원료의 육질을 스폰지화하여 수분함량이 40%정도 되었을 때 건조대에서 내려 1m 정도의 높이로 쌓고 가마니를 덮어 3~4일간 방치하여 내부와 표면이 고르게 해동하도록 한 다음, 다시 건조대에 널어 수분함량이 20~25%인 제품을 만든다.

13-2-5 수산건제품의 저장

수산 건제품은 온도, 습도, 광선 및 공기 등에 대한 관리 방법이 완전하지 않으면, 저장 중에 흡습, 산화, 변색, 이취의 발생과 해충의 발생을 초래하게 된다. 수분 함량이 15% 내외에서는 곰팡이가 발생하여 성분을 분해하거나 소모시키는 변화가 일어나며, 40~50%에서는 세균이 번식하게 되어 부패할 우려가 있으므로 주의하여야 한다.

13-3 수산 훈제품

수산 훈제품은 어개류를 염지하여 적당한 염미를 부여한 후 훈열실에서 건조와 훈연을 하여 저장성과 독특한 풍미를 갖도록 한 제품이다.

수산 훈제품의 일반적인 제조 공정

원료 →전처리 → 염지 → 건조 → 훈연 → 건조 → 제품

수산 훈제품의 훈연방법은 육제품과 같이 냉훈법과 온훈법을 이용한다. 냉훈법은 20~26℃에서 1주간 이상 건조와 훈연을 하여 수분이 35~45% 이하의 제품을

만들어 저장성을 갖도록 하는 것이며, 온훈법은 풍미 부여를 목적으로 50~60℃에서 수 시간 동안 건조와 훈연을 하여 수분이 50% 정도인 제품을 만든다.

13-3-1 수산 훈제품의 종류

1) 냉훈 청어

냉훈품의 원료로 사용되는 청어는 산란 청어로 지방이 5~8% 정도로 적은 것이 좋으며, 지방이 많으면 좋은 품질의 제품을 만들 수 없다.

제조방법은 먼저 아가미를 제거하고 내장은 항문부에서 뽑아 낸다. 마른간을 할 때는 어체 무게의 12~20%의 식염을 고르게 뿌리고 누름돌을 얹어 약 1주일간 두며, 물간을 할 때는 포화식염수에 약 40시간 동안 침지한다. 염지가 끝나면 3~24시간 동안 물에 담구어 표면과 내부의 소금 농도를 균일하게 하여야 한다.

탈염이 끝나면 장대에 꿰어서 3시간 정도 그늘에서 말린 다음 훈연실에 3~4주 동안 훈연시키는데, 이때 훈연실의 온도는 첫 1주간은 18℃ 내외에서, 2주 째는 22℃, 3주째는 25℃ 정도에서 마무리한다.

2) 고등어 온훈품

고등어는 제조 중에 히스타민이 생성될 우려가 있기 때문에 극히 신선한 원료를 사용하고, 가능한 짧은 시간에 제조하여야 한다. 머리와 내장을 제거하고 세편뜨기 한 다음, 피를 빼기 위하여 묽은 식염수에 20~30분간 침지한다. 피빼기가 끝나면 10℃ 이하로 냉각시켜 15% 정도의 식염수에 60~80분간 염지하였다가 꺼내어 물기를 뺀다. 훈연은 25℃ 부근에서 시작하여 서서히 온도를 높여 10시간만에 90℃에 도달하도록 한다.

13-3-2 수산 훈제품의 저장

냉훈법에 의한 제품은 수분함량이 10℃ 이하이므로 세균이 번식할 우려는 거의 없다. 제품의 표면에 세균이 부착되어 있더라도 살균성 연기성분(유기산, 알데히드, 에스테르, 페놀류 등)에 의해 번식을 할 수 없게 된다. 그러나 어체의 머리부분은 훈연 후에도 수분함량이 보통 40~50%이므로, 고온에서 장시간 방치하면 부패할 우려가 있다.

곰팡이는 훈제품일지라도 발육을 할 수 있으므로, 저장 중에 곰팡이의 발생을 주의하여야 한다. 그러나 훈제품을 습기가 많은 장소에 보관하지 않는 한 곰팡이는 품질에 큰 피해를 입히지 않는다.

13-4 젓갈

어개류의 육, 내장, 생식소 등에 다량의 식염을 첨가하면 유해 세균의 발육을 억제되어 부패를 방지할 수 있을 뿐만 아니라, 자기소화 효소작용에 의하여 성분들이 적당히 분해되는 숙성이 이루어져 독특한 풍미를 내게 되는데 이것을 젓갈이라 한다.

젓갈의 일반적인 제조 공정

원료 →(전처리) → 수세 → 소금넣기 → 숙성 → 제품

숙성 초기에는 어개류의 내장에 많이 들어 있는 소화효소에 의한 분해작용이 주로 이루어지지만, 숙성 후기에는 세균에 의한 작용도 많은 것으로 알려지고 있다. 숙성 시에는 원료의 종류, 온도, pH 및 식염의 농도에 따라 영향을 받는다. 식염의 농도가 진할 경우 병원균이나 일반 부패균의 작용은 억제되지만 호염균의 작용이 일어날 수 있으며, 농도가 묽으면 부패할 우려가 있다.

13-4-1 젓갈의 종류

1) 새우젓

새우젓은 우리 나라에서 생산량이 가장 많은 젓갈로서, 젓을 담는 시기에 따라 동백젓, 오젓, 육젓, 또는 추젓이라 불려지고 있으며, 새우가 살이 가장 많이 오른 5~6월에 잡아 담근 것을 육젓이라 하여 맛이 있고 젓국도 좋다.

새우는 껍질이 있어 소금이 침투되는 속도가 느리므로 용염량이 다른 젓갈보다 많아야 한다. 용염량은 여름이 35~40%, 가을에는 30% 정도이다. 새우젓이 숙성이 잘 된 것은 육질이 토실토실하고 염미가 알맞으며 액즙이 유백색이고 악취가 없다.

2) 멸치젓

멸치젓은 특히 남해안 지방에서 많이 담그는 젓갈로서 맛이 좋다. 봄에 담그는 것을 춘젓, 가을에 담그는 것을 추젓이라 하는데 춘젓이 맛이 더 좋다.

제조방법은 선도가 좋은 멸치를 물로 씻고 물기를 뺀 후 용기에 소금과 멸치를 번갈아 가면서 넣는다. 용염량은 30% 정도이며, 담근 후 수일간은 하루에 한 번 정도 저어 주어서 소금이 잘 침투되도록 한 다음 밀봉하여 냉암소에서 보관한다.

3) 가다랭이 내장젓

가다랭이 내장, 유문수, 간 등을 수세, 세절하여 멸치젓과 같은 방법으로 염장을 한다. 용염량은 여름에 15~20%, 겨울이 10~15%이다. 가염을 한 후 밀봉하여 냉암소에서 숙성을 시키면 초기에는 맛이 좋지 않고 비린내와 쾌쾌한 냄새가 심하게 나지만 시일이 경과하면 맛이 좋아진다.

13-5 수산 조미제품

수산 조미식품은 그대로 먹거나 또는 간단히 불에 구워 먹을 수 있다. 따라서 수산 조미식품은 가공이나 저장이라는 입장에서 처리하기보다는 조리하는 쪽에 중점을 두어 만들어진다. 그렇게 하기 위해서는 일반적으로 다음과 같은 사항에 유의하여 제조하여야 한다.

① 원료인 어개류를 처리할 때 머리, 뼈, 지느러미, 조개껍질 등 먹을 수 없는 부분은 모두 제거하고 정육만으로 만든다.
② 식염, 설탕, 식초 등을 사용하여 조미와 동시에 방부효과를 높여야 한다.
③ 제품은 취급에 편리하고 보장성을 높일 수 있는 포장을 한다.

수산 조미식품의 일반적인 제조 공정

원료 →전처리→ 수세→ 조미액침지→ 건조→ 제품

13-5-1 수산 조미식품의 종류

1) 조미 쥐치포

쥐치의 머리와 내장을 제거하고 껍질을 벗긴 다음 세편뜨기를 한다. 육편은 물로 잘 씻은 다음 물을 빼고 조미를 한다. 조미는 원료 1kg당 설탕 50~70g, MSG 10~20g, 식염 20g을 혼합하여 사용한다. 조미를 한 다음 조미료가 육 중에 잘 침투되도록 일정한 기간 적당한 용기에 넣어 보관을 한다. 조미가 끝나면 건조 발에 널어 천일건조를 하거나, 저온의 열풍건조를 하여 수분함량이 25% 이하가 되도록 한다.

2) 조미 오징어

생오징어인 경우 선도가 좋은 오징어를 동체와 각부를 분리하고, 동체는 중앙부를 절개하여 수세를 한 다음 45~55℃의 열탕에 5~15분간 침탕한 후 서로 비벼주면 표피의 1층과 2층을 구성하는 콜라겐 성분이 용해되고 색소는 빠져 나오게 된다. 박피가 끝나면 55~65℃에서 30~60초 동안 살짝 데친 후 빙수 중에서 급속히 냉각시킨 다음 조미를 한다.

조미료의 배합 비율은 원료 100kg당 식염 2kg, MSG 150g, 설탕 6kg,호박산 70g, 구연산 70g, 소르빈산칼리50g, A.G.S 200g(glycerine 60%, 구연산나트륨 8%, 인산칼륨 0.2%, 감초 엑기스 4.0%, 랙토스 20%, 설탕 7.8%)이며, 원료와 조미료를 혼합한 다음 5℃에서 6시간 이상 적당한 용기에 넣어 보관한 후 건조를 한다.

건조가 끝나면 내부의 수분이 균일하게 확산되도록 24시간 동안 쌓아 두었다가 140℃에서 2분 정도 굽는다. 구은 것은 인열기로 잘게 찢은 후 PVDC대에 넣어 진공포장을 한다.

제 6 편

기타식품

제 14 장

식용유지의 가공과 저장

14-1 유지(油脂)의 특성

유지(oils and fats)는 단백질 및 탄수화물과 더불어 생물체의 중요한 구성성분이 되는 동시에 높은 열량을 가지는 영양소이며, 화학적으로는 glycerin의 지방산 에스테르(fatty acid ester)를 주성분으로 하는 물질이다. 이 중에서 상온에서 액체상태인 것을 기름(油) 또는 지방유(脂肪油)라 하고, 고체상태인 것을 지방(脂肪)이라 하는데, 이들은 온도에 따라 상호 변화하므로 유지라는 용어는 단지 상온에서 외관상의 통속적인 구별에 지나지 않는다. 따라서 의학 등의 분야에서는 유지라는 용어는 사용하지 않고 단지 지방이라 한다.

동·식물체로부터 분리되는 유지는 여러 가지종류의 glycerides 로 이루어져 있으며, 또한 이 외에 유리지방산·복합 지질류(lipoids)·sterols 등의 불검화물·비타민·탄수화물·색소 등을 소량 함유하고 있다. 이러한 천연유지는 일반적으로 갈색·황색·청색 등의 색상을 나타내고, 또한 각 유지는 특유의 냄새를 가지는데 이는 glycerides 이외의 미량성분에 의하거나 또는 glycerides 자체의 화학변화에 의하여 생성되는 미량의 새로운 물질에 기인한다.

유지는 물에는 용해되지 않고, benzene · ether · chloroform 등을 비롯한 비극성 용매에 용해되는 한편 비극성의 물질을 용해하는 성질도 가지며, 비중은 대체로 0.90~0.95 의 범위인데, 이러한 유지의 성질을 이용하여 분리 · 정제 등이 가능하고, 또한 용도의 다양성을 가지게 된다.

유지는 식용으로 이용하는 외에도, 비누를 비롯한 계면활성제 · 화장품 · 페인트 · 니스 등의 도료 · 인쇄용 잉크 · 폭약 · 합성수지 제조 등 공업적으로도 광범위하게 이용되고 있다.

14-2 식용유지

과거부터 우리 나라 사람들은 식품의 조리 시에 유지만을 별도로 분리하여 이용하는 경우는 극히 적어서, 참기름이나 들기름 등 일부의 식물 종자기름을 조미용으로 이용하는데 불과하였고, 대부분 동 · 식물성 식품재료에 함유되어있는 채로 조리 섭취하여 왔으나, 사회의 변천과 식생활의 변화에 따라 식품의 조리방법도 달라지고 또한 식용유지의 이용도 많아지게 되었다.

14-2-1 식용유지의 원료

동 · 식물성 유지는 특수한 것을 제외하고는 모두 식용할 수 있는데, 공업적으로 생산하기 위해서는 원료 중의 함유량(含油量)과 유지의 성질, 그리고 채유(採油) 및 원료수집의 난이(難易) 등의 문제 때문에 유지원료는 한정(限定)이 된다. 현재 우리 나라에서 생산되는 유지 자원은 수요에 미치지 못함으로, 식용유지를 포함한 유지원료의 대부분을 수입에 의존하고 있다.

또 식용유지에는 참기름, 들기름과 같이 채유 후에 정제하지 않고 직접 식용으로 이용하는 것과 콩기름, 미강유 등과 같이 채유한 후에 정제하여 사용하는 것이 있고, 또한 정제한 채로 사용하지 않고 더욱 가공하여(경화유, 마가린, 샐러드유, 쇼트닝, 마요네즈 등) 사용하는 것도 있다.

표 14-1 중요한 식용유지의 원료와 특징

※. 채유율의 (압)은 압착법, (추)는 추출법, ( )내는 평균치임.

구분	원 료 명	유지 함량 %	채 유 량 %	특 징
식물성	콩(soybean)	16~20	(압)10, (추)15	· 식용유, 공업용으로 가장 많이 이용됨. · 황갈색의 반건성유
	팜(palm/과육)	55~65	(압)45~55(50)	· 식용 외에 비누제조에도 이용 · 등황색, 제비꽃 향
	팜(palm kernel/핵)	45~55	(압)35~45(40)	· 식품가공용으로 이용
	야자(copra-건조과육)	57~75	(압)50~70(63)	· 제과 · 제빵, 튀김용으로 이용 · 흰색 또는 담황색, 독특한 향
	목화씨(cotton seed)	16~22	(압)15, (추)19	· 정제 유의(gossypol 함유) · 마아가린, 쇼트닝 제조에 이용
	옥수수배아 (corn seed)	12~20	(추)10~17(13)	· 튀김 등 식용유로 사용.
	유채씨(rape seed)	35~48	(압)30~40(33)	· 튀김 등 식용유로 사용.
	쌀겨(rice bran)	15~20	(압)10, (추)15	· 유리지방산이 많음 · 정제 후 식용유로 이용.
	참깨(sesame)	45~55	(압)40~50(45)	· 검정깨(45%)보다 흰깨(55%)의 함유율 높음. · 조미성 식용유로 이용.
	들깨(perilla)	40~50	(압)35~45(40)	· 건성유, · 김, 부침 용으로 사용.
	땅콩(peanut)	40~50	(압)35~45(42)	· 식용유 및 마아가린 제조에 사용
	올리브(olive/과육)	40~60	(압)35~50(45)	· 조리용, 화장품, 약용 등 널리 이용.
	해바라기씨(sun-flower seed)	20~40	-	· 식용외에 비누 제조, 등화용으로 이용
	카카오콩(cacaobean)	35~50	-	· 초컬릿 제조에 이용
	고추씨 (redpepper seed)	11~12	-	· 조미성 식용유로 이용.
	홍화씨 (safflower seed)	25~37	(추)15~35	· 식용 및 약용으로 이용
	카포크씨(kapok seed)	20~24	-	· 식용유로 이용
	니카씨(nika seed)	-	-	· 식용유로 이용
동물성	우지(beef fat tissue)	50~80	45 ~ 75	· 신장과 장에서 채취 · 식품가공용으로 이용
	돈지(pork fat tissue)	50~80	45 ~ 75	· 라아드: 버터 대용 및 식용유로 이용
	어유(fish)	5~15	3 ~ 12	· 정어리, 청어 등의 어유 채취 · 경화유 등 가공용 원료로 이용
	경유 (whale fat tissue)	70~80	65 ~ 75	· 식용유, 가공용, 공업용, 등화용 등 광범위하게 사용
	우유(milk)	3~5	2.5 ~ 4	· 버터, 크림 제조

특히 식물성유(油)의 경우에는 glycerides를 구성하는 지방산의 종류와 양에 따라 전체의 불포화도가 다르고, 이에 따라 기름의 특성도 차이가 있으므로 용도에 맞는 특성을 가진 제품을 사용하여야 한다. 식물성유는 불포화도를 측정한 값, 즉 요오드값(iodine value) 의 차이에 따라 건성유와 반건성유 및 불건성유로 구분한다.

14-2-2 식용유지의 이용

유지는 식품에 이용되는 경우에는 튀김성, 수분 탈수성, 부착 방지성, 유지미(油脂味) 부가성, 유탁성(乳濁性), shortness성, creaming성과 융해성(融解性) 등 여러 가지 특성을 나타내는데, 이러한 특성을 이용하여 식품 조리의 편리성과 섭취 시의 기호성 및 2차 가공 시 부가가치의 향상을 도모할 수 있다.

식용유는 그 용도에 따라 샐러드유 · 튀김기름 · 조리용기름 · 제과 · 제빵용 기름 · 통조림 충전용기름 · 식탁용 기름 · 조리조미용 기름 및 2차 제품가공용 기름 등으로 구분할 수 있다.

1) 샐러드용 기름

샐러드나 차가운 음식의 조리용으로 사용되는 기름으로 원료기름을 충분히 정제하고 동유처리(wintering)를 한 것으로서 빛깔이 엷고, 무취이어야 한다. 제조 원료로는 올리브유 · 옥수수기름 · 콩기름 · 면실유 · 미강유 · 유채기름 등이 사용된다.

2) 튀김용 기름

튀김용으로 사용되는 기름은 두 가지 종류로 구분되는데, 그 한 종류는 참기름이나 들기름 또는 유채기름과 같이 빛깔이 짙고 또 냄새가 강한 것이고, 또 한 종류는 정제된 콩기름이나 미강유와 같이 빛깔이 엷고 냄새가 없는 것인데 각기 기호에 따라 사용된다. 튀김용으로 사용되는 기름은 콩기름 · 유채유 · 참기름 · 면실유 · 미강유 · 땅콩기름 · 쇼트닝 · 돈지 · 우지 등이다.

3) 조리용 기름

빈대떡과 같은 전을 부치거나, 야채 · 고기 등을 지지거나 볶아서 조리할 경우에 식품이 용기에 눌어붙거나, 식품재료가 서로 붙거나 또는 노화되는 것을 억제할 목적으로 사용하는데, 주로 돈지 · 우지 · 콩기름 · 유채기름 등이 사용된다.

4) 저장식품용 기름

참치 통조림과 같은 저장용 식품의 충전 시에 식용유를 넣어 주는데, 이때 사용하는 기름으로는 잘 정제 처리된 올리브유 · 콩기름 및 유채기름을 사용한다.

5) 제과 · 제빵용 기름

초콜릿의 제조 시에 사용되는 cacao butter 나 butter cream, pound cake을 만들 때의 butter나 margarine 또는 제빵 시에 사용되는 shortening oil 등은 이들 식품의 촉감, 풍미와 shortness성 및 creaming 성에 영향을 미쳐서 기호성을 높이는데, 이때 사용되는 유지로서는 cacao butter · shortening oil · margarine 및 butter 등 산화가 늦은 유지가 사용된다.

6) 식탁용 기름

토스트와 같은 빵에 발라먹거나, 구운 고기를 찍어 먹는 등 식사시에 손쉽게 사용하는 유지로서, butter · margarine · 참기름 등이 사용된다.

7) 조리조미용 기름

김밥이나 볶음밥 또는 나물류를 조리할 때 참기름이나 식용유 등을 사용하여 조리식품의 독특한 물성(物性)과 풍미를 가지도록 하는데 사용되는 유지로서 참기름 · 들기름 · 올리브유 · 정제 옥수수기름 및 콩기름 등이 사용된다.

8) 2차 가공제품용 기름

Butter, margarine이나 mayonnaise, shortening oil 및 기타 경화유 등 용도와 부가가치가 높은 유지가공품을 제조하는데, 유지방(乳脂肪) · 우지 · 경유(鯨油) · 청어 등의 각종 어유(魚油) · 면실유 · 야자유 및 콩기름을 비롯한 여러 가지의 동 · 식물성 기름 등 이용된다.

14-3 채유(採油)

동 · 식물성 원료로부터 유지를 분리하여 모으는 과정을 채유(採油)라 하는데, 채유 방법에는 융출법(融出法), 압착법(壓搾法) 및 추출법(抽出法)등이 이용되고 있다. 이 중에서 융출법은 주로 동물성의 지방성분을 분리 · 채유하는 경우에 사용되는 방법이고, 대부분의 식물성 원료로부터의 채유 시에는 압착법이나 추출법이 이용되고 있다.

14-3-1 융출법(融出法, Rendering method)

원료를 가열하여 유지를 융출・채유하는 방식으로서 주로 소, 돼지, 양, 어류, 고래 등 동물성 원료로부터 채유하는 경우에 이용되는 방법이며, 융출법에도 다음과 같은 두 가지 처리방법이 사용된다.

① 건식법(乾式法, dry rendering): 원료가 채워진 용기(容器)를 직접 가열하여 유지를 융출시키는 방법으로서 고래기름(鯨油) 등의 채취 시에 이용되었으나 현재에는 많이 사용되지 않는다.

② 습식법(濕式法,wet rendering): 원료에 물을 가하여 끓이거나, 또는 직접 원료에 과열수증기를 작용시켜 유지를 융출시키는 방법으로서 어유(魚油)나 간유(肝油) 등의 채취에 이용된다.

14-3-2 압착법(壓搾法, Expression method)

원료에 기계적인 압력(壓力)을 가하여 기름을 짜내는 방법으로서, 주로 유지함량이 많은 식물 종자에서 채유하는 경우에 사용된다. 품질과 채유의 효율성을 향상시키기 위하여, 원료의 종류에 따라 적당한 전처리를 한 다음에 압착기로 착유한다.

1) 전처리(前處理)

원료에 혼입 되어있는 이물질을 제거하고, 착유율을 높이기 위하여 가열처리를 하거나 또는 표면적이 증가되도록 하는 처리를 한다.

① 탈피(脫皮) 및 정선(精選): 면실유의 재료인 목화씨나 또 땅콩과 같은 경우에는 착유 전에 껍질을 벗겨야 하며, 또한 원료에 섞여있는 흙먼지・쇠 조각・이삭・다른 종자 등 여러 가지 종류의 이물질을 풍력, 체, 자석 등을 이용하여 제거한다.

② 파쇄(破碎) 및 압편(壓扁): 착유의 효율성은 원료입자의 표면적에 비례함으로 입자가 큰 원료는 압착하기 전에 적당한 크기로 파쇄하거나, 또는 압편 처리를 한다.

③ 배소(焙燒) 및 증열(蒸熱): 냉압법(冷壓法)이라 하여 파쇄 처리한 원료를 그대로 압착하는 채유법이 있는데, 품질이 좋은 기름이 생산되기는 하나 수량(收量)이 적은 결점이 있다. 따라서 채유율을 높이기 위하여 가열처리를 하는데, 여기에는 원료를 직화로서 볶거나 또는 수증기로서 찌는 방법이 사용된다. 이러한 가열처리에 의하여 세포막이 파괴되고, 단백질이 응고되며 유지의

점도가 저하하여 유동성(流動性)이 증가함으로 채유가 용이함과 동시에 채유율도 높아진다.

2) 압착(壓搾)

전처리를 마친 원료는 압착기로 채유하는데, 이때 사용되는 압착기는 조작하는 방법에 따라서 회분식(回分式, batch) 압착기와 연속식(連續式)압착기로 분류된다. 압착법은 압착기 외에는 특별한 설비가 필요 없으므로 소규모로도 간단하게 작업할 수 있는 장점이 있으나, 채유율이 떨어지는 결점을 가진다.

① 회분식 압착법: 이 방식의 압착기에는 여러 가지 종류가 있으나, 소규모 채유시에 가장 많이 사용되는 것은 cage press이다. 원료를 구멍이 많이 뚫린 철제의 원통형인 cage에 넣고, 수압(水壓)이나 유압(油壓) 또는 나사식(wedge press)으로 piston을 올리면 head와의 사이에서 원료가 압착되어 기름이 cage의 구멍으로 흘러나오게 되는 것이다. 회분식 압착법에는 cage press 이외에도 판교식 수압기가 사용되기도 한다.

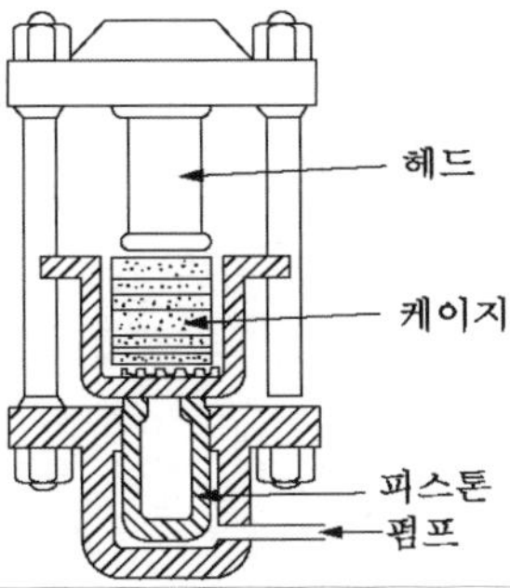

그림 14-1 케이지 프레스

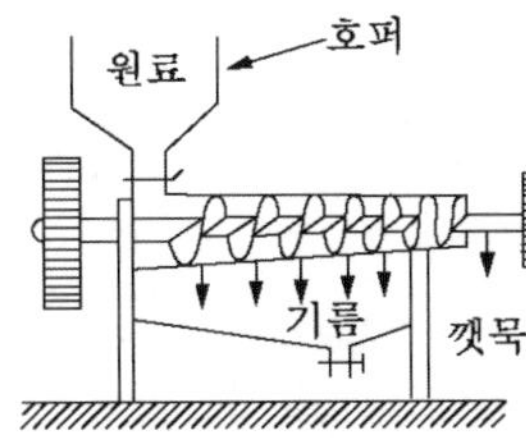

그림 14-2 익스펠러

② 연속식 압착법: 주로 expeller를 이용하는데, 이것은 작은 구멍이 많은 원통형의 몸체 내에서 나선형의 축이 회전하면서 원료를 밀어내면 몸체의 끝 부분이 좁아짐으로 압력이 발생하여 착유되고, 기름이 구멍으로 흘러나오게 되면서 유박(油粕)은 몸체의 끝으로 밀려나오게 되어있다.

14-3-3 추출법(抽出法, Extruction method)

원료 중의 유지를 용제(溶劑)에 녹여 분리해내는 방법으로서, 원료 중의 유지를 거의 완전히 분리할 수 있다. 추출법은 채유율도 높고 또 소량의 유지를 함유한 원료에서 채유도 가능한 반면에, 용제의 회수에 따르는 시설과 경비의 증가 및 화재의 위험성 등 문제점도 있다.

추출법에서도 압착법에서와 같이 정선을 한 다음, 원료의 내부에 용제가 침투하기 쉽도록 압편 처리를 하여 flake 상태로 만드는 경우가 많다.

1) 추출용 용제(抽出用 溶劑)

유지의 추출용 용제가 갖추어야 할 조건으로는 ① 유지의 용해성이 크고, 유지 이외의 다른 성분은 용해하지 않을 것, ② 유지와 유박(油粕)에서 용제가 쉽게 분리・회수되는데 적당한 비점을 지닐 것, ③ 기화열과 비열이 적을 것, ④ 금속의 부식성이 없을 것, ⑤ 인화(引火)와 폭발의 위험이 적고 독성이 없을 것, ⑥ 값이 저렴할 것 등이다. 이와 같은 조건을 모두 갖춘 용제는 없으나, 비교적 조건에 가까운 것으로는 끓는 온도(비점)의 범위가 65~70℃인 노르말 핵산(n－hexane)을 이용하는 경우가 많다. 이 외에도 benzene, alcohol, alcohol과 benzene의 혼합물, trichloroethylene 등을 이용할 수도 있으나, 우리나라에서는 n-hexane만이 식용유지의 추출제로 사용할 수 있도록 지정이 되어 있다.

2) 추출(抽出)

일반적으로 유지의 추출방법은 회분식(batch type)과 배터리식(battery type) 및 연속식 등으로 구분한다.

① 회분식(回分式, batch type) 추출법: 단 하나의 추출기에 유지 원료와 추출용 용제를 넣어 추출한 다음, 원료로부터 추출된 유지를 함유한 용제(miscella라 한다)를 분리해 내고, 그 원료에 다시 새로운 용제를 가하여 추출을 계속하며, 분리된 miscella는 모두 합쳐서 증류하여 용제와 유지를 분리하고, 용제는 다시 추출에 사용한다. 추출이 모두 끝난 다음에 유박을 제거하고, 다시 새로운 원료를 사용하여 추출하는 방법으로서 시설비는 절약되나 효율성은 떨어진다.

② 배터리식(battery type) 추출법: 이 방식은 4~8개의 추출관(抽出罐)을 차례로 연결하고 제1의 추출관에서 추출한 유지를 함유한 용제(miscella)를 제2의 추출관으로, 또 제3의 추출관으로 이렇게 순차적으로 주입하여 추출하는 것이다. 마지막에는 miscella를 증류기에서 가열 증발시켜 유지로부터 용제를 분리하여 용제 탱크에 저장하였다가 재사용하며, 증류기에 남아있는 유지는 유지저장 탱크로 옮긴다. 한편 추출관 속에 남아있는 유박(油粕)에는 수증기를 불어넣어 용제를 회수한 다음 유박을 제거하고, 다시 새로운 원료를 채워 같은 방법으로 추출한다.

③ 연속식 추출법: 연속식 추출법에도 여러 가지 장치가 있으나, 원료를 담은 용기를 층층(層層)으로 이동시키면서 그 위에서 용제를 분무하여 추출한 후 여과하는 방법과, 또 용제 중에 원료를 침지한 다음 이동시켜 추출하는 방법 등이 사용된다.

14-4 유지의 정제(精製)

참기름이나 고급 올리브유와 같이 고소한 풍미를 살려 조미용으로 이용하는 경우와 같이 채유한 원유를 그대로 식용하는 경우도 있으나, 채유한 원유(原油)에는 미세한 협잡물을 비롯하여 섬유질・gum 질・단백질・색소・유리지방산과 냄새성분 등 불순물들이 함유되어 있으므로, 대부분은 그대로 식용하기에 적합하지 못하다. 따라서 식용유는 사용목적에 따라서 적당히 정제하여야 한다. 원유를 정제하는 방법에는 물리적 정제법과 화학적 정제법 등이 있다.

식용유의 정제 공정

원유 → 협잡물 제거 → 탈검 → 탈산 → 탈색 → 탈취 → (탈납) → 포장 → 식용유

14-4-1 물리적 정제법

원유를 식용유로 정제할 때 처음에 실시하는 과정으로서, 수세(washing)하거나 가열(heating), 여과(filtration), 침전(settling) 또는 원심분리(centrifuging) 등의 조작을 이용하여 원유에 함유되어있는 불용성 협잡물을 제거하는 과정이다. 유채유와 같은 경우에는 물리적 정제만으로도 식용유로 이용할 수 있다. 유지를 저온 처리하여 융점이 높은 고체지방 성분을 제거하는 과정을 탈납(dewaxing, wintering)이라 하는데 이것은 셀러드유 등을 정제할 때 필요한 공정이다.

14-4-2 화학적 정제법

물리적인 정제과정에서 불용성의 협잡물은 제거되나, 유지에 용해되어있는 가용성의 불순물을 제거하기 위하여 탈검, 탈산, 탈색 및 탈취 등의 공정이 진행된다.

1) 탈검(degumming)

원유에 용해되어있는 불순물 중에 인지질(燐脂質) 등을 비롯한 gum 질이 존재

하면, 유지의 품질을 저하시킬 뿐만 아니라 이후의 정제공정에도 나쁜 영향을 미치게 됨으로 정제과정에서 처음부터 이것들을 제거해야 하는데 이 공정을 탈검이라 한다.

대부분이 lecithin인 인지질과 일부의 단백질 및 점질물 등은 수분이 없는 상태의 유지에만 용해되므로, 원유에 온수(75～80℃)를 1～2% 정도 가하거나 수증기를 불어넣고 저어주어 불용화시킨 다음, 침전시키거나 또는 원심분리에 의하여 제거할 수 있다. 콩기름(大豆油)에서 분리된 gum 질은 "대두 레시틴"이라 하여 유화제 등으로 이용된다.

2) 탈산(中和, neutralizing)

유지의 품질을 저하시키는 원인의 하나인 원유에 함유되어있는 유리지방산(0.5～10%)을 제거하는 공정이다. 탈산법에는 alkali 정제법을 비롯하여, miscella 정제법, 수증기 증발법 등 여러 가지가 있으나 가장 일반적인 것이 alkali 정제법으로서, 이것은 유리지방산이 수산화나트륨에 의해 중화될 때 만들어지는 지방산의 나트륨염(비누)을 침전시켜 분리하는 방법이다.

이 방법에 의하면 유지 속에 남아 있는 거의 전량의 인지질과 또 색소성분의 일부가 제거된다. 탈검공정을 마친 유지를 교반조(攪拌槽)에 넣고 40～60℃로 가온하면서, 15～20%의 수산화나트륨(NaOH)용액을 중화의 이론량(理論量)보다 약간 많게 가하여 유리산을 중화시키면 비누화된 것이 침강(沈降)하는데, 위쪽의 유지를 별도의 탱크에 옮기고 물로 세척한다. 이 조작의 이론은 간단하지만, 수산화나트륨의 농도와 교반 속도 및 기름의 온도 등에 따라서 비누의 분리가 잘 되지 않는 경우도 있으므로 많은 경험과 기술이 필요하다.

3) 탈색(脫色, bleaching)

채취한 유지에는 원료에서 유래되는 지용성의 색소성분인 황적색의 carotenoid 색소와 녹색의 chlorophyll 등이 혼재하고 있으며, 그 일부는 알칼리정제공정에서 흡착·제거되기도 하나, 담색(淡色)의 제품을 만들기 위해서는 탈색 공정이 필요하다. 과거에는 230～240℃로 가열 처리하는 방법을 사용한 적도 있으나 탈색의 효과보다도 유지의 산패가 야기되므로 현재에는 다음과 같은 방법이 사용된다.

(1) 흡착법(吸着法)

유지에 활성백토(activated clay)나 산성백토(japanese acid clay) 또는 활성탄(active carbon) 등을 가하여 색소성분을 흡착·제거하는 방법이다. 탈산·수세하여 알칼리를 충분히 씻어내고 물기를 제거한 유지를 교반조에 넣어 110℃ 정도로 가열하고, 건조한 활성백토 등을 유지의 착색도에 따라서 기름의 0.5~3% 정도 첨가한 다음 30~60분간 교반하여 유색성분을 흡착시킨다. 흡착과정이 끝나면 여과기(filter press) 등을 사용하여 유지로부터 흡착제를 분리한다.

(2) 일광조사법(日光照射法)

유지의 색소성분을 공기 중의 산소로 산화·표백시키는 방법이며, 햇빛의 자외선에 의하여 표백이 촉진되는데 이것은 주로 왁스(wax)류의 표백에 이용된다.

(3) 산화탈색법(酸化脫色法)

과산화수소, 오존 등을 비롯하여 $K_2Cr_2O_7$ 등과 같은 산화제를 사용하여 탈색시키는 방법이며, 산화탈색법은 식용유 제조에는 사용되지 않는다.

4) 탈취(脫臭, deodoring)

Alkali 정제와 흡착표백 공정을 마친 유지에는, aldehyde나 ketone과 같은 냄새성분 외에도 흡착제로 사용된 백토류의 냄새가 남아있으므로, 이것들을 제거하여야 한다. 탈취법으로는 진공 수증기 증류법이 많이 사용되고있다.

유지를 탈취관(脫臭罐)에 넣고 3~6㎜·Hg의 감압 하에서 적당히 가열한 후 200~250℃의 과열수증기를 불어넣어서 냄새성분을 휘발증류(揮發蒸溜)시켜 제거한다. 탈취장치에도 회분식 장치와 연속식 처리장치의 종류가 있다.

5) 탈납(脫蠟, wintering, dewaxing)

이것은 셀러드유(salad oil)의 제조 시에만 사용되는 공정이다. Salad oil은 저온에서 고체지방이 석출되면 안되므로, 일단 정제한 기름을 냉각시켜서 생성되는 고체지방을 미리 제거하는 공정을 가지는데 이 처리를 wintering, 동유처리(凍油處理) 또는 탈납(dewaxing)이라 하고, wintering 처리를 마친 제품을 윈터 오일(winter oil)이라 한다. Salad oil을 냉각할 때 석출되는 성분은 융점이 높은 glyceride이며, 또 온도의 처리방법에 따라 유지의 다형현상(多形現象, polymorphism)때문에 석출되는 유지분자의 입자 크기가 달라진다.

면실유의 wintering 과정은, 우선 정제된 20~27℃의 기름을 냉각실에 넣어두면, 6~12시간 후에는 13℃로 되면서 고체지방의 결정이 나타나기 시작하는데, 이것을 12~18시간에 걸쳐서 7℃까지 냉각시킨 다음 약 12시간 정도 방치한 후 filter press로 여과하여 제품으로 한다.

14-5 가공유지(加工油脂)

식용유지에는 튀김기름이나 셀러드유 등과 같이 원료로부터 채유·정제한 상태 그대로 유통되기도 하지만, 정제유를 더욱 가공하여 2차 제품을 생산하는 경우가 많다. 이러한 제품을 가공유지라고 하는데, 경화유를 비롯하여 margarine, shortening oil 및 분말유지 등 여러 가지종류의 제품이 있다.

14-5-1 경화유(硬化油, Hardened oil)의 제조

불포화지방산을 많이 함유한 기름(油)은 융점이 낮아서 상온에서 액체이며, 또 산패 등에 의하여 변질되기 쉬우나, 이러한 기름에 수소(H_2)를 첨가하면 지방산의 2중 결합에 수소가 부가(附加)되므로 불포화도가 낮아지면서 융점이 높은 고체지방으로 변하게되는데, 이와 같이 인공적으로 융점이 높은 지방으로 변화시킨 것이 경화유이다.

경화유는 ① 기름(油)은 많이 생산되나 천연 지방의 생산량이 적은 경우에 목적에 맞는 융점의 고체지방을 쉽게 취득할 수 있고, ② 어유(魚油) 등과 같이 고도의 불포화지방산을 함유하는 기름은 악취를 수반하는 변패가 발생하기 쉬워 식용에 부적합한데 경화과정으로 이를 개선할 수 있다는 등의 이유가 있어서 공업적으로 제조된다.

경화유의 제조 시에는, 니켈(Ni)을 촉매로 사용하여 정제유지에 수소를 고온(보통 160~180℃)과 고압(6~12기압)으로 반응시킨다. 목적에 따라서 첨가되는 수소의 양을 조절할 수 있고, 또 필요한 융점을 가지는 경화유를 만들 수도 있다. 경화가 끝난 유지는 뜨거울 때 여과하여 촉매를 제거하고, 이어서 탈취처리를 하여 경화과정에서 생성되는 불쾌한 냄새(硬化油臭)를 제거한다.

14-5-2 마가린(Margarine)의 제조

마가린은 동·식물성유지를 원료로 하여, 여기에 물, 유제품(乳製品) 등을 섞어 유화(乳化)시켜서 만드는 butter의 모조품(인조 버터라고도 함)이다.

원료로는 콩기름(大豆油)·야자유·palm유 등의 식물성 기름과 우지(牛脂)·돈지(豚脂) 등의 정제 동물성지방과 경유(鯨油)·어유(魚油) 등으로 만든 경화유를 사용한다. 원료를 적당히 배합하여 입에 넣었을 때 융해되게 융점을 30~35℃ 정도가 되도록 조정한다.

마가린의 제조 공정

```
(착색료 · 유화제 · 강화제 · 착향료 · 산화방지제)
                    ↓
원료유지 →  혼합 ┐
                 │ 유화 → 상전환 → 고화 → 성형 · 포장 → 제품
발효유 · 물 ┐     │
            ├ 혼합┘
소 금       ┘  ↑
             보존료
```

부원료로는 발효유(醱酵乳) · 소금 · 유화제 · 보존료 · 산화방지제 · 향료 · 착색료 및 바타민 A 등이 사용된다. 발효유는 탈지유를 젖산 발효시킨 것이며, 이것을 첨가하면 풍미가 향상될 뿐만 아니라 지방질의 산패 방지, 비타민 A의 산화방지 및 세균의 발육억제 등의 효과가 있다.

유화 과정에서는 margarine churn 이라 하는 교반조(攪拌槽)를 사용하는데, 이것은 2중으로 되었으며, 내벽과 외벽사이에 물을 넣어 내부의 온도를 조절할 수 있도록 한 장치이다.

유화의 초기에는 빠르게 휘저어서 기름방울을 잘게 부수어 수중유적형(O/W형)의 유탁질을 형성시키고, 계속 저어주면서 온도를 낮춘다. 온도가 낮아져서 혼합된 유지의 응고온도에 가까워지면 수중유적형에서 유중수적형(W/O형)으로 전환되어 짙은 cream 상태로 된다. 온도가 낮아지고 점도가 높아질수록 서서히 저어준다. 유화가 끝난 것은 저온으로 급냉시켜서 고체 유탁질로 만든 다음, 잘 손질하여 매끈하게 균질화 시킨 후 성형, 포장한다.

Margarine 의 규격기준은 '고유의 색택과 향미를 가지고 이미 · 이취가 없어야 하며, 타르색소가 검출되어서는 아니되고, 수분은 18%이하, 조지방함량은 80%이상, 산가는 1.0이하'로 되어있다.

14-5-3 쇼트닝(Shortening oil)의 제조

쇼트닝(shortening oil)은 비스킷이나 쿠키 등을 비롯한 과자들이 부드럽게 씹히는 성질(shortness)을 가지도록 첨가하는 유지이다.

이것은 정제한 야자유 · palm유 · lard · 우지 및 여러 가지종류의 동 · 식물성 경화유를 원료로 제조되며, 수분이 0.5% 이하인 거의 순수한 유지만으로 된 가공 유지이다. 또한 margarine과는 달리 소금이나 향료, 착색료, 유화제 등을 첨가하지 않고, 유화공정도 없이 짓이기고 고루 섞어서 제조하는데, 연하고 사용하기 쉽도록 10~20%의 질소가스를 섞어서 포장한다. 쇼트닝의 규격기준은 '고유의 색택과 향

미를 가지고 이미 · 이취가 없어야 하며, 수분 0.5%이하, 산가 0.8 이하'로 되어 있다.

14-5-4 분말 유지(粉末油脂)의 제조

인스턴트(instant) 식품 등에 이용되는 분말형태의 유지가 생산되고있는데, 이것은 원료 유지를 단백질 용액에 분산시켜 유탁액(乳濁液, emulsion)을 만든 후에 분무 건조시키거나, 또는 극히 낮은 저온으로 유지를 급냉(急冷)시킨 후 분쇄한 것에다가 탄수화물을 혼합하여 제조한다.

14-5-5 마요네즈(Mayonnaise)의 제조

마요네즈는 난황(卵黃)의 유화성을 이용한 일종의 유지가공품이다.

표 14-2 마요네즈의 원료 배합(예. %)

재 료 명	A	B	재 료 명	A	B
난 황	18.0	10.5	겨 자 가 루	0.9	0.9
셀 러 드 유	68.0	72.3	후 추 가 루	0.1	0.1
식 초	9.4	9.0	paprica	0.1	0.1
설 탕	2.2	2.2	물	-	3.6
소 금	1.3	1.3			

마요네즈의 제조 공정

(기름 및 식초의 일부)

↓

원료 배합 → 혼합교반 → 유 화 → 지방의 세분화 → 충 전 → 제 품

원료를 배합하여 잘 혼합시킨 것에, 기름과 식초의 일부를 교대로 넣고 mixer를 이용하여 유화(乳化)시킨 다음에 colloid mill로서 지방입자를 세분화(細分化)하고 자동충전기로서 포장용 병이나 polyethylene 용기에 충전한다. 살균 처리를 하지 않는 식품이므로 원료처리로부터 포장까지 위생적인 주의가 필요하다.

14-6 유지의 산패와 저장

유지를 공기 중에 방치하면 불쾌한 냄새를 발생하게 되는데, 이것은 유지의 산패

(酸敗)에 의한것이, 상품 가치의 손상은 물론 독성 물질의 생성으로 식중독을 위시하여 동맥경화, 노화 등 만성적인 장애의 원인이 되기도 한다. 유지의 산패 중에는 효소가 관여하여 발생하거나 또는 산화 이외의 화학 반응에 의하여 발생하는 경우도 있으나 일반적으로 가장 많이 발생하는 것은 자동산화(自動酸化)에 기인하는 것이다.

14-6-1 유지의 자동산화

유지의 일반적인 자동산화 진행과정은 다음과 같이 생각되어지고 있다. 먼저 유지를 구성하는 지방산(RH)의 일부에 수소를 상실한 유리기가 생성되며(RH→R・+H・), 이 유리기는 분자상태의 산소와 결합하여 peroxy radical(ROO・)로 된다. 이 peroxy radical이 이웃한 다른 지방산으로부터 수소를 탈취하여 hydroperoxide(ROOH)로 되면서 새로운 유리기(R・)를 만든다. 이렇게 생성된 R・은 다시 공기 중의 산소와 결합하여 결국 hydroperoxide 와 새로운 유리기 R・을 만드는데, 이러한 과정이 반복되면서 지방산의 hydroperoxide가 연속적으로 생성되는 것이다.

이렇게 생성된 지방산의 hydroperoxide는 다시 aldehyde, ketone, alcohol 및 산 등으로 분해되거나, 또는 중합물(重合物)을 생성하는 등의 복잡한 변화를 가져오게 되어 점차로 유지의 점도가 증가하고, 빛깔이 변하며, 불쾌한 냄새와 맛을 띄고, 유독물질도 생성된다. 일반적으로 유지의 자동산화는,

① 불포화지방산을 많이 함유한 유지, 특히 동・식물성 기름(油)에서 발생하기 쉬우며,

② 일반 화학반응과 마찬가지로 온도가 높을 수록 반응속도는 커진다.

③ 또한 유지의 산화는 Co, Cu, Fe, Mn, Ni 등과 같은 산화환원이 용이한 중금속의 촉매작용에 영향을 받는데, 이러한 금속이 존재하면 반응이 촉진된다.

④ 광선(光線) 특히 자외선(紫外線)도 유리기 생성반응을 촉진하여 유지의 산화를 빠르게 하며,

⑤ 산소 분압에 의한 영향은 일반적으로 압력이 적은 범위 내에서는 산소 분압에 비례하여 유지의 산화가 촉진되는 등의 특징을 가진다.

14-6-2 유지의 저장법

따라서 유지의 자동 산패를 억제하고 유지의 저장성을 향상시키기 위하여는,

① 정제가 잘된 유지를 금속과 접촉되지 않도록 포장하고,
② 광선에 노출되지 않도록 하며,
③ 공기와의 접촉을 차단하고,
④ 저온으로 저장할 것이 필요한데,

자연계에는 tocopherols(Vit. E)과 flavonoids 등과 같이 유지의 산화를 방지하는 작용을 하는 물질이 존재하며, 이외에도 항산화성을 가지는 화합물을 인공적으로 만들어 식품첨가물로 지정을 받아 사용하는 종류도 있다.

BHT(dibutyl hydroxy toluene), BHA(butyl hydroxy anisole), TBHQ (tert.-butylhydroquinone), propyl gallate, EDTA 칼슘 2나트륨(calcium disodium ethylenediamine tetraacetate)과 EDTA 2 나트륨(disodium ethylenediamine tetraacetate) 등이 유지의 산화방지 목적으로 사용할 수 있도록 지정된 첨가물이며, 이렇게 산화 방지성을 가지는 물질을 항산화제(antioxidant)라 한다.

또 항산화제와 병용할 때 산화 방지성을 현저하게 향상시키는 작용을 가지는 물질, 예를들면 ascorbic acid(Vit. C)와 구연산(citric acid) 및 중합 인산염 등을 상승제(synergist)라 하는 물질이 있다. 따라서 유지의 저장 시에는 위에서 나열한 4가지 조건 이외에 ⑤ 위생적으로 안전성이 인정되어 첨가물로 지정되어있는 항산화제와 상승제를 기준에 맞게 사용하면 더욱 저장성이 향상된다.

제 15 장

발효식품(醱酵食品, Fermented food)

일반적으로 발효식품이란 식품미생물의 발효작용을 이용하여 만든 식품을 말하는데, 엄밀히 따진다면 미생물이 생산하는 효소를 유기질의 식품재료에 작용시켜서 가공한 식품이라고 정의해야 할 것이다. 발효식품은 세계의 각 지역별로 사람들의 생활관습과 이들이 이용할 수 있는 원재료의 종류 및 작용하는 미생물의 종류 등에 따라서 수많은 종류가 있는데, 과거로부터 많이 이용해온 각종의 주류(酒類)와 장류(醬類), 젖산음료(乳酸飮料)를 비롯한 유제품류(乳製品類), 발효 빵과 과자류, 식초(食醋), 김치 및 젓갈류 등은 우리의 생활주변에서도 쉽게 찾아볼 수 있는 발효식품이다. 발효식품은 그 원재료에는 없었던 여러 가지 성분과 특성을 가지게 됨으로서 영양과 기호성 및 저장성의 향상과 더불어 부가가치가 커지게 된다.

표 15-1 주요 발효식품의 분류

분류	식품명	주요 원료	주요 미생물	분 류	식품명	주요 원료	주요 미생물
효모	맥 주	보 리	*S. cerevisiae*	곰팡이 세균 효모	식 초	쌀	*Asp. oryzae* 등
			S. carlsbergensis				*S. cerevisiae*
	포도주	포 도	*S. ellipsoideus*				*Ac. aceti* 등
	과실주	사과 등 과실	*S. cerevisiae*			포도주·주박	*Ac. aceti* 등
	증류주	곡류·과실	맥주·포도주효모		청 주	쌀	*Asp. oryzae*
	빵	밀가루	*S. cerevisiae*				*S. cerevisiae*
곰팡이	tempeh	콩	*Rhiz. oligosporus*				*L. mesenteroides*
	kazuo-bushi	가다랑어	*Asp. glaucus*		막걸리·약주 등 주류	쌀·전분	*Asp. niger* 등
							S. cerevisiae 등
세균	yoghurt	우 유	*L. bulgaricus* 등				*L. mesenteroides*
	청국장	콩	*Bac.subtilis(natto)*		고량주	수수	*Absidia lichthemi*
	김 치	채소류 등	*L. plantarum* 등				*L mesenteroides*
효모세균	kumys	마유·양유	*S. fragilis*·젖산균				*S. cerevisiae*
					장류(간장 된장고추장)	콩·밀·보리, 소금·고추	*Asp. oryzae*
	kefir	양유·염소젖	*S. fragilis*·젖산균				*Bacillus subtilis*
							Zygos. rouxii 등

발효식품(醱酵食品)과 동의어(同義語)로서 양조식품(釀造食品)이라는 용어가 사용되고 있는데, 원래 양조라는 용어는 인위적으로 미생물의 작용을 이용하여 발효식품을 제조하는 행위(行爲)를 의미한다.

15-1 장류(醬類) 제품의 제조와 저장

장류는 주로 콩을 미생물로 발효시켜 만드는 식품으로서, 감칠맛을 가지는 글루타민산(glutamic acid)의 함량이 많고, 또 Ca과 K과 같은 알칼리성 염류와 Fe 성분을 많이 가지는 맛과 영양이 좋은 식품이므로 과거로부터 우리나라 사람들의 전통적인 채식위주의 식생활 가운데에서 중요한 조미료인 동시에 부식으로 애용되어 오면서, 특히 부족하기 쉬운 단백질의 중요한 급원 식품의 역할을 하여왔다.

장류는 주식(主食) 못지 않을 정도로 중요하게 이용되어 왔으므로 지역이나 집안에 따라 애용하는 장류의 종류뿐만이 아니라 그 원료나 양조방식 및 품질에도 차이가 있으나, 일반적으로 광범위하게 제조·이용되고있는 대표적인 종류로는 간장·된장·고추장·막장·청국장 및 즙장 등을 들을 수 있다.

현재 장류의 제조 방식은 예로부터 각 가정에 전래되어온 재래식 방법과 공장에서 대량 생산하는 개량식 방법 및 아미노산 간장의 제조와 같은 속성 제조법 등으로 구분할 수 있는데, 그 제조 공정과 품질에는 차이가 있으나 원리는 거의 같다고 할 수 있다.

15-1-1 간장의 양조

간장은 과거에 채소 등의 조리 시에 없어서는 안 되는 필수적인 조미료 즉, 조리의 기본이 되는 것이었으며, 종전까지는 간장제품을 재래식간장과 개량식간장 및 아미노산간장 등으로 구분하였으나, 현재에는 제품이 다양하게 만들어지고 있어서 그 종류도 한식간장(재래식간장)·양조간장(개량식간장)·산분해간장(아미노산간장)·효소분해간장(아미노산간장) 및 혼합간장 등으로 분류하고있다.

간장의 재료도 다양화하여, 재래식간장은 콩만을 사용하였는데, 개량식간장에는 콩 또는 탈지대두와 곡류를 사용하고, 분해법으로 만드는 간장제품(아미노산간장)의 경우에는 콩이 아니라도 단백질이나 탄수화물을 함유한 원료를 재료로 사용할 수 있으며, 혼합간장은 이렇게 만든 2종류 이상의 간장을 섞은 제품이다.

재래식간장이나 개량식간장과 같은 양조간장의 제조과정은 메주의 발효과정과 간장의 숙성과정 등 2 단계로 진행된다. 또한 화학간장이라고도 불리는 아미노산간장, 특히 산분해 간장은 제품의 특성상 간장제품으로 취급되지만 엄밀하게는 분류하면 발효식품으로 볼 수는 없다.

1) 재래식(한식)간장과 된장의 제조

원래 재래식간장과 된장은 1년에 1회만 양조를 하는데, 음력 10월경에 메주콩을 삶아 메주를 만들어 2~3개월 간 발효시킨 다음 소금물에 담아 2~3개월 간 숙성시킨다.

(1) 메주의 발효

가)원료의 처리

장태(醬太)라 하는 잘 여문 백태(白太)콩을 선별하여 협잡물과 손상된 것을 제거하고, 물에 잘 씻은 후 8~12시간 정도 침수하여 충분히 불린 다음 같은 양의 물을 가하여 무를 정도로 3~4시간 푹 삶는데, 삶는 시간은 콩의 양에 따라 달라진다. 삶은 콩은 원래 크기보다 2.0~2.6배로 커진다.

재래식(한식)간장 및 된장의 제조 공정

① 원료콩→ 정선→ 수세・침수→ 증자→ 마쇄→ 성형→표면건조→ 자연발효→ 건조→ 메주

② 메주→수세→건조→담금→발효・숙성→여과착즙→날간장→가열(달임)→저장숙성 →〔간장〕

(담금 ↑ 소금물; 여과착즙 ↓ 소금 → 생된장 → 발효숙성 →〔된장〕)

삶은 콩은 대바구니 등으로 받쳐 콩물을 분리하고, 식기 전에 절구로 마쇄한 후 적당한 크기와 모양으로 성형한다(크기와 모양이 다른 이유는 그 지방의 기후조건과 관련성이 있는 것으로 보인다).

나) 메주의 발효

성형한 것은 볏짚을 깐 방에 2~3일 또는 2주간 동안 사이를 벌려 늘어놓아 표면을 건조시킨 다음, 볏짚으로 엮어서 15℃정도로 유지되는 곳에다 적당히 통풍이 되도록 매달아 약 1개월간 발효시킨다. 재래식 메주에는 볏짚이나 공기 중에 분포하는 여러 가지 종류의 미생물이 침투하여 발육하기 시작하고, 시간이 지나 메주의 표면이 갈라지면 그 틈으로 털곰팡이(*Mucor sp.*)와 거미줄곰팡이(*Rhizopus sp.*)가 발육하며, 메주의 내부에는 주로 세균인 고초균(枯草菌, *Bacillus subtilis*)이 증식하는데 이러한 다양한 미생물들이 단백질분해효소를 비롯한 각종의 효소를 분비함으로서 활발한 발효현상이 진행되면서 메주 특유한 냄새가 발생한다.

약 10주가 지나면 메주를 떼어 내어 짚을 깐 상자나 가마니 위에 켜켜로 쌓고 따뜻한 곳에서 마무리 발효를 시킨다.

발효가 끝난 메주는 곧 간장 등 2차 공정에 이용되지만, 오래 저장할 필요가 있을 때에는 일단 햇빛에 건조시켜 변질을 막는다. 특히 발효조건이 고온 다습한 경우에는 청국장균(*Bac. subtilis*)이나 푸른곰팡이(*Penicillium sp.*)가 발육하여 품질을 저하시키게 되며, 더욱 아플라톡신(aflatoxin)이라 하는 간암등의 원인이 되는 진균독(mycotoxin)을 생산하는 곰팡이(*Asp. flavus* 등)가 발육할 위험이 있다.

(2) 간장과 된장의 숙성

가) 소금물의 조제

간장용 소금은 천일염을 사용하는데 약 4배의 물에 용해시킨다. 물통에 계량한 소금을 담은 대바구니를 잠기게 올려두면 소금이 용해되면서 협잡물이 제거되는데, 모두 용해된 후에 밑에 가라앉은 모래 등의 이물질을 제거하고 윗물을 사용한다.

나) 간장 담금과 발효

과거 우리나라에서는 가정에서 가을의 김장과 봄의 장 담그기가 주부의 1년 중 가장 중요한 행사였는데, 대개 간장은 음력 1~3월에 담아왔다.

메주는 표면에 자란 곰팡이 등을 물로 깨끗이 닦아내고 햇볕에 2일 정도 건조시켜 둔다. 미리 깨끗이 씻어 말려둔 독(큰 오지그릇) 속에 먼저 메주를 차곡차곡 쌓아 넣은 다음 위에서 소금물을 부어 채운다. 이때 사용되는 소금물의 양은 대체로 메주에 대하여 4~8배 정도이며, 소금물의 양에 따라서 맛과 수량에 차이가 생긴다.

표면 위로 뜨는 메주에는 노출된 부분에 잡균이 발육하지 못하도록 소금을 한줌씩 얹어주는데, 소금물위로 띄워주는 숯이나 붉은 통고추 등도 유해미생물의 발육억제효과와 나쁜 냄새 등의 제거효과를 가진다. 담금 후 3일째부터 날이 맑은 낮 동안에는 매일 뚜껑을 열어주어 산막효모 등의 발육을 억제시킨다.

발효기간은 기온의 영향을 받게 되는데, 1월에 담근 것은 약 3개월, 2월에 담근 것은 약 2개월 그리고 3월에 담근 것은 45일 정도 소요된다.

다) 된장 분리와 간장 달임

발효가 끝나면, 윗물(생간장 또는 날간장)을 퍼서 다른 간장독에 옮기고 밑에 남은 된장은 체로 받쳐서 간장을 분리한 다음, 된장독에 꼭꼭 눌러 담고 표면에 소금을 뿌려 숙성시킨다.

된장을 분리해낸 윗물 즉, 날간장은 풍미가 좋지 못하고 혼탁되어 있으며, 변질도 잘됨으로 장달임이라 하여 솥에서 10~20분간 끓이는데, 끓이는 과정에서 나쁜 냄새 성분이 휘산・제거되고, 살균과 농축으로 저장성이 향상되며 동시에 단백질 등이 응고・제거됨으로서 투명도가 좋아진다.

라) 숙성(후숙)

장달임이 끝난 간장은 독에 넣어 식용으로 연중 이용하게되는데 시간이 지날수록 농도와 빛깔이 짙어지고(maillard 반응 등) 풍미의 조화가 점차로 진행된다.

재래식 간장의 염분함량은 19~26%로 상당히 높은 편이어서 현재는 조리용보다는 국간장 등으로 주로 이용된다. 된장독도 맑은 날 낮에 뚜껑을 때때로 열어 햇볕을 쪼이면서 숙성시키는데 짠맛이 강하여 현재에는 기호성이 문제이지만 저장성만은 강하다.

2) 개량식(양조) 간장의 제조

우리나라의 식품공장에서 대량으로 생산되는 간장 제조법은 원래 일본의 간장제조 방법을 이용한 것인데, 우리나라의 재래식 간장과는 달리 주원료로 콩 또는 탈지대두와 밀을 사용하고, 발효에 관여하는 곰팡이를 순수 배양하여 이용하며, 계절에 관계없이 연중 어느 때나 제조할 수 있다. 이 제품은 우리나라의 재래식간장에 비하여 짠맛이 약하고, 단맛과 향기가 있어 조리용으로 많이 이용된다.

개량식 간장의 제조 공정

종국
콩 → 침수 → 증자 ┐ ↓
├→ 혼합 → 제국(koji) → 간장담금(간장덧) → 발효 → 압착 → 생간장
밀 → 볶기 → 파쇄 ┘ ↑ ↓ ↲
소금물 간장박
↳ 가열(달임) → 침전물 제거 → 개량식 간장

(1) 종국(種麴)과 국자(麴子, koji)

종국이란 좁쌀 또는 쇄미, 쌀, 보리 등을 배지(培地)로 하고, 목적에 따라 선정한 곰팡이를 배양하여 포자(胞子)를 형성시킨 후 건조시킨 것을 말하며, 국자의 제조 시에 종균으로서 사용한다. 제조과정은 종균접종 외에는 국자와 거의 동일하다.

국자란 수증기로 쪄서 익힌 곡류나 콩에다 종국을 가하여 국균(麴菌)을 발육시킨 것으로서, 이 균들이 생산하는 당화효소(amylase) 또는 단백질분해효소(protease) 등을 이용하여 주류(酒類)와 장류(醬類)를 제조한다. 과거 우리나라에서는 술을 만들 때에 누룩을 만들어 사용하였는데, 누룩은 주로 밀을 파쇄하여 반죽한 후 일정한 모양으로 성형하고 여기에 야생의 곰팡이와 세균 및 효모 등 각종의 미생물을 발육시킨 것이었으나, 현재에는 일본식의 누룩 곧 국자(koji)라는 것을 만들어서 사용하고있다.

가) 국자의 종류

① 국자의 제조에 사용되는 대표적인 곰팡이는 다음과 같다.

- 황국균(*Aspergillus oryzae*); 청주・간장과 된장의 제조 시에 사용.
  〃 (*Aspergillus sojae*); 간장・개량식 메주・발효사료 등의 제조에 사용.
- 흑국균(*Aspergillus niger*); 구연산이나 글루콘산 등의 발효생산에 이용되거나, 소주 제조 시에 사용되기도 함.
  〃 (*Asp. awamori*, *Asp. usamii*); 일본에서 소주 제조 시에 사용.
- 백국균(*Asp. shirousamii*, *Asp. kawachii*); 약・탁주 제조 시에 사용.

이 외에도 사용 목적에 따라 여러 가지 미생물들이 이용되고 있는데, 같은 균주(菌株)라 하여도 배양방법에 따라서 그 성질이 많이 달라짐으로, 목적에 알맞는 국자를 만들도록 노력하여야 한다. 황국균을 예로 들면, 25℃ 전후에서 배양하면 프로테아제(protease)의 작용이 강한 것이 되고, 35~40℃로 배양하면 아밀라제(amylase)의 작용이 강하며, 33~35℃로 배양할 때는 균의 발육이 왕성해 진다.

② 국자의 종류는 사용하는 원료에 따라서 쌀 국자, 보리 국자, 밀기울 국자, 콩 국자 등으로, 또한 형태에 따라서 고체, 분말, 액체 국자로 구분되기도 한다.

나) 쌀 국자(쌀 koji)의 제조

① 쌀을 물로 씻고 침수한 후 시루나 찜통에 넣어 1 시간 정도 찐 다음 덩어리가 생기지 않도록 비벼주면서 약 33~35℃ 로 될 때까지 냉각시킨다. 냉각된 쌀에 0.1~0.2%의 종균(황국균)을 고루 뿌리고 쌀알에 포자가 잘 부착되도록 비벼준 다음(품온; 30℃) 둥글게 쌓고 보자기로 덮어 보온을 해준다.

② 12~14시간이 지나면 품온이 33℃정도로 상승하면서 쌀알의 표면에 백색의 반점이 나타나기 시작하는데, 이때 헤쳐서 덩어리를 부수고 속과 밖의 쌀을 잘 섞은 후 다시 둥글게 쌓아두면, 약 3~5 시간 후에는 다시 품온이 32℃정도로 상승한다. 다시 덩어리를 비벼 부순 다음, 국자상자에 일정량씩 담아서 39℃가 넘지 않토록 적절한 손질을 하면서 배양한다.

③ 쌀알 전면(全面)이 흰균사로 덮히고 상자의 모서리 부분부터 노란색의 포자가 형성되기 시작하여 중앙부로 확산되며, 시간이 지남에 따라 다시 모서리부터 황록색깔로 변하여 중앙으로 확산되고, 다시 갈색으로 변하게 된다. 청주 제조용으로 사용할 국자는 노란색 포자가 생기기 직전에 출국(出麴)을 하여야 하고, 된장용의 국자는 노란색의 포자가 생성되기 시작할 때에, 또 간장용 국자와 종국(種麴)용은 황록색의 포자가 충분히 형성된 다음에 출국한다.

④ 쌀 이외에 다른 원료를 이용하는 경우에도 같은 방식으로 국자를 제조하며, 청주·개량식 간장 및 된장 등의 제조에는 반드시 국자를 만들어 사용한다.

(2) 간장용 국자(koji)의 제조

가) 원료의 처리

개량식 간장의 원료로는 콩(大豆) 또는 탈지대두와 밀, 소금, 물 등이 사용된다.

① 콩(또는 탈지대두): 콩은 물로 씻은 후 12시간 정도 침수하고, 탈지대두를 사용하는 경우에는 중량으로 120~130%의 물을 뿌려 흡수시킨다. 흡수처리가 끝난 재료는 압력솥에서 10~13파운드(Lb)로 30분~1시간 정도 찐 후, 40℃ 부근까지 급랭시킨다.

② 밀: 전분의 함량이 많고 분상질인 밀을 원료로 사용하는데, 우선 밀을 정선하고 볶은 후 약 10~30%는 가루로 되고 나머지는 4~5조각이 되도록 거칠게 파쇄한다.

표 15-2 개량식 간장의 원료 배합 비율(중량비)

원 료	특 급 품	상 급 품	중 급 품	하 급 품
콩(또는 탈지대두)	10	10	10	10
밀	10	10	10	10
소 금	9	10	11	12
물(급수량)	18	20	22	24

나) 제국(製麴)

압력솥에서 찐 후 냉각시킨 콩과 파쇄한 밀 및 종국을 잘 혼합하여 간장용 국자를 만든다. 원료의 배합 비율은 콩과 밀을 거의 같은 양으로 섞고, 종국은 이들 양에 대하여 0.5~1%를 첨가하고 반죽·혼합한다.

혼합할 때 쵸퍼(chopper)와 같은 기구를 사용하면 다이스(dise)의 구멍을 통하여 면선(麵線) 모양으로 반죽물이 나오는데 이를 그대로 적당한 길이로 절단하고 국자상자에 담아 배양한다. 25~30℃의 국자실에서 표면에 황록색의 포자가 충분이 생성되도록 약 70시간 정도 배양하면 간장용 국자가 완성된다.

(3) 간장 담금과 숙성

가) 소금물의 조제 및 급수

소금은 물에 용해시켜 Be′ 19°(소금 23% 용액) 정도의 소금물로 사용하는데, 국자에 첨가하는 소금물의 량은 추후 간장 제품의 품질과 수량(收量) 및 숙성기간에 큰 영향을 미치는 요소이므로 적정량을 목적에 따라 산정하는데, 보통 중량으로서 원료 콩과 밀을 합한 양의 1.2~1.3배를 급수한다.

나) 발효와 여과

국자를 소금물에 섞어 담은 것을 간장 덧이라 하는데, 담근 직후에는 매일 저어주거나 또는 압축공기를 불어넣어 교반해 주며, 발효 후기에는 2~3일에 한번씩 저어준다. 발효기간은 양조방법에 따라 달라지는데, 양조 방법에는 자연양조법과 가온속양법(加溫速釀法)으로 구분된다.

자연양조의 경우에는 계절에 따른 온도의 영향을 많이 받게 되는 것으로, 담금한 후 약1개월이 지나면 갈색으로 변하면서 간장맛이 나기 시작하고, 약 2개월이 지나면 주 발효는 거의 마무리되는데, 6~12개월 숙성을 시켜야 좋은 품질의 간장 제품을 얻을 수 있다.

한편 가온속양법에 의하면 약 30℃정도로 품온을 유지시키면서 약 3개월 정도 잘 관리하면 글루타민산(glutamic acid)의 함량은 약간 적으나, 자연양조로 12개월 발효시킨 것과 거의 같은 효과를 나타낸다.

숙성이 완료된 간장덧은 질퍽한 죽 모양이므로 압착기를 압착하여, 생간장(날간장)과 간장 덧으로 분리한다. 여기서 분리된 간장덧은 된장을 만들거나 가축의 사료로 이용되기도 하나, 염분 농도가 높으므로 이용도는 낮고 폐기하는 경우가 많다.

다) 간장 달임과 불순물의 제거

생간장을 며칠간 방치하여 침전하는 불순물을 제거한 후, 가열처리를 한다. 가열처리로 나쁜 냄새성분이 제거되고, 투명도와 빛깔 및 풍미가 향상됨과 동시에 저장성도 커진다. 일반적으로 가정에서는 직접 솥에서 10~20분간 끓이는 방법을 사용하나, 식품공장에서는 품질의 유지를 위하여 70~80℃로 간접가열처리를 한다. 가열하는 동안에 위로 떠오르는 불순물과 또 가열한 후 침전하는 불순물을 제거한 다음 적당한 용기에 담아두고 이용하거나, 포장하여 제품으로 한다.

3) 아미노산(Amino acid) 간장의 제조

원래 아미노산 간장은 화학간장이라고도 불리는 산 분해 간장을 지칭한 것이 있으나 현재는 효소를 이용하여 분해한 간장도 포함되며, 탈지대두와 같은 단백질원료를 산으로 가수분해한 후 알칼리로 중화시키거나, 아미노산 액에 여러 가지 부원료를 첨가하여 맛과 빛깔을 조정한 제품이다.

아미노산 간장은 일반 간장에 비하여 제조기간이 짧고, 또 원료의 이용률이 높으며(질소 이용률; 일반간장 70%정도, 아미노산간장 80~90%), 더욱 시설과 경비가 절약되는 장점을 가진다.

(1) 원료

① 단백질 원료; 단백질 원료는 탈지대두를 비롯하여 밀 글루텐, 탈지면실박, 옥수수깻묵, 땅콩깻묵, 어박(魚粕), 번데기 등이 사용되기도 하나, 일반적으로 식물성 재료를 사용한다.

② 분해제(산); 염산(HCl, Be′22°)을 Be′ 18°로 희석하여 사용한다.

③ 중화제(알칼리); 탄산나트륨(Na_2CO_3) 분말을 주로 사용하나, 경우에 따라서는 수산화나트륨(NaOH) 포화용액을 사용하기도 한다.

④ 효소제: *Bac. subtilis* 등이 생산하는 단백질 분해 효소제 등을 사용한다.

(2) 제조 과정(산분해 아미노산 간장)

① 단백질 원료(탈지대두 등)에 염산을 16~20% 농도가 되도록 첨가하여 분해조(分解槽)에 넣고, 증기(蒸氣)를 취입(吹入)하여 106~110℃로 10시간 또는 80℃로 60시간 동안 분해시킨다.

산분해 아미노산 간장의 제조 공정

```
                                  탄산나트륨          (활성탄)
탈지대두┐                              ↓                 ↓
염    산├→ 분해조 투입→가열분해→중화 → 여과 → 정제 → 가공 → 살균 → 제품
  물   ┘                                     ↓               ↑
                                          침전물          부원료
```

② 분해처리가 끝나면 60℃로 냉각시킨 후 탄산나트륨이나 수산화나트륨 등의 알칼리를 사용하여 pH 4.8~5.2 까지 중화시킨다.

③ 중화된 분해액은 검정빛깔의 침전물이 섞여있으므로 압착 여과하여 아미노산액을 분리하는데, 침전물 중에는 아미노산이 남아있으므로 여러 차례 소금물로 추출하고 압착 여과하여 아미노산을 회수한다.

④ 아미노산 액은 수증기 증류하거나 또는 1%정도의 활성탄을 첨가하여 이 액이 가지고있는 불쾌한 분해취(分解臭)를 제거하는 정제를 한 다음 상품성을 가지도록 조미료·유향물질·소금 및 캬라멜 색소 등을 첨가하고 가열·살균 처리한다.

4) 혼합간장의 제조

혼합(混合)간장은 양조간장과 아미노산 간장을 6.5 : 3.5 의 비율로 섞어 숙성시킨 다음 여과·살균 처리하여 제품으로 한 것이다.

15-1-2 된장의 양조

된장은 예전부터 우리의 전통 식생활에서 간장·고추장과 더불어 중요한 조미료로 광범위하게 애용되어왔으며, 그 자체의 영양적인 가치보다는 다른 식품들과 잘 조화되는 독특한 풍미로 식욕을 돋우는 기능 이외에도, 단백질성 식품의 가열 조리 중에 생성되는 변이원성물질 등 유해물질의 제독(除毒)기능을 가지는 등 식품위생적인 면으로도 중요한 발효식품이다.

현재 우리의 식생활에 이용되는 된장제품은 재래식 된장과 식품공장에서 생산되는 개량식 된장으로 크게 구분할 수 있다. 원래 개량식 된장은 개량식 간장과 마찬가지로 일본에서 사용하던 양조법으로서, 사용되는 원료의 종류와 양조방식이 우리의 재래식 된장과는 차이가 있다.

1) 재래식 된장의 제조

우리 나라의 재래식 된장은 메주에서 간장을 뽑아낸 찌꺼기를 이용하여 숙성시킨 것이며, 이것의 양조방법은 이미 재래식간장의 제조과정에서 살펴봤다.

재래식된장은 단맛과 감칠맛 등은 개량식된장에 비하여 다소 떨어지는 편이지만, 저장성이 풍부하고 또한 토장국 등에 사용하면 고유한 풍미를 발현하는 등 우수한 조미능력을 가지며, 근래의 연구에 의하면 특히 육류 등을 구울 때 생성되는 변이원성 물질의 제독효과가 개량식된장보다 우수하다고 한다.

2) 개량식 된장의 제조

개량식 된장 양조의 특징은 된장용 메주 즉, 쌀이나 보리 또는 밀과 같은 곡류로 된장국자(koji)를 만드는 점과 또한 간장을 뽑아내지 않고 숙성시키는 점이다. 보리를 사용한 개량식 된장의 양조법에 대하여 살펴본다.

개량식 된장의 제조 공정

```
콩 → 정선 → 세척 → 침수 → 증자 → 냉각──────┐
보리 → 정선 → 세척·침수 → 증자 → 냉각 → 제국┐ ├→ 혼합 → 담금 → 발효·숙성 → 제품
                                   ↑ 소금┘ ┘ ↑
                                  종국        종수
```

(1) 원료의 처리

① 콩(大豆); 단백질과 지방질의 함량이 많은 황색종 콩을 원료로 사용하며, 먼저 협잡물을 제거하고 물로 깨끗이 씻은 다음 물에 불린다. 물에 담가두는 시간은 계절이나 수온에 따라 다르나, 콩알의 중심부까지 흡수되도록 해야 하는데 대체로 콩알이 1.8배(중량은 2.1~2.4배) 정도 부풀도록 침수한 다음 압력솥에 넣어 10파운드(Lbs)로 2~2.5 시간 정도 찐 후 냉각시킨다. 탈지대두를 사용하는 경우에는 침수하지 않고, 물을 뿌려서 흡수시킨다.

② 소금; 협잡물이 없는 정제염을 사용하는 것이 좋다.

③ 곡류; 개량식 된장의 전분질 재료로서 쌀이나 보리가 많이 사용되는데, 보리에는 식이성 섬유질과 글루타민산(glutamic acid)의 함량이 쌀보다 많으므로 보리를 사용한 된장의 풍미가 더 좋다.

④ 종국(種麴); 단백질과 전분질의 분해력이 강한 황국균(*Aspergillus oryzae*)을 사용한다.

(2) 된장용 국자(koji)의 조제

보리를 원료로 사용하며, 제조과정은 개량식 간장의 국자의 제조법과 같다.

(3) 담금 및 발효·숙성

① 보리국자(koji)가 출국되면 소금을 섞은 다음, 쪄서 냉각시킨 콩과 종수(種水)와 함께 혼합한다. 여기서의 종수는 된장을 담글때 섞어주는 액체를 총칭하는 용어로서, 보통 콩을 찔 때 흘러나오는 콩물이 사용되나 이 외에 소금물, 된장용액, 효모나 세균의 배양액 등이 사용되기도 하는데, 종수로서 된장의 수분(48~52%)을 조절한다.

표 15-3 보리된장의 원료 배합 비율(예)

종　류	콩(ℓ)	보 리(ℓ)	소 금(ℓ)	숙성 기간
1	10	10	4	1~3 개월
2	10	5	5	1~2 개월
3	10	15	3	1 개월

② 혼합한 재료는 마쇄하여 발효통에 넣은 다음 표면에 소금을 뿌리거나 또는 대나무발이나 플라스틱 필름(plastic film) 등으로 덮고 돌을 올려 눌러서 숙성시킨다. 일반적으로 수분함량이 많으면 숙성은 빠르나, 수분함량이 55% 이상이면 출하하였을 때 된장이 괴어오를 위험이 있다.

③ 자연상태의 온도조건으로 숙성시키는 천연양조방식과 가온(加溫)하여 숙성을 촉진시키는 속양법(速釀法)이 있는데 공장에서는 대부분 속양법을 이용한다. 국자(koji)가 많고 소금의 양이 적은 된장은 숙성이 빨리 진행되고, 반대로 소금이 많고 국자의 양이 적은 된장은 숙성이 늦다. 또한 온도가 높으면 숙성이 빠르다.

④ 숙성기간 중에 된장은 황국균의 효소와 다른 많은 세균과 효모의 작용을 받아 단백질이 펩톤(peptone), 펩티드(peptides), 아미노산 등으로 분해되어 감칠맛(旨味)을 띄게되고, 전분질은 맥아당이나 포도당으로 분해되어 단맛을 띄게되는 동시에 일부는 효모와 세균의 작용으로 알코올 및 유기산으로 된다. 이러한 알코올과 유기산은 에스테르(ester)를 형성하여 향기를 발생하며, 또 아미노카르보닐반응(maillard 반응) 등에 의하여 착색물질이 생성된다.

(4) 마쇄 및 살균·포장

가정에서 개량식 된장을 양조하는 경우에는 숙성된 것을 그대로 이용하면 되나, 공장에서 대량 생산하는 경우에는 품질규격에 맞게 배합하고 또 균질을 기하고 입도를 곱게 하기 위하여 다시 한번 마쇄한다.

공장에서는 마쇄한 제품의 변질을 예방하기 위하여 100℃로 20분 정도 가열 살균한 다음 일정량씩 적당한 용기에 포장하여 상품화한다.

15-1-3 고추장의 제조

고추장은 간장 및 된장과 함께 각 가정에서 담가서 이용해온 우리나라 고유의 기호성 조미식품이다. 원래 고추장은 다른 장류와는 달리 콩보다는 전분질이 많은 곡분(穀粉)이 주원료로 이용되고, 여기에 메주가루・엿기름・소금・고춧가루・물 등을 섞어서 만들었다. 곡분도 찹쌀가루・맵쌀가루・보릿가루・밀가루 등 여러 종류가 사용되어 각각의 제품별로 특징을 나타내는데 일반적으로 찹쌀고추장이 외관과 풍미가 가장 좋은 것으로 취급되어 왔다. 고추장은 원료의 종류와 혼합 비율 및 원료처리 방법과 숙성과정에 따라 그 품질이 달라지는데, 현재에는 재래식과 개량식 및 속양식 양조법에 의한 다양한 제품이 생산되고있다.

일반적으로 전통적인 재래식 고추장은 짜면서 매운 자극성이 강한 한편, 달거나 고소한 감칠맛이 적은데 비하여, 근래에 많이 이용되고 있는 개량식 또는 속양식 고추장은 자극성이 적으면서 감칠맛이 강하다.

1) 재래식 고추장의 제조

재래식 고추장은 가정에 따라 사용하는 원료도 다르고 혼합비율 등도 다른 경우가 많아서 풍미가 다양하다. 자극성이 강하고 저장성도 있으나 감칠맛이 적은 단점이 있어 현대인의 입맛에는 기호성이 떨어지는 편이나, 육개장과 같은 탕류를 조리할 때에는 개량식 고추장보다 재래식 고추장이 더 조화가 잘 된다.

재래식 찹쌀고추장의 제조 공정

```
찹 쌀 풀┐
        ├→ 반죽・당화 → 가열 → 냉각 → 혼합・반죽 → 숙성 → 재래식 고추장
엿기름액┘                             │        ↑
메주가루──────────────────────────────┘     고춧가루
소금──────────────────────────────────┘
```

(1) 원료 및 처리

① 찹쌀; 찹쌀은 물로 잘 씻고 침수하여 불린 다음 분쇄하여 찌거나, 또는 밥을 지어 사용한다.

② 엿기름액; 물을 일단 끓였다가 따뜻할 정도로 식힌 후 엿기름 가루를 풀어 체로 걸러 엿기름액을 만들고 정치하여 침전물을 제거한다.

③ 고춧가루; 빛깔이 좋은 고추장을 만들 때에는 씨를 제거하고 곱게 빤(35 mesh) 고춧가루를 이용하지만, 씨를 제거하지 않고 빤 고춧가루를 사용하면

맛과 영양이 더욱 좋은 제품을 만들 수 있다.

④ 메주가루; 고추장용 메주를 별도로 만들어 사용하는 경우도 있으나, 대개는 재래식 간장메주를 곱게 부수어 사용한다.

(2) 담금 및 숙성

표 15-4 재래식 고추장의 원료 배합(예)

원 료	찹쌀 고추장	밀가루 고추장	보리 고추장
찹쌀가루	5.4ℓ (3되)	-	1.8ℓ (1되)
밀가루	-	5.4ℓ (3되)	-
보리가루	-	-	3.6ℓ (2되)
고춧가루	3.6ℓ (2되)	3.6ℓ (2되)	1.8ℓ (1되)
메주가루	1.8ℓ (1되)	1.8ℓ (1되)	1.8ℓ (1되)
엿기름 가루	3ℓ (1.5되)	1.8ℓ (1되)	-
소금	3.6ℓ (2되)	1.8ℓ (1되)	1.8ℓ (1되)
물	9.0ℓ (5되)	3.6ℓ (2되)	3.6ℓ (2되)

① 엿기름물을 따끈히 데우고 여기에 찹쌀밥 또는 찹쌀가루 찐 것을 섞어 저어두어 찹쌀밥이 삭아서 묽어지면, 일단 가열하여 끓이고 약 30분 정도 불을 약하게 하여 졸인 다음 넓은 용기에 옮겨 냉각시킨다.

② 찹쌀풀이 식으면 메주가루를 섞고, 소금으로 간을 맞춘 다음 몇 시간 동안 재워두었다가 마지막으로 고춧가루를 고루 섞고, 좁고 높은 독 등 용기에 담아 표면에 소금을 뿌려 숙성시킨다. 고추장의 표면이 공기 중에 넓게 퍼지면, 갈변현상이 촉진되어 빛깔이 짙어지고, 산막효모가 발생하기 쉬우며 또 풍미도 나빠진다.

③ 담금 시의 수분함량은 40~50% 정도가 좋은데 이보다 수분이 많으면 숙성 중에 이상발효가 일어날 위험이 있고, 너무 적으면 숙성이 잘되지 않는다.

④ 가정에서는 날씨가 맑은 날 뚜껑을 열고 햇볕을 쪼여서 산막효모의 발육을 억제한다. 담금 후 3~4일 경부터는 식용이 가능하다.

2) 개량식 고추장의 제조

현재 국내의 대부분 식품공장에서 이용하는 고추장 양조방식은 전분질 원료의 분해에 엿기름 대신에 황국균(*Aspergillus oryzae*)의 국자(koji)를 사용하는데, 이러한 양조방식으로 생산되는 것을 개량식 고추장이라 한다.

개량식 고추장은 재래식 제품에 비하여 단맛과 구수한 맛은 많은 편이나, 소금의 함량이 적어서 변질되기 쉬우므로 방부제를 첨가하는 경우가 많다. 이 제품은 탕

(湯)류 보다는 일반 조리에 더 많이 사용된다.

(1) 원료와 처리

국자(koji)를 제외하고는 재래식 고추장의 원료와 같은 종류를 사용하며, 전분질 원료는 분쇄하여 곡분의 상태로 사용한다. 국자는 별도로 만들기도 하지만, 개량식 간장용 국자를 빻아서 사용하는 경우가 많다.

(2) 담금 및 숙성

① 먼저 전분질 원료를 물에 묽게 풀고, 눌어 붙지 않도록 잘 저으면서 가열·호화시킨다. 완전히 호화되면 70~75℃ 정도로 냉각하고, 여기에 전분질 원료의 30~40% 양의 국자분말을 잘 섞은 다음, 60~65℃로 3~5시간 동안 보온(保溫)하여 국자 중의 아밀라제(amylase)와 프로테아제(protease) 등 효소의 작용을 촉진시킨다.

② 호화된 전분질이 적당히 삭(액화 및 당화)으면 소금·고춧가루 등과 같은 부재료를 잘 섞고, 용기에 넣어 30℃이하의 조건으로 숙성시킨다. 숙성기간은 소금사용량이나 숙성온도에 따라 달라지나 대체로 30~40일 정도 소요된다.

15-1-4 청국장(淸麴醬, 담북장)의 제조

청국장은 콩의 발효가공식품 중에서 가장 빠른 시간 내(보통 3일 이내)에 숙성되는 제품이며, 또한 저장성이 적기 때문에 과거에는 주로 가을에서 초봄에 이르는 기간동안에 소량씩 만들어 섭취해왔다.

청국장의 제조방법에도 재래식과 개량식으로 구분하는 경우가 있는데, 재래식은 볏짚 등에 들어있는 야생의 균을 이용하여 발효시키는 데 반하여 이 균을 순수 배양하여 이용하는 것을 개량식이라 하며 그 이외의 차이점은 없다.

1) 청국장의 제조과정

① 황색종 콩을 깨끗이 선별·수세한 후 침수하여 충분히 불려 무르게 푹 삶는다.

② 삶은 콩은 밑에 볏짚을 깐 용기(가정에서는 시루를 이용하였음)에 쌓아 넣고 그 위를 다시 볏짚으로 덮은 후 발효균의 발육최적온도인 42℃ 전후로 보온하여 두면, 1.5 ~3일 이면 발효가 끝난다. 개량식(공장 식)의 경우에는 볏집을 사용하지 않고 순수 배양한 종균을 직접 삶은 콩에 접종하여 발효시킨다.

③ 발효가 끝나면 소금·고춧가루·마늘 등을 섞고 적당히 마쇄한 후 냉장조건으로 저장하는데, 저온저장시설이 없던 옛날에는 소금을 다량으로 첨가했다.

2) 청국장의 특징

일반적으로 청국장은 냄새가 자극적이기는 하나 고단백질 식품으로서, 독특한 점성과 부드러운 촉감 외에도 함유되어있는 여러 가지 종류의 효소(trypsin, pepsin, amylase, invertase, catalase...)에 의해 소화성이 좋고, 또 비타민 B_2와 B_{12} 등이 많이 함유되어 있으며, 발효균(*Bacillus subtilis*, 일본사람들은 이 균을 *Bac. natto*라 부른다)은 정장효과와 영양성분의 흡수촉진 작용 및 혈중 콜레스테롤(cholesterol)을 감소시키는 작용 등을 가지므로 청국장은 일종의 건강식품이라 할 수 있다.

15-2 주류(酒類, 술) 제품의 제조

주류(술)는 전세계적으로 장류보다 더 광범위하게 이용되는 발효식품으로서, 과실・유류(乳類) 및 사탕수수의 즙액 등과 같이 당류를 함유하는 것이나 또는 전분질이 많은 곡류・서류(薯類, 감자류)등에 효모를 비롯한 여러 가지 미생물의 발효작용을 이용하여 에틸알코올(ethanol)을 생성시킨 가공식품이며, 이 중에는 발효 후에 증류하여 알코올의 함량을 높인 종류와 또는 다른 재료를 섞은 제품도 있다.

세계 각 지역별로 제조・이용되는 주류의 종류가 다양한 원인은 원료의 수급과 기후조건, 그리고 생활관습의 차이 등의 영향이라 생각되는데, 각 나라별로 애용되는 대표적인 주류는 Wine(프랑스)・Whisky(영국)・Brandy(미국)・Sake(일본)・Gin(네덜란드)・Vodka(러시아)・Portwine(포르투갈)・Beer(독일)・고량주(중국)・Kumys(몽골) 등이 있으며, 우리나라에서도 지방별로 여러 가지 종류의 특산 주류가 있다.

표 15-5 제조법에 의한 주류의 분류

분 류			종 류
양조주	단발효주		포도주를 비롯한 과실주・마유주 등
	복발효주	단행복발효주	맥 주
		병행복발효주	탁주・약주・청주・소홍주 등
증류주			소주・위스키・브랜디・진・보드카・럼・고량주 등
혼성주	합성주		합성청주・감미포도주 등
	약 주		인삼주・매실주 등을 비롯한 각종 약용주
	혼합주		혼성위스키・백주・홍주 등
	리큐르		페퍼민트・큐라카오・아브산 등

에틸알코올은 주로 사카로마이세스(*Saccharomyces*) 속의 효모에 의한 당류의 발효로 만들어진다. 효모는 호기적인 조건에서는 다음 (1)과 같이 당류를 이산화탄소와 물로 분해하지만, 혐기적인 조건에서는 (2)와 같이 에틸알코올과 이산화탄소로 분해한다.

$$C_6H_{12}O_6 + 6O_2 \longrightarrow 6CO_2 + 6H_2O \qquad (1)$$
$$C_6H_{12}O_6 \longrightarrow 2C_2H_5OH + 2CO_2 \qquad (2)$$

이 경우에 효모가 발효할 수 있는 당류는 포도당 · mannose · 과당 · 맥아당 · 설탕 등에 한정되며, 전분과 같은 다당류는 발효가 거의 불가능하다.

과즙과 같이 효모가 발효할 수 있는 당류를 많이 함유한 것에는 효모만을 증식시켜도 알코올 발효가 진행되어 술이 만들어지는데, 이러한 방법으로 만든 술이 단발효주(單醱酵酒)이다.

곡류와 감자류와 같이 전분질이 풍부한 원료로 술을 양조할 때에는 우선 전분을 맥아당이나 포도당으로 가수분해한 다음 알코올발효를 시켜야 되며, 이와 같이 알코올발효를 시키기 위하여 당화과정이 필요한 발효형식을 복발효식이라 하는데, 이러한 경우에도 일단 전분을 당화한 후에 알코올발효를 진행시킨 단행발효주(單行醱酵酒)와, 전분을 당화하면서 동시에 알코올발효도 병행하여 진행시킨 병행발효주(竝行醱酵酒)가 있다.

발효로 알코올이 축적되면 그 때문에 효모의 생활환경이 나빠지게 되는데, 일반적으로 효모는 알코올 농도가 20%가 되기도 전에 증식이 정지되므로 효모의 발효만으로는 20% 이상의 알코올을 함유하는 술을 양조할 수 없으며, 따라서 20% 이상의 알코올을 함유하는 술을 제조하기 위해서는 술덧을 증류 처리한다.

알코올용액은 간단하게 한번의 증류처리로 알코올을 완전히 분리할 수는 없으나, 알코올 용액을 가열할 때 발생하는 증기 중의 알코올 농도는 액상(液相)중의 알코올 농도보다 높으므로, 술덧을 가열하여 발생하는 증기를 모아 냉각시키면 알코올 농도를 높일 수 있고, 이러한 작업을 반복하면 알코올 농도가 매우 높은 술이 만들어 지는데 이것이 증류주(蒸溜酒)이다.

증류를 하면 알코올의 농도가 높은 술이 만들어지기는 하지만, 저비점성분(低沸點成分) 이외의 성분은 제거되어 향과 엑스(Ex)분이 적게되므로, 알코올 농도도 높고 엑스분도 많은 술을 제조하기 위해서는 증류주나 알코올 수용액에 향미물질을 침지(浸漬)하거나 또는 첨가하여 보충해야 되는데, 이렇게 하여 제조한 술이 혼성주(混成酒)이다.

15-2-1 약주(藥酒)와 탁주(濁酒, 막걸리)의 제조

약주와 탁주(막걸리)는 우리나라의 전통주이며, 이중 탁주는 농주(農酒)라 하여 농민을 위시한 서민들이 항상 즐겨 애용해온 대중주(大衆酒)이다.

약·탁주는 원래 찹쌀이나 쌀, 누룩 및 물을 원료로 하여 제조하였으며, 발효가 끝난 후 용수 등을 사용하여 술덧에서 맑은 윗물만을 분리한 것이 약주, 숙성된 술덧에 뒷물섞기를 한 다음 고운 체 등으로 걸러낸 걸죽한 술을 막걸리라 하였다. 그러나 현재에는 전분질원료로서 쌀 이외에도 옥수수가루·밀가루·고구마전분 등을 사용하며, 칡 전분이나 다른 식물재료를 섞어 제조하는 경우도 있다.

약·탁주의 제조 공정

①곡자(麯子, 누룩)의 조제

원료 밀 → 파쇄 → 반죽 → 제국 → 숙성 → 저장 → 누룩
↑ (반죽)
물·(종국)

②발효 숙성

누룩·물 ↓ (술밑)　　덧밥·누룩·물 ↓ (술덧)

전분질 원료→ 수세·침수→증자→ 냉각→술밑→숙성→ 술덧→발효숙성→ 윗물분리→ 약주
↓ (발효숙성)
뒷물섞기→ 여과 → 막걸리

1) 원료와 처리

약·탁주의 원료는 쌀을 비롯한 전분질원료와 누룩 및 물이며, 이들의 종류와 품질은 곧 제품의 품질에 영향을 미치게 되는 요소의 하나이다.

(1) 곡자(麯子, 누룩)의 조제

① 곡자는 전분질원료의 당화와 발효에 관여하는 누룩곰팡이(*Aspergillus*), 거미줄곰팡이(*Rhizopus*), 털곰팡이(*Mucor*), 활털곰팡이(*Absidia*), 빨강누룩곰팡이(*Monascus*) 등의 곰팡이를 비롯하여 알코올발효효모(*Saccharomyces*) 등 여러 가지 종류의 미생물을 발육시킨 일종의 발효제로서, 곡류 자체가 함유하고있는 효소와 이들 미생물들이 생산하는 각종의 효소에 의하여 전분질과 같은 고분자물질의 당화와 알코올발효뿐만 아니라 독특한 향미를 생성하는 작용을 가진다.

② 예전에는 약·탁주용 곡자는 밀을 거칠게 파쇄하여 물로 반죽하고 야생의 미생물을 발육시켜 숙성한 것을 이용하였으나, 현재는 입국(粒麴)이라 하여 전

분질 원료에 백곡균(*Aspergillus kawachii* 또는 *Asp. shirousamii*)을 발육시켜 만든 것을 사용한다.

(2) 원료 처리와 술밑 담금

① 전분질원료로서의 쌀은 수세 후 침수하여 수분을 흡수시킨 다음 찌고, 곡분 등 분말원료는 적당히 살수(撒水)한 후 쪄서 호화시킨다. 밀가루를 사용하는 경우에는 박력분보다는 중력분을 원료로 사용하면 풍미가 좋은 제품을 생산할 수 있다.

② 술밑은 주모(酒母) 또는 밑술이라고도 하는데, 술덧의 발효를 위하여 필요한 효모를 다량으로 증식시킨 것이며, 숙성 중에는 효모의 증식뿐만 아니라 다량의 산(酸)이 생성되어 효모의 생육환경을 좋게 하면서 잡균의 발육을 억제할 수가 있다.

③ 술밑 숙성용 용기에 곡자와 물·호화시킨 전분질 원료의 일부(전체 술덧양의 1/3~1/5)를 넣어 잘 섞고 25~30℃에서 때때로 저어주면서 4~5일간 배양하면 술밑이 숙성된다.

2) 술덧의 숙성과 제품의 완성

① 술밑이 숙성되면 여기에 나머지 재료를 섞어 발효·숙성시키는데, 이것을 술덧이라하며, 이 과정에서 전분질의 당화와 동시에 알코올발효 및 산발효가 진행되어 술이 숙성되는 것이다. 술밑에다 덧밥을 첨가하는 방법에는 한번에 모두 첨가하는 1단법과, 1~2일의 간격을 두고 2차례에 나누어 첨가하는 2단법이 있는데, 일반적으로 2단법이 많이 사용된다.

② 2단 담금 후 2~3일이 지나면 알코올 농도가 최고 15%까지 증가하여 탁주용 숙성 술덧이 되며, 5일 정도 경과하면 최고 16.6%까지 증가하여 약주용 술덧으로 숙성하게 된다.

③ 완전히 숙성된 술덧에 용수를 설치하고 맑은 윗물을 걸러낸 것이 약주이며 숙성된 술덧에 약 40%의 뒷물을 잘 섞은 다음 고운 체 등으로 걸러 찌꺼기(酒粕)를 걸러낸 것이 탁주이다.

④ 약·탁주는 살균을 하지 않아서 저장성이 약하므로 저온으로 유통하며 짧은 시간 내에 이용하여야 한다.

15-2-2 청주(清酒)의 제조

우리 나라에서도 예전부터 서울지역을 중심으로 청주(清酒- 맑은 술)를 만들어 일부 양반계층에서 애용하였으나 서민들 사이에는 일반화되지는 않았었고 이조 중엽에 약주로 이름이 달라졌다고 한다.

현재의 청주는 일본의 전통주인 사케(sake)를 말하며, 현재 우리 나라에서도 청주가 생산되기는 하나 모두 일본식 양조법에 따라 제조하고 있다.

청주는 황국균(*Asp. oryzae*)의 효소를 이용하여 원료인 쌀을 당화시킴과 동시에 효모를 첨가하여 알코올발효를 진행시키는 즉, 병행복발효형식으로 제조되는 단맛, 신맛, 매운맛, 쓴맛 및 떫은맛이 조화되어있는 알코올 농도 15~16°인 술이다.

1) 원료와 처리

(1) 원료

청주의 원료는 쌀과 물이다. 쌀은 특히 양조에 적합한 것을 선택하여 도감비율이 10~30% 정도로 도정하여 사용한다. 또 물은 직접 청주의 성분이 될 뿐만 아니라 미생물의 증식에도 영향을 미치므로 적당한 경도(硬度)를 가지는 물이 좋다.

(2) 청주용 국자의 조제

원료인 쌀의 일부를 일단 물로 씻고 침수한 다음 술밥으로 찌고 여기에 황국균(Asp. oryzae)을 발육시켜서 청주용 국자(koji)를 조제한다.(간장의 제조항 참조)

청주의 양조 공정

① 청주용 국자(koji)의 조제

현미 → 도정 → 백미 → 수세 → 침수 → 증자 → 술밥 → 냉각 → 제국(↑ 종국) → 국자(koji)

② 청주의 담금과 숙성

술밥 ┐ (효모)
국자 ├──→ 술밑 → 술덧 담금(↑ 초첨) → 술덧(↑ 중첨, ↑ 유첨) → 숙성 → 숙성술덧 → 압착(↓ 주박) → 침전물제거 → 살균 → 청주
물 ┘ (젖산)

2) 청주의 양조

(1) 술밑(酒母)의 조제

술밥(고두밥)과 국자 및 물 등의 원료일부를 통에 넣고 효모를 배양하는 과정이며, 효모는 *Saccharomyces cerevisiae* 종을 사용한다. 술밑에서는 효모의 증식을 촉진하고 다른 균의 발육은 억제시키기 위하여 젖산이 이용되는데, 과거에는 젖산균을 이용하여 젖산발효를 시켰으나 현재에는 적정량의 젖산을 첨가하는 방법이

사용된다.

표 15-6 청주 담금의 배합예

구 분	술 밑	초 첨	중 첨	유 첨	총 량
쌀 ┌ 술 밥(kg)	75	160	320	595	1150 ┐
쌀 └ 국 자(kg)	30	60	100	160	350 ┘ ├ 1,500
급수량(ℓ)	110	200	550	950	1,810

(2) 술덧의 숙성과 제품의 완성

① 숙성된 술밑에 술밥과 국자(koji) 및 물을 첨가하여 순차적으로 증량시키는 과정을 담금이라 하고, 이렇게 만들어진 것을 술덧이라 한다. 첫째 날에 초첨을 하고, 그 다음날에는 술덧을 저어주어 효모를 증식시키며, 3일째에 중첨을 하고, 4일째에 유첨을 하여서 술덧 담금을 마친다.

② 술덧의 품온에 따라 발효일수가 달라지는데, 보통 약 20~25일 정도 경과하면 알코올 농도가 18~20%로 된다. 발효말기에 30%의 알코올을 첨가하거나, 또는 알코올에 포도당·물엿·젖산·호박산·글루타민산 나트륨(MSG) 등을 섞은 조미액을 첨가하는 경우도 있다.

③ 숙성된 술덧은 자루에 넣고 압착기로 압착하여 술과 주박(酒粕)으로 분리한 후, 술은 통에 옮기고 정치(靜置)하여 가라앉는 침전물을 제거한다. 맑게된 술은 55℃정도로 가열·살균한 다음 저장하거나 출하한다. 가열처리를 일본에서는 화입(火入)이라 하는데, 이 처리가 적절하지 않은 경우에는 화락균(火落菌, *Lactobacillus homohiochii*와 *Lact. heterohiochii*) 에 의하여 부패된다.

④ 국자조제에 사용된 쌀과 술밥으로 사용된 쌀의 총량이 1,500kg이라면, 여기서 알코올 농도 18.5%인 청주를 약 2kℓ 생산할 수 있다. 이것을 시판되는 청주로 환산하면 약 2.3kℓ에 해당된다.

15-2-3 맥주(麥酒, Beer)의 제조

맥주는 맥아(麥芽, 엿기름)의 침출액에 호프(hop)의 추출물을 가하여 알코올발효를 시키고, 이때 생성되는 이산화탄소(CO_2)를 용해시킨 비교적 알코올함량이 적은(2~5%) 술이며, 단행복발효형식으로 양조되는 제품이다.

맥주는 발효에 관여하는 효모의 발효형식에 따라 상면발효맥주와 하면발효맥주가 있는데, 영국 등지에서는 상면발효맥주가 생산되고 있으며, 일본을 비롯하여 독일 및 우리나라에서는 하면발효맥주를 생산하고 있다. 또한 맥주에는 담색(淡色)맥주와 농색(濃色)맥주가 있는데, 우리나라에서는 담색맥주가 주로 애용되고있다.

1) 원료와 처리

(1) 원료

맥주의 원료는 보리와 호프(hop) 및 물인데, 보리는 골드 멜론(gold melon)종과 같은 두줄보리(二條麥)가 사용된다. 호프는 다년생 뽕나무과 식물의 수정되지 않은 암꽃을 채집하여 45℃이하에서 건조시킨 것을 사용하는데, 이것은 맥주에 특유한 쓴맛과 방향을 부여는 동시에 단백질의 응고를 촉진시키는 작용을 가진다.

(2) 엿기름(麥芽, malt)의 조제

① 정선한 원료 보리를 8~16℃의 물에 70~90시간 침수하여 수분함량이 42~46%로 되면, 발아상자에 옮겨 발아시킨다. 20~30℃에서 가장 왕성하게 발아되나, 고르게 발아시키기 위하여 14~18℃로 유지시킨다. 적당한 온도와 습도를 공급하면서 관리하면 2~3일째에 근아(根芽)가 나오기 시작하고, 8일경이 되면 보리뿌리는 보리 알의 약 2배로 되면서, 유아(幼芽, 싹)는 1/2~3/4 정도가 되는데 이때 발아를 정지시킨다. 이것을 녹맥아(綠麥芽)라 하는데, 저장성과 향미를 갖도록 열풍 건조시킨다. 열풍건조는 약 24~48시간에 걸쳐 처음에는 18~35℃의 공기를 불어넣고, 마지막에는 50~58℃까지 점차 온도를 높여서 수분함량이 3.5%정도 되도록 건조시킨다. 한편 농색맥주(흑맥주)에 사용되는 맥아는 더욱 100~105℃의 고온으로 건조시킨다.

② 건조시킨 엿기름의 근아(根芽. 3~5%)에는 아밀라제(amylase)와 전분질이 함유되어있지 않으므로 탈근기(脫根機)로서 제거하고 정선하여 20℃로 방냉시킨 후 저장한다. 이때 제거되는 근아는 가축의 사료 등으로 사용된다.

③ 맥아는 유아(幼芽)의 길이에 따라 장맥아(長麥芽)와 단맥아(短麥芽)로 구분되는데, 장맥아는 아밀라제는 많으나 전분이 적은 반면에, 단맥아에는 아밀라제는 적으나 전분이 많이 함유되어 있어서, 맥주용 맥아는 당화를 시켜서 맥아즙을 만들어야되므로 단맥아가 사용된다.

2) 맥주의 양조

맥주의 제조 공정

보리 → 정선 → 침수 → 발아 → 녹맥아 → 건조 → 건조맥아 → 탈근정선 → 저장 → 분쇄

↳ 맥아가루 → 당화 → 가열 → 여과 → 맥아즙 → 가열 → 여과 → 냉각 → 담금맥아즙 → 주발효

(맥아가루 ↑ 쌀·전분·물, 여과 ↓ 맥아박, 가열 ↑ 호프, 여과 ↓ 호프박, 담금맥아즙 ↑ 효모)

↳ 후발효 → 여과 → 생맥주 → 충전 → 살균 → 병맥주

(1) 술덧의 제조

① 맥아를 분쇄한 후 약 2배되는 40℃ 정도의 온탕(溫湯)에 넣고 가열하기 시작하여 마지막에는 75℃ 정도까지 온도를 높이는데, 50℃ 부근에서 단백질이 분해하고, 65℃ 정도에서는 당화가 활발히 진행된다. 맥아를 당화시킬 때에 전분질의 보충을 위하여 맥아의 20～30%정도되는 쌀이나 전분을 쪄서 당화조에 함께 넣어준다. 당화가 끝나면 한번 끓인 후 여과하여 맥아박(麥芽粕)을 제거하는데 이 찌꺼기는 가축사료로 이용된다.

② 여과한 맥아즙에 원료보리의 1～2%에 해당되는 호프를 첨가하고 1～2시간동안 끓이는데, 이 과정에서 효소의 불활성화, 맥아즙의 살균과 농축, 호프성분의 추출, 응고단백질의 석출 등이 일어나고, 맥아즙은 고유한 쓴맛과 방향을 띠게된다.

③ 호프의 추출이 끝나면, 호프 분리기로 호프박(찌꺼기)을 분리한 다음 2단계의 냉각과정을 거쳐 5～6℃로 냉각시키고 응고물을 제거한다.

(2) 발효와 제품의 완성

① 냉각된 맥아즙은 발효조로 옮기고, 순수배양된 효모(*Saccharomyces cerevisiae*-상면효모, *Sacch. carlsbergensis*-하면효모)를 접종한다. 하면발효시에는 5～10℃에서 8～12일간으로 주발효(主醱酵)가 끝나는데, 곧 0～2℃로 1～3개월간 후발효(後醱酵)를 진행시킨다. 후발효시에는 술덧의 숙성과 이산화탄소의 용해를 위하여 밀폐한 저주조(貯酒槽)가 사용된다.

② 후발효가 끝나면 저온에서 가압·여과를 하며, 이때 나오는 맥주를 생맥주라 한다. 이 생맥주는 압력통에 넣어 그대로 시판되기도 하나, 캔(can)맥주 또는 병맥주로 제조하는 경우에는 충전 후에 60～65℃로 20～30분간 살균하여 상품화한다.

③ 보리 1,000kg과 전분 200kg으로 맥주를 담금한 경우에 담색맥주 8～9kℓ가 생산된다.

15-2-4 포도주(Wine)의 제조

포도과즙을 효모로 발효시켜 만든 단발효주를 포도주라 하는데, 다음과 같은 많은 종류가 있다. 술의 빛깔에 따라 적포도주와 백포도주로, 술에 남아있는 당의 량에 따라 감미(甘味)포도주(sweet wine)와 생포도주(dry wine)로, 또 발효 방법, 발포(發泡)하는가(sparkling wine) 않는가(still wine), 알코올의 함량이 많은가 적은가, 음용하는 방법(appetizer wine · table wine · dessert wine), 포도주의 생산지 등에 따라서 각각 분류된다.

완숙된 포도를 파쇄하고 과경(果梗)을 제거한 후 발효통에 넣어두면 포도의 과피에 부착되어있는 야생효모(*Saccharomyces ellipsoideus*)에 의하여 자연적으로 발효가 진행되어 포도주로 되나, 공업적으로는 발효와 품질 관리를 위하여 원료과실을 파쇄한 직후에 메타중아황산 칼륨(potassium metabisulfite, $K_2S_2O_5$)을 첨가하여 유해미생물을 사멸시키거나 또는 발육을 억제시킨 다음 미리 순수배양해둔 포도주발효 효모를 첨가하여 발효시키는 양조법이 사용되고있다.

1) 적포도주(赤葡萄酒)

가장 보편적인 포도주로서 적색 또는 검정빛깔의 포도를 원료로 하여 과피를 제거하지 않고 양조함으로서. 과피의 안토시아닌(anthocyanin)계 색소와 탄닌(tannin) 성분이 침출(浸出)되어 적포도주 특유의 빛깔과 향미를 가지게 한다.

적포도주의 제조 공정

포도→파쇄 · 제경→과즙개량→주발효→여과→후발효→앙금제거→숙성→청징→병담기→제품

↑ (아황산염 · 당 → 과즙개량) ↑ (효모 → 주발효) ↓ (여과 → 주박)

(1) 원료와 처리

① 적포도주의 원료로 사용하는 포도는 탄닌과 적색색소를 많이 함유하고 있는 당도가 높은 품종(예; carbernet, merlot, carmnet, concord, campbel early 등)의 완숙과인데 우리나라에서 생산되는 포도는 당도가 낮으므로 보당을 해주어야 한다.

② 먼저 원료포도를 선별하여 미숙과나 부패과 및 과경을 제거 · 수세하고 물기를 제거한 다음 파쇄기(grape mill)로 파쇄한다.

③ 파쇄과즙의 당도를 22~24%(최고 26%)로 조정하는데, 이보다 당도가 낮은 경우에는 설탕 등으로 보당한다.

S(가당량kg) = w(b-a)/100-b 〔a;과즙의 당도(17.5℃)%, b; 희망 당도%, w; 과즙의 중량(kg)〕

④ 당도를 조정한 후 메타중아황산 칼륨($K_2S_2O_5$)을 SO_2로서 100~150ppm 정도가 되도록 첨가한다. 또 산도가 지나치게 높은 경우에는 탄산칼슘($CaCO_3$)을 가하고, 낮은 경우에는 주석산(tartaric acid)이나 구연산(citric acid) 등을 가하여 산도가 0.5~0.7% 정도 되도록 조정한다.

(2) 발효 및 숙성

① 과즙개량을 마친 후 순수 배양한 포도주발효 효모(*Saccharomyces ellipsoideus*)를 첨가하여 20~25℃로 약 7~10일간 발효시킨다. 이 과정을 주발효(主醱酵)라 하며 발효초기에 하루에 한번이상 교반하면 색소와 탄닌 등이 잘 침출된다.

② 주발효가 끝나면 여과하여 포도주와 주박(酒粕)을 분리시키는데, 주박은 다시 압착하여 즙액은 포도주에 합치고 찌꺼기는 식초제조 등에 이용한다.

③ 주발효가 끝난 포도주에는 1~2%의 발효성당이 잔존하는데, 발효전(醱酵栓)이 부착된 발효조에서 잔당량이 0.2% 이하로 될 때까지 13~15℃에서 최소한 2~3년간 다시 발효시킨다. 이 과정을 후발효(後醱酵)라 하며, 이 동안에 첫해에는 2~3회, 2년째부터는 1~2회씩 밑에 가라앉는 앙금을 제거하면 맑은 포도주가 제조된다.

④ 후발효가 끝난 포도주는 병에 넣어 밀봉하고, 뉘어서 저온으로 2~3년 이상 숙성시킨 다음 출하한다.

⑤ 100kg의 원료포도로부터 60~70ℓ의 포도주가 생산된다.

2) 백포도주(白葡萄酒)

녹황색(綠黃色) 포도 또는 적색포도를 원료로 사용하나, 파쇄후에 여과하여 과피와 씨를 제거한 과즙만을 발효시키므로 과즙발효법(果汁醱酵法)이라고도 한다. 과즙을 개선한 후 효모를 첨가하여 발효시키며, 잔당이 적당할(3~4%) 때 아황산염을 가하여 발효를 정지시키며, 이후의 다른 조작은 적포도주와 거의 같다.

3) 샴페인(champagne, 발포성포도주)

원래 프랑스의 샹파뉴(champagne)지방에서 만든 발포성 포도주를 말하나, 보통은 발포성 포도주를 모두 샴페인이라 한다. 특별히 만든 백포도주에 설탕과 구연산을 가하여 과즙을 조정하고 효모를 접종한 후 병에 넣고 코르크(cork)로 마개를 하여 10℃정도로 약 6개월간 발효시키고, 이어서 2~5년간 숙성시킨다. 마지막에

병을 거꾸로 세워두어 앙금을 코르크마개 위에 모은 다음, -15℃이하로 동결(凍結)시키고 코르크마개를 뽑아서 앙금을 제거한다. 빈 공간에 포도주를 채우고 다시 코르크마개로 막고 철사줄로 고정시킨다.

양조법에 따라서는 발효조에서 2차 발효를 시킨 다음 병에 넣거나, 또는 농후(濃厚)한 성분의 포도주에 탄산수를 첨가하여 제조하는 경우도 있다.

4) 포트와인(port wine)

포트와인이란 이름은 포르투갈(Portugal)의 오포르트(Oport) 항구에서 출하된 적포도주에서 유래한다. 원래는 포도과즙의 발효도중에 브랜디(brandy)를 첨가하여 발효를 정지시켜서 단맛을 남기고, 떡갈나무로 만든 술통에 넣어 숙성시킨 것이다. 또, 생포도주(dry wine)에 알코올, 설탕, 유기산류, 향료, 색소 등을 섞어서 만들 일종의 혼성주를 포트와인이라 하는 경우도 있다.

5) 애플와인(apple wine)

사과를 세척하고 파쇄・압착하여 과즙을 분리한 후 아황산염과 보당(補糖)으로 과즙을 조정한 다음 효모를 접종하여 발효시킨다. 약 1주일 정도 발효시킨 후 침전물을 제거하고, 다시 2~3개월간 숙성시켜서 제품으로 하는데 영어로는 사이더(cider), 프랑스어로는 시드르(cidre)라 부른다.

또 이 사과주를 증류하여 애플 브랜디(프랑스어로는 칼바도스-calvados)를 만들기도 한다.

15-2-5 소주(燒酒) 및 증류주(蒸溜酒)의 제조

술덧 중의 발효성 당은 효모의 발효작용에 의하여 알코올로 분해되는데, 이렇게 분해・생성되는 알코올이 축적되면 효모의 생활환경이 나빠지게 되며, 술덧 중의 알코올 농도가 20%가 되기도 전에 효모의 증식이 정지되므로 발효만으로는 20% 이상의 알코올을 함유하는 주류를 제조할 수 없다. 그 이상의 알코올을 함유하는 주류는 증류(蒸溜)라는 조작에 의하여 제조되며, 과거에는 주로 단식증류법(單式蒸溜法)을 이용하였으나, 현재는 연속식증류기를 사용하는 경우도 있다.

1) 소주(燒酒)

원래 우리나라의 소주는 고려 충열왕 때 원(元)나라에서 전래되었다고 하며, 처음에는 약용으로만 사용되었으나 조선조에 이르러 일반인들도 마시게 되었다 한다.

현재의 소주는 제조방식에 따라서 증류식소주(蒸溜式燒酒, 구식소주)와 희석식소주(稀釋式燒酒, 신식소주)로 대별되는데, 희석식소주는 일단 95% 정도로 제조한 알코올에 물을 섞어 적당한 농도로 희석시킨 후 조미하여 제품화하는 것이며, 증류식소주는 술이나 주박(酒粕)을 증류하거나 또는 곡류・전분・감자류 등을 원료로 하여 알코올 발효시킨 술덧을 증류하여 만든 것이다.

(1) 증류식 소주

① 쌀을 비롯하여 보리, 밀, 옥수수 등의 곡류나 고구마 또는 전분을 원료하여 일단 탁주의 술덧과 유사한 방법으로 술덧을 담그는데, 국자(koji)를 만들 때에 흑국균(*Aspergillus usamii*)나 백국균(*Asp. kawachii*) 등이 종균으로 사용된다.

② 술덧은 담금 후 10~15일이 지나면 발효가 완료되며, 이때의 알코올 함량은 14~18% 정도가 되는데, 냉각기가 부착되어있는 단식증류기로서 증류하여 알코올 함량이 약 40% 정도 되도록 한다.

③ 증류가 끝나면 5~8℃로 12시간 정도 냉각시켜둔 후에 여과하여 유성(油性) 불순물(고급지방산 에스테르류)을 제거하고, 스테인리스 스틸제 용기에 넣어 3개월 이상 저장하여 숙성시킨 다음 여과 등의 방법으로 정제한다.

④ 정제한 것은 다른 주류와 적당히 조합하고, 알코올 농도를 20~25% 정도로 조정하여 제품으로 한다.

(2) 희석식 소주

① 우선 감자류・전분・당밀이나 곡분 등을 원료로 하여 술덧을 만들어 발효시키고, 발효가 끝나면 연속식증류기를 사용하여 95%의 알코올 제품을 만든 다음 물로 희석한다.

② 알코올을 40~45%정도로 희석하고 활성탄을 사용하여 정제한 다음 적당히 희석하고 설탕・포도당・구연산・아미노산류・소르비톨(sorbitol)・무기염류 등을 2% 이내로 첨가하여 조미(調味)한다.

③ 조미가 끝나면 알코올 함량이 20~25%인 제품이 완성된다.

2) 고량주(高粱酒)

고량주는 백주(白酒) 또는 빼갈(白乾兒)이라고도 하는 증류주로서 원료는 수수(高粱)이며, 주로 만주지역에서 생산되나 근래에는 우리나라에서도 양조되고 있다.

(1) 원료의 처리와 발효

① 누룩의 조제; 주로 보리와 팥을 원료로 하나 밀, 옥수수, 검정 콩, 메밀 등을

일부 대용하기도 한다. 음력 3~8월에 조제하며, 우선 원료를 조쇄하고 물로 반죽하여 벽돌모양으로 성형한 후 곡자실에서 약 40일간 숙성시켜 만드는데, 숙성기간동안에 발효에 필요한 여러 가지 야생의 미생물들이 증식하게 된다.

② 술덧의 담금과 발효; 수수를 분쇄하고 찐 후 여기에 고량주용 누룩을 빻아 혼합하고 반고체(半固体)상태가 되도록 적당히 물을 섞은 다음 땅속에 묻은 발효조에 넣고 진흙으로 밀봉한 채 9~10일간 당화·발효시킨다.

③ 증류; 발효가 끝난 술덧의 알코올 함량은 약 6%정도이며, 이 술덧을 단식증류기를 사용하여 증류한다.

(2) 제품

① 제품의 알코올 함량은 60~65%(v/v) 정도이며, 수수 900kg과 누룩 200kg을 사용했을 때 알코올 함량이 65%인 고량주 약 300kg이 생산된다.

② 고량주는 무색 투명하고 약산성을 나타내며, 특유한 향미가 있고 물을 섞으면 백탁(白濁)된다.

3) 위스키(Whisky, Whiskey)

위스키는 맥아(malt)의 효소로 원료 곡류의 전분질을 당화하고 여기에 효모를 첨가하여 발효시킨 술덧을 증류한 후, 증류액을 떡갈나무(oak)술통에 넣어 숙성시킨 알코올 농도가 40~43%인 증류주이다.

위스키는 원료에 따라서 부르는 이름이 달라지는데, 맥아만을 원료로 한 것을 malt whisky라 하고, 옥수수 또는 연맥(燕麥, 귀리)을 전분질 원료로 사용한 것을 grain whisky, 또 이들 술을 혼합한 것을 blended whisky라 한다. 생산지에 따라서도 영국의 스코틀랜드산은 Scotch whisky, Island 산은 Irish whisky, 미국에서 생산된 것은 American whisky, Canada산은 Canadian whisky라 하며, 또 증류방식에 따라서도 pot whisky와 patent whisky로 구분하기도 한다.

① malt whisky 용으로는 단맥아를, grain whisky 용은 장맥아를 사용하며, 일단 맥주제조과정과 같은 방법으로 당화액을 만들고, 효모를 접종하여 30℃ 정도로 3~4일간 발효시킨다.

② 발효가 끝난 술덧은 증류기(단식증류기 또는 연속식증류기)로 증류시키고, 증류액의 알코올 농도를 60~63%로 조정한 후 떡갈나무 술통에 넣어 2~8년간 숙성시킨다.

③ 숙성된 whisky는 향미와 품질의 향상을 위하여 여러 가지 다른 종류의 whisky 와 조합(blending) 하여 알코올 농도 40~43%의 제품을 완성한다.

4) 브랜디(Brandy)

Brandy는 과실주(果實酒)나 술덧을 증류하여 만든 주류로서, 원료는 포도 외에도 사과・plum(서양 오얏)・cherry(버찌)・건포도 등을 사용하여 각각 grape brandy, apple brandy, plum brandy, cherry brandy, raisin brandy 등으로 부르기도 하나, 일반적으로 brandy라 하면 포도주를 증류하여 제조한 것을 의미한다. Brandy의 대표적인 생산지는 프랑스의 Cognac지방과 Armagnac지방이다.

① 술덧의 제조와 발효과정은 적포도주의 제조과정과 비슷하나, 다만 보당량을 18~19%로 하고 주 발효가 끝난 후에 여과하지 않고 그대로 증류시킨다.

② 증류와 숙성과정은 whisky의 제조과정과 같으며 떡갈나무 술통에서 5년 정도 숙성시키면 일단 제품화할 수 있으나 우량품은 수 십년간 숙성시킨다.

③ 숙성이 끝난 brandy는 whisky와 비슷하게 적당히 조합하여 다시 통에 넣어 저장한 후 물로 알코올량을 조정(40~43% 정도)하고 caramel 등으로 빛깔을 조정한 다음 여과하고 병에 넣어 출하한다.

5) 기타 증류주 및 혼성주

(1) Gin

네덜란드의 대표적인 술로서 맥아와 호밀・옥수수를 원료로 발효시킨 술덧에 곱향나무 열매(juniper berry, 杜松實) 또는 코엔도(coriander) 등의 향료물질을 첨가하여 증류한 것으로 알코올 함량이 40~50%이며, dry gin과 sweet gin 등의 제품이 있다.

(2) Vodka

원래 러시아를 중심으로 하여 발달된 술로서 grain whisky를 알코올 농도 40%정도로 희석하고, 자작나무 숯을 이용하여 여과시켜 만드는 알코올 함량이 40~55%인 무색, 무미, 무취의 술이며, 경우에 따라서는 중성 알코올을 여과시키고 희석・정제하여 만들기도 한다.

(3) Rum

사탕수수의 주산지인 서인도 제도의 Jamaica, Puerto Rico 등지에서 발달된 증류주로서, 사탕수수의 당밀이나 제당시의 부산물을 원료로 하며 야생효모나 배양효모를 이용하여 술덧을 발효시키고 증류한 다음 떡갈나무 술통에 3년 이상 저장하여 숙성시킨 알코올 농도가 40~48%정도인 증류주이다. 증류 시에 삼엽초의 잎이나 아카시아의 껍질 또는 pine apple 등을 가하여 향을 부여하기도 하며, 착색료로는 caramel 색소가 사용된다.

(4) Liqueur(리큐르)

발효주, 증류주 또는 알코올에 과실·과즙·약초 등의 성분을 첨가하고 설탕·포도당·꿀·시럽 등의 감미료를 섞어만든 혼성주(混成酒)의 총칭으로서 대표적인 것으로는 베르무트(vermouth), 페퍼민트(peppermint), 압생트(absinthe) 등이 유명하며, 식사 후에 커피를 마시기 전에 마시는 술이다.

다음과 같은 3 가지 제조법이 사용된다.

① 침출법(浸出法); 알코올에 과실이나 초근목피(草根木皮)를 침지하여 그 성분이나 향미를 침출시키는 방법으로 가장 많이 사용된다.

② 증류법(蒸溜法); 알코올에 일정기간 향료물질을 침지한 후 증류하고 유출액에 설탕·포도당·꿀 등의 감미물질과 향료 등을 혼합하여 만드는 방법이다.

③ 에센스(essence)법; 알코올에 천연 또는 합성향료나 정유(精油)를 첨가하여 만드는 가장 간단한 방법이나 저질품이 생길 위험이 있다.

(5) 미림(味醂, みりん)

일본에서 발전되어 온 혼성주의 일종으로서, 현재는 술의 기능보다는 식품 조리시에 첨가되는 조미료로서의 이용도가 높다. 알코올을 물로 약 40%정도 되도록 희석하고 여기에 쌀국자(황국균 koji)와 찐 찹쌀을 첨가하여 밀봉한 후 15~20℃로 1주일에 1회 정도 저어주면서 30~50일간 숙성시킨 다음 압착·여과하여 찌꺼기를 제거하고 정치하여 앙금을 제거한 맑은 액을 살균 포장하여 제품으로 한다. 미림은 숙성기간 중에 당화반응만 진행되고, 알코올 발효는 일어나지 않는 특징이 있으며, 제품의 주요성분은 알코올이 13.5%정도, 당분은 37%정도 함유된다.

미림의 제품 중에는 알코올을 전혀 함유하지 않은 것과 알코올이 함유된 미림에 소금을 첨가한 것과 같이 전적으로 조미료로서 제조된 것도 있다.

15-3 식초(食醋)의 제조

식초는 5~7%의 초산(acetic acid)을 주성분으로 하는 산성조미료(酸性調味料)로서 그 제조법에 따라 양조식초(釀造食醋)와 합성식초(合成食醋)로 구분된다.

표 15-7 식초의 종류

종 류	주 원 료	양조 미생물	특 징
쌀식초	쌀, (alcohol)	국균, 효모, 초산균	예전부터 제조되어 왔으나, 현재는 거의 제조되지 않는다. 알코올을 혼용하는 경우도 있으며, 많은 종류의 아미노산을 함유하여 맛은 좋으나 발효 기간이 길다.
주박식초	주박, (alcohol)	효모, 초산균	청주박을 1~2년간 저장하여 당분, 아미노산을 증가시킨 후 알코올발효와 초산발효를 진해시킨다.
주정식초	alcohol	초산균	현재 가장 많이 생산되고있고 속초법도 이용된다.
포도주초	포도주 또는 포도과즙	초산균,(효모)	Orleans 법 등의 정치법으로 생산되었으나, 현재는 다양한 속초법을 이용하여 제조하는 것으로 과실 고유의 향미를 가진다.
사과식초	사과과즙	효모, 초산균	
맥아식초	맥아, 보리, 옥수수	효모, 초산균	
가공식초			조리용으로서 식초에 조미료나 향신료를 가하여 만든다. 구미에서는 과실식초 또는 맥아식초를 더욱더 증류하여 탈색하거나 또는 향료를 혼합하여 만든다.
합성식초 (초산초)			빙초산을 물로 희석하고 각종 정미성분을 조합하여 만든다. 미생물은 관여하지 않는다.

양조식초는 알코올을 함유하는 용액에 발육하는 식초산균의 산화발효로 생산된다.

$$C_2H_5OH + O_2 = CH_3COOH + H_2O$$

우리나라에서는 예전에 쌀로 빚은 막걸리를 이용하여 식초를 각 가정에서 발효시켜 이용하였으나, 현재는 가정별로 발효시키는 경우는 거의 찾아볼 수 없고, 공장에서 주정식초(酒精食醋)와 가공식초(加工食醋) 등이 많이 생산・판매되고 있다. 구미(歐美)에서도 맥아식초, 포도주초, 사과식초 등이 많이 생산되었으나, 최근에는 알코올을 원료로 한 주정식초가 다량으로 생산되고 있다. 이 외에, 유럽에서는 식초를 증류하여 식초산의 농도를 높인 증류식초(蒸溜食醋)도 만들고있으며. 미국에서도 증류식초라고 하는 것이 있으나 이것은 주정식초에 활성탄 등을 가하여 탈색 정제한 것이다.

근래에는 화학적으로 합성된 빙초산(氷醋酸)을 물로 희석하고, 여기에 아미노산, 유기산 및 당류 등의 조미료와 착색료를 첨가하여 만드는 합성식초(合成食醋)도 생산되고있으며, 또 양조식초를 합성식초로 증량한 제품도 있다.

감식초와 같은 제품도 유통되고 있으나 이러한 것은 조미를 목적으로 하는 산미료(酸味料)와는 달리 건강음료용 등으로 이용되는 제품이므로 식초제품은 아니다.

15-3-1 식초의 양조

양조식초는 여러 가지 주류에서는 직접, 당류에서는 알코올발효가 된 후, 전분질 원료에서는 당화 후 알코올발효를 거쳐서 생산된다. 알코올의 산화발효에 이용되는 초산균은 *Acetobacter aceti*(쌀식초, 주정식초), *Ac. schützenbachii*(속초균), *Ac. rancens*(쌀식초, 주박식초), *Ac. xylinoides*(포도식초), *Ac. acetosum*(맥아식초), *Ac. oxydans*(속초균), *Ac. orleanense*(포도식초), *Ac. curvum*(속초균) 등 다양하며, 이들을 배양하여 종초(種醋)로 이용한다.

양조방법으로는 정치법과 속초법이 있으며 속초법에도 그 운용기구와 방법에 따라 발효탑(醱酵塔, Frings generator)을 이용하는 방법과 심부발효법(深部醱酵法) 등이 있다.

1) 정치법(靜置法)

발효 용기에 원료(술 등의 알코올용액)를 채우고 종초을 첨가한 후 30℃로 유지하고 때때로 교반하면 2~3개월간 발효시키는 방법으로 시간이 오래 소요되는 단점이 있는 예전부터 사용되던 양조법이다.

한편 Orleans procress는 프랑스에서 포도주초의 양조에 사용하는 정치법의 일종으로서, 약 200ℓ용량의 떡갈나무통을 옆으로 눕혀서 발효시키는데, 통의 1/3까지 40~50℃의 종초(種醋)를 주입하고, 매주 여기에 소량의 포도주를 추가하여 발효시키며, 약 5주만에 일부를 뽑아내고 같은 양의 포도주를 추가하면서 연속적으로 식초를 만드는 방법이다.

2) 속초법(速醋法)

속양법(速釀法)이라고도 하는 일종의 신속발효법을 말하며, 공기를 많이 공급시켜 8~10일 정도로 발효를 마치는 방법이다.

(1) 발효탑 배양법

Frings가 고안한 발효탑(醱酵塔, generator)를 이용하는 속초법이다. 발효탑의 구조는 탑 내부에 대팻밥(wood shaving)을 채운 탱크로서, 위쪽으로부터 초산균이 많이 함유된 원액을 살포하면서 동시에 공기를 밑에서 위로 불어넣어 발효시키는데, 주로 주정식초의 제조에 이용된다.

(2) 심부발효법

혼합된 원료액과 종초에 공기를 불어넣어 강하게 교반하면서 발효시키는 방법으로, 이 방법은 적은 규모로 대량의 식초를 제조할 수 있는 특징이 있다. 이 시설 중의 하나인 Acetator는 고압력으로 공기를 불어넣는 형식이고, Cavitator 는 회전흡입(回轉吸入)하여 분산시키는 형식이며, 연속식 발효도 가능하다.

15-3-2 양조식초의 종류

1) 주박식초(酒粕食醋)

청주의 주박을 2~3년간 밀폐·저장한 후 주박 1kg에 1.8~2.4ℓ의 물을 가하고 매일 교반하면서 7~10일간 실온으로 방치한 다음 여과한다. 여액의 반량과 또 60~70℃로 가온한 나머지 여액 및 종초를 1 : 1 : 2의 비율로 섞은 후 38~40℃에서 약 1개월간 발효시킨 다음 균막(菌膜)을 제거하고 3~6개월간 숙성시킨다.

2) 쌀초·현미초·밀가루초

각 재료의 약 30%는 국자(麴子, koji)를 만들고 나머지는 술밥으로 쪄서 2~3배의 물을 가하여 40℃로 당화시키고, 여기에 술밑을 첨가하여 30℃로 알코올발효를 진행시키며 발효말기에 종초를 가하여 초산발효를 시킨다. 정치법으로는 1~3개월간 발효시키고 그후에 숙성·여과한다.

3) 포도식초

유럽에서 제조되어온 엑스(Ex) 성분이 적고 방향이 있는 식초로서 여러 가지 제조 방법이 있으나, Orleans법이 가장 많이 사용된다.

4) 사과식초

완숙된 사과를 선별하고 수세·마쇄하여 착즙한 후 여기에 술밑을 첨가하여 알코올 발효를 시킨 다음, 초산발효를 진행시켜 제조한다. 방향이 좋은 제품이다.

5) 주정(酒精)식초

원료인 알코올의 농도를 초산발효에 적합하도록 4~9% 정도로 희석하여 사용하며, 인산염을 첨가하여 초산균의 영양 성분을 보충하고, 또 영양과 조미를 위하여 물엿, 맥아즙, 효모 추출물 등을 첨가한 후 70 ~80℃로 살균한 다음 30~50%의 종초를 첨가하여 30℃에서 발효시킨다.

15-3-3 합성식초(合成食醋)

초산초(醋酸醋)라고도 하는 것으로, 빙초산(氷醋酸)을 물로 4~5%되게 희석하고, 여기에 설탕, 포도당, 물엿 등의 감미료와 MSG, 아미노산 및 소금 등의 감칠맛 성분을 첨가한 후 캬라멜색소로 착색한다. 호박산, 젖산, 주석산, 구연산 등의 유기산을 배합하여 신맛을 개선하는 경우도 있다.

제 16 장

식품의 기능과 특수영양 식품

인간의 생활욕구 가운데 가장 기본이 되는 본능적인 욕구인 1차 욕구는 죽지 않고 살아있는 것, 즉 생존(生存)과 또 아프지 않고 생활할 수 있는, 곧 건강의 유지와 그리고 굶주리지 않는 것 등 3가지이다.

이와 같은 본능적인 욕구 중에서 생존과 건강의 유지, 즉 생명현상과 항상성의 유지 및 생활활동을 하기 위하여서는 반드시 다양한 영양소를 섭취하여야 되며, 이러한 영양소를 공급하는 물질이 바로 식품(食品, Food)이다. 그런데 식품이 그 역할을 다하기 위하여서는 다음과 같은 4가지 조건을 충족시켜야 된다.

① 영양성: 소화와 흡수가 잘되며, 필요한 영양소를 골고루 함유할 것.
② 실용성: 취급과 조리가 용이하며, 값이 저렴하고 저장성이 있을 것.
③ 기호성: 식욕을 돋우고, 섭취 시에 만족감을, 또 먹은 후에 포만감을 줄 것.
④ 위생성: 급・만성의 장해를 미치는 유해・유독한 물질이 함유되지 않을 것.

또한 영양소를 포함한 식품의 다양한 성분 중에는 인체에 대하여 독특한 생리활성(生理活性)을 나타내는 물질이 함유된 경우가 있는데, 이러한 활성 물질들은 의

약품(醫藥品)과는 또 다른 기능을 가지는 것으로서, 이른바 건강보조식품이나 기능성식품 등의 근거가 되기도 한다.

따라서 종래에는 식품은 단순히 영양소를 공급하는 물질이라는 개념에서 크게 벗어나지 않았으나, 근래에는 다기능(多機能)을 가지는 것으로 평가하고 있다.

식품의 기능에 따른 분류

- 식품
  - 1차 기능(영양기능)- 생명의 유지기능 — 생명현상, 항상성 및 생활활동에 필요한 영양소의 공급
  - 2차 기능(감각기능)-기호와 만족기능 — 식품의 풍미와 조직 및 외관의 기호성 충족
  - 3차 기능(생리활성 기능)-생체조절기능
    - 생체방어
    - 질병예방
    - 병후회복
    - 신체리듬의 조절
    - 노화억제

16-1 기호성 식품의 제조

식품의 기호성은 식품의 맛·향·외관(크기, 형태, 빛깔 등) 및 습관(경험) 등의 영향을 받게되는 것으로서, 기호성이 좋은 식품이란 식욕을 돋우고, 섭취 시에 만족감을 느낄 수 있으며, 또한 먹은 후에 포만감을 가질 수 있는 음식물을 말한다.

여기서는 기호성을 높이기 위하여 식품의 조리 시에 사용되는 조미료 중에서 비교적 중요한 단순조미료와 그리고 일상 생활에서 이용하는 기호음료 및 과자 등의 기본 제조법을 살펴본다.

16-1-1 단순조미료(單純調味料)

조미료(seasonings)는 식품의 맛을 조화시키거나 강화할 목적으로 사용되는 기호성의 물질로서, 그 구성성분이 단일의 화합물로 되어있는 것을 단순조미료, 또 여러 가지 성분이 섞여 있는 것을 복합조미료(간장, 된장 등 장류 포함)라 한다.

원래 단순조미료는 그 맛의 종류에 따라서 감미료(甘味料), 염미료(鹽味料), 산미료(酸味料) 및 지미료(旨味料) 등 여러 가지 종류로 구분되는데, 대표적인 산미료인 식초는 발효식품에 포함하였다.

1) 감미료(甘味料)

(1) 설탕(雪糖)

설탕은 화학적으로는 사탕(砂糖) 또는 자당(蔗糖, sucrose)라고 하며, 가장 맛이 좋은 천연감미료로서 광범위하게 사용되고있다.

자당을 함유하는 식물은 여러 종류가 있으나, 제당(製糖)의 원료로서 이용되는 중요한 것은 사탕수수와 사탕무 등이다. 열대·아열대 지역에서 재배되는 사탕수수는 그 줄기에 10~20%의 자당을 함유하고 있으며, 한냉(寒冷)한 지역에서 재배되는 사탕무는 그 뿌리에 역시 10~20%의 자당을 함유하고 있다. 현재 전세계의 설탕 생산량의 약 65%는 사탕수수에서, 약 35%는 사탕무에서 제조되고 있다. 이들 외에도 주로 캐나다에 자생하는 사탕단풍나무의 수액(약 2%의 당을 함유)을 농축시켜 시럽(syrup)상태로 만든 단풍당(丹楓糖)이 hot cake용으로 사용되고 있고, 또 열대·온대지역에서 재배되는 사탕야자나무의 수액(약 10% 함유)을 농축한 야자당, 수수의 줄기(10~18% 함유)를 원료로 시럽상태로 만든 수수당(sorghum) 등도 있다. 우리나라에서의 제당공업은 외국에서 수입하는 원료당(粗糖)의 정제를 주로 하고 있다. 설탕제품의 종류는 대단히 많으나, 제법과 품질 등을 위주로 하면 다음과 같이 분류할 수 있다.

- 설탕
  - 함밀당……………………흑당, 적당, 백하당 등
  - 분밀당
    - 조당………원당, 중쌍, 적쌍
    - 경지백당…백쌍, 그래뉼당, 차당
    - (원료당)→정제당…백쌍, 그래뉼당, 중쌍, 차당(상백, 중백, 삼온) 액당
    - 가공당……빙설탕, 각설탕, 분당, 과립당

가) 사탕수수 원료당(粗糖)의 제조

자당함유량이 증가하는 시기에 사탕수수를 수확하여 신속히 공장으로 운반·처리한다. 먼저 사탕수수줄기를 기계로 짧게 절단하여 압착기로 착즙하고, 즙액에 석회유를 첨가하여 pH7.0~7.5로 조정한 후 100~150℃로 가열·정치·여과하며, 여기서 나온 Brix14~17°의 청징 당액을 Brix 55~60°의 시럽으로 농축시킨 다음 결정관(結晶罐)에서 감압 농축시켜 결정화한다. 이러한 공정을 전당(煎糖)공정이라 하고, 이 과정에서 생성되는 결정을 함유한 액을 백하(白下)라 하는데, 이것을 원심분리기를 이용하여 1번당과 당밀(糖蜜)로 분리하고, 여기서 분리된 당밀은 결정관에서 농축시켜 결정·분밀(分蜜)하여 2번당과 당밀로 다시 분리시킨다. 이러한 조작을 반복하여 더 이상 결정이 생성되지 않는 것이 폐당밀(廢糖蜜)이다. 이렇게 생산된 황갈색을 띠고있는 당을 조당(粗糖)또는 원료당이라 하며, 제당공

장 등지에 옮겨져서 정제하게 된다.

나) 원료당의 정제

우선 원료당에 소량의 농후 당액을 가하고, 원심분리기로 수분을 제거하는데, 이것은 원료당의 표면에 부착되어있는 당밀과 불순물을 씻어내어 설탕의 순도(純度)를 높이기 위한 조작이며, 세당(洗糖)이라 한다.

원료당의 정제 공정

원료당 → 세당 → 용 해 → 탈색 → 정제 → 결정화 → 분밀 → 제품

세당이 끝나면 용해조에 옮기고 Brix 60~65°가 되도록 물을 가한 다음 약 80℃로 가온하고 소량의 석회유를 첨가하여 pH 7.2 정도로 조정한 후, 규조토을 가하여 불순물을 흡착시켜 여과・제거하는데, 석회유와 CO_2를 이용하여 청징화하는 방법도 사용된다. 여액은 다시 활성탄 등으로 탈색하고, 이온교환수지를 이용하여 정제한다. 이렇게 정제된 순도가 높은 당액을 진공결정관에서 농축・결정화시킨 후 원심분리기로서 결정을 분리하고, 분리된 결정은 회전식 건조기로서 수분이 1%이하로 되도록 건조시켜 제품으로 한다.

다) 가공 당(加工糖)

가공 당은 정제당을 원료로 하여 2차 가공한 제품으로서 각설탕(角砂糖)・가루설탕(粉糖)・얼음설탕(氷砂糖)・과립당(顆粒糖) 등이 있다.

① 각설탕; 결정의 직경이 0.18~0.83㎜인 그래늎(granule)당에 농후 당액을 4~5% 가한 후 형틀에 넣어 건조시켜 만든 제품으로 식탁용 설탕(table sugar)으로 사용된다.

② 얼음설탕; 순도가 높은 설탕의 포화용액에 결정씨당(種糖)을 넣어 보온하면서 커다란 결정으로 성장시켜 만든 부정형(不定型)의 결정덩이로, candy의 대용 또는 과실주용으로 사용된다.

③ 가루설탕; 가루설탕은 정제당을 100~400mesh로 분쇄하고, 고결(固結)을 방지하기 위하여 옥수수 전분과 탄산마그네슘을 첨가하여 만든 제품이다.

④ 과립당; 가루설탕에 습기를 가하고 조립기로서 입자를 다공질상으로 결착시킨 후 건조한 제품이다.

(2) 당 알코올

당에 고압(高壓)으로 수소를 첨가하여, 당의 카르보닐(carbonyl)기를 환원시켜 만드는 다가(多價)알코올의 제품으로서, 감미의 목적 이외에도 각각의 물질이 가지는 특질을 이용한 식품첨가물로 사용된다.

가) Sorbitol

포도당(glucose)을 환원시켜 만든 것으로, 상쾌한 단맛을 가지며 츄잉검의 감미제 이외에도 제과시의 습윤조정제, 수산 연제품의 변성방지제 및 비타민C의 제조원료 등으로 광범위하게 사용된다.

저우식성(抵齲蝕性) 감미물질이며, 인체의 대사과정에서 인슐린(insulin)을 직접 필요로 하지 않는다.

나) Maltitol

2당류인 맥아당(maltose)을 환원시켜 만든 것으로 감미도는 높지 않으나 보수성(保水性)이 강하여 식품의 보습제나 광택제로 이용된다. 비우식성 물질이며 비피더스(*Lactobacillus bifidus*) 젖산균의 생육인자로 알려져 있다.

다) Xylitol

자일로오스(xylose)를 환원시켜 만든 것으로 일반식품의 감미료뿐만 아니라, 특히 체내 대사과정에서 insulin을 필요로 하지 않으므로 당뇨병환자용 감미료로 사용되기도 한다.

(3) 배당체(配糖體, glycosides)

가) 글리시리진(glycyrrhizin)

콩과의 약용식물인 감초(甘草)의 뿌리에 함유되어있는 배당체로서, 0.5ppm의 저 농도에서도 감미를 나타내고 설탕의 약 250배의 단맛을 가지므로 감초는 일찍부터 약용이나 일본의 간장 제조 시에 감미료와 착색제로 사용되어왔다.

감초의 뿌리를 끓는 물로 추출한 후 알코올로 침전시키거나 또는 추출액을 산성으로 조정하여 침전시킨 다음, 다시 알코올로 정제하여 만든다.

글리시리진의 glucuronic acid 부위에 나트륨이 연결된 2나트륨염과 3나트륨염이 식품첨가물로 지정되어 이용되고 있다.

글리시리진의 감미는 지속성을 가지며 열안정성이 있으나 산성, 즉 pH 4.2 이하에서는 백탁(白濁)되므로 탄산음료와 같은 산성이 강한 식품에는 사용할 수 없으며, 장류나 절임류 또는 소스 등에 사용된다.

나) 스테비오사이드(stevioside)

스테비아(stevia, 남미의 파라과이산 식물)의 잎에 함유되어있는 감미성분으로서, 감미도는 설탕의 약 200~300배 정도이며, 산·알칼리·열에도 안정하나 뒷맛이 남고, 또 농도가 높아지면 쓴맛을 띤다.

스테비아의 잎을 10~20배의 온수로 추출하고 혼재(混在)하는 단백질, 탄닌, 착색물질,유기산 등의 불순물을 칼슘이나 알루미늄의 수산화물로 흡착·제거한 다음,

이온교환 수지로 정제하고 농축시킨 후 분무건조 또는 결정화하여 제조한다. 최근에는 당전이효소(糖轉移酵素)인 CGTase(cyclomaltodextrin glucotransferase)를 이용하여 감미질을 개선한 당전이(糖轉移) 스테비오사이드가 시판되고 있는데, 이들은 모두 단무지와 같은 절임류나 장류 및 빙과류 등에 감미료로서 사용된다.

(4) 기타의 인공감미료(artificial sweeteners)

처음에는 인공감미료가 천연감미료의 대용품으로 발달하였으나, 근래에는 저칼로리 식품 또는 특수 환자용 감미료로서 개발되고 있다.

가) 사카린 나트륨(saccharin sodium)

톨루엔(toluene)에서 합성되며, 사카린 자체는 o-carboxybenzene sulfamide의 무수물이다. 이것의 나트륨염이 해리도가 높고 단맛이 강하여 설탕의 약 400~500배에 달하고 내열성도 있으나, 산성에서 오래 가열하면 서서히 분해된다.

약간의 쓴맛이 따르고, 뒷맛이 좋지 않으나, 인체 내에서는 분해되지 않고 그대로 배설되며, 소량은 큰 장애가 없으나 다량을 섭취하면 소화 효소의 작용이 방해되고 또 신장장애를 일으킨다고 한다.

나) 아스파탐(aspartame)

아미노산인 aspartic acid(신맛)과 phenylalanine(쓴맛)의 메틸 에스테르(metyl ester) 결합으로 이루어진 dipeptide인 감미료로서 설탕의 150~200배의 상쾌한 감미를 가진다.

2) 소금(食鹽, Salt)

① 소금의 제조법으로는 지하에 덩어리 결정 상태로 매장되어있는 암염(岩鹽)을 채굴하는 방법과 바닷물 중에 약 3% 정도 함유되어있는 염류를 농축 분리하는 방법이 있다.

② 우리나라에는 암염이 매장되어있지 않으므로 과거부터 염전(鹽田)을 만들어 바닷물로부터 소금을 분리 생산하여왔다. 염전에서 바닷물을 증발·농축·결정시켜 생산되는 소금을 천일염(天日鹽)이라 하는데, 여기에는 NaCl 뿐만이 아니고 $MgCl_2$가 함유되어 있으므로 조해성(潮解性)이 있고, 또 맛도 좋지 않아서, 천일염을 정제하여 이러한 성분을 제거한 후 정제염(精製鹽)으로서 이용하고있다.

③ 일본에서 1972년부터 주로 해수농축법(海水濃縮法)을 이용하여 생산하고 있는데, 해수 농축법이란 이온교환막을 이용하여 바닷물을 전해투석(電解透析)하여 농축하고, 이때 얻어지는 염수(鹽水, Bé 약 19)를 증발관에서 더욱 증

발 농축하여 소금을 석출(析出)시키는 방법이다.

전해투석의 원리는 양이온교환막과 음이온교환막을 교대로 설치하고 양단에 양극과 음극을 삽입한 다실식투석조(多室式透析槽)에 바닷물을 유입시키면서 직류전기를 통하면 이온의 이동이 발생하고, 소금이 농축된 실(室)과 소금이 제거된 실이 교대로 형성되는 것을 이용하는 것이다.

④ 소금은 직접 식용조미료, MSG 원료, 방부 및 발효조절용 등으로 주로 사용되는데, 상품의 종류는 천일염·정제염·굵은 소금·고운 소금·식탁염($MgCO_3$,$CaCO_3$로 코팅한 것)·맛소금(NaCl 90%+MSG 9.9%+5′리보뉴클레오티드나트륨 0.1% 혼합제품)·KCl 첨가소금(고혈압 환자용) 등이 있다.

3) 화학 조미료(化學調味料)

단순조미료인 글루타민산나트륨(monosodium glutamate, MSG)이나 이노신산나트륨(sodium 5′-inosinate) 등과 같이 감칠맛을 가지는 성분을 결정으로 만든 제품을 일반적으로 화학조미료라 하며, 근래에는 이러한 조미료성분에 천연 또는 합성의 정미성분을 혼합한 복합형 조미료도 생산되고 있다.

(1) 글루타민산나트륨(Monosodium glutamate, MSG)

1908년 일본의 이케타(池田菊苗)가 다시마 국물에서 감칠맛성분을 분리하여 이것이 글루타민산나트륨염인 것을 밝힌 후, 화학조미료로서 제조하게 되었다. 글루타민산의 제조법에는 단백질 분해법, 발효법 및 합성법 등 3종류의 제조법이 있으나, 현재 단백질 분해법은 거의 사용되지 않는다.

가) 단백질 분해법(蛋白質 分解法)

가장 최초로 개발·사용되던 방법인데, 근래에는 거의 이용하지 않는다. 밀가루의 gluten, 탈지대두(脫脂大豆) 등 glutamic acid 의 함량이 많은 단백질에 2~3배 의 20% 염산(HCl)을 첨가하고, 압력솥에서 120℃로 10시간 정도 가수분해시켜 아미노산의 혼합액으로 분해시킨 다음 여과·감압 농축시키고, 다시 농염산(濃鹽酸, conc. hydrochloric acid)을 가하고 냉각시키면 글루타민산염산염이 석출된다. 이 석출된 염산염을 분리하여 다시 물에 용해시키고 pH 3.2 까지 중화하면 글루타민산의 결정이 생성된다. 이 결정을 여과하여 분리하고 온수(溫水)에 용해시킨 후, 수산화나트륨(NaOH) 또는 탄산나트륨(Na_2CO_3)으로서 pH 6.5까지 중화시키고, 활성탄으로 탈색·여과·감압 농축하여 생성되는 MSG 결정을 분리·건조시켜 제품으로 한다.

나) 발효법(醱酵法)

1957년경에 개발되어 공업화된 제조법으로서 현재에 가장 많이 이용되고 있다.

발효법에 의한 글루타민산의 제조 공정

배 양 기 ┐ 종균┐
페니실린 · 계면활성제 ┼ 살균 → 발효 → 제균 → 농축 → 결정 · 분리 → 조제 글루타민산
중 화 제 ┘

① 배양기: 탄소원으로는 전분 당화액이나 폐당밀 또는 합성식초산을 사용한다. 질소원으로서는 중화제로도 되는 암모니아나 요소(尿素) 등이 사용되며, 그 외에 인산칼륨(potassium phosphate), 황산마그네슘(magnesium sulfate), 황산철(黃酸鐵) 등의 무기염류와 비오틴(biotin), 비타민 B_1(thiamine) 등과 페니실린(penicillin) 및 계면활성제의 필요량을 첨가한다.

② 발효(醱酵): 살균한 배양기를 발효조에 넣고, 여기에 전에 배양한 종균(種菌)을 접종한다. 글루타민산을 생산하는 미생물은 여러 종류가 있으나 *Micrococcus glutamicum*이나 *Brevibacterium* 속의 세균을 사용하는 경우가 많다. 본 배양액에 5% 정도의 전(前) 배양액을 가하고, 1분당 배양기 용량의 1/2～1/4에 해당되는 무균공기를 취입 · 교반하면서 배양한다. pH 를 7～8로 유지시키면서 보통 30～32℃로 40시간 배양한 후 여과하여 균체(菌體)를 제거하면, 글루타민산액을 얻을 수 있는데, 이액을 농축하여 글루타민 산의 결정을 분리하고 중화 · 정제하여 MSG를 생산한다. 글루타민산은 대개 사용된 당(糖)량의 30～50%가 생산된다.

다) 합성법(合性法)

프로필렌(propylene, $CH_3 \cdot CH{=}CH_2$) 등을 원료로 하여 글루타민산을 생산하는 가장 새로운 공법(1962년 경부터 공업화됨) 등 여러 가지 방법이 있으나, 합성법으로는 D, L－형의 이성체가 생성되므로, 이 중 맛이 좋은 L－글루타민산만을 분리하는 별도의 공정이 필요하다.

(2) 핵산관련 물질(核酸關聯物質)

1912년 일본의 전통적인 조미물질인 "katuobushi"의 감칠맛이 이노신산(IMP)에 의한 것임(小玉新太郎)이 알려진 이래 그 복잡한 화학구조로 인하여 오랫동안 이노신산은 공업적으로 생산되지 않았으나, 근래에 이르러서야 공업적인 생산이 가능하게 되었으며, 아울러 비슷한 화학구조를 가지는 표고버섯의 감칠맛성분인 구아닌산(GMP)도 대량으로 생산할 수 있게 되었다. 이러한 핵산계 조미료는 단용(單用), 또는 MSG 와 병용하는 형태로 시판된다.

5′-리보뉴클레오시드(ribonucleoside)는 효소를 이용하여 리보핵산을 분해하거나, 발효와 화학합성을 병용하거나 또는 발효법만으로 생산하는 방법 등이 개발되어 있다.

가) 리보핵산의 분해법

폴리핵산(polynucleotide)을 가수분해하면, 많은 종류의 5′-리보뉴클레오시드가 생성되는데, 이 중에서 5′-구아닐산(GMP)을 분리하거나 또는 5′아데닐산(AMP)을 효소로 탈아미노시키면 5′-이노신산(IMP)이 되므로, 5′-아데닐산을 분리하여 5′-이노신산으로 전환시킨다.

리보핵산의 분해

5′-phosphodiesterase ↓ deaminase ↓

리보핵산 ——(가수분해)——→ 5′-GMP, 5′-AMP, 5′-CMP, 5′-UMP

5′-AMP ——(탈 amino)——→ 5′- IMP

원료인 리보핵산은 효모(*Torulopsis utilis*)를 배양한 후 증식된 균체로부터 추출(2% 식염수를 가하여 가열)한 것을 사용한다. 또한 5′-phosphodiesterase 의 소재는 과거 뱀독, 장점막 등 특수한 재료 외에는 별로 알려지지 않았었으나, *Penicillium citrinun*과 *Streptomyces aureus* 등과 같은 미생물 중에서 이 효소를 생산하는 종류가 알려짐에 따라 리보핵산 분해에 의한 5′-리보뉴클레오시드 생산의 공업화가 가능하게 되었다.

*Streptomyces aureus*의 배양 여액을 사용하면, 5′-AMP를 탈아미노하는 효소(adenyl deaminase)도 함유되어 있으므로, 리보핵산을 42℃로 몇 시간 동안 분해하면 5′-GMP와 5′-IMP이 생성되며, 이 분해액을 이온교환 칼람을 사용하여 분리·정제한다.

나) 발효와 화학합성법

우선 *Bacillus subtilis*의 변이주를 사용한 발효로 이노신(inosine)을 생산하여 분리하고, 이것을 화학적으로 처리하여 5′-이노신산을 생산한다.

한편 *Bacillus subtilis*, *Bacillus megaterium*의 변이주를 사용한 발효로 5′-amino-4-imidazole carboxamide(AICA-R)을 축적시키고, 이것을 이온교환수지로 분리한 후, 화학적으로 처리하여 5′-GMP를 생산한다.

16-1-2 기호 음료(嗜好飮料)

우리가 일상 생활에서 즐겨 섭취하는 음료 제품으로는 청량음료, 과실·채소음료, 커피와 차 및 코코아, 우유와 젖산음료, 알코올성 주류음료, 인삼차를 비롯한 전통 차류, 의약용 드링크제, 스포츠와 알칼리음료, 곡류음료 등 헤아릴 수 없을 정도로 다종다양(多種多樣)하다.

1) 커피(coffee)

각종 커피제품의 제조 공정

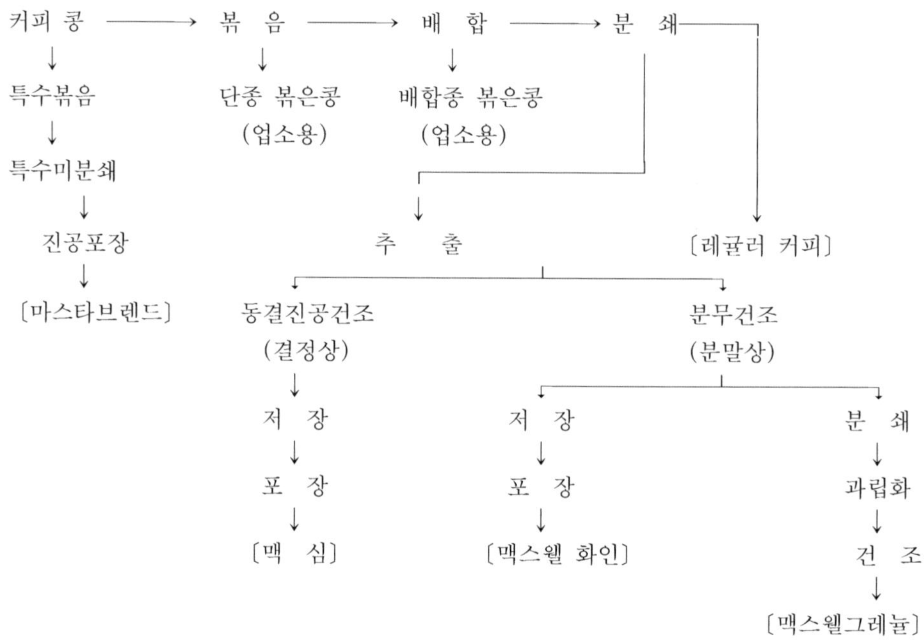

커피는 천초과에 속하는 열대 상록관목 열매 중의 종자를 볶아서 분쇄한 후 열탕으로 추출하여 음용하는 기호음료로서, 영양가는 거의 없으며 1.1~2.2% 정도의 카페인(caffeine) 등 특수성분을 함유하고 있다.

숙성된 커피나무의 열매에서 종자를 분리·건조한 후 200~250℃로 볶은 다음 급랭시킨다. 볶는 과정에서 커피의 독특한 방향이 생성되고, 착색되며, 분쇄 등 가공성이 좋아지게 되는데, 볶는 정도에 따라서 커피의 풍미에 큰 영향을 미친다.

일단 볶아서 냉각시킨 커피 콩(原豆)은 추출이 용이하도록 분쇄처리를 해야하나, 분쇄한 것은 향기가 쉽게 소실되므로 음용 직전에 분쇄하는 것이 좋으며, 적당한 분말입자가 되도록 분쇄한 것을 원두커피(regular-coffee)라 한다.

한편 instant coffee는 원두커피의 추출액을 분말화한 제품이다. 먼저 커피 콩을 볶은 다음 향기가 소실되지 않도록 냉각시킨 후 조쇄(粗碎)한다. 여기에 열탕을 주입하고 수증기로서 가열・가압하여 추출액을 분리한 다음 이 추출액을 원심분리하고, 150~180℃의 열풍으로 분무 건조시키거나 또는 동결 건조시켜 분말 또는 과립상의 제품을 제조한다.

2) 코코아(cocoa)

카카오나무의 열매에서 분리한 종자인 카카오 콩(cacao bean)을 볶은 후 자엽부(子葉部)에서 일부의 유지를 제거한 다음 분말로 한 것이 코코아(cocoa)이다.

카카오나무는 열대지방에서 재배되는 벽오동과에 속하는 데오브로마 카카오(theobroma cacao)라는 식물이며, 열매(20×10㎝정도의 방추형)는 나무의 줄기나 가지에 무리지어 열린다. 숙성된 열매를 채취하고 잘라서 과육이 부착된 채로 종자를 분리한 후 퇴적하여 약 3일간 발효・부패시키면 과피의 점질물이 분해되며, 자엽은 적갈색(赤褐色)으로 변하면서 쓴맛과 떫은 맛이 없어지고 고유한 방향이 생성된다. 발효가 끝나면 물로 씻고 건조시키는데, 이것이 카카오 콩이다.

카카오 콩을 130~150℃로 25~35분간 볶은 후 냉각하고, 파쇄 로울러로서 파쇄하여 껍질(shell), 배아(gem) 및 자엽(nib) 등으로 분리하는데, 볶는 과정에서 특유한 방향이 형성된다. 분리된 자엽(cacao nib)은 약 50%의 지방을 함유하고 있으며, 이것을 마쇄하면 카카오 페이스트(cacao paste)가 된다. 카카오 페이스트는 압착기로 압착하여 카카오 지방(cacao butter)과 유박(油粕, press cake)으로 분리하는데, 분리된 카카오 지방은 초콜릿의 원료로 사용하며, 유박을 분말로 한 것이 cocoa이다. Cocoa의 품질은 지방 함량이 많을수록 고급품으로 취급된다.

3) 차(茶, Tea)

차는 차나무의 새잎을 원료로 제조하는데, 그 제법에 따라 크게 3가지 종류로 분류된다.

① 비발효차: 수확한 차 잎을 가열하여 조직 중의 산화효소를 불활성화시킨 다음에 비벼주면서 건조시킨 것(녹차)

② 반발효차: 차 잎을 햇볕에 쪼여 건조하면서 발효시킨 다음, 솥에 넣어 볶아서 발효를 정지시키고 건조한 것(우롱차)

③ 발효차: 차 잎을 건조시키는데 그 동안에 산화효소를 이용하여 발효시키고, 다음에 비벼주면서 건조한 것.(홍차)

(1) 녹차(綠茶, green tea)

녹차는 차잎을 솥에 넣어 볶아서 만드는 종류(중국과 우리나라의 전통적인 제다법)와 수증기로 가열하여 만드는 종류(일본의 제다법)가 있으며, 작업방법도 수작업(手作業)방법과 기계제다법이 있는데, 수작업은 소규모인 경우나 고급품을 제조하는 경우에 이용된다.

① 차나무의 어린잎이 4~5장 정도 자라면 채취하여, 원칙적으로 그 당일 처리를 한다. 먼저 잎을 가열한 솥바닥에 펴서 가열하거나, 또는 찜 상자에 차잎을 넓게 펴고 강한 수증기로 10~15초간 찌고 나서 뒤집어 준 후 다시 40초간 쪄 준 다음 선풍기 등을 이용하여 신속히 냉각시킨다.

가열하는 목적은 산화효소의 파괴로 차의 녹색이 유지되며, 풋 냄새를 없애고, 차잎이 부드러워져서 비비고 건조시키는 조작이 편리해 지며, 세포의 파괴로 성분의 추출이 쉬워지도록 하는데 있다.

② 냉각된 차잎은 약 80%에 가까운 수분을 함유하고 있으므로 상하 좌우로 저어 주면서 증발 건조시키고, 또 덩어리진 것들은 풀어헤치고 비비면서 모양을 정비해 주는데, 마지막에는 60~70℃로 가열하여 수분이 5% 정도 되도록 건조한다.

③ 건조가 끝난 차는 체나 풍선(風選) 등을 이용하여 품질과 형상별로 분류하고, 풍미를 좋게 하기 위하여 다시 한번 가열한 다음 포장하여 제품으로 한다.

(2) 홍차(紅茶, black tea)

① 우선 채취한 생 차잎을 넓게 펴서 10시간 동안 건조시켜 중량이 60~70%정도로 감소되면, 세차게 눌러 비벼준다. 이 조작으로 차잎의 세포가 파괴되어 산화효소가 활성화되며, 또한 성분의 침출이 용이해 진다.

② 덩어리진 것을 비벼 풀어준 다음 발효실에 넣어 20~25℃, 습도 95%의 조건으로 2~3시간 정도 발효시키면 잎이 점차 구리(銅)빛깔로 변하고, 풋 냄새가 없어지면서 방향이 생성된다. 차의 발효는 주로 차잎에 함유되어있는 산화효소에 의하여 catechin류 등이 산화되는 효소반응이며, 미생물을 이용하는 발효는 아니다.

③ 발효가 적당히 진행되면, 발효를 정지시킴과 동시에 저장성을 가지도록 건조시키는데, 일단 100~120℃로 통풍 건조시키고, 이어서 80~90℃로 수분이 4%정도로 될 때까지 건조시킨다.

④ 건조된 홍차는 체나 풍선(風選) 등을 이용하여 품질별로 분류한 후 포장하여 제품으로 하는데, 수량(收量)은 생잎의 약 25% 정도이다.

(3) 차류(茶類)의 저장

차는 습기와 고온에 의하여 변화하기 쉬우므로, 방습이 완전한 용기에 넣어 직사광선이 비치지 않고 습도가 낮은 서늘한 곳에 저장하는 것이 좋다.

차의 특유한 향기성분은 비점이 낮으므로 여름철의 더운 때에는 냉장고(0~5℃)

에 보관하는 것이 좋다. 품질을 잘 보존하기 위해서는 내부 공기를 질소로 치환시킨 캔(can)에 넣어 밀봉하는 방법이 효과적이다.

4) 청량음료(清凉飮料)

청량음료는 단맛, 신맛 등과 향기성분을 이용하여 기호에 적합하도록 만든 음료이며, 여기에 탄산가스(CO_2)를 첨가한 종류도 있다.

(1) 사이다(cider)

원래 유럽에서는 발포성의 사과주(cider, cidre)를 지칭하는 것이나, 우리나라에서는 탄산수에 단맛을 가한 일종의 소다 팝(soda-pop)을 가리킨다.

① 우선 Be′30~30°의 당액을 만들고, 여기에 산미료, 착향료 및 착색료 등을 가하여 시럽(syrup)을 만든 후, 병에 일정량(용량의 15~20%)씩 주입한다.

② 별도로 5~6℃의 연수(軟水)에 약 50 파운드(Lbs.)의 압력으로 탄산가스를 포화시킨 탄산수를 조제하고, 이것을 시럽을 넣은 병에 충전하고 밀봉한다.

(2) 콜라(cola) 음료

코카인(cocaine)을 함유한 코카나무잎과 카페인(caffeine)을 함유한 콜라나무 열매의 추출액에 계피유, 레몬유 및 오렌지유 등을 배합하여 풍미를 조정하고, 캬라멜(caramel) 색소로서 착색시켜 만드는 탄산음료이다.

우리나라에서는 수입한 조합원액에 설탕, 캬라멜 등의 감미료 및 착색료와 탄산가스 등을 적당히 배합·가공하여 제품을 제조하고 있으며, 대표적인 상품으로는 코카콜라(coca cola)가 있다.

5) 알칼리성 이온음료(sports 음료)

알칼리성 이온음료는 건강음료 또는 스포츠음료라고도 부르는 일종의 혼합음료이며, 격렬한 근육활동 등에 의하여 땀으로 상실되는 수분과 이온을 신속하게 공급함으로서 인체의 기능을 정상적으로 유지케 하려는 목적으로 개발된 제품이다.

이 음료는 인체의 흡수성이 물보다 3~4배 빠르고, 액성이 약알칼리성(pH=7.4)으로서 체액과 비슷하며, 저칼로리, 비타민 강화, 무기질의 균형 등의 특징을 가지며, 무탄산가스형 음료로 떫은맛을 띠므로 몸을 긴장시키는 효과가 있다. 현재 시판되고있는 알칼리성 이온음료의 종류별 주요성분은 다음과 같다.

① 포카리스웨트; 백설탕, 액상과당, 포카리향, 구연산, 구연산나트륨, 염화나트륨, 비타민 C, 염화칼륨, 젖산칼륨, 염화마그네슘 등.

② 게토레이; 설탕, 포도당, 레몬향, 구연산, 구연산나트륨, 염화나트륨, 비타민 C, 나이아신, 판토텐산칼륨, 제1인산칼륨 등.

③ 마하 세븐; 설탕, 이성화당, 그레이프후르츠향, 구연산나트륨, 비타민C, 염화칼륨, 염화나트륨, 젖산칼륨, 염화마그네슘, MSG, 구연산철 등.
④ 이오니카; 이성화당, 프락토올리고당, 그레이프후르츠향, 구연산나트륨, 염화칼륨, 염화나트륨, 비타민C, 젖산칼륨, MSG, 염화마그네슘 등.

16-1-3 과자류(菓子類)

우리가 이용하고있는 과자에는 우리 나라 전래(傳來)의 한과(韓菓)와 일본식 과자(和菓子) 및 양과자(西洋菓子)등 여러 가지 종류가 있으나, 현재 많이 생산・유통되고있는 것은 서양 과자류이다.

1) 비스킷류(Biscuits)의 제조

(1) 비스킷의 분류

비스킷은 밀가루에 설탕, 유지, 소금 또는 유제품, 달걀 등을 혼합하고, 여기에 팽창제(baking powder)를 넣어 반죽을 만들고 성형한 후에 오븐에서 120-250℃로 구워서 만드는 건조형 α-화 식품으로 성분배합방식 또는 성형방식에 따라서 여러 가지 종류로 분류된다.

- 과자
  - 서양과자
    - 건과자
      - 비스킷류: 하드비스킷, 소프트비스킷, 펜시비스킷, 웨하스
      - 초콜릿류: 판상초콜릿, 커버링초콜릿
      - 사탕류: 캔디, 캐러멜, 젤리, 정제
      - 껌류: 판상 껌, 풍선 껌, 커버링 껌
      - 튀김류: 스넥
    - 생과자
      - 케이크류: 스펀지케이크, 파운드케이크
      - 파이류: 애플파이
      - 과자빵류: 크림빵, 팥빵
    - 디저트용
  - 동양과자
    - 한과(韓菓)- 유과, 유밀과, 전과, 엿강정, 다식 등
    - 일본과자 - 전병, 모나가

가) 성분배합과 외형에 따른 분류

① Hard biscuit: 강력분 밀가루를 원료로 하고, 설탕과 지방은 소량을 첨가하며, 장시간의 반죽으로 글루텐의 점탄성을 충분히 생성시킨다. 제품은 비교적

딱딱하고 표면에 광택이 있으며 바늘구멍이 있는 외형적인 특징을 가진다.

② Soft biscuit: 박력분 밀가루를 사용하고, 설탕과 지방을 많이 사용한다. 제품은 조직이 유약하여 부서지기 쉽고, 단맛이 강하며, 표면에 광택과 바늘구멍은 없으나 돌출형의 무늬가 있다.

③ Fancy biscuit: 달걀과 설탕 등을 많이 사용하고 외형과 장식에 치중한 제품으로 제품은 단맛이 강하고 조직이 부드럽다.

나) 성형방식에 따른 분류

① 조각과자(stamping goods): 반죽을 면대모양으로 만들고 여기에서 형틀로 찍어내는 것으로서 표면이 매끄럽고 바늘구멍이 있다. 대부분의 hard biscuit 이 여기에 속한다.

② 성형과자(moulded goods): 반죽을 형틀에 채워 넣어 성형시킨 것으로 최고급 soft biscuit이 여기에 속한다.

③ Bar 과자(bar goods): 반죽을 압출구를 통해 압출하면서 절단하여 성형한 것으로 주로 soft biscuit에 많다.

④ Wire cut 과자(wire cut goods): 반죽을 압출시키면서 철사로 절단한 것으로 표면이 거칠고 요철이 있다.

⑤ Deposite 과자(deposite goods): 수분이 많은 유동성 반죽을 가열 판 위나 형틀에 부어 흘려서 성형시킨 것으로 대부분의 fancy biscuit이 여기에 속한다.

표 16-1 비스킷의 원료 배합(예)

원 료	하드비스킷(g)	소프트비스킷 (g)	펜시비스킷 (g)
밀가루	100	100	100
전분	0~2	0~10	40~55
설탕	25~35	40~50	100~150
쇼트닝	6~10	20~25	0~10
물엿	0~10	0~4	-
팽창제	1~2	0.5~1	0~1
소금	0~0.5	0~0.5	0~0.5
달걀	-	0~10	40~150

(2) 비스킷의 제조 공정

가) 원료 배합

비스킷의 원료는 제품의 종류에 따라 각각 다르나, 일반적으로 밀가루 · 전분 · 설탕 · 쇼트닝 · 물엿 · 소금 · 달걀 및 팽창제 등이 사용된다.

① 밀가루는 hard biscuit은 강력분 또는 준강력분을 사용하나, soft biscuit은 대부분 박력분을 사용하며, 비스킷의 종류에 따라서는 전분을 혼합하는 경우도 있다.

② 당류로는 제품의 맛과 빛깔 및 광택의 향상과 동시에 조직의 shorteness를 증가시키기 위하여 설탕이 주로 사용되며, 그 외에 포도당이나 전화당(轉化糖) 또는 물엿도 사용한다.

③ 유지는 비스킷의 영양가와 맛의 향상은 물론 제품의 수축 등과 같은 변형의 방지와 더불어 shorteness를 증가시키는 작용이 있는데, 주로 shortening oil이 사용되며, 버터, 마가린 또는 면실유 등도 사용한다.

④ 기타 달걀, 우유나 연유 또는 분유와 같은 유제품, 색소, 계면활성제 등과, 또는 치즈, 코코아, 초콜릿, 잼, 견과(堅果)등을 첨가하기도 한다

나) 혼합·반죽 및 성형

밀가루와 설탕은 체로 치고, 다른 원료와 잘 혼합한다. 사용하는 물의 양은 밀가루 100에 대하여 18~22 정도인데, 이는 설탕의 사용량에 반비례한다. Soft biscuit의 반죽은 단시간에 마쳐야 하나, hard biscuit은 30 ~60분간 반죽하여 글루텐을 충분히 형성시킨다. 반죽과정에서 마찰에 의하여 품온이 상승하게 되는데 40℃ 이상이 되지 않도록 냉각시켜 팽창제의 분해를 방지해야 한다. 반죽이 마무리되면 제품의 특징에 따라 적당한 방법으로 성형시킨다.

비스킷의 제조 공정

원료→혼합→반죽→
- 면대조제 → 성형 → 굽기 → 냉각 → 포장 ···· 하드비스킷
- 성형 → 굽기 → 냉각 → 포장 ····소프트·펜시비스킷

다) 굽기 및 냉각·포장

비스킷은 오븐에서 굽게되는데, tunnel형 오븐이 많이 사용되며, 입구 부분의 온도는 180~200℃, 중앙부는220~250℃, 후반부는 120~150℃로 조정하여, 처음에는 전분의 호화, 단백질의 응고, 팽창제의 분해에 의한 가스발생 등의 현상이 일어나고, 후반에는 주로 건조가 진행된다. 굽기가 끝나면 상온까지 냉각시키는데, 특히 hard biscuit은 급랭하면 갈라질 위험이 있으므로 서서히 냉각시킨다. 냉각된 것은 흡습(吸濕)을 방지(수분 5%이하 유지)하고 또 유통의 편의를 위하여 일정량씩 계량하고 적당한 포장재료로 포장하여 제품으로 한다.

2) 캔디(Candy)의 제조

캔디(candy)라는 과자는 그 이름이 라틴어로 설탕을 의미하는 "can"과 형틀에 넣어 굳힌다는 의미인 "dy"로 구성된 복합어인 것과 같이 설탕을 물 등에 용해시킨 후, 일정한 형틀에 넣어 졸이고(농축) 응고시켜만든 과자의 총칭이다.

농축하는 온도가 높으면(150～165℃) drops나 taffy와 같이 부셔지기 쉬운 이른바 hard candy가 되고, 온도가 낮으면(110～140℃) caramel · fondant · nougat · fudge · jelly · marshmallow · whisky bonbon 등과 같은 약간 부드러운 제품, 즉 soft candy가 된다. 또 jelly beans · china marble 및 chocolate ball 등과 같이 전혀 농축하지 않거나 약간만 농축시키는 제품도 있다.

(1) 드롭프스(Drops)

주원료는 설탕과 물엿이다. 설탕만을 사용하면 제조 후에 결정이 석출하기 쉬우므로 물엿을 넣는데, 또 물엿이 많이 첨가되면 습(濕)해져서 눅진거리게 됨으로, 설탕 10에 대하여 물엿 2의 비율로 사용하는 것이 좋다.

교반기(攪拌機)가 부착된 2중솥에 설탕 100g과 물엿 10～25g을 넣고 소량의 물을 가하여 가열 용해한 후 농축기로 옮기고 착색을 방지하기 위하여 감압 하에서 125～130℃(상압에서는 160～165℃)까지 농축시킨다. 농축된 것은 냉각판에서 서서히 냉각시키면서 색소, 산미료(구연산이나 주석산 1g 정도)등의 부원료를 혼합시킨다. 80℃까지 냉각되면 드롭프스의 형이 조각된 roller를 이용하여 성형하고 냉각시킨다.

(2) 테피(Taffy)

설탕 8과 엿 2의 비율로 섞어 150℃까지 농축시킨 다음 견과류(nuts)를 가하여 교반(攪拌) · 혼합한 것을 평판(平板)위에 부어 냉각시킨 후 적당히 절단한다. Butter, 소금 및 향료 등을 첨가하는 제품도 있다.

(3) 캬라멜(Caramel)

설탕(100) · 물엿(80～130) · 연유(30～180) · 버터(5～7) · 밀가루(7～15) 및 소량의 향료 등을 원료로 하여 가열 농축시키고 냉각 · 성형한 것이다. 대부분 설탕과 물엿은 같은 양을 사용하고, 밀가루와 버터를 합한 양은 설탕과 물엿 합계량의 10% 정도를 혼합한다.

설탕과 물엿을 섞어 용해한 것에 연유를 가하여 잘 혼합한 다음 교반기가 부착되어있는 농축솥에서 118～124℃로 20～30분간 가열 농축시킨다. 마지막에 향료, 버터 등을 가하여 잘 교반한 다음 냉각판 위에 부어 40～50℃로 냉각되면 압연(壓延) roller로서 일정한 두께로 만들고 절단하여, 1개씩 포장(wax paper)한다.

3) 초콜릿(Chocolate) 제품의 제조

초콜릿은 열대식물인 데오브로마 카카오(Theobroma cacao)의 열매인 카카오콩(cacao beans)을 주원료로 하여 만든 과자로서, 제품의 형태에 따라 판상 초콜릿(moulded chocolate), 속에 크림(cream)이나 리큐르(liquor) 등을 넣어 만든 셸 초콜릿(shell chocolate)과 또한 biscuit나 candy에 초콜릿을 씌운 피복 초콜릿(covering chocolate), 그리고 아몬드와 같은 견과류를 초콜릿으로 둥글게 싼 chocolate ball 등이 있다.

(1) 비터초콜릿(bitter chocolate)의 제조

Cacao beans의 협잡물을 제거하고 볶은 다음 파쇄하여 껍질을 제거하고 카카오닙(cacao nibs)을 분리하여 마쇄한 것이 비터 초콜릿인데, 여기서 지방질 성분인 cacao butter를 분리한 것이 코코아(cocoa)이다. Cacao butter의 융점(融點)은 32~34℃로서 구강(口腔)내의 온도보다도 약간 낮아서 입에 넣으면 부드럽게 용해된다. 또한 cacao에는 alkaloid의 일종인 theobromine이 함유되어 있는데, 이것의 쓴맛과 설탕의 단맛은 조화가 잘된다.

(2) 판상초콜릿(moulded chocholate)의 제조

① 비터초콜릿에 분유・분당(粉糖)・카카오버터・레시틴 등을 혼합하고, roll refiner로 미세하게 미립(약 25㎛)화 한다.

판상 초컬릿의 제조 공정

카카오콩 → 정선 → 볶기 → 파쇄 → 분리 → 카카오닙 → 분쇄 → 비터초컬릿→ 코코아
↳ 협잡물 (정선) ↳ 껍질 (분리) ↳ 카카오버터 (비터초컬릿)

┌분말설탕, 카카오버터, 분유, 레시틴, 바닐라 (혼합)
비터초컬릿 → 혼합 → 미립화 → 정련 → 템퍼링 → 형틀충전 → 진탕 → 냉각 → 포장
↳고융점결정 (템퍼링)

② 미립화가 끝난 재료는 가열・교반(攪拌)하여 액상으로 하고, 정련기(精練機)에서 교반하면서 50~70℃로 24~72시간 동안 정련한다. 이 과정에서 수분과 휘발성유기산이 제거되고, 분유와 당의 입자가 균일하게 되며, 독특한 향미가 생성됨과 동시에 유동성(流動性)도 증가하게 된다.

③ 정련된 초콜릿은 tempering이라 하여 29~31℃로 일정시간 동안 저온 처리를 하는데, 이 과정에서 카카오버터 중의 융점이 높은 결정이 석출・제거되고, 또 다음 과정의 작업이 쉽도록 된다.

표 16-2 초콜릿의 원료 배합(g)

원 료	A	B	C
비터 초컬릿	100	100	100
분당(粉糖)	116	230	350
카카오 버터	23	55	150
분유(粉乳)	90	-	150
바 닐 라	소량	소량	소량
레 시 틴	소량	소량	소량

④ Tempering 처리가 끝나면 재료를 형틀에 유입(流入)하고 기포(氣泡)가 제거되며 형틀에 고르게 채워지도록 진탕(振湯)시키면서 10~18℃로 냉각시키고, 굳어지면 형틀에서 빼내어 포장하는데 이것이 판상 초콜릿이다.

4) 츄잉 검(Chewing gum)의 제조

원래 남아메리카의 원주민들이 사포딜라(sapodilla)나무의 상처에서 흘러나온 수액을 씹는 습관이 츄잉 검으로 발전되었다. 현재의 츄잉 검은 기호성에 따라서, 검 기초제(gum base)에 설탕·물엿이나 포도당 및 여러 종류의 향료 등을 섞어 만든다.

츄잉 검에는 판상(板狀) 검·풍선(風船) 검·당의(糖衣) 검 등의 제품이 있는데, 이들 중에서 판상 검의 이용이 압도적으로 많다.

표 16-3 판상 츄잉 검의 원료 배합(%)

원 료	A	B	C
설 탕	60	52	65
물 엿	15	-	10
포 도 당	-	25	-
검 베이스	22	22	21
향료, 기타	3	1	4

① 검 기초제로서는 사포딜라(sapodilla)의 수액으로 만든 치클검(chicle gum)이 가장 중요하나 그 생산량이 적고 가격이 비싸므로, 다른 천연검(gum)류나 초산비닐수지(polyvinyl acetate) 등의 합성수지가 사용된다.

② 검 기초제에 적당한 부드러움과 가소성을 가지게 하기 위한 가소제(可塑劑)와 또 탄성과 점착성을 적당히 억제하기 위한 충전제(充塡劑) 및 당류 및 향료 등을 40~50℃에서 혼합한다.

③ 혼합한 검 덩이를 38℃ 정도로 냉각한 후 사출성형기(射出成形機)와 압연(壓延)roller로서 일정한 두께의 판으로 만드는데, 이때 분당을 표면에 뿌려서 roller에 부착되는 것을 방지하며, 일단 판상(板狀)으로 만들어지면 곧 절단한 다음 21～24℃, 습도 45～50%로 조정한 곳에 6～8시간 넣어두었다가 포장한다.

16-2 특수영양식품(特殊營養食品)

우리가 일상 섭취하는 식품 재료 중에는 여러 가지 종류의 영양소와 함께 독특한 생리활성을 나타내는 물질이 존재하는 경우가 많은데, 식품에 함유된 영양소를 포함한 이러한 성분들이 유용하게 이용되기 위해서는 소화·흡수성이 좋아야 함은 물론, 체내에서 이들의 필요성이 요구되어야 한다.

과거 우리나라의 1960년대 초반까지의 식생활 상황과 같이 생존을 위한 식생활 단계'에 있었을 때에는 고열량과 고지방 식품의 섭취가 절대적으로 필요하였으나, 현재에는 일부계층의 사람들을 제외하고는 오히려 저열량, 저지방, 저단백질 식품이 요구되는 경우가 많다.

따라서 섭취의 대상이나 목적별로 그 필요도에 대응하여, 식품 재료에 적당한 방법을 사용하여 성분을 조정한 제품이 생산되는데, 이러한 것을 특수영양식품이라 하고, 다음과 같이 분류할 수 있다.

특수영양식품
- 영양강화식품
- 특별용도식품(대상별 특수영양식품, 건강보조식품)
- 특정보건용 식품(기능성 식품)

16-2-1 영양강화식품(營養强化食品)

가공·정제·조리 중에 손실되는 천연 식품의 영양 성분을 원래의 상태로 복원하거나, 또는 원래 함유되어 있지 않은 성분을 보충하여 영양적인 가치를 높이기 위하여 영양 성분을 첨가하는 것을 식품의 강화라 하며, 또 이러한 식품을 강화식품(enriched food) 또는 영양강화식품이라고 한다.

식품의 영양강화 시에는 강화로 인하여 식품의 경제적인 단가와 풍미에 큰 영향이 없어야 하며, 또한 강화한 후에는 식용할 때까지 변질이나 분해, 또는 손실 등이 없어야 한다.

현재 식품의 강화제로 활용되고 있는 성분으로는 비타민류 30종, 아미노산류 15

종, 철제 8종, 칼슘제 11종 및 기타 4종 등 총 60여종의 사용이 허용되어있으며, 다음과 같이 사용되고 있다.

① 쌀: 비타민 B_1과 B_2, 그리고 필수아미노산으로서 lysine과 threonine 등이 첨가된다.
② 밀가루 및 빵: 비타민 B_1,B_2, niacin, D와 Ca, Fe 및 lysine 등이 밀가루에 첨가된다.
③ 된장 및 간장: 비타민 B_1, B_2와 Ca이 첨가된다.
④ 과실 제품: 과실 통조림이나 과즙제품에는 비타민 C를 첨가하고, 과실 잼류에는 Ca, 비타민 B_1,B_2와 C가 첨가된다.
⑤ 우유 및 조제분유 : 우유에는 결정 비타민 D_2를, 조제분유에는 Ca, Fe, 비타민 A, B_1,B_2, niacin, 엽산, C와 D가 강화된다.
⑥ 마가린(margarine) 비타민 A와 항산화제가 첨가된다.
⑦ 소금: 미국에서는 소금에 NaI를 첨가한 식염을 이용하기도 한다.
⑧ 기타:Mg, Ca, Fe, Zn을 강화한 cereal과, Zn, Mg을 강화한 빵 및 비타민 B_1, C를 강화한 과자류, 주류, juice, 청량음료 등이 있다.

영양성분을 첨가하는 방식에는 원재료에 그대로 혼합하는 방법이 있으나, 그 외에도 gelatin 용액이나 syrup에 용해시켜 코팅(coating)하는 방법이 많이 사용된다.

16-2-2 특별용도식품(特別用途食品)

특별용도식품에는 섭취대상별로 필요한 영양성분을 가감(加減) 또는 배합(配合)하는 방법으로 제조·가공한 식품 즉, 대상별 특수영양식품과 건강보조식품 등이 있다.

1) 대상별 특수영양식품(對象別 特殊營養食品)

우리 나라의 식품위생 법규에는 특수영양식품으로 분류되어 기준과 규격이 정하여져 있는데, 이것에 의하면 영·유아, 병약자, 노약자, 비만자 또는 임산부 등 특별한 영양관리가 필요한 특정 대상별로 각각의 필요에 따라 이들의 일상 식이에 이용되는 식품재료에 영양소를 가감하거나 배합하여 제조·가공된 식품으로서, 영유아용 조제식, 성장기용 조제식, 영·유아용 곡류 조제식, 기타 영·유아식, 영양보충용 식품, 환자용 등 식품, 식사대용 식품 등으로 구분되어 있다.

(1) 조제유류(調製乳類)

원유(原乳) 또는 유가공품을 주원료로 하고, 여기에 영유아의 성장발육에 필요한 무기질・비타민 등 영양소를 첨가하여 모유의 성분과 유사하게 제조한 식품으로, 조제분유와 조제우유 및 성장기용 조제유류 등이 있다.

(2) 영아용(嬰兒用) 조제식

모유 또는 조제유의 수유가 어려운 경우에 대용(代用)하기 위하여, 분리대두단백이나 또는 다른 식품에서 분리한 단백질을 원료로 하고, 여기에 영아의 정상적인 성장・발육에 적합하도록 다른 식품이나 무기질, 비타민 등 영양소를 첨가하여 제조・가공한 식품이다.

(3) 성장기용(成長期用) 조제식

분리대두단백 등 단백질 함유식품을 원료로 하고, 여기에 생후 6개월 이후의 영아, 유아의 정상적인 성장・발육에 필요한 무기질, 비타민 등 영양소를 첨가하여 이유식의 섭취 시에 액상으로 사용할 수 있도록 제조・가공한 식품이다.

(4) 영・유아용 곡류조제식

이유기에 영아나 유아의 이유 및 영양보충을 목적으로, 곡류・두류・서류 등 전분질 원료를 주원료(최종제품에서 고형분기준 25%이상)로 하고, 여기에 이들의 성장에 필요한 다른 식품이나 영양소를 첨가하여 제조・가공한 식품이다.

(5) 기타 영・유아식

영・유아의 이유기 또는 성장기에 일반식품으로의 적응을 도모할 목적으로 곡류, 두류, 서류, 육류, 우유, 채소류, 과실류 등 또는 그 가공품을 원료로 하여 제조・가공한 식품이다.

(6) 영양보충용 식품

일상의 식이에서 부족한 영양을 보충할 목적으로 단백질(단백가가 카제인단백의 85%이상인 단백질), 비타민류, 무기질류, 아미노산류, 지방산류(필수지방산 또는 필수지방산함유 지질) 또는 식이섬유 중 필수의 영양소를 1종 이상 보충할 목적으로 제조・가공한 식품이다.

(7) 환자용 등 식품

정상적으로 섭취, 소화, 흡수 또는 대사할 수 있는 능력이 제한되거나 손상된 환자 또는 질병이나 임상적 상태로 인하여 일반인과 생리적으로 특별히 다른 영양 요구량을 가진 사람 등의 식사를 대신할 목적으로 제조・가공된 식품이며, 환자용 식품과 영・유아용 특수조제식품이 있다.

(8) 식사대용 식품

필요한 영양소를 가감하여 정상인이나 체중의 감소 또는 증가가 필요한 사람의 한 끼니를 대용할 수 있도록 제조·가공한 식품으로, 식사대용 식품·체중조절용 식품 등이 있다.

2) 건강보조식품(健康補助食品)

육체적, 생리적으로 유용성(有用性)을 기대하여 식품소재(食品素材)에 함유된 성분을 그대로 원료로 하거나 이들에 들어있는 특정성분을 분리 또는 추출·농축·정제·혼합 등의 방법으로 제조 가공한 식품으로서 건강식품 또는 장수식품이라고도 한다.

(1) 건강보조식품의 종류(식품위생법)

① 정제어유가공식품: 뱀장어유가공식품, 에이코사펜타엔산(EPA) 및 도코헥사엔산(DHA) 함유식품

② 로열젤리가공식품

③ 효모식품

④ 화분가공식품

⑤ 스쿠알렌식품

⑥ 효소식품

⑦ 유산균함유 식품

⑧ 조류식품: 크로렐라식품, 스피룰리나식품

⑨ γ-리놀렌산식품

⑩ 배아가공식품: 배아유식품, 배아식품

⑪ 레시틴가공식품

⑫ 옥타코사놀식품

⑬ 알콕시그리세롤식품

⑭ 포도씨유식품

⑮ 식물추출물발효식품

⑯ 뮤코다당·단백식품

⑰ 엽록소함유식품

⑱ 버섯가공식품

⑲ 알로에식품

⑳ 매실추출물식품

㉑ 자라가공식품

㉒ β-카로틴식품
㉓ 키토산함유식품
㉔ 프로폴리스추출물 가공식품

(2) 건강보조식품의 문제점

대부분의 건강보조식품은 그 성분의 안전성과 생리적인 효과가 과학적으로 검증이 되지 않은 경우가 많으며, 분석 화학적으로 유효한 성분이라 하더라도 섭취·소화·흡수·대사과정에서 그 성분이 그대로 기대만큼의 효력을 나타낸다는 보장이 없고, 더구나 강한 생리작용을 가지는 성분이 농축된 채로 장기간 섭취되었을 경우에는 오히려 장해요소로 작용한다는 사실이 밝혀지고 있다.

따라서 건강보조식품을 맹신하지 말고, 특수한 경우를 제외하고는 다양한 식품을 고루 섭취하는 식생활이 필요하다.

표 16-4 건강보조식품의 효능과 부작용(예)

종 류	주요 성분	주요 효능	부작용
정제어유가공품	EPA, DHA	동맥경화 방지	심근경색, 출혈
알로에 식품	알로인, 알로에틴	항염증, 변비예방	설사, 영양소 과잉배설
스쿠알렌식품	스쿠알렌	면역, 항종양, 간기능	심근경색
효모 식품	단백질, 비타민	영양개선	변비
효소 식품	소화 효소	소화	알레르기 유발
포도씨유식품	리놀렌산, 비타민 C	산화방지, 동맥경화방지	대장암, 성인병 악화
화분가공식품	단백질, 회분	설사, 변비예방	알레르기 유발
조류식품, 엽록소식품	식이섬유, 무기질, 비타민	변비예방, 체중조절	영양장애, 광과민성피부염

16-2-3 특정보건용 식품(特定保健用 食品, 기능성식품)

1991년부터 사용하기 시작한 특정보건용 식품이라는 용어는 과거에 기능성식품(functional food)이라고 불리던 것으로, 유럽에서는 특수한 목적으로 만들어 졌다고 하여 designed food라고 하고, 중국에서는 medicated food 라 부른다.

기능성식품이라는 용어는 1984년 일본에서 처음으로 사용하였으며, 이는 제3차 기능(생리활성기능-생체조절기능)을 가진 식품을 개발하여 이용함으로서, 식생활을 통하여 건강을 유지하려는 의도에서 이 분야의 연구가 진행되어왔다.

우리 나라에서는 현재까지도 '특정보건용 식품'보다는 '기능성식품'이라고 흔히 불리고 있는 데, 이것은 "일상적으로 섭취되는 형태를 가지는 것으로서, 식품성분이 갖는 생체방어(면역), 생체리듬의 조절(호르몬 등), 질병의 예방과 치료, 병후의 회복, 노화의 억제 등 생체조절기능을 충분히 발휘할 수 있도록 설계되고 가공된 식품"이라고 정의되고 있다.

특정보건용 식품은 건강보조식품을 비롯한 특별용도식품과 유사한 종류가 많으며, 과거부터 흔히 섭취되어오던 각종 식품들이 여기에 포함되면서 그 중요성이 재인식된 것이 많고, 의약품이 질병발생 후 치료의 수단으로 사용되는데 비하여 이것은 질병의 예방효과와 질병 발생시의 치유 및 회복에 효과가 있다는 데에 그 차이점이 있다.

특정보건용 식품(기능성식품)의 위치

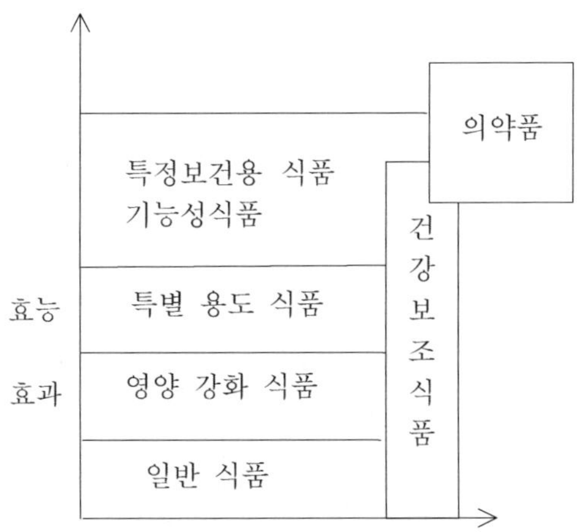

1) 효능에 따른 특정보건용 식품의 이용

특정보건식품은 용도별로 다음과 같이 크게 다섯 가지그룹으로 구분·이용된다.

(1) 장(腸)의 상태를 조절해 주는 식품

양호한 상태의 변이 규칙적으로 배설되는 등 장내 환경이 건강을 유지하도록 조절할 수 있는 식품으로서, 젖산균함유식품·식이 섬유·올리고당(oligosaccharide) 함유식품 등이 있다.

(2) 콜레스테롤 수치가 높은 사람을 위한 식품

식품 중의 콜레스테롤(cholesterol)이 흡수되기 어렵게 하는 식품으로서, 대두단백질·알긴산(alginic acid)·키토산(chitosan)·식이 섬유함유 식품 등이 있다.

(3) 혈압이 높은 사람을 위한 식품

혈압을 높이는 요인을 억제하는 기능을 가지는 식품으로서, 두충엽 배당체·카제인도데카펩타이드(caseindodecapeptide)·락토트리펩타이드 함유 식품 등이 있다.

(4) 미네랄의 흡수를 도와주는 식품

칼슘, 철 등의 미네랄(mineral)성분을 보급하고 이것들을 효율적으로 흡수·이용되도록 하는 식품으로서, CCM·CCP 함유식품 및 heme 함유식품 등이 있다.

(5) 충치의 원인이 되지 않는 식품

식품 가공·조리 시에 *Streptococcus mutants*를 위시한 충치(齲蝕齒)의 원인이 되는 미생물의 영양원이 되지 않는 감미료를 이용하거나, 충치원인 미생물의 증식을 억제하는 성분을 첨가하거나 또는 이러한 두 종류의 성분을 병용한 식품으로서, maltitol·파라티노즈 및 차(茶)의 polyphenols 등을 병용한 식품 등이 있다.

2) 중요 기능성분과 식품

(1) 올리고당(Oligosaccharides, 소당류)

단당류가 2~8개 정도 결합한 당질로 갈락토(galacto)·올리고당·프럭토(fructo)올리고당·이소말토(isomalto)올리고당·대두올리고당 등이 국내에서 생산되어, 유제품을 비롯하여 건강보조식품과 조미료 등에 첨가되거나 또는 단일의 상품으로 유통되고 있다.

이들의 생리적 기능은 장내 *Lactobacillus bifidus* 젖산균의 증식촉진·정장작용·간 기능 보호작용·유기산의 생성촉진·변의 완충작용·장암의 예방·당뇨병 환자의 혈당개선 등의 기능이외에, 이들의 저칼로리성을 이용하여 체중조절식 등에 사용되기도 한다.

(2) 식이 섬유(食餌纖維)

식물세포의 구조물인 글루코만난(glucomannan)·섬유소·헤미셀룰로오스·리그닌(lignin)·펙틴(pectin) 등을 비롯하여 새우껍질 등에서 유래하는 키틴(chitin)·키토산(chitosan) 등과 같은 난소화성(難消化性)의 당질을 식이 섬유라 하며, 변비예방·지질대사조절·유해물질의 흡수저지·장의 기능강화·장내세균총의 개선·장암의 예방 등의 기능을 가진다.

(3) EPA 및 DHA

정어리·꽁치·고등어와 같은 등이 푸른 생선의 지질 중에 함유되어있는 불포화지방산인 EPA(eicosapentaenoic acid)와 DHA(docosahexaenoic acid) 등은 심근경색이나 뇌경색 · 동맥경화 · 혈전 등의 예방기능과 함께, 혈액 중의 중성지방과 콜레스테롤 수치를 저하시키는 기능을 가진다.

(4) 레시틴(lecithin)과 콜린(choline)

인지질(燐脂質)로서, 뇌의 기능촉진 · 뇌혈전 및 동맥경화의 예방 · 신경계발달의 효과를 가진다.

(5) 펩타이드(peptides)류

우유의 카제인, 대두 단백질 및 어육 단백질 등의 분해물로서 칼슘흡수의 촉진 · 진통 및 진정 작용 · 인슐린 분비 촉진 · 혈압 강하 · 면역기능 증진 · 철분의 흡수촉진 등의 생리적 효과를 가진다.

(6) 식용 및 약용버섯류

송이버섯 · 표고버섯 · 목이버섯 등은 식품재료로 이용될 뿐만 아니라 약용으로도 이용되어 왔으며, 근래에는 영지버섯 · 아가리쿠스 버섯 · 동충하초 등 전문적인 약용버섯제품이 많이 재배 생산되고 있으며, 이들의 버섯에는 종류에 따라 성분조성은 다양하나, β-D-glucan 을 비롯하여, steroids · 식이 섬유 등이 함유되어 있어, 항종양 작용 · 면역기능 증진 · 항염작용 · 혈당강하작용 · 강심작용 · 혈압강하작용 · 콜레스테롤 저하작용 · 혈전예방작용 및 항Virus 성 등을 가진다.

(7) 차(茶, tea)

기호음료로 이용되는 차에는 caffeine · catechins를 비롯하여 flavonol · 비타민 C와 E · β-carotene · saponin 및 무기질로서 불소(F)와 아연(Zn)이 함유되어 있어, 노화억제 · 항균작용 · 항Virus작용 · cholesterol 조절 · 혈압상승억제 · 혈당강하작용 · 혈전예방 · 항종양 · 발암억제 · 해독작용 · 각성작용 · 강심작용 · 이뇨작용 · 모세혈관 저항성향상 · 면역기능 증진 등 여러 가지 생리작용을 가진다.

(8) 인삼제품(人蔘製品)

수삼을 그대로 이용하는 경우도 있으나, 인삼제품에는 건조제품류, 농축인삼제품류, 인삼분말가공품, 인삼차류, 인삼음료, 통 · 병조림류 등 다양한 종류가 있다. 인삼에는 영양적인 성분 이외에도 배당체, alkaloids, flavonoids, 폴리아세틸렌(polyacetylene)계 화합물 등 생리활성이 큰물질 등이 함유되어 있어서, 예전부터 약용으로 이용되어 왔으며, 그 약리 효과로는 체력증강 · 면역기능 강화 · 항암작용 · 혈압조절작용 · 혈당강하작용 등이 잘 알려져 있으며, 인삼의 효능에 대한 연구는 현재에도 전세계적으로 진행되고 있다.

참고문헌▶▶▶

김기숙, 김향숙, 오명숙, 황인경, 조리과학, 1998.

김덕웅 외 11, 食品包裝技術(第六次 食品工學短期講座), 韓國食品科學會, 1990.

김덕웅 외 3인, 食品貯藏學, 修學社, 1997.

金德雄, 1965년 이후 韓國에서 粉乳製品의 開發과 包裝의 변화에 대한 調査研究, 식품영양연구지, Vol.9. 한양여대 부설 식품영양연구소, 1995.

金德雄, 1971년 이후 韓國에서 醱酵乳製品의 開發과 包裝에 관한 調査研究, 食品營養研究誌, 제8호, 한양여대 부설 식품영양연구소, 1995.

金德雄, 1973년 이후 韓國에서 豆乳包裝의 包裝材料 構成과 形態 및 치수의 變化에 대한 史的 考察, 食品營養研究誌 제5호, 한양여대 부설 식품영양연구소, 1992.

김두진, 김영휘, 최형택, 현재석, 홍종만, 지구문화사, 2000.

김상순, 최홍식, 변광의, 식품가공저장학, 수학사, 2000.

김재욱, 신판 농산식품가공, 광문각, 1993.

김찬조, 김교창, 김도영, 오만진, 이석건, 이수오, 정순택, 정지흔, 발효공학, 선진문화사, 1990.

김찬조, 장지현, 신고 식품미생물학, 수학사, 1999.

김청, 박근실, 식품포장의 기초와 응용, (주)포장산업, 1999.

金青외 7, 包裝用語辭典, (주) 包裝産業, 1996.

김형수, 김종휘, 식품학 개론, 수학사, 1999.

남궁 석, 심우만, 소명환, 식품저장 및 가공, 선진문화사, 1988.

문범수, 이갑상, 식품재료학, 수학사, 1990.

문윤희, 윤정의, 식품가공저장실습, 수학사, 1990.

박무현, 이동선, 이광호, 식품포장학, 형설출판사, 1994.

朴榮浩, 食品包裝學, 修學社, 1993.

송재철, 박현정, 최신 식품가공저장학, 효일, 2000.

송재철, 식품재료학, 교문사, 2001.

안명수, 식품과 조리원리, 신광출판사, 1999.

안용근, 김동우, 노영희, 손천배, 오만진, 오현근, 이연정, 정인창, 조효현, 광

유태종, 이상건, 김두진, 식품가공학, 문운당, 1983.

윤서석, 한국음식, 수학사, 1998.

尹政義, 食品貯藏學, 世進社, 1997.

이갑상, 김동한, 식품가공저장학, 학문사, 1995.

이성우, 식품화학, 수학사, 1996.
이성우, 한국식품문화사, 교문사, 2000.
이성우, 한국식품사회사, 교문사, 2000.
이성우, 한국요리문화사, 교문사, 2000.
이한창, 임종필, 조좌형, 신중엽, 식품미생물학, 수학사, 2000.
장지현, 문범수, 김교창, 식품위생학, 수학사, 2001.
정기택, 하영선, 신고 발효공학, 수학사, 1991.
주현규, 신현영, 황적인, 허태연, 최신식품가공학, 유림문화사, 1989.
河永鮮, 姜注會, 食品包裝工學, 文運堂, 1985.
한국과학기술한림원 역, 한영, 영한 과학기술용어집, 한국과학기술한림원, 1998.
한국대학 식품영양관련학교 교수협의회, 식품위생관계법규, 2001.
古賀克也, 食品の加工・貯藏, 三共出版, 昭和 61年.
近末 貢, 圖解 食品の加工・貯藏, 醫齒藥出版株式會社, 昭和 56年.
近末貢, 圖解 食品の貯藏・加工, 醫齒藥出版, 1978.
藤原耕三, 古我可一, 鹿山光, 食品加工貯藏, 朝倉書店, 1986.
梅日圭司외 49인, 食品保存便覽, クリエイテイブジヤバソ, 1992.
木田五百枝, 食品の加工, 槇書店, 1986.
緒方邦安, 園藝食品の 加工と利用, 養賢堂版, 1978.
矢野後正외 49, 食品包裝 I, 應用編, 日本包裝技術協會, 1988
橫山理雄・石谷孝佑, 食品と包裝, 醫齒藥出版, 1982.

찾아보기

(ㅈ)

改訂 식품가공저장학

2016년 2월 23일 2판 3쇄 인 쇄
2016년 3월 2일 2판 3쇄 발 행

지은이 : 김덕웅 김두진 김명숙 배국웅
윤교희 이재우 최부돌 박성수

펴낸이 : 박 정 태

펴낸곳 : **광 문 각**

10881
파주시 파주출판문화도시 광인사길 161
광문각 B/D 4층
등 록 : 1991. 5. 31 제12-484호
전화(代) : 031) 955-8787
팩 스 : 031) 955-3730
E-mail : kwangmk7@hanmail.net
홈페이지 : www.kwangmoonkag.co.kr

• ISBN : 978-89-7093-220-0 93590

값 22,000원